"十三五"高等职业教育核心课程规划教材·机电大类

机械制图

主编 胡 昊 副主编 曾海红

西安交通大学出版社
XI'AN JIAOTONG UNIVERSITY PRESS

内容简介

本书将机械工程图样的绘制标准与理论及表达方法寓于企业需求实例之中，所选实例和图例力求源于生产实际。具体内容包含投影理论，国家标准和图样规定表达，标准件、常用件的画法，零件图、装配图的绘制，生产技术要求，极限与配合等。

本书可作为高职高专机械、电气、焊接类相关专业的基础教材，也适合企业作为提高一线技术人员识图、绘图技能的参考资料。

图书在版编目(CIP)数据

机械制图/胡昊主编. —西安：西安交通大学出版社，2016.7(2021.7 重印)
ISBN 978-7-5605-8784-4

Ⅰ.①机… Ⅱ.①胡… Ⅲ.①机械制图-高等职业教育-教材 Ⅳ.①TH126

中国版本图书馆 CIP 数据核字(2016)第 164956 号

书　　名 机械制图
主　　编 胡　昊
责任编辑 雷萧屹

出版发行 西安交通大学出版社
(西安市兴庆南路 1 号　邮政编码 710048)
网　　址 http://www.xjtupress.com
电　　话 (029)82668357　82667874(发行中心)
(029)82668315(总编办)
传　　真 (029)82668280
印　　刷 西安日报社印务中心

开　　本 787mm×1092mm　1/16　**印张** 16.375　**字数** 399 千字
版次印次 2016 年 7 月第 1 版　2021 年 7 月第 6 次印刷
书　　号 ISBN 978-7-5605-8784-4
定　　价 35.00 元

读者购书、书店添货，如发现印装质量问题，请与本社发行中心联系、调换。
订购热线：(029)82665248　(029)82665249
投稿 QQ：850905347
读者信箱：850905347@qq.com

前言

机械制图作为专业基础课程在工作中经常用到其专业知识，因此工科类高职学生掌握机械制图的知识技能非常重要。如何让学生喜欢上机械制图这门课程，并能够很好地掌握机械制图这门技能，教材起着非常重要的作用。本书是针对目前高职学生的特点和培养就业的目标，根据高职机械制图课程教学大纲的内容及学时安排，结合学生就业岗位对高职学生能力的要求，总结几十年的机械制图教学经验而编写。重点突出以下几个特点。

1. 知识精练、重点明确

全书以“表达”为主题共分 7 章，由简单到复杂，从形体到机件，用简单易懂的文字和图形，看得懂、练得会，抓住“表达”这个制图的核心内容，介绍各类“表达”的规定和应用；针对基础知识部分做了较大的调整，重点的知识内容都有例题和图例。基本去掉了点、线、面的投影及练习，用形体的视图表达，取代了“组合体”和“三视图”，强化空间三维形体与二维投影视图的思维能力，为今后的专业课程学习和就业工作实践打下基础。

2. 结合企业实践密切

在教学中，完成高职学生的培养目标，提高其专业知识水平、综合素质能力并培养其学习兴趣是关键，本书编入了焊接、铸造、钣金工艺、模具等企业生产实践关系密切的案例。各种表达规定都用形体结构的实际加工图列导出，增强企业生产实践能力，明确规定与加工形成的关系，在掌握本课程内容的同时又扩展了专业知识、提高了就业工作实践能力。

3. 教学内容涉及面宽

在保证重点教学内容的前提下，保证机械制图内容的完整性。本书编入了第三角投影、涡轮蜗杆传动、焊接零件、板筋展开等，在保证学习到最新的知识同时，还能掌握广泛使用的旧标准，如零件图的表面质量“粗糙度”、位置公差的基准符号等。可根据教学需要做不同的重点选择，从而满足教学和学习的需求。

由于编者水平有限，书中不妥之处在所难免，恳请广大读者批评指正。

编　者

2016 年 5 月

目录

绪论

在生产制造领域中，为了准确地表达机器零件、桥梁及建筑物等结构形状和尺寸大小，根据投影原理和标准规定绘制的图样，称为工程图样，研究工程图样的学科称为“工程图学”。不同行业对图样有不同的标准和名称，如建筑工程中使用的图样称为建筑工程图样，水利工程中使用的图样称为水利工程图样，园林绿化工程中使用的图样称为园林工程图样。在机械制造业中使用的图样称为机械工程图样，其图样绘制和识读所开设的课程即机械制图。

1. 课程内容及特点

机械制图课程教学目的是应用投影理论、国家标准、规定表达、技术要求等绘制及识读机械工程图样。

该课程主要包括以下内容。

(1)机械制图国家标准。

(2)正投影表达法。

(3)轴测图表示法。

(4)图样表达法。

(5)标准件及常用件。

(6)零件图。

(7)装配图。

零件根据图样加工制造，机器或部件根据图样装配调试，图样是指导制造零件及产品的技术文件。在生产实践中离不开图样，机械制图实属一门实用技术；同时，在校期间学习其他专业课程还要用到机械制图，因此，该课程既是一门实用技术又是一门基础课程。

2. 课程任务

机械加工行业从事技能型加工的操作者，必须具备一定的机械制图知识，能绘制简单的零件图，能读懂较复杂的零件图、装配图，能看懂图样中的各项技术要求，并能建立其加工、制造的工艺等。

课程学习期间需要完成以下几方面的任务。

(1)动脑能力。运用投影理论及形体分析法，培养空间思维和空间想象能力；依据机件的表达规定和结构分析，培养对形体(实物)的观察和表达能力；具备一定的识读机械图样的能力。

(2)动手能力。通过课程作业的制图练习，掌握手工绘图(徒手绘图)的基本知识，学会制图表达的方法和技能，具备一定水平的动手操作能力。

(3)认真细致。通过画图、标注尺寸及读图等的学习训练，培养耐心细致的工作作风和严肃认真的工作态度，同时养成贯彻、执行国家标准(GB)的自觉性和坚决性的习惯。

3. 课程要求及学习方法

机械制图课程是一门实用技术，是一项操作技能，它必须精讲多练，以练为主，注重实践，通过采用多样化教学手段，培养学习兴趣。学好该课程的关键是综合素质和专业知识的提高。因此，应注重实践环节的训练和能力的提高。

课程学习的基本方法如下。

(1)积极观察和表达。注重社会实践，善于观察生活中的实物，分析它们的特点及规律，尽可能用最简单的方法准确地描述实物，积极训练和提高观察与表达能力。

(2)主动配合教学。课上积极思考，不懂的及时提问，积极主动配合教学。做到一般知识了解，重点知识掌握，善于总结归纳重点，理论联系实际。

(3)独立完成作业。按时、独立完成作业，总结出所学的重点、难点，做好下一次课的预习，善于查阅参考书籍，扩展相关知识面，提升学习兴趣。

(4)追求细致认真。读图和画图都要认真细致，按制图标准及规定程序完成，努力做到一丝不苟，培养认真细致工作的习惯，提高技能型操作能力，为今后的发展打下好的基础。

第 1 章　机械制图标准及绘图技能

本章重点内容提示

(1)制图标准。了解国家标准《技术制图》和《机械制图》的有关规定,重视学习掌握各类专业的标准,注意观察和积累标准知识,对标准的重视及掌握程度,是学习好机械制图课程的关键。

(2)尺寸标注。零件按尺寸标注进行加工,尺寸标注是工程图样中最重要的内容,是机械制图课程中的重点和难点,是综合能力的体现,现在学好平面图形的尺寸标注,是为以后的学习打下良好的基础。

(3)绘图技能。手工绘图与书法、绘画相同,它们都是一种技能,是动手能力的最佳体现。掌握手工绘图的技巧,具备一定的目测能力和动手绘图的表达能力,对增强自信,培养技能型人才有着非常重要的作用。

1.1　机械制图标准

在绘制图样和图样识读时,都必须遵循机械制图标准。国家标准简称"国标",用代号"GB"表示。例如 GB/T 14689—2000,其中 GB"国标"汉语拼音的第一个大写字母,T 为推荐性标准(必须或优先执行),后跟一串数字表示标准代号及推广该标准的年限。

1.1.1　幅面及格式

1. 图幅尺寸

图纸幅面是指绘制图样时,所选用纸张的尺寸规格。标准的图幅代号为 A0～A4。沿着某一号幅面的长边对裁,即为下一号幅面的大小。例如,沿 A1 幅面的长边对裁,即为 A2 的幅面,以此类推。如表 1-1 所示。

表 1-1　图纸幅面及边框尺寸　　单位:mm

<table>
<tr><th>幅面代号</th><th>A0</th><th>A1</th><th>A2</th><th>A3</th><th>A4</th></tr>
<tr><td>B×L</td><td>841×1189</td><td>594×841</td><td>420×594</td><td>297×420</td><td>210×297</td></tr>
<tr><td>a</td><td colspan="5">25</td></tr>
<tr><td>c</td><td colspan="3">10</td><td colspan="2">5</td></tr>
<tr><td>e</td><td colspan="2">20</td><td colspan="3">10</td></tr>
</table>

注:必要时,可以加长幅面。加长幅面是按基本幅面的短边成整数倍增加。

2. 图框格式

在图纸上必须用粗实线绘制图框线。图框的形式有两种：一种是带有装订边的图框，图纸边框由 a 和 c 两种尺寸形式组成，如图 1－1(a)、(b)所示。另一种是不需要装订的图样，图纸边框只有 e 一种尺寸形式，如图 1－1(c)、(d)所示。

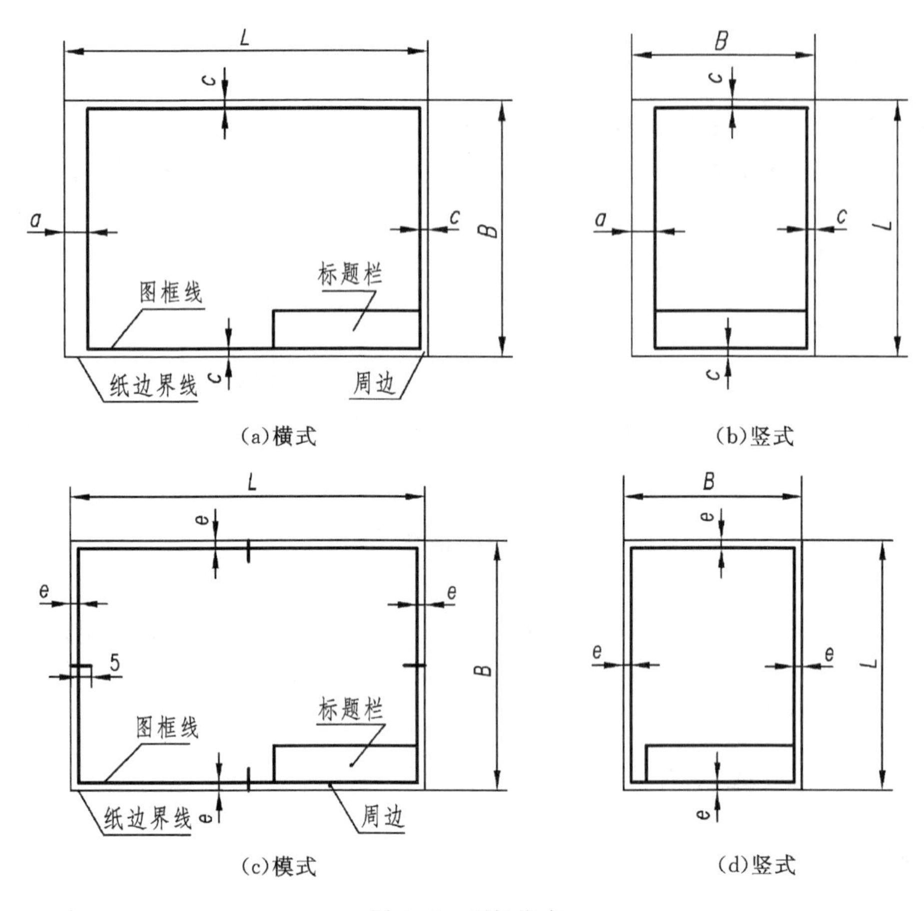

图 1－1　图框格式

装订时，一般采用 A4 幅面竖装或 A3 幅面横装，图纸边框 a 等于 25mm 的尺寸，就是装订时需要的尺寸。

为了使图样复制和缩微摄影时定位方便，应在图纸各边长的中点处分别画出对中符号，对中符号是从周边画入图框内约 5mm 的一段粗实线。如图 1－1(c)所示。

3. 标题栏

每张图样必须绘制标题栏，《技术制图》国家标准规定，标题栏应位于图纸的右下角，标题栏中文字的方向应为看图方向。也允许将标题栏放在图纸的右上角，但必须画上看图和绘图的方向符号。标题栏的外框线用粗实线、内框线用细实线绘制，标题栏的尺寸及格式按标准绘制(长度为 180mm)，如图 1－2 所示。教学用作制图作业采用的标题栏尺寸格式，如图 1－3 所示。

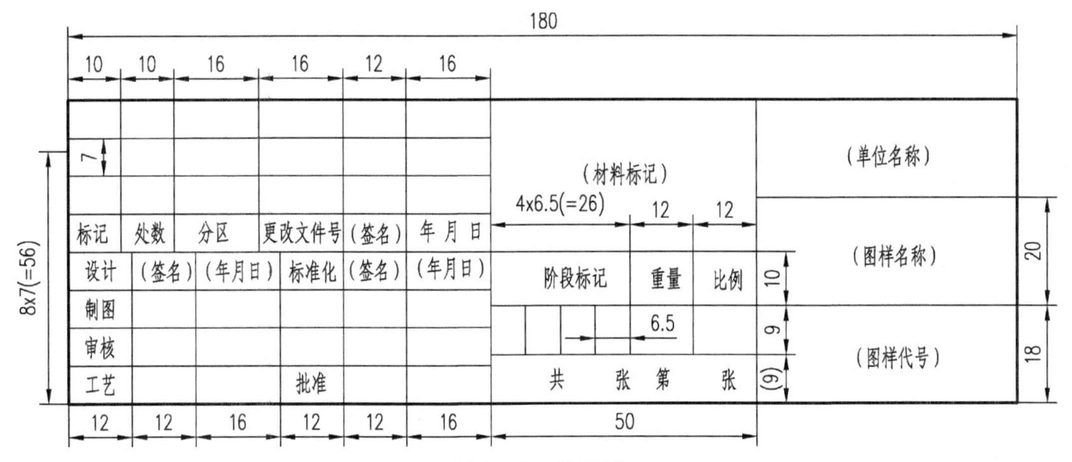

图 1－2　标题栏

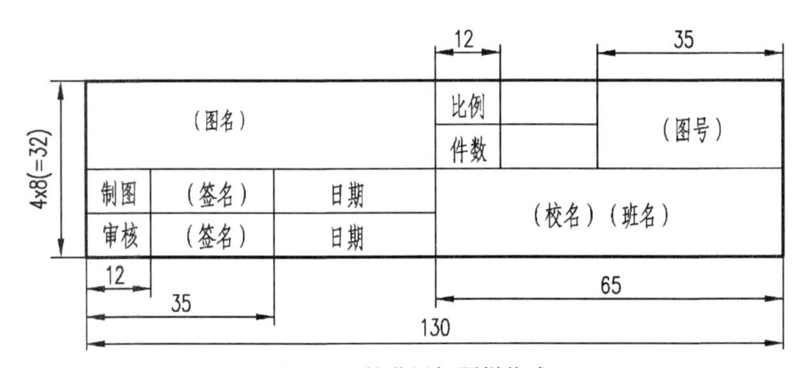

图 1－3　教学用标题栏格式

绘制装配图时，在标题栏的上方画出明细表。

1.1.2　比例

比例是指所绘制的图形与表达的实物，其相应要素的线性尺寸之比。比例分三种：

1. 原值比例

图中图形尺寸大小与其表达的实物尺寸大小相同，原值比值为 1 的比例，即比例 1∶1。

2. 放大比例

图中图形尺寸大小大于其表达的实物尺寸大小，即比值＞1 比例，如比例 2∶1、5∶1 等。

3. 缩小比例

图中图形尺寸大小小于其表达的实物尺寸大小，即比值＜1 比例，如比例 1∶2、1∶5 等。国家标准对比例进行了标准规定，在画图时选用，如表 1－2 所示。

表 1-2　规定的比例

原值比例	1∶1							
放大比例	2∶1 1×10^n∶1	(2.5∶1) 2×10^n∶1	4∶1 (2.5×10^n∶1)	5∶1 (4×10^n∶1)	5×10^n∶1			
缩小比例	(1∶1.5) 1∶1.5×10^n	1∶2 1∶2×10^n	(1∶2.5) (1∶2.5×10^n)	(1∶3) (1∶3×10^n)	(1∶4) (1∶4×10^n)	1∶5 (1∶5×10^n)	(1∶6) 1∶6×10^n	1∶10 1∶10^n

注:n 为正整数,优先选择没有括弧的比例。

为方便加工,绘制机械图样时,优先采用 1∶1 的比例画图,无论选用哪种比例,必须在标题栏的比例一栏中填写。当某个视图需采用不同的比例时,需单独标出。图样中所标注的尺寸必须是机件的实际尺寸,与图样的准确程度和比例大小无关,如图 1-4 所示。

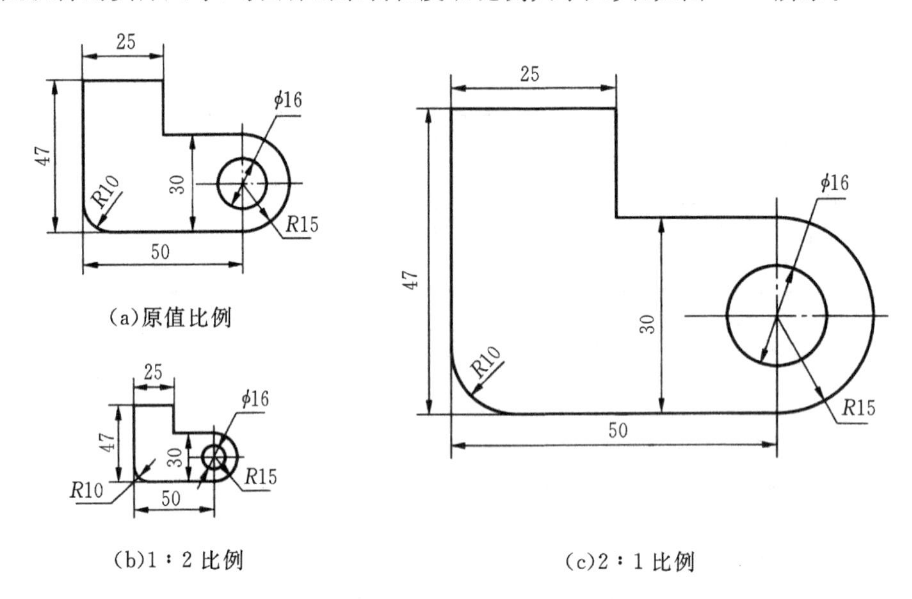

(a)原值比例

(b)1∶2 比例

(c)2∶1 比例

图 1-4　不同比例表达的图形

1.1.3　字体

字体是指图样和技术要求文件中,书写的汉字、数字及字母。国家标准对字体进行了标准规定。必须按标准规定书写,CAD 计算机绘图也应按标准选择字号和字体等。

1. 汉字

图样中的字体要写成长仿宋体,书写每个字时必须做到:“横平竖直,注意起落,结构均匀,填满方格”。同时还要保证:“字体端正,笔画清楚,排列整齐,间隔均匀”。

字体的字高即字体号数,简称字号(以毫米 mm 为单位),其标准值为:1.8、2.5、3.5、5、7、10、14、20 八种,之间相差 $\sqrt{2}$ 倍。一般图样尺寸标注选择 3.5 或 5 号字。如图 1-5 所示。

10 号字　齿轮油泵　机用虎钳　减速箱

7 号字　机械设计院　机械制图　技术要求　说明

5 号字　制图　审核　姓名　日期　比例　材料　数量　图号

3.5 号字　螺纹齿轮端子接线飞行指导驾驶舱位挖填施工引水通风闸阀坝棉麻化纤

图 1-5　长仿宋字的字号及书写

2. 字母及数字

字母和数字按笔画粗细分为 A 型和 B 型。A 型字体的笔画宽度 d 为字高 h 的 1/14，B 型字体的笔画宽度 d 为字高 h 的 1/10。在同一张图纸上，只允许选用一种形式的字体。A 型字母和数字可写成直体或斜体。斜体字的字头向右倾斜，与水平基准线成 75°，如图 1-6 所示。

ABCDEFGHIJKLMNOPQRSTUVWXYZ

(a)大写斜体字母

abcdefghijklmnopqrstuvwxyz

(b)小写斜体字母

0123456789

I II III IV V VI VII VIII IX X

(c)斜体数字

图 1-6　字母和数字的标准样式

1.1.4　图线

图线是构成图形的基本单元，图形表达的内容是由不同的图线来完成的，各种图线在图样中的使用，如图 1-7 所示。图线表达应用在以后的教学过程中逐渐学习掌握。

1. 图线的种类

机械制图的图线一般分为粗、细两类。

(1)粗线。表示形体的轮廓用粗实线，还有粗点画线等，粗线的宽度(d)应按图的大小和复杂程度，在 d=0.5～2mm 选择，CAD 计算机绘图粗线选 0.5mm。

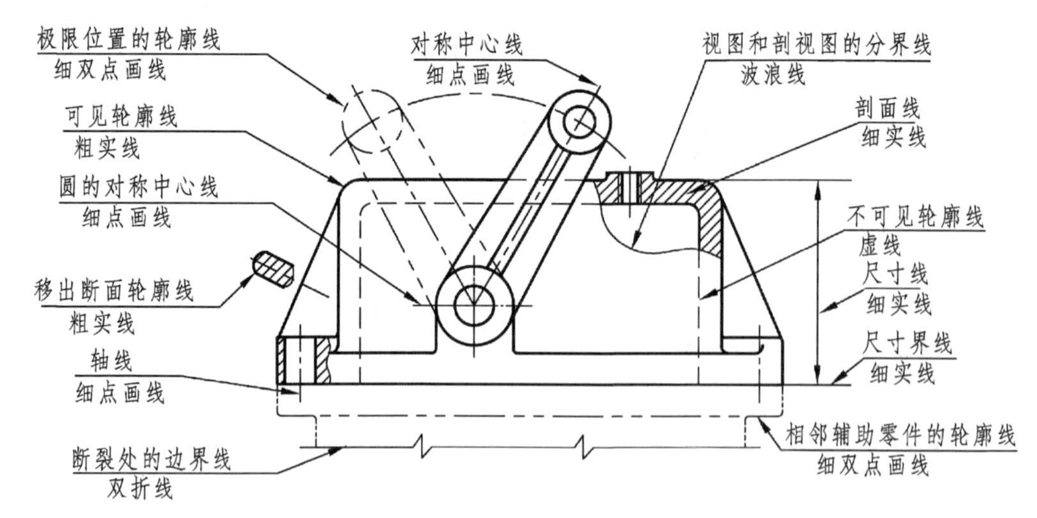

图 1-7 图线在图中的应用

(2)细线。细线可以画成细实线、点画线、虚线等，线的宽度为 $d/(2\sim4)$，CAD 计算机绘图选 0.25mm。

2. 图线的线型

机械制图的线型都是标准规定的，常用的线型有以下几种，如表 1-3 所示。

表 1-3 图线

图线名称	图线线型	图线宽度	应用举例
粗实线	————————	d(0.5～2mm)	可见轮廓线、可见棱边线
细实线	————————	$d/2$	尺寸线、尺寸界线、剖面线、重合断面轮廓线、螺纹的牙底线、引出线
虚线	— — — — — — — — —	$d/2$	不可见轮廓线、不可见棱边线
细点画线	—— - —— - —— - ——	$d/2$	轴线、轨迹线、对称中心线
波浪线	～～～	$d/2$	断裂处的边界线、视图与剖视的分界线
双点画线	—— - - —— - - ——	$d/2$	相邻辅助零件的轮廓线、极限位置的轮廓线
粗点画线	—— - —— - —— - ——	d	限定范围表示线
双折线	——╱╲——╱╲——	$d/2$	断裂处的边界线

3. 手工图线绘制的注意事项

(1)粗、细分明。在同一张图纸上,粗实线的宽度是细线的 3～4 倍(CAD 绘图 2 倍),细线与粗实线同样黑,底稿线要足够轻、足够细,底稿线不需要擦除。

(2)图线保持一致。在同一张图纸上,同类图线保持一致,虚线的线段长度 2～6mm、间隔约为 1mm;点画线的线段长度为 15～30mm,线段中间是约等于 1mm 的短画而不是点,两边间隙各 1mm 全长共约 3mm,如图 1 - 8(a)所示。

(3)点划线出头 3～5mm。点划线表示形状的对称中心和回转体的轴线,必须超出轮廓线,称为点划线出头。点划线的出头 3～5mm,不允许过长或过短,如图 1 - 8(b)所示。

(4)较短的点画线只画线段。在较小的图形上绘制点画线(双点线)时,点画线较短,规定只画点画线的线段部分,如图 1 - 8(c)所示。

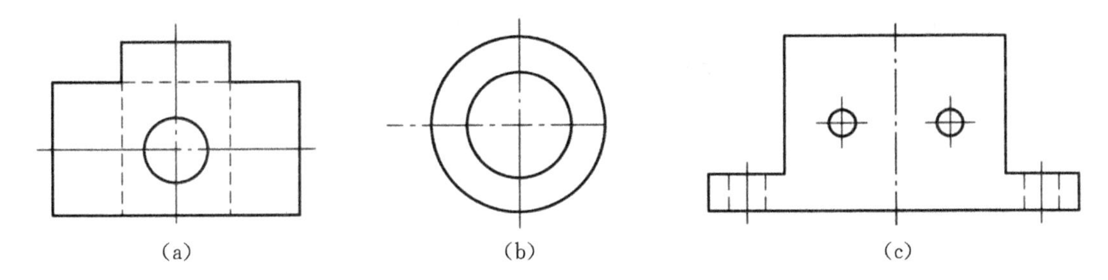

图 1 - 8　图线绘制的注意事项

1.2　尺寸标注

图形只能定性地表示形体的形状。定量表示其形状的大小,必须用尺寸标注表达,因此,标注尺寸必须认真细致、一丝不苟。

1.2.1　尺寸标注的要求

1. 符合标准

图样中的所有尺寸标注必须符合国家制图标准的规定。一般采用尺寸数字注写在尺寸线正中,尺寸线上方的方法,当书写尺寸数字的位置不够时可引出标注。在同一张图样上尺寸标注样式应统一。

2. 完整清晰

机件的每一尺寸,在图样上一般只标注一次,并集中标注在反映该结构形状最清晰的图形上,做到不重复,不遗漏,尺寸标注的目标是正确、清晰。

3. 形体依据

形体的真实大小应以图样上所标注的尺寸数值为依据,与图形的大小及绘图的准确度无关。标注的尺寸是指导加工的依据,图样中所标注的尺寸,为该图样所示机件的最后完工尺寸,否则应另加说明。因此,标注的尺寸要做到合理十分重要。

4.尺寸单位

机械图样中的尺寸以毫米(mm)为单位,不需标注计量单位的代号或名称。如采用其他单位,则必须在图样中注明相应的计量单位的代号或名称。

1.2.2 尺寸标注的内容

一个完整的尺寸标注,是由尺寸界线、尺寸线(含终端符号)和尺寸数字组成,称为尺寸组成三要素,如图 1-9(a)所示。

1.尺寸界限

尺寸界限表示所注尺寸的起止范围,用细实线绘出,一般是由图形的轮廓线、轴线、中心线处引出,尺寸界限一般用直线或圆弧独立画出。也可以用轴线、中心线和轮廓线等代替作为尺寸界限。尺寸界限应与尺寸线垂直,必要时才允许倾斜。尺寸界线超出尺寸线的距离相等,超出的距离等于字高(3~5mm),如图 1-9 所示。

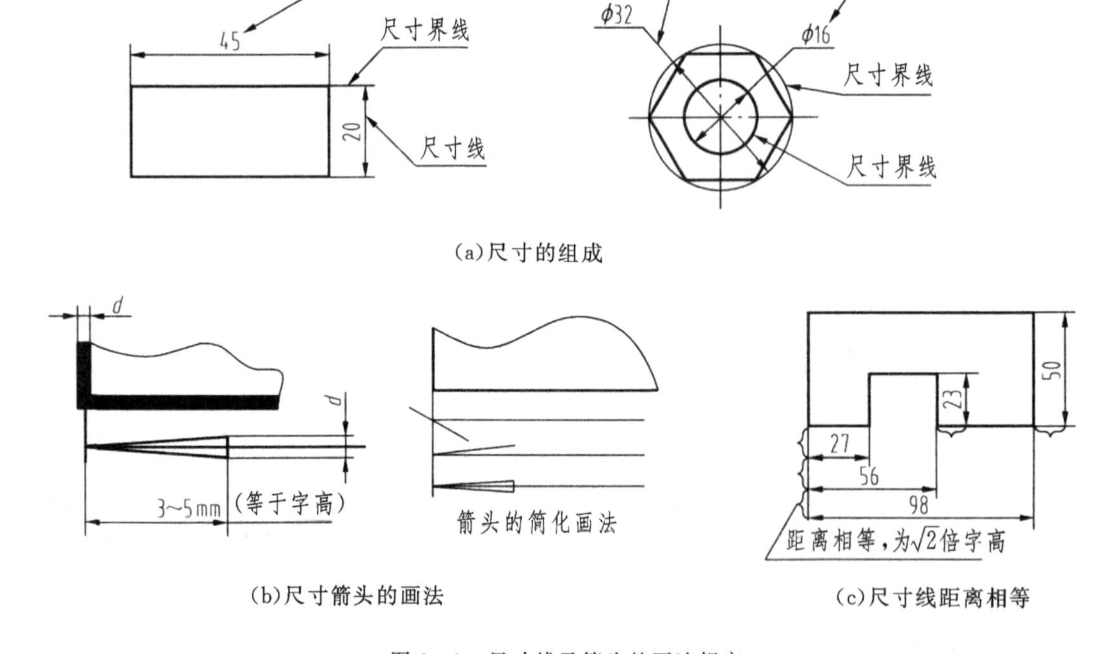

(a)尺寸的组成

(b)尺寸箭头的画法

(c)尺寸线距离相等

图 1-9 尺寸线及箭头的画法规定

2.尺寸线

(1)尺寸线用来表示度量尺寸的方向,必须与表示的轮廓长度平行,必须用细实线单独绘出,不得由其他任何线代替,也不得画在其他图线的延长线上。尺寸线两端点必须用端点符号,一般用箭头或斜细实线段制成,箭头的绘制要求,如图 1-10(a)所示。

(2)标注尺寸时大尺寸在外,小尺寸在内,避免尺寸界线与尺寸线相交。尺寸界线出头 2

～5mm，不得过长和过短，如图 1－10(b)所示。尺寸线与轮廓线的间距和尺寸线之间的间距均匀相等，间距约为$\sqrt{2}$ 倍字高(5～10mm)，线性尺寸的尺寸线应与所表达的轮廓线平行，如图1－10(c)所示。

3. 尺寸数字

尺寸数字表示尺寸的大小。线性尺寸数字一般注写在尺寸线的上方，也允许注写在尺寸线的中断处，字头朝上；垂直方向的尺寸数值应注写在尺寸线的左侧，字头朝左；倾斜方向的尺寸数字，应保持字头向上的趋势，保持字头“向上朝左”原则。

表达角度的数字，数字字头永远向上。角度数字标注的不正确的提示，如图 1－10(d)所示。

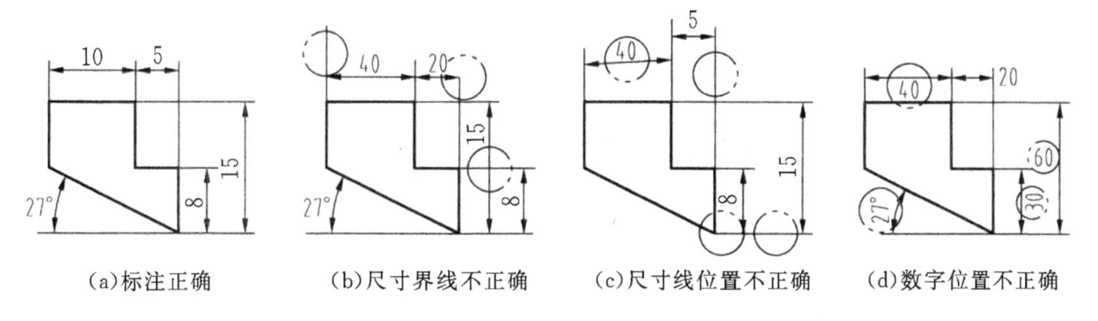

(a)标注正确　(b)尺寸界线不正确　(c)尺寸线位置不正确　(d)数字位置不正确

图 1－10　尺寸组成及注意事项

注：“○”为错误标注。

1.2.3　标注尺寸的规定及说明

图样中尺寸标注比较灵活，标注的对象情况也较复杂，应注意学习尺寸标注的各项规定，掌握正确、清晰标注尺寸的技巧。

1. 尺寸标注规定的图例及说明

尺寸数字不能被任何图线通过，当无法避免图线通过数字时，应将该图线断开；尺寸数字平行标注时避免尺寸线与垂直线成 30°范围内标注尺寸，当无法避免时可采用引出标注方法或采用水平标注方法；尺寸数字距图形轮廓距离等规定，如表 1－4 所示。

表 1－4　尺寸标注的规定及常见的表达方法

内容	尺寸标注图例	说明
尺寸数字位置	50　φ20　50　φ20	线性尺寸数字标注在尺寸线的上方或尺寸线的左侧。 需要时可以注在尺寸线的中间断裂处

续表 1-4

内容	尺寸标注图例	说明
数字字头方向	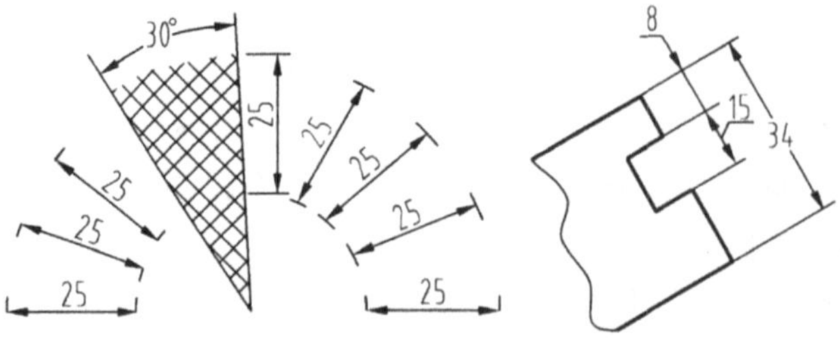	线性尺寸数字标注在尺寸线的上方、左侧，数字的字头方向朝上、朝左。 在左图 30°的范围内，不能保证字头方向朝上、朝左，应引出标注
数字不能与线相交	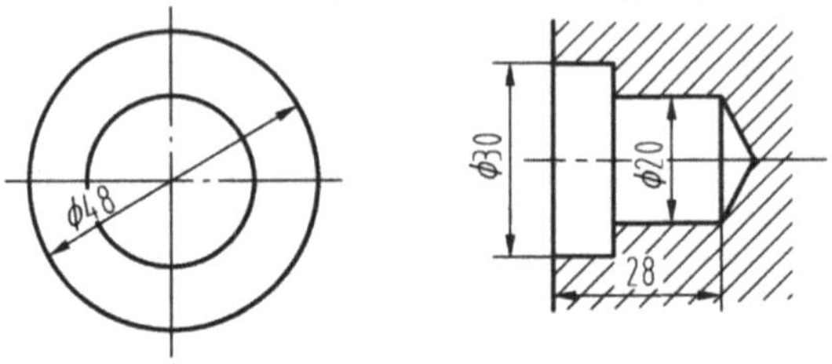	图样中的尺寸数字，不允许任何线通过，尺寸尽可能标注在图形外，需要标在图内，有图线通过时，图线必须断开
尺寸线	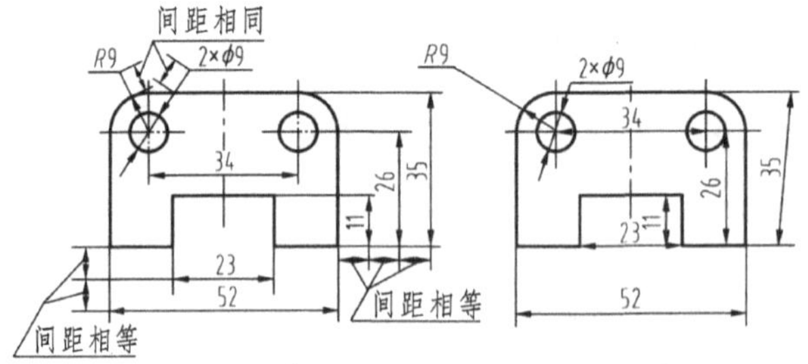 (a)正确 (b)错误	尺寸线必须用细实线单独画出，不能与其他图线重合或在延长线上。 尺寸线之间和与图形的距离相等，为$\sqrt{2}$倍字高，引出标注的位置不要过长或过短
尺寸界线	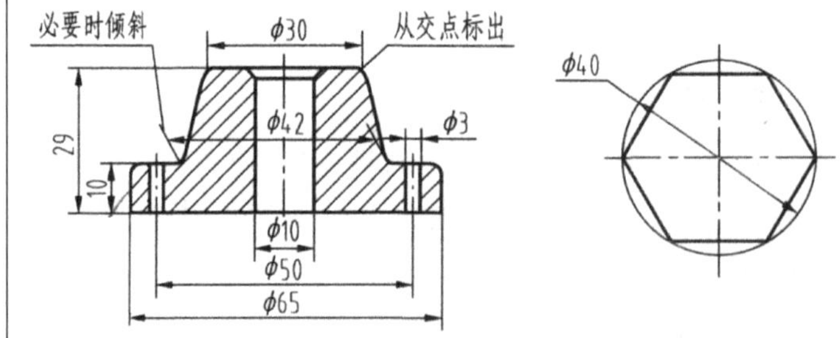	尺寸界线用细实线绘制，也可用相应图线代替。 尺寸界线与尺寸线的出头 3～5mm。 需要时尺寸界线可倾斜绘制
小尺寸的标注	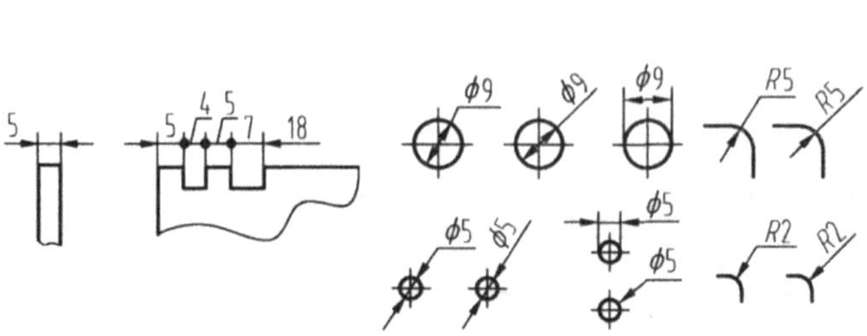	小形状的尺寸箭头画在外侧，连续标注中间用圆点代替箭头，尺寸数字靠近或有引线标注。 小的圆和圆弧的标注，一般用引线标注，箭头必须指向圆心

续表 1-4

内容	尺寸标注图例	说明
直径半径标注	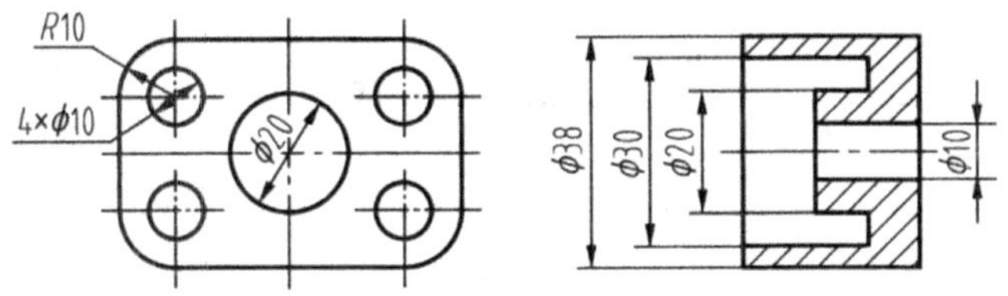 R10　4×φ10　φ20　φ38　φ30　φ20　φ10	图样中的圆标注直径 ϕ，并在前面标出圆的数量。尽可能标注非圆的图上，使尺寸线不相交。 圆弧标注半径 R，多个相同圆弧只标注一个，不标注数量
角度标注	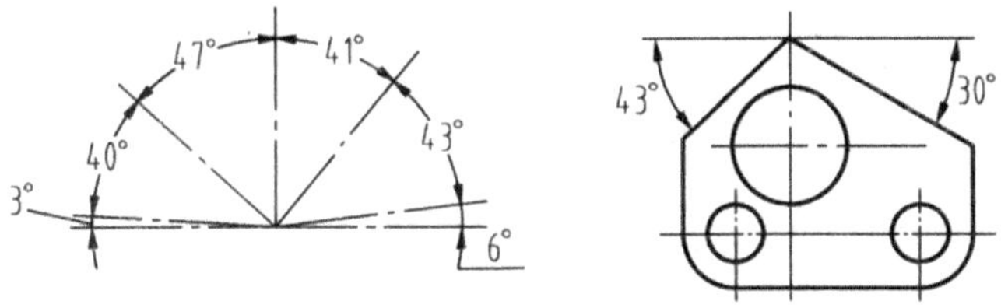 47°　41°　40°　43°　3°　6°　43°　30°	角度的尺寸线用圆弧绘制，箭头垂直指向角度线或尺寸界线。 角度的数字必须水平填写。
球面	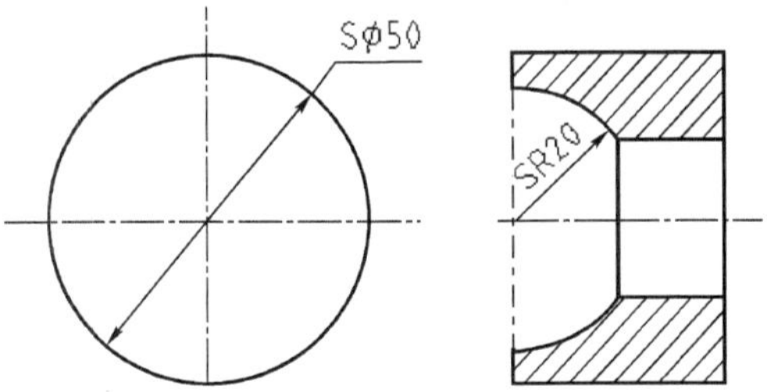 Sφ50　SR20	标注球面尺寸时，在 ϕ 或 R 前加注符号“S”
弧长弦长标注	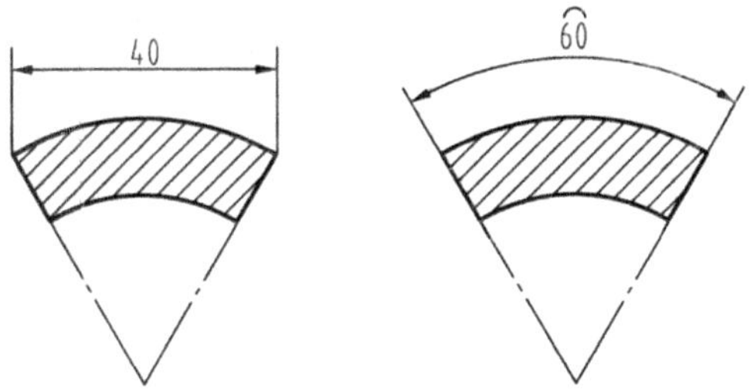 40　⌒60	标注弦长时，尺寸线平行与该弦，尺寸界线平行与弦的垂直平分线。 标注弧长时，尺寸线是与该弧同心圆弧，并在数字上方加符号“⌒”
对称标注	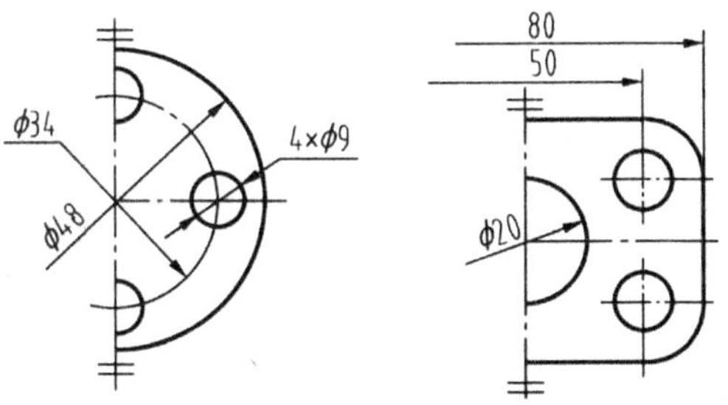 φ34　4×φ9　φ48　80　50　φ20	对称标注时，只画出尺寸线一端的箭头，尺寸数字填写在尺寸线的中间

2. 尺寸标注示例

平面图形中尺寸标注的综合示例，如图 1－11 所示。

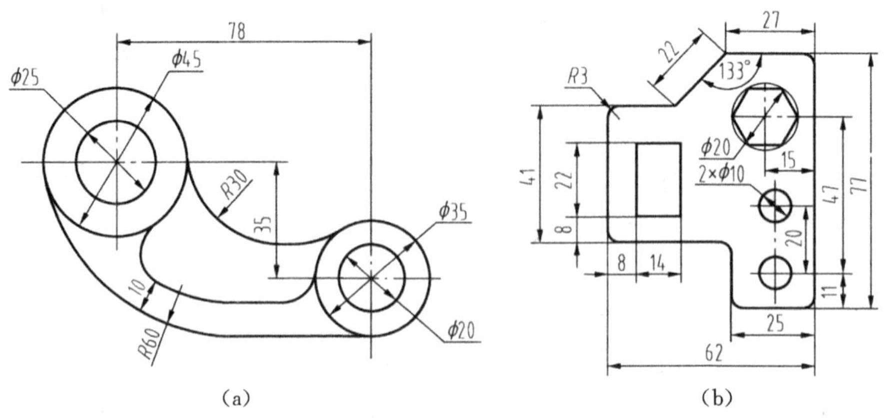

图 1－11　尺寸标注综合示例

1.3　绘制基本技能

任何平面图形都是由各种线段(直线或曲线)构成的。平面内的线段之间可能彼此相交、等距或平行。最基本的平面图形绘制有：线段等分、圆周等分、斜度、锥度、圆弧连接等。熟练掌握手工平面图形的绘制方法，是提高绘图速度和质量的基本技能。

1.3.1　斜度、锥度

1. 斜度

表示一直线(或平面)对另一直线(或平面)的倾斜程度，称为斜度，在图样中以 1∶n 的形式标注。标注斜度时，要在数字前标注斜度符号“∠”，符号斜度的方向与斜度方向一致，如图 1－12(a)所示。

2. 锥度

指圆锥体底圆直径与其高度之比，称为锥度，在图样中常以 1∶n 的形式标注。标注锥度时，要在数字前加注符号“▷”，符号斜线的方向与锥度方向一致，如图 1－12(b)所示。

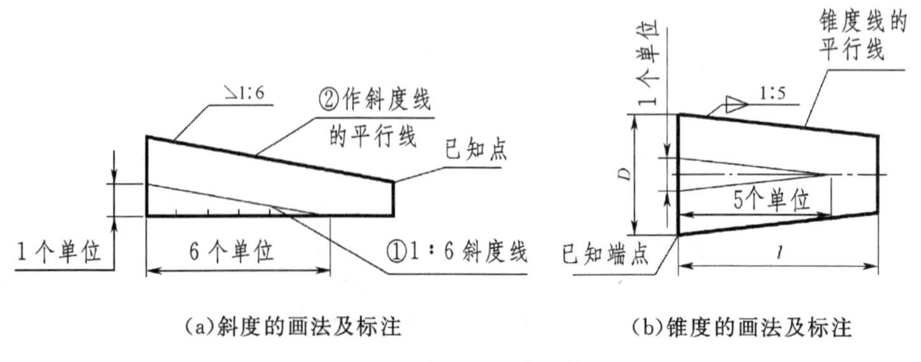

(a)斜度的画法及标注　　(b)锥度的画法及标注

图 1－12　斜度和锥度及标注

1.3.2　直线段等分

在绘图过程中，经常需要将一条线段进行等分，习惯采用测量线段尺寸数值，经过计算进行等分。下面介绍用手工绘图的操作等分线段的方法。

1. 试分法

绘图中经常采用的等分线段的方法为试分法，试分法就是用目测的方法先给出等分线段的长度，然后在线段上试分，当分到最后一份时，将发现线段不够或有剩余，目测不够或剩余部分的线段，再将根据不够或有剩余部分的线段调整给出等分线段的长度，反复操作直至达到等分。

此方法简单实用，其精度完全可以满足手工绘图的精度。

2. 平行线等分

在线段的任意一端用直尺画出对应的等分数量的直线段，角度及等分长度不限，连接线段的另一端，然后做平行线，直至完成直线段的等分。

例如将一直线段 AB 五等分，过 A 点作一斜线 AC，并在 AC 线上取 5 个已知单位长度，连接 B 点和 C 点得到 BC。通过斜线上 5 个已知的点分别作线段 BC 的平行线，在线段 AB 上得到的 5 个点即为线段 AB 的五等分点，如图 1－13 所示。

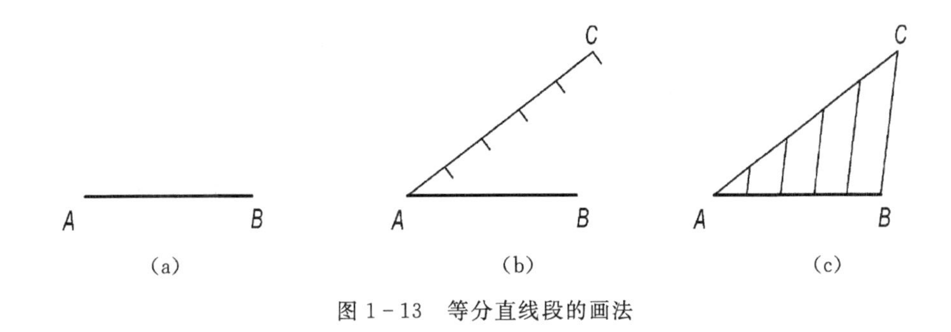

图 1－13　等分直线段的画法

1.3.3　圆的等分及正多边形

正多边形的绘制，一般是对圆进行等分所完成的，能够掌握准确、快速的完成圆的等分，是手工绘图的基本技能要求。

1. 圆规和三角板绘制正多边形

利用正多边形的外接圆，配合圆规和三角板的使用，可以将圆周进行等分，下面介绍的正多边形的作图方法。

(1)正三、四边形。利用三角板的 30°、60°、45°角完成，如图 1－14(a)、(b)所示。

(2)正五边形。先在半径 OA 上作出中点 O_1，以 O_1 为圆心，O_1B 为半径作弧交中心线于 C 点，以 BC 为弦长将圆周分成 5 份，连接各端点即成正五边形，如图 1－14(c)所示。

(3)正六边形。先以已知对角长度为直径作圆，再以半径为弦长等分圆周 6 份，连接各端点即成正六边形，如图 1 - 14(d)所示。

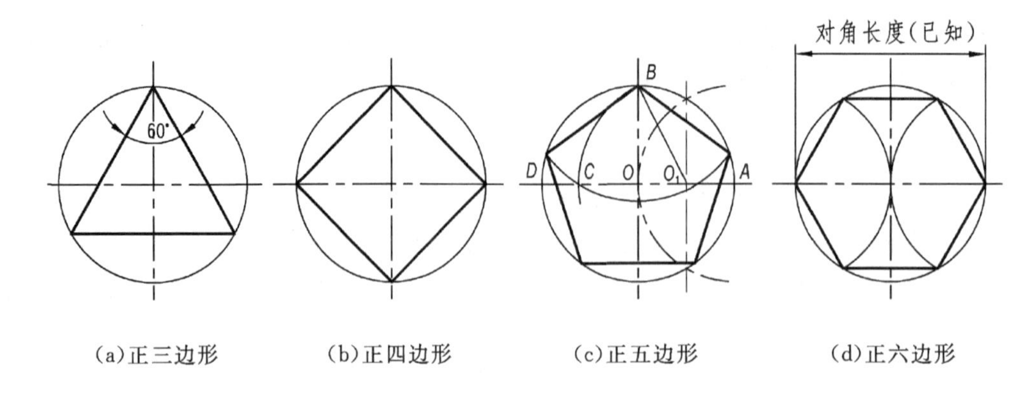

(a)正三边形 (b)正四边形 (c)正五边形 (d)正六边形

图 1 - 14 正多边形作图方法

2.任意正多边形

任意正多边形(大于或等于七边形)的作图方法，利用等分直径、圆弧及连线完成，如图 1 - 15 所示。以正七边形为例作图步骤如下：

(1)用等分直线的方法，将直径 AN 作 7 等分，如图 1 - 15(a)所示；

(2)以 N 点为圆心，以 NA 为半径画弧，与水平中心线交于 P、Q 两点，如图 1 - 15(b)所示；

(3)由 P 和 Q 点作直线，分别与奇数(或偶数)分点连线并与外接圆相交，依次连接各顶点 $BCDNEFGB$ 即为所求的正七边形，如图 1 - 15(c)所示。

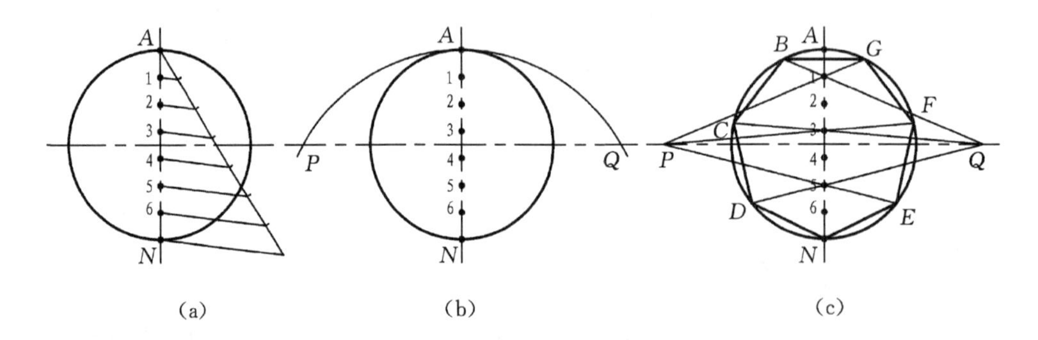

(a) (b) (c)

图 1 - 15 正多边形作图方法

1.3.4 圆弧连接

机件表面的轮廓曲线可以视为由若干个圆弧组成，绘制机件表面的轮廓曲线即为圆弧连接。

1.圆弧连接

圆弧连接必须保证图线对接，光滑连接(即相切)。为了保证相切，必须准确地作出连接弧的圆心和切点，常见的圆弧连接画法如表 1 - 5 所示。

表 1－5　常见的圆弧连接画法

连接要求	作图方法和步骤		
连接垂直相交的两直线	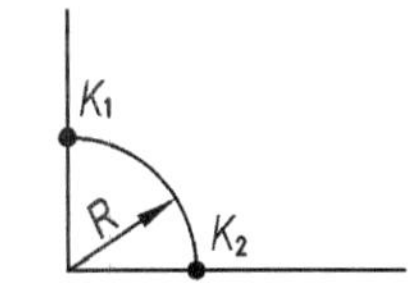 连接圆弧半径 R 长度已知，求切点 K_1、K_2	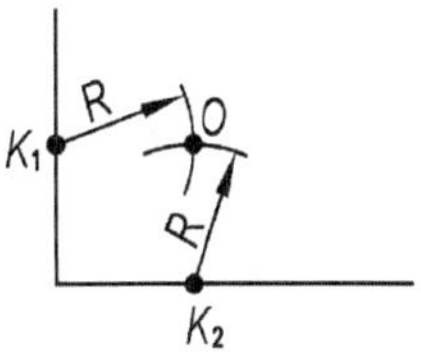 求圆心 O	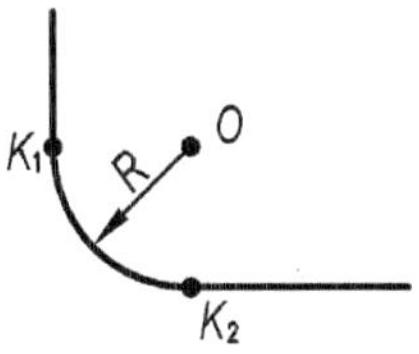 画连接圆弧
连接相交的两直线	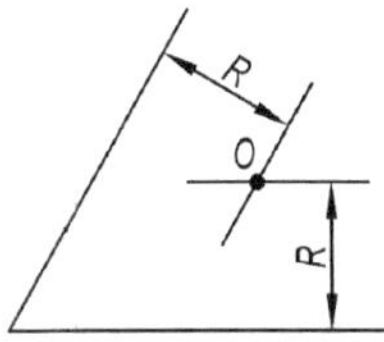 连接圆弧半径 R 长度已知，求圆心 O	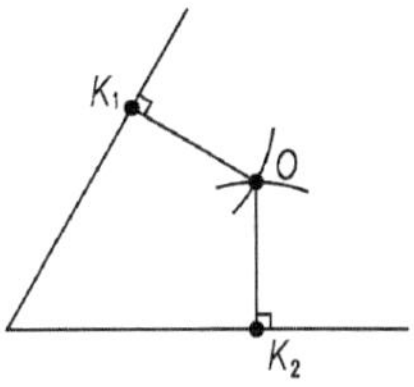 求切点 K_1、K_2	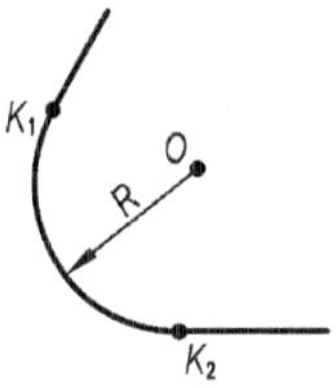 画连接圆弧
连接一直线和一圆弧	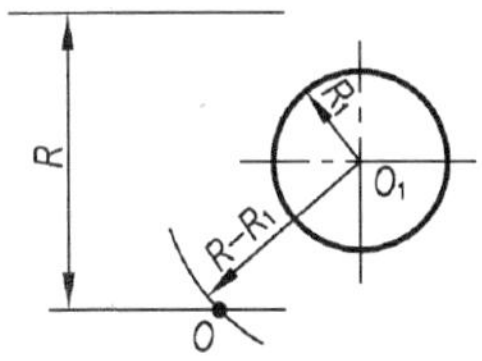 连接圆弧半径 R 长度已知，求圆心 O	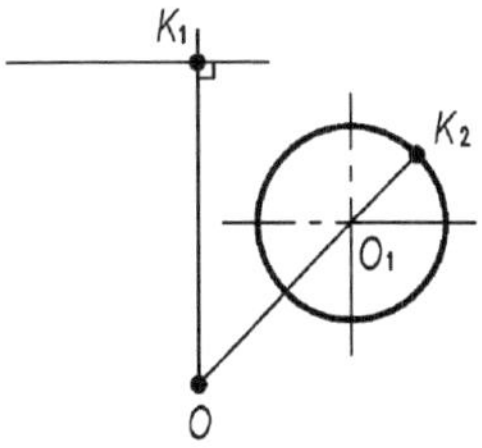 求切点 K_1、K_2	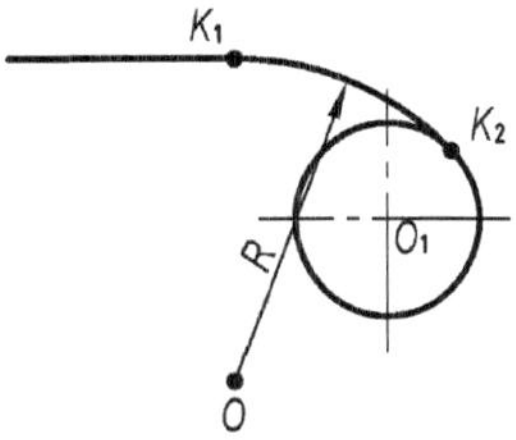 画连接圆弧
外切两圆弧	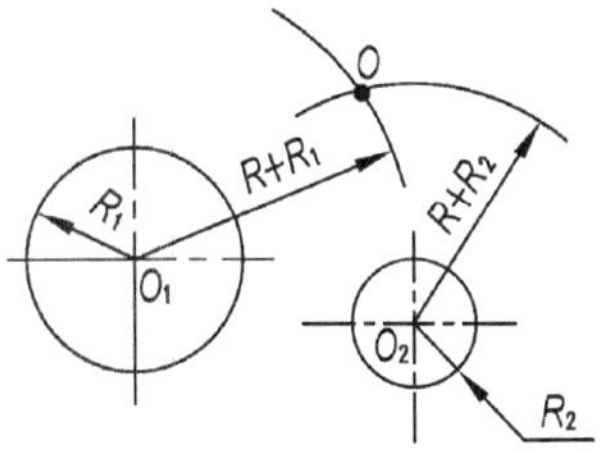 连接圆弧半径 R 长度已知，求圆心 O	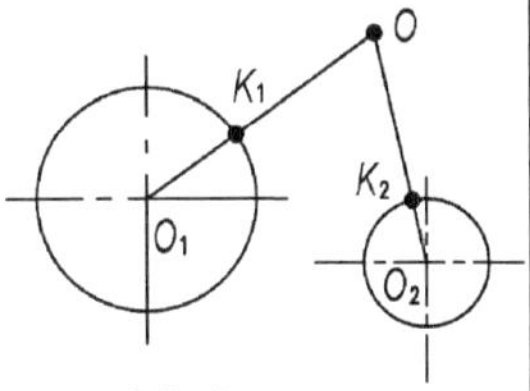 求切点 K_1、K_2	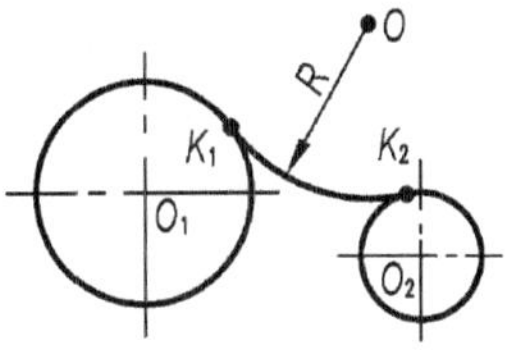 画连接圆弧
内切两圆弧	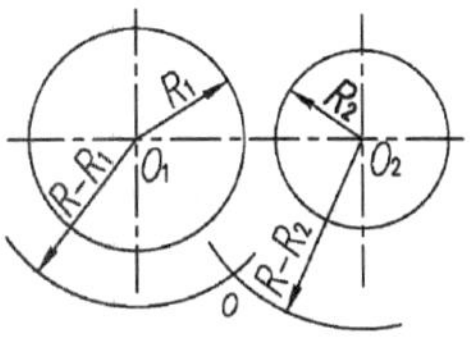 连接圆弧半径 R 长度已知，求圆心 O	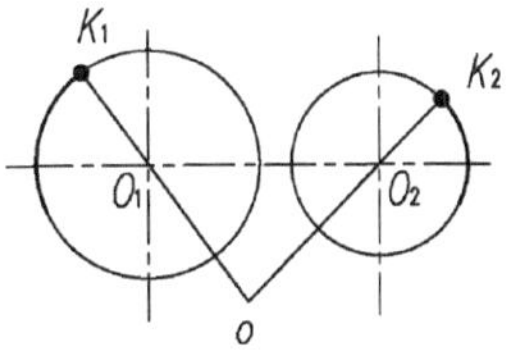 求切点 K_1、K_2	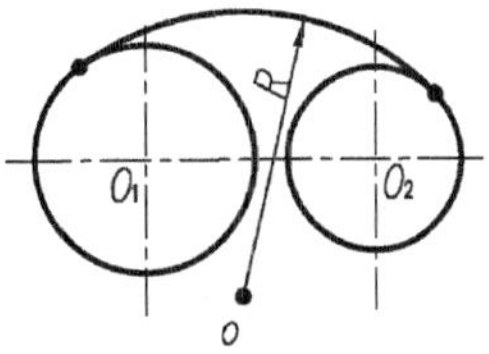 画连接圆弧

续表 1－5

连接要求	作图方法和步骤		
外切圆弧和内切圆弧	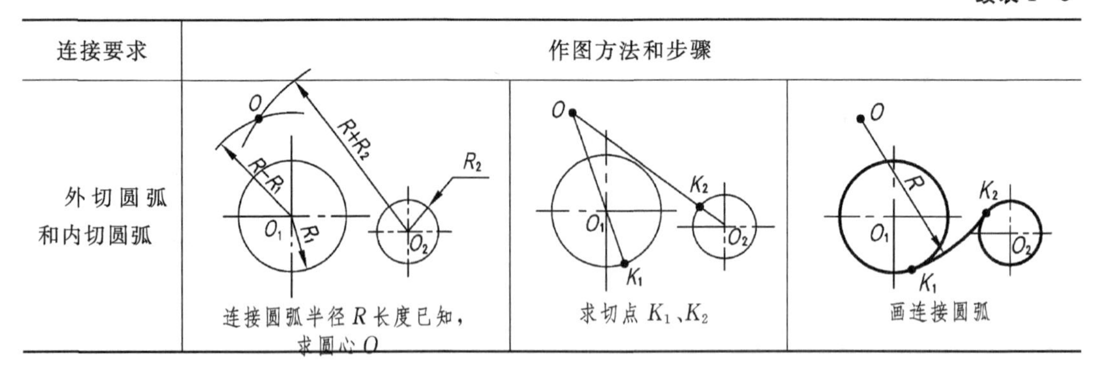 连接圆弧半径 R 长度已知，求圆心 O	求切点 K_1、K_2	画连接圆弧

2. 圆弧连接的示例

工程图样中用圆弧连接表达的图形复杂多样。掌握用圆弧连接作图的技能，能够完成圆弧的连接，主要掌握图形及尺寸的分析，将对以后工程图样的绘制非常重要。如图 1－16 所示，是需用圆弧连接方法作图表达的图形，图中分别演示了圆弧的外连接和内连接绘图。

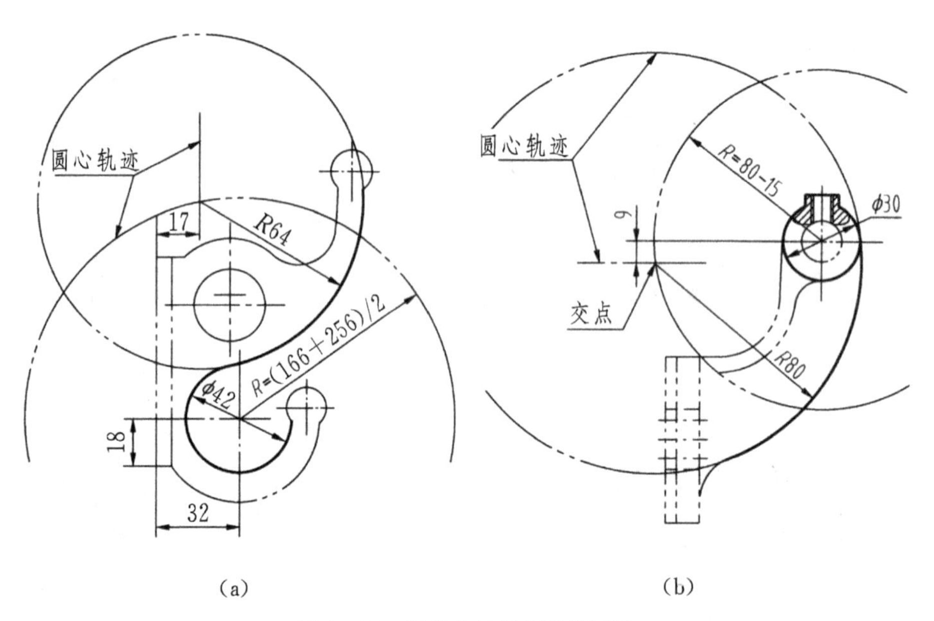

(a) (b)

图 1－16 图样中的圆弧连接画法

1.3.5 平面图形

绘制平面图形是按尺寸标注的内容进行的，分析平面图形，首先从分析图样中所注的尺寸开始，其次，分析各线段及图形组成，以便确定作图时的先后次序。

1. 平面图形的尺寸分析

根据尺寸在平面图形中所起的作用，可分为定形尺寸和定位尺寸两种，如图 1－17 所示。

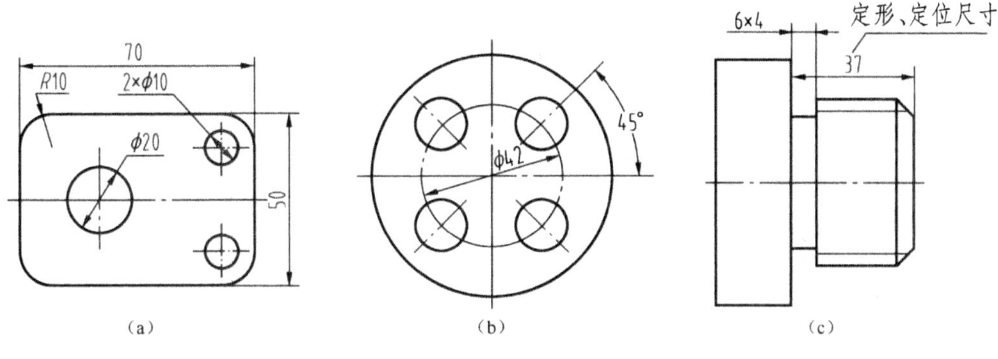

(a)　(b)　(c)

图 1-17　定形与定位尺寸

(1)定形尺寸。凡决定封闭线框形状或线段大小的尺寸称为定形尺寸。一般情况下，圆和圆弧的直径或半径、多边形的边长和顶角的大小都是定形尺寸。如图 1-17(a)所示，图中的 φ20、φ10、R10、70、50 等为定形尺寸。

(2)定位尺寸。平面图形通常是由若干封闭的线框构成，凡决定各封闭线框或线段之间相对位置的尺寸称为定位尺寸。如图 1-17(b)、(c)所示，图中的 φ42、45°为定位尺寸。通常，每一线框或线段需要两个方向的定位尺寸。对称图形要采用对称标注。

(3)尺寸基准。标注尺寸的起始点称为尺寸基准。在平面图形中标注尺寸，在每个方向上都有一个尺寸基准(二维图形 X、Y 方向)，一般尺寸选择图形的对称中心线、圆的轴心线、底面、重要的轮廓线或面等做为尺寸基准，如图 1-18 所示。

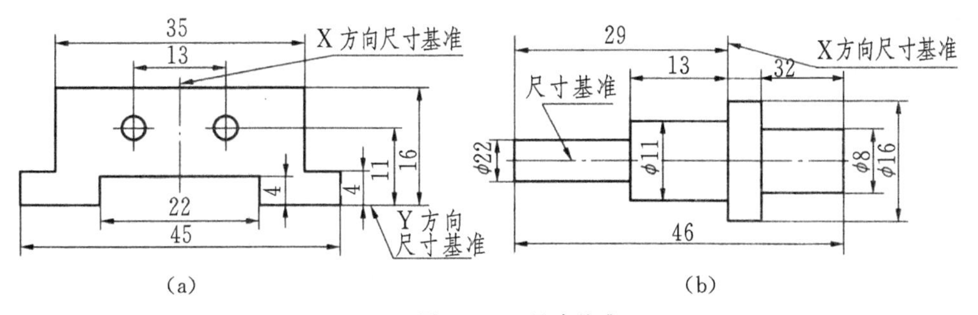

(a)　(b)

图 1-18　尺寸基准

2.平面图形的构成分析

图形往往都是由多个基本图形组合而成的，这就需要在画图前了解清楚，其组成图形的各基本图形主次之间的关系等。一定要先画主要的，后画次要的。特别要克服写字的习惯，从上到下、由左至右的画图，一定分析清楚图形的组成单元的内容，分别画出。

如图 1-19(a)所示，图中的图形就是由三部分组成的，三部分中最下面的一组圆是主要图形，另两个图形都是依附在这一组圆上的。因此，先画这一组圆，如图 1-19(b)所示；其次画出中间的图形，如图 1-19(c)所示。然后画出最上面手柄的图形，很明显手柄下端的 R36 圆弧尺寸的定位点在中间的图形上，如图 1-19(d)所示；最后画出连接图形及其他的细小图形，完成全部图形的绘制。

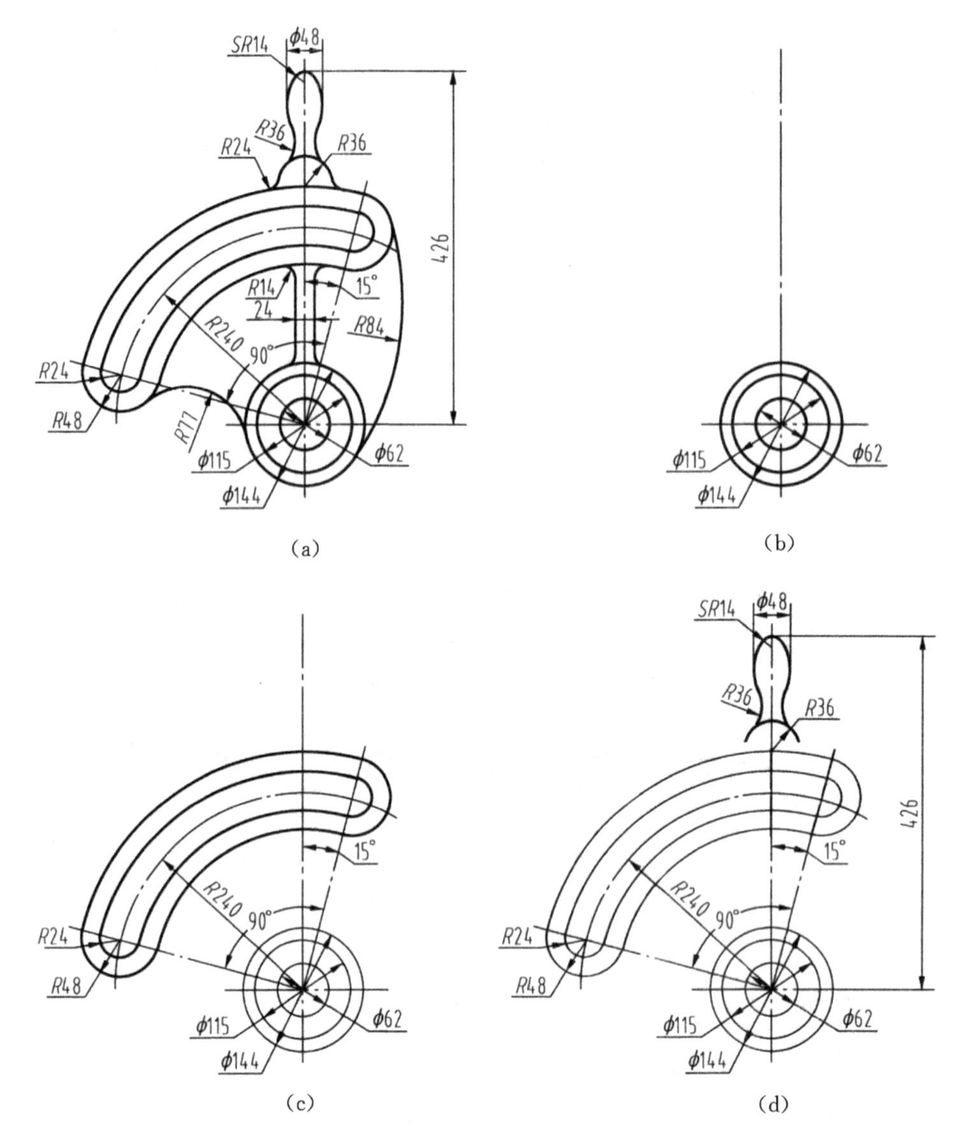

图 1-19　平面图形的分析画图

例 1-1　绘制扳手平面图形，其作图步骤如下：

①图形分析。该图形的中心距尺寸 132，两点分别为 $\phi44$ 内接六边形和 $\phi28$ 的圆，如图 1-20(a)所示。

②图面布置。底稿线画出两孔的中心线，保证两孔的中心线距离尺寸 132，如图 1-20(b)所示。

③绘制图形。按已知图形及尺寸先画出两点的图形，其中左端图形 $R44$ 是圆弧内连接。再画出中间连接形状的图形，作与中心线(44/2)平行线交于 $R44$ 圆弧，过交点画直线与 $\phi28$ 的圆相切，作直线与 $R44$ 的圆弧连接，如图 1-20(c)、(d)、(e)所示。

④检查加深。按图形及尺寸检查，确定准确无误加深全图，保证线型及图面内容标准。最后完成尺寸标注，如图 1-20(a)所示。

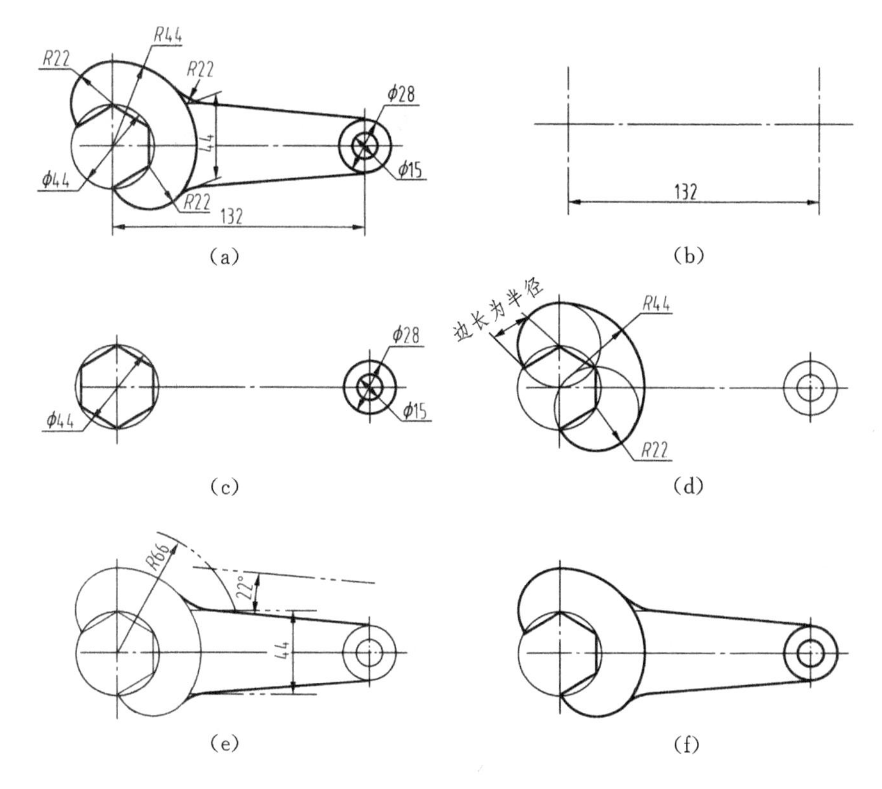

图 1－20　扳手平面图形作图步骤

例 1－2　绘制椭圆，已知椭圆的长轴和短轴，画法有两种：

①椭圆的同心圆画法。椭圆的同心圆画法(同心法)，分别以长轴和短轴为直径画同心圆，过同心圆的圆心作直线，与两圆相交，过交点分别作水平线和垂直线，其交点便是椭圆的轨迹，依次光滑连接各点，即得椭圆，如图 1－21(a)所示。

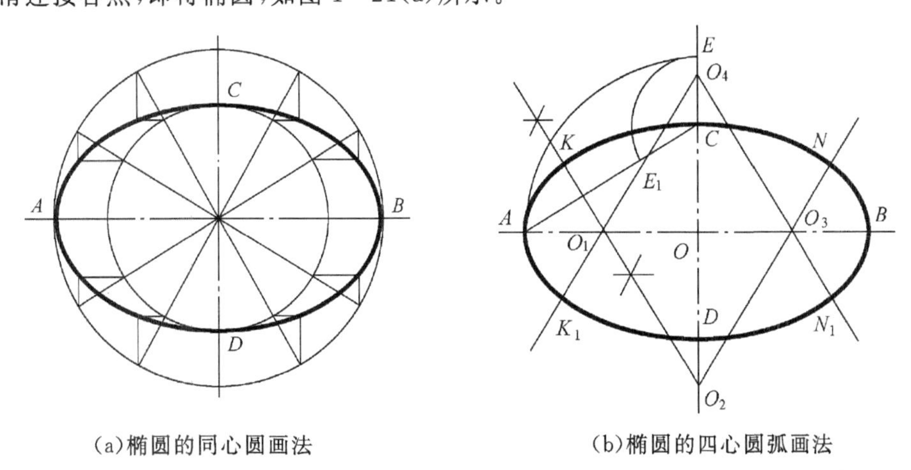

(a)椭圆的同心圆画法　　(b)椭圆的四心圆弧画法

图 1－21　绘制椭圆的方法

②椭圆的四心圆画法。椭圆的四心圆画法(四心法)，用 4 段圆弧表达椭圆的方法，分别求出 4 个圆弧的圆心及 4 个半径，作 4 段圆弧连接，四心法画椭圆的近似画法，如图 1－21(b)所示。

第2章　形体的投影表达

本章重点内容提示

(1)投影知识。投影的"三要素";正投影及性质;线、面的投影及在投影面体系中的各种位置。

(2)三视图表达。视图及三视图的形成;三视图的性质"三等关系"、"位置关系";形体的分析方法;形体的三面投影表达。

(3)尺寸表达。视图中形体的尺寸标注,即在三视图中正确、清晰地标注尺寸,准确地表达形体的尺寸大小。

2.1　三面投影表达方法

同时对形体进行3个相互垂直方向的投影,获得形体的用3个投影。用这3个投影表示形体的方法,称为三视图。三视图是学习视图表达的一种教学方法,实践中一般不用三视图表达形体。

2.1.1　投影法的基本知识

1.投影的概念及三要素

投影是日常生活中普遍存在的一个物理现象,光源将物体的影子投射在平面上,称为投影。

其中光线(光源)、被投影物、平面(投影面)是构成投影的必要条件,我们把投影线、被投影物、投影面称作投影三要素。如图2-1所示。

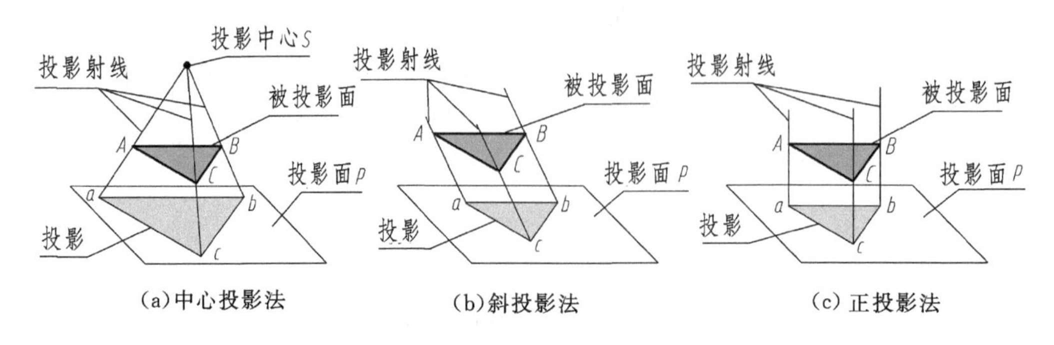

图2-1　投影法的分类

2. 投影法的分类

投影法分中心投影法和平行投影法两种。

(1)中心投影法。投影线汇交于一点的投影方法,称为中心投影法。用这种方法可绘制透视图,在建筑制图中和室内装饰效果图中应用,如图 2-1(a)所示。

(2)平行投影法。投影线互相平行的投影方法,称为平行投影法,如图 2-1(b)、(c)所示。在平行投影法中,投射线与投影面倾斜或垂直,又分为斜投影法和正投影法。

3. 正投影法及性质

(1)正投影法。平行投射线与投影面垂直的投影方法,称为正投影法,如图 2-1(c)所示。正投影法是我们机械制图投影理论的主要内容。用正投影法绘制的图形,称为正投影图,简称为视图。

(2)正投影的性质。由于正投影法的投射线之间相互平行,并与投影面之间相互垂直,这种关系是不变的,因此,用投影平面来表示正投影法。我们把平面或直线段,放在投影面上,在投影面上,平面或直线段在投影面上的投影,一定符合以下的投影规律。

①显实性。被投影的面或线与投影面平行,投影保持形状不变,其投影反映实形的性质,称为显实性,如图 2-2(a)所示。

②积聚性。被投影的面或线与投影面垂直,投影被积聚成线或点,其投影被积聚的性质,称为积聚性,如图 2-2(b)所示。

③类似性。被投影的面或线与投影面倾斜,投影保持与原有的形状相类似,其投影属性不变,称为类似性,如图 2-2(c)所示。

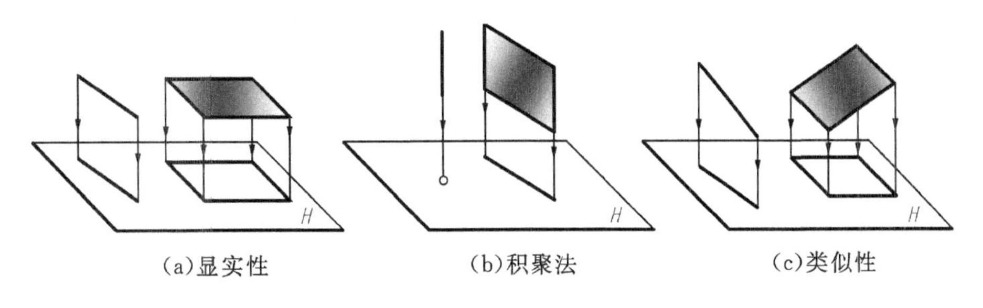

(a)显实性　　(b)积聚法　　(c)类似性

图 2-2　正投影的性质

2.1.2　几何体的三面投影

物体是由长、宽、高三个方向尺寸变化构成的立体,我们表达它,就应当了解它的上下、左右、前后的形状变化,只有从不同方向观察才能正确认识它,这也是观察事物的基本方法。

为今后能根据形体的不同结构,按表达规定进行恰当的投影,准确清晰表达形体。先学习掌握用三面投影表达形体的方法,称为三视图。将形体置于相互垂直的三个正投影面中,同时在三个投影面上获得的图形称为三视图。

1. 三投影面体系

取三个互相垂直的正投影面，简称为投影面，组成三投影面体系，如图 2-3(a)所示。

三个投影面(规定)的代号和名称：

(1)水平投影面。水平位置的投影面称为水平投影面，简称为水平面，用大写字母“H”表示。

(2)正立投影面。立在正前方位置的投影面称为正立投影面，简称为正面，用大写字母“V”表示。

(3)侧立投影面。右边侧立位置的投影面称为侧立投影面，简称为侧面，用大写字母“W”表示。

“H”、“V”、“W”三个投影面相交，组成“O”、“X”、“Y”、“Z”三维直角坐标系。我们可以利用墙角、桌面与书本等创建三投影面体系，帮助我们建立三投影面空间概念。

2. 三视图的形成

(1)形体在三投影面体系中的投影。将几何形体放置在三投影面体系中，在“H”、“V”、“W”3 个投影面上，“同时获得”3 个投影图形。因为是正投影同时获得的 3 个投影图形，它们的投影图形之间一定是“对齐”的，如图 2-3(b)所示。

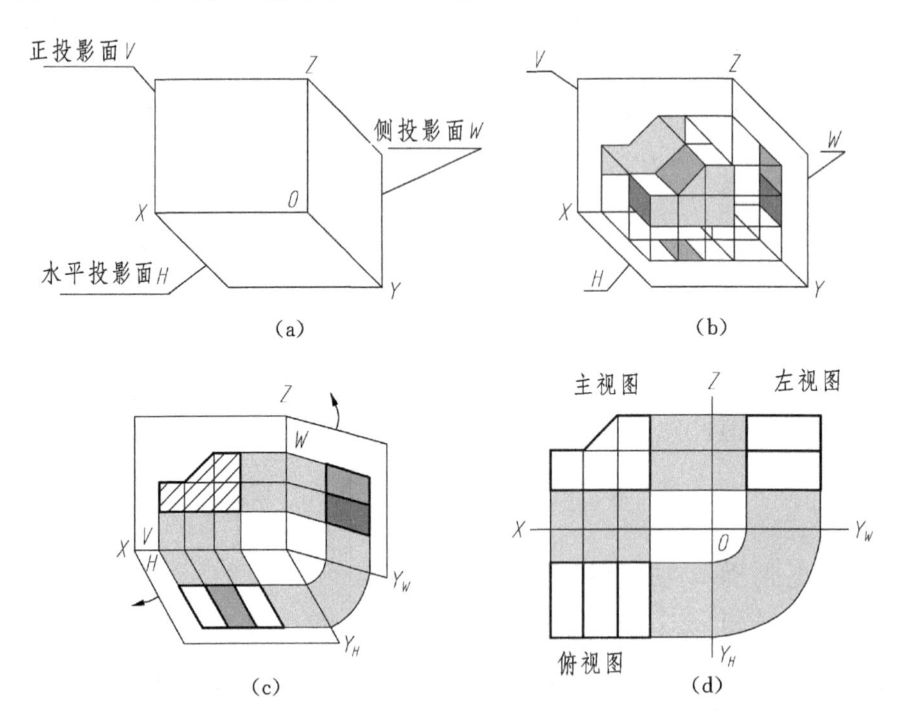

图 2-3　三视图的形成

(2)展平 3 个投影面。将“H”、“V”、“W”3 个投影面展平，如图 2-3(c)所示。在“H”、“V”、“W”3 个投影面上的图形，称为三面投影，便是三视图的形成，如图 2-3(d)所示。

同时对形体进行 3 个方向的投影，如图 2-4(a)所示。得到的三面投影图，省去“H”、

“V”、“W”3 个投影面及各项符号标注，即称为三视图，如图 2－4(b)所示。注意观察分析，搞清楚三面投影图的形成和它们之间的关系，培养学生的空间思维能力对下面学习非常重要。

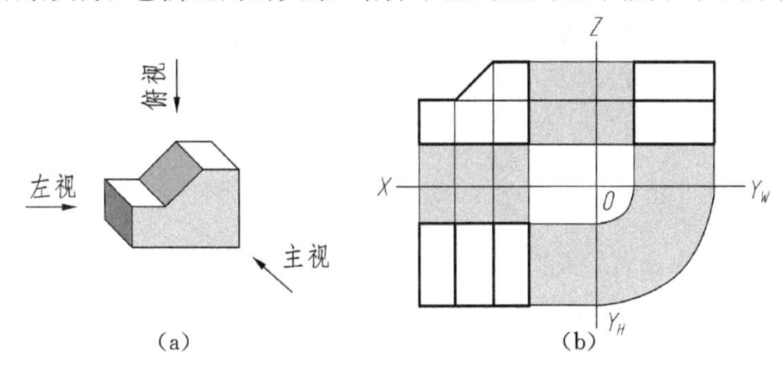

图 2－4　形体的三面投影

投影在“V”面上的图形，称为主视图。位于图面的左上方。

投影在“H”面上的图形，称为俯视图。位于主视图正下方。

投影在“W”面上的图形，称为左视图。位于主视图正右方。

3. 三视图的投影关系

(1)三视图的三等关系。形体有长、宽、高三个方向的大小。通常规定：相对观察者物体左右之间的距离为长，用“X”轴表示，前后之间的距离为宽，用“Y”轴表示，上下之间的距离为高，用“Z”轴表示。如图 2－5(a)所示，在三投影面体系中，三个视图是同时投影获得的，形体的长、宽、高三个方向的大小是不变的。因此三视图之间的投影关系，可归纳为以下三条规律：

①主视图与俯视图同反映形体的长度——长对正；

②主视图与左视图同反映形体的高度——高平齐；

③俯视图与左视图同反映形体的宽度——宽相等。

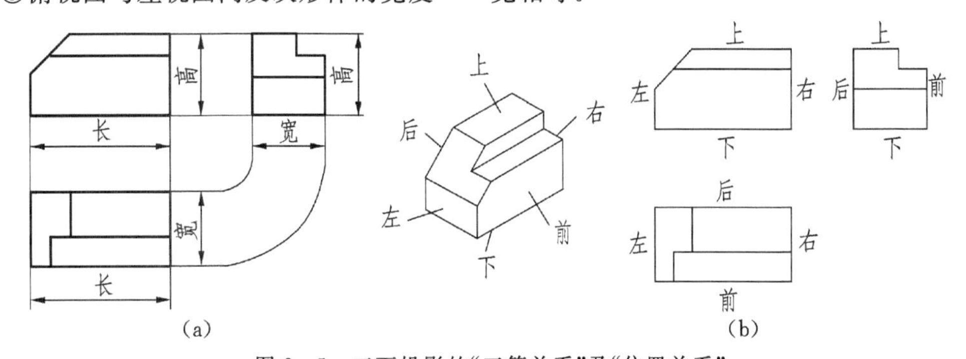

图 2－5　三面投影的“三等关系”及“位置关系”

“长对正、高平齐、宽相等”的投影关系是三视图的重要特性，是画图和读图的依据。

(2)三视图的位置关系。三视图的位置关系是形体方位的对应关系，形体有上、下，左、右、前、后 6 个方位，这 6 个方位反映形体的空间形状。如图 2－5(b)所示。在 3 个视图中，1 个视图只能反映 4 个方位，另两个方位被积聚，三视图反映位置关系归纳如下：

①主视图反映形体的上、下和左、右的相对位置关系；

②俯视图反映形体的前、后和左、右的相对位置关系；

③左视图反映形体的前、后和上、下的相对位置关系。

在三视图的投影关系中，特别注意的是俯视图与左视图的宽相等，反映形体的前、后位置关系。在三视图的形成中，OY 轴被一分为二，俯视图向下反映形体的前，左视图向右反映形体的前，俯视图与左视图的 OY 轴是一个，但在三视图中分别向下和向右相差 90°，与 OX 轴和 OZ 轴不同。绘图时俯视图的“上、下”，与左视图的“左、右”一定对应相等。

2.1.3 点、线、面的投影

点、线、面是构成形体表面的基本几何要素，要准确、完整、清晰的表达形体，对形体进行分析和描述，必须进一步学习这些基本几何要素的投影特性和作图技巧。

1. 点的投影

(1)点坐标。空间点可以用坐标 $A(X_a、Y_a、Z_a)$表示。

(2)点的直观图。在三投影面体系中，按正投影理论绘制点的空间图，用点的空间图表示点的方法称为点的直观图，如图 2－6(a)所示。

(3)点的三视图。根据 X_a、Y_a、Z_a 的坐标值，及正投影投影线垂直于投影面，即垂直于 X、Y、Z 坐标轴，保证 3 个视图的“三等关系”，绘制的投影图，称为点的三视图，如图 2－6(b)所示。

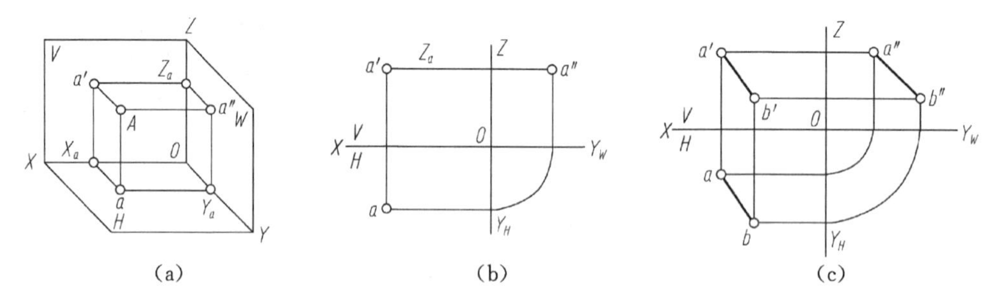

图 2－6　点的空间图和三面投影

从图中可以容易的看出，A 点到各投影面的三等关系如下：

①A 点到 W 面的距离$=Aa''=aYa=a'Za=XaO=X$ 坐标

②A 点到 V 面的距离$=Aa'=aXa=a''Za=YaO=Y$ 坐标

③A 点到 H 面的距离$=Aa-a''Ya=a'Xa=ZaO=Z$ 坐标

按 $B(X_b、Y_b、Z_b)$点的坐标，绘制 B 点的三视图，可以看出 B 点在 A 点的左、前、下位置，两点的对应连线，为直线段 AB 的三视图的表达，如图 2－6(c)所示。

2. 直线的投影

两点确定一条直线，两个点的三视图对应连线，即表达一条直线段的投影。空间直线与投影面体系的相对位置可分两类，共有 7 种情况。

(1)一般位置直线。标准规定直线与水平投影面 H 的夹角为 α；与正投影面 V 的夹角为 β；与侧立投影面 W 的夹角为 γ。一般位置直线与 3 个投影面的夹角 α、β、γ 都倾斜，即没有平行或垂直。一般位置直线的空间直观图和三面投影的表达，如图 2－7 所示。

(2)特殊位置直线。直线与三个投影面之间存在平行或垂直的关系分两种情况。

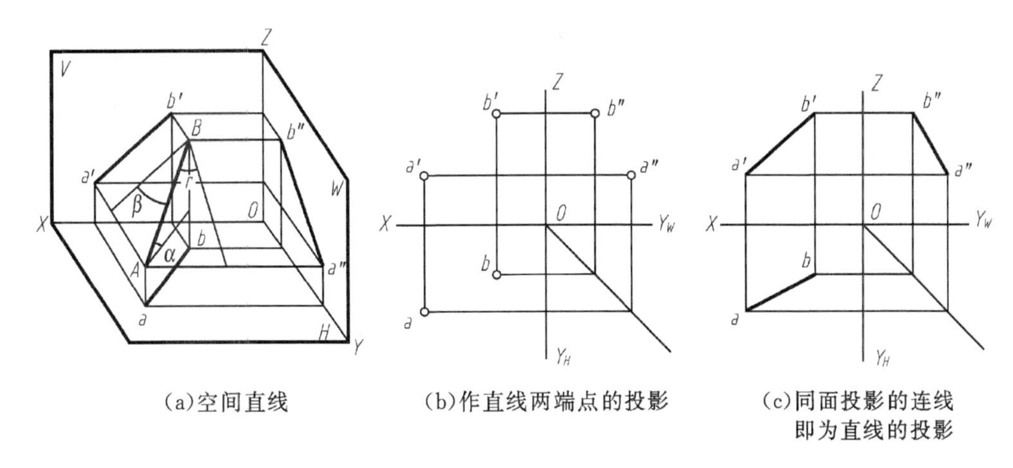

(a)空间直线　　(b)作直线两端点的投影　　(c)同面投影的连线即为直线的投影

图 2－7　一般位置直线的空间图和三面投影

①平行线。直线平行一个投影面，与另两个投影面倾斜，直线在平行一个投影面的投影显实长，如表 2－1 所示。

表 2－1　平行线的投影及特性分析

名　　称	直观图	投影图	投影特性
正平线			1. $a'b'=AB$ 2. $ab//OX$ $a''b''//OZ$ 3. 反映 α、γ 实角
水平线			1. $ab=AB$ 2. $a'b'//OX$ $a''b''//OY_W$ 3. 反映 β、γ 实角
侧平线			1. $a''b''=AB$ 2. $a'b'//OZ$ $ab//OY_H$ 3. 反映 α、β 实角

②垂直线。直线垂直于一个投影面，与另两个投影面平行，直线在垂直投影面的投影聚积成一点，在两个平行投影面的投影显实长，如表 2－2 所示。

表 2-2 垂直线的投影及特性分析

名　称	直　观　图	投　影　图	投影特性
正垂线	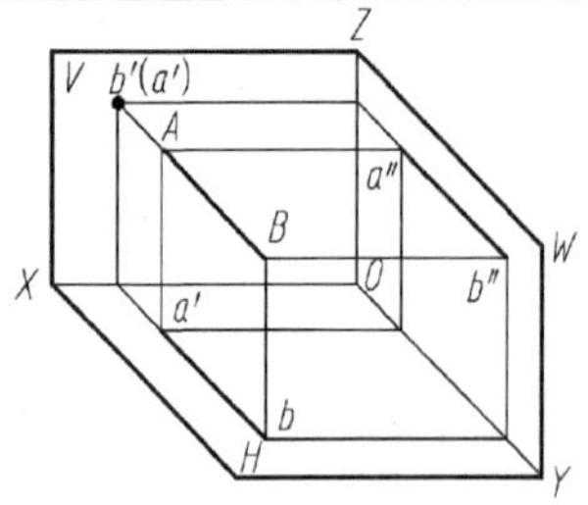	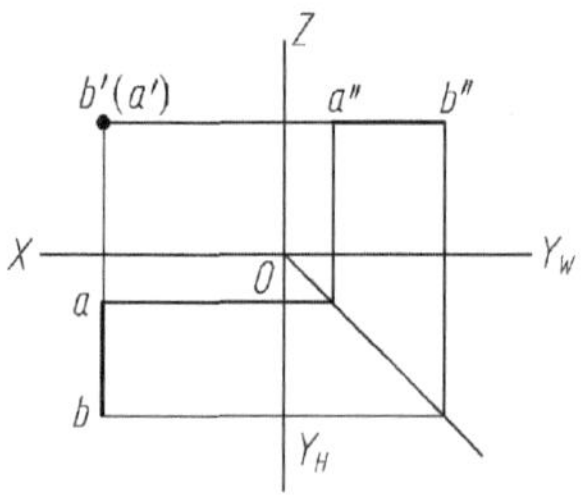	1. $a'b'$积聚为一点 2. $ab \perp OX$ $a''b'' \perp OZ$ 3. $ab=a''b''=AB$
铅垂线	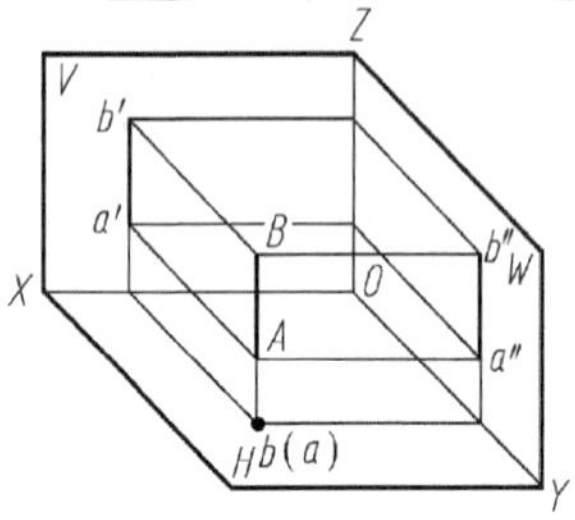	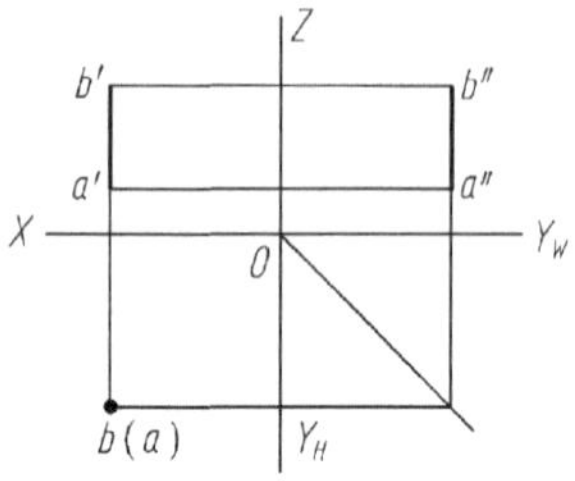	1. ab 积聚为一点 2. $a'b' \perp OX$ $a''b'' \perp OY_W$ 3. $a'b'=a''b''=AB$
侧垂线	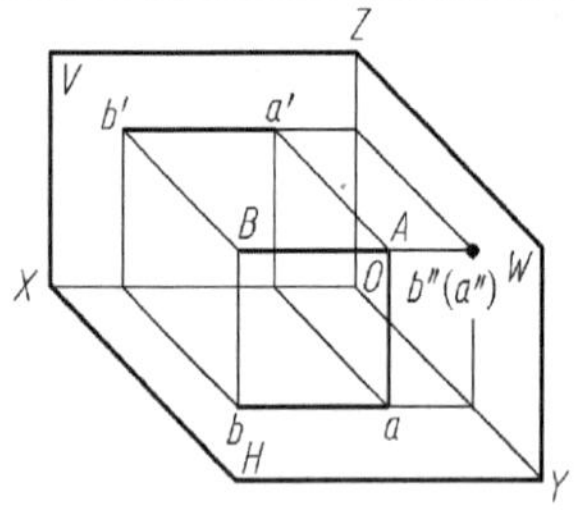	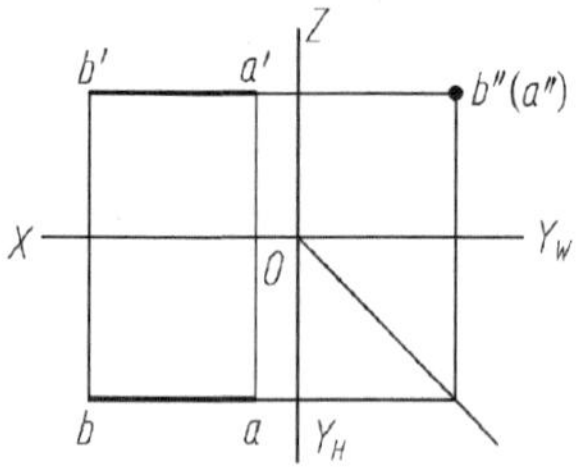	1. $a''b''$积聚为一点 2. $ab \perp OY_H$ $a'b' \perp OZ$ 3. $ab=a'b'=AB$

3. 直线上点的投影

点在直线上，其点的所有投影一定在直线的投影上，如图 2-8(a)所示。

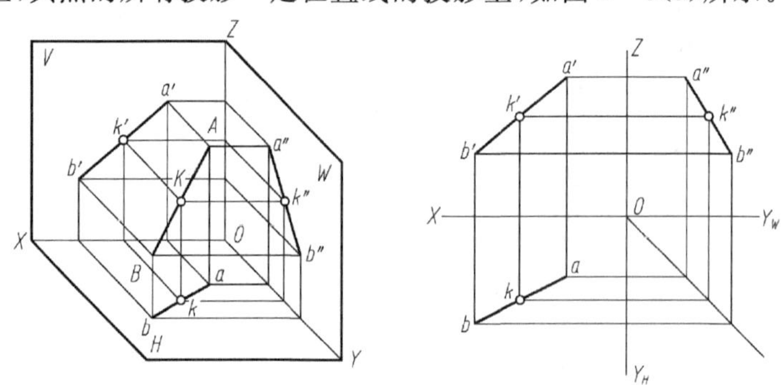

图 2-8　直线上点的投影

点不在直线上，可能有一个点的投影在直线上的投影，称为投影重合点。点的另两个视图不在直线的投影上，根据点的投影，可以判断点相对与直线的位置。

4. 平面的投影

(1)平面的表达。平面用点和直线表示，如三点、两相交直线段、两平行直线段、直线段与线外一点及三角形等都可以表达一平面。

形体的表面是由各种线和面构成的。如图 2-9(a)所示，三棱锥的三面投影直观图。三棱锥是由四个三角形平面组成，三棱锥的前、左三角形平面的三视图投影，如图 2-9(b)所示。

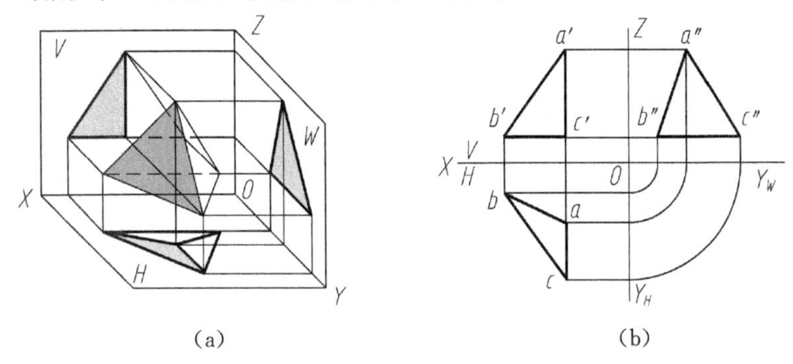

(a)　　　　(b)

图 2-9　三棱锥的三面投影及前左面的三视图

平面与投影面体系的相对位置可分两类(共有 7 种)。

(2)一般位置平面。平面与三个投影面都倾斜，平面在三个投影面上的投影，与平面成类似形，如图 2-10 所示。

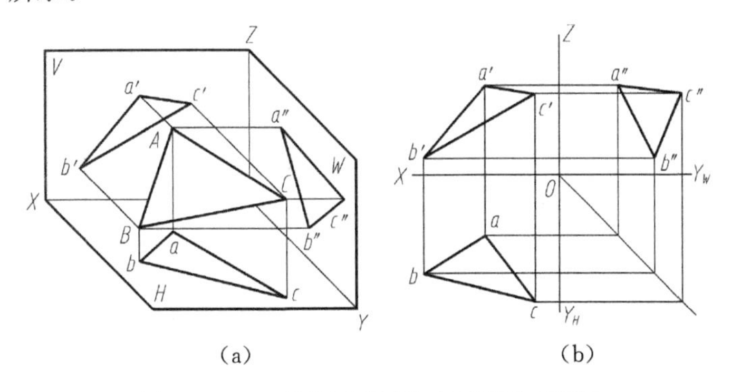

(a)　　　　(b)

图 2-10　一般位置平面的直观图及三视图

(3)特殊位置平面。平面与三个投影面存在平行或垂直的关系。分两种情况。

①垂直平面。平面垂直一个投影面，与另两个投影面倾斜。如表 2-3 所示。

表 2-3　垂直平面的投影特性及分析

名　称	直　观　图	投　影　图	投影特性
正垂面			1. 正面投影积聚为一直线且反映 α、γ 实角。 2. 水平投影及侧面投影均为类似形

名　称	直　观　图	投　影　图	投影特性
铅垂面	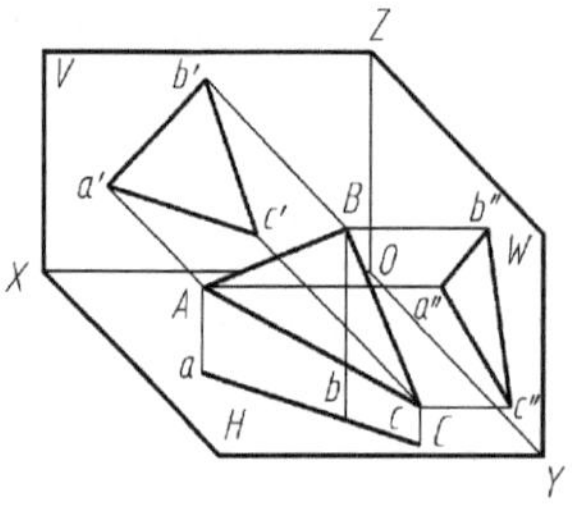 Z V b′ a′ c′ B b″ W X O A a″ a b c C c″ H Y	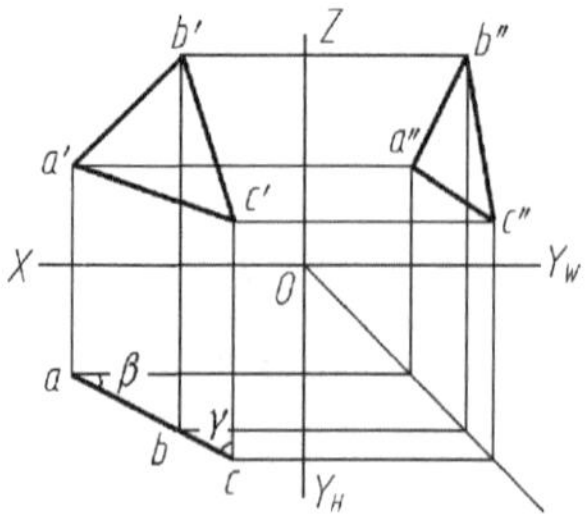 b′ Z b″ a″ a′ c′ c″ X Y_W O a β γ b c Y_H	1. 水平投影积聚为一直线且反映 β、γ 实角。 2. 正面投影及侧面投影均为类似形
侧垂面	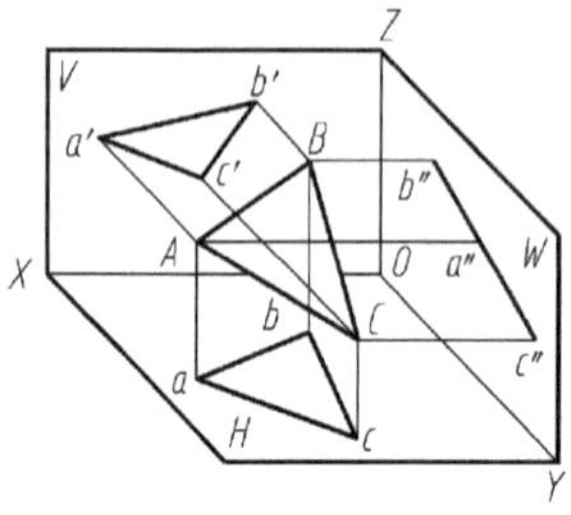 Z V b′ a′ B c′ b″ A O a″ W X b C c″ a H c Y	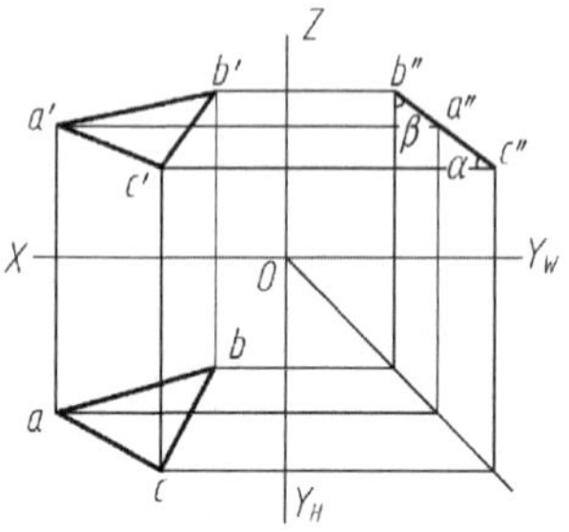 Z b′ b″ a″ a′ β c″ c′ α X Y_W O b a c Y_H	1. 侧面投影积聚为一直线且反映 α、β 实角。 2. 正面投影及水平投影均为类似形

②平行平面。平面平行一个投影面，与另两个投影面垂直。如表 2－4 所示。

表 2－4　平行平面的投影特性及分析

名　称	直　观　图	投　影　图	投影特性
正平面	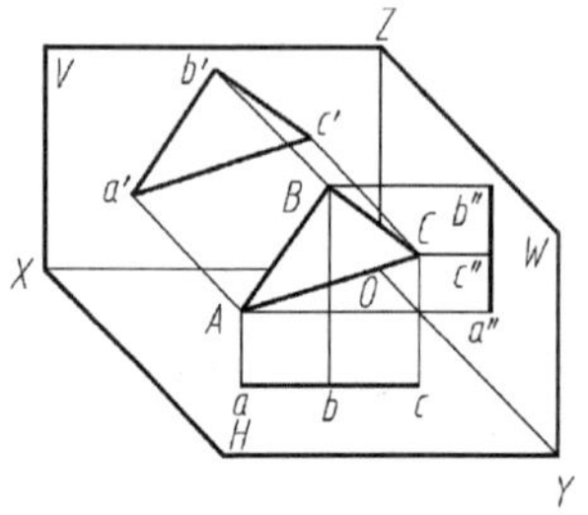 Z V b′ c′ a′ B C b″ W X A O c″ a″ a b c H Y	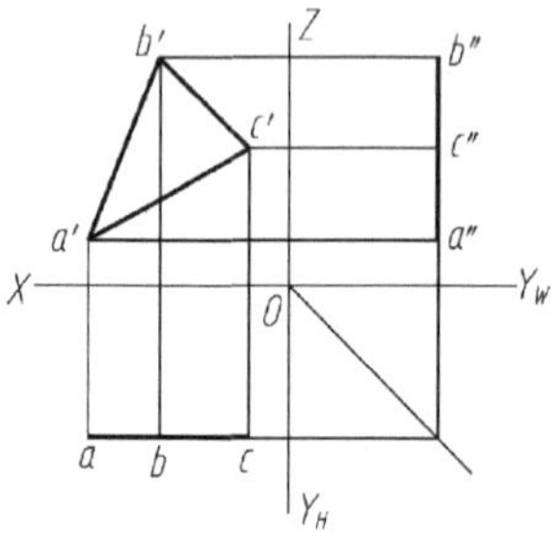 b′ Z b″ c′ c″ a′ a″ X Y_W O a b c Y_H	1. 正面投影反映实形。 2. 水平投影及侧面投影积聚为直线，并分别平行于 OX 及 OZ 轴
水平面	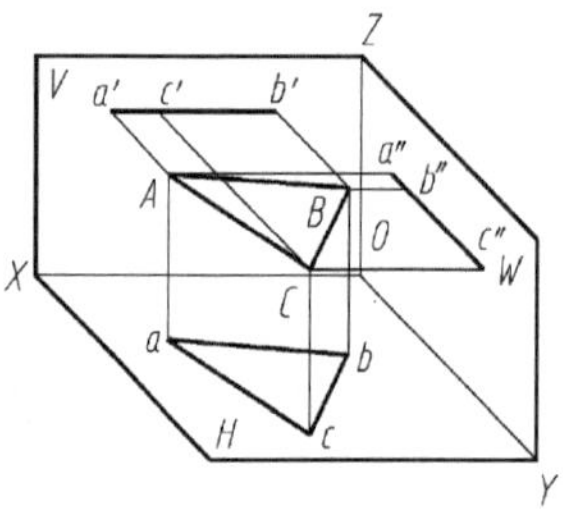 Z V a′ c′ b′ a″ b″ A B O c″ W X C a b H c Y	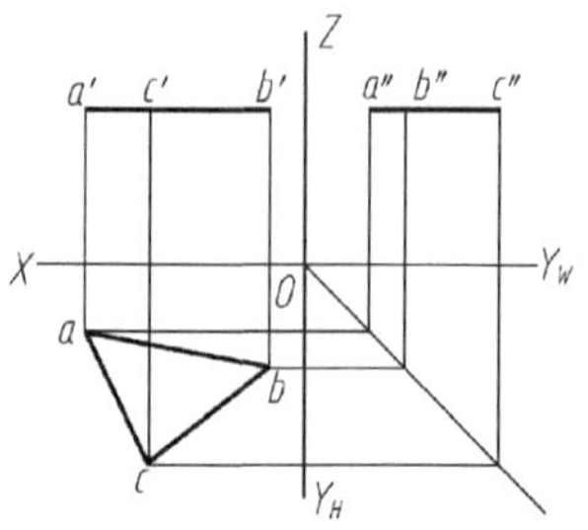 Z a′ c′ b′ a″ b″ c″ X Y_W O a b c Y_H	1. 正面投影反映实形。 2. 正面投影及侧面投影积聚为直线并分别平行于 OX 及 OY_W 轴

名　称	直　观　图	投　影　图	投影特性
侧平面			1. 侧面投影反映实形 2. 正面投影及水平投影积聚为直线，并分别平行于 OZ 及 OY_H 轴

5. 平面上直线、点的投影

如果点在直线上，点的所有投影都在直线的投影上。

如果点的一个投影在直线的一个投影上，而点的其他的投影不在直线的投影上，则点不在直线上，点的这个在直线投影上的投影点，称为投影重合点。作另外两个点的投影，可判断点相对直线的位置，即可判断点相对平面的位置。

结论：点在直线上，直线在平面上，则点在平面上。

(1)直线在平面上。直线在平面上的必要条件是：

①直线的两点在平面上(2 点)，则直线在平面上如图 2-11(b)所示；

②直线的一点在平面上并平行直线上的一条直线(1 点 1 平行)，则直线在平面上，如图 2-11(c)所示。

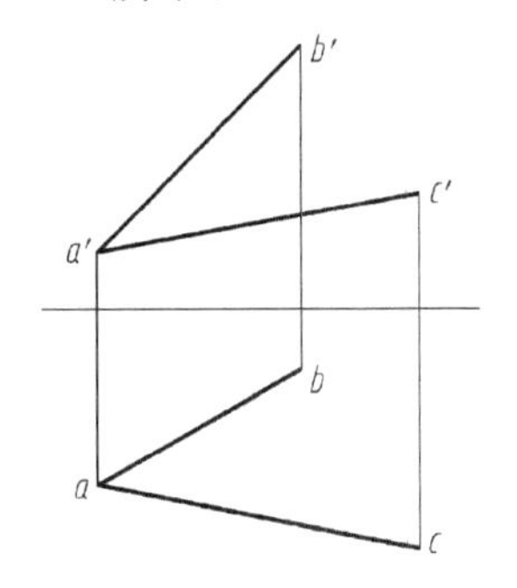

(a)两条相交直线表示一平面

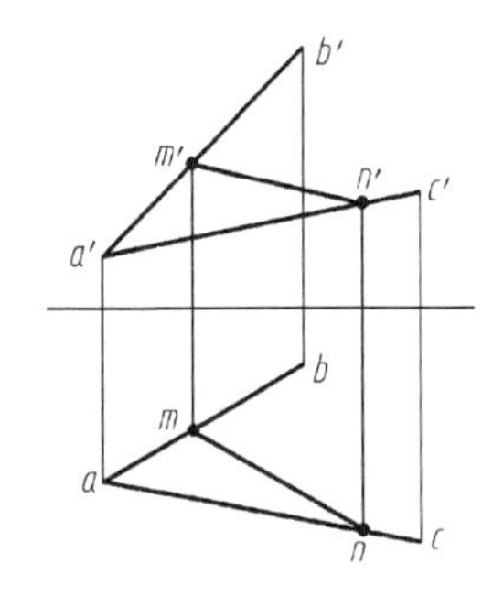

(b)直线 MN 在平面上

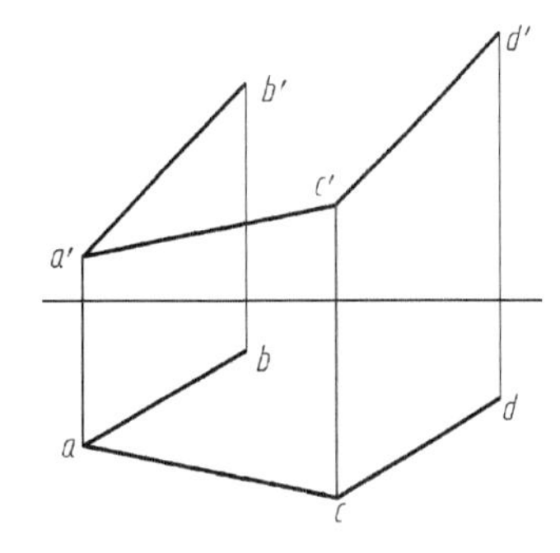

(c)直线 DC 在平面上

图 2-11　直线在平面上的投影

(2)点在平面上。判断点是否在平面上的方法，过点在平面上作辅助线，点在直线上，直线在平面上，则点在直线的平面上，如图 2-12 所示。

(3)点相对于平面的位置。判断点相对于平面位置的方法，过点的一个投影作平面上的一条直线，点的另一个投影可知，点相对于平面的位置，如图 2-13 所示，M 点在平面 ABC 下，距离为 M_1M。

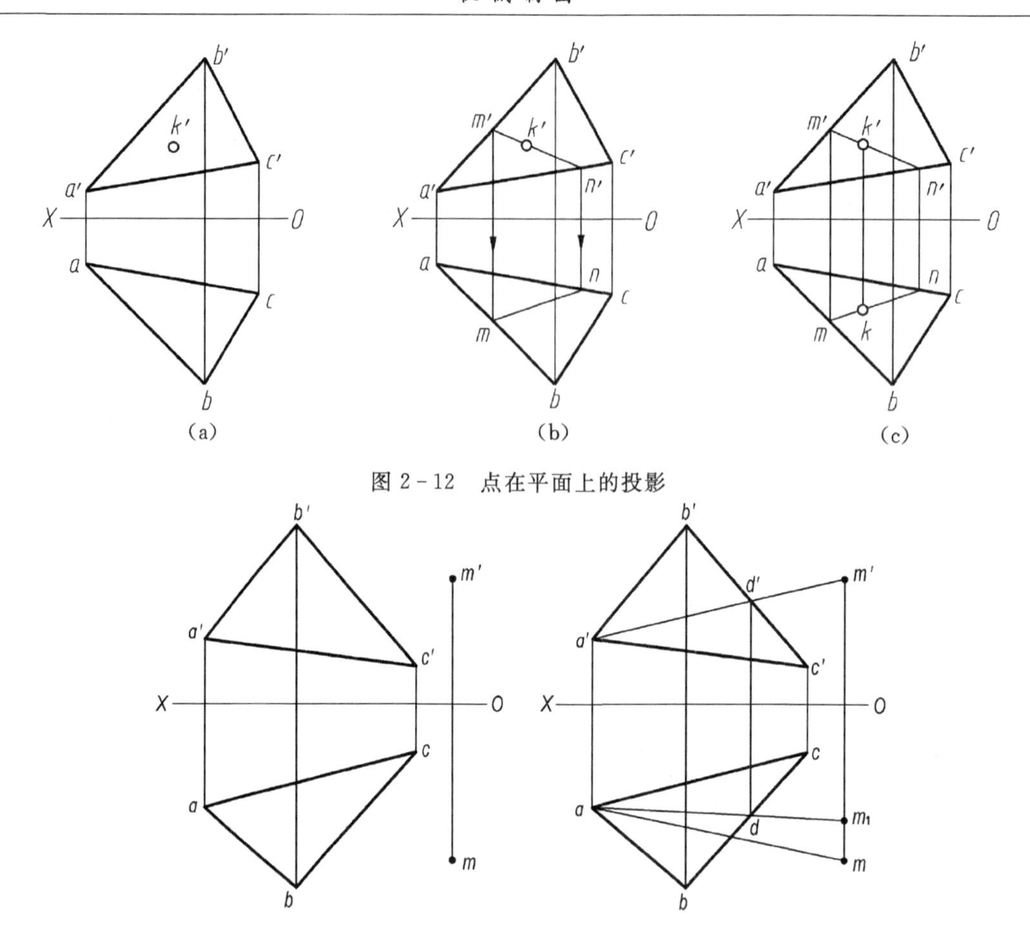

图 2-12 点在平面上的投影

图 2-13 点在平面上的投影

2.2 几何体的三面投影

为了便于分析形体，选择形体的位置进行三视图投影表达。按几何体的表面的特性不同分类如下，见表 2-5 所示。

表 2-5 几何形体的分类

<table>
<tr><td rowspan="8">几何体</td><td colspan="2" rowspan="2">平面体</td><td>棱柱</td><td>横截面不变，如正棱柱、长方体等</td></tr>
<tr><td>棱锥</td><td>横截面成相似形变化，如棱锥、三角形体等</td></tr>
<tr><td rowspan="6">曲面体</td><td rowspan="5">回转体</td><td>圆柱</td><td>直线与轴线平行绕一周，形成的表面为圆柱面，横截面为直径大小不变的同心圆</td></tr>
<tr><td>圆锥</td><td>直线与轴线倾斜绕一周，形成的表面为圆锥表面，横截面为直径大小变化的同心圆</td></tr>
<tr><td>球、环</td><td>球、环的表面没有直线，球的直径都是回转轴线。环是圆绕直线转一周形成的表面</td></tr>
<tr><td>回转体</td><td>任何线段绕轴线一周形成的表面，与轴线垂直截交线都是同心圆</td></tr>
<tr><td colspan="0" style="display:none"></td></tr>
<tr><td>非回转体</td><td colspan="2">表面形状较复杂，图样中一般可用弧线代替(近似)，以标注为准，如凸轮表面、齿轮的渐开线表面等。</td></tr>
</table>

2.2.1　棱柱三面投影

1. 正棱柱的投影分析

正棱柱由相同的矩形棱面和上下底面所围成。为了投影简单，把正棱柱与水平面 H 垂直放正，使正棱柱的上、下底面与 H 面平行，为水平面，在水平投影上的投影反映实形，为正多边形，另外两面投影为直线。棱柱的棱面为铅垂面，在俯视图积聚，并与上下底面边框重合。

2. 正棱柱及开口(槽)的投影表达

以正三棱柱的三面投影表达为例，将正三棱柱垂直放置三投影面体系中，使一个侧面平行于 V 面，进行三面投影，如图 2 - 14(a)所示。

绘图基本步骤如下：

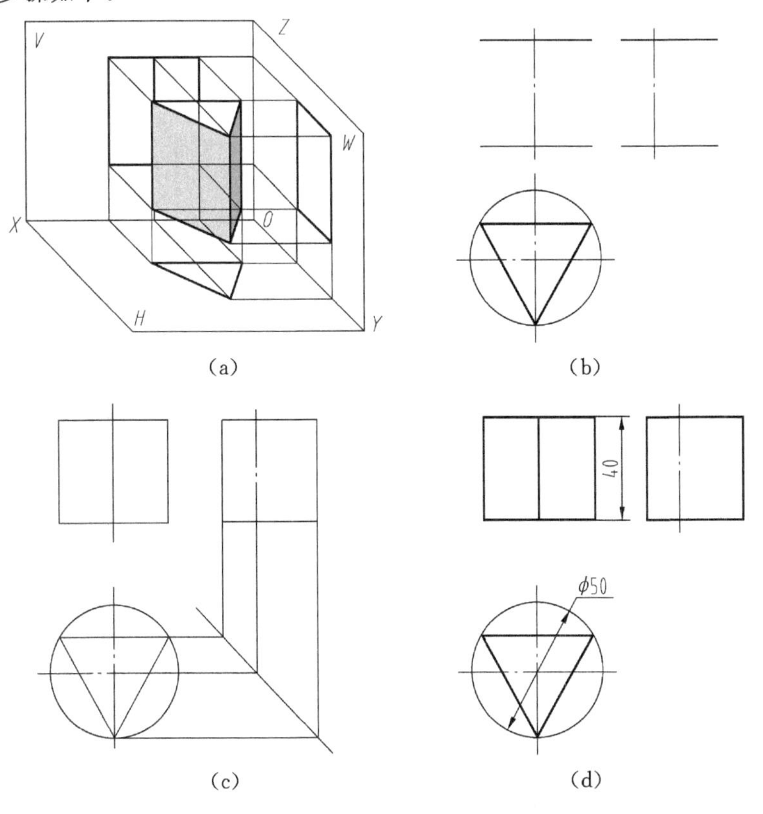

图 2 - 14　正六棱柱的三视图及尺寸标注

①分析形体结构，确定三个视图的位置，并先画俯视图，按对应关系确定正三棱柱高的位置。如图 2 - 14(b)所示。

②根据三视图的投影关系完成正三棱柱三面投影图。如图 2 - 14(c)所示。

必须注意的是宽相等，一定用尺或分规量取保证，45°斜线或弧线连接只是标明宽相等，由于不可避免的作图误差，靠 45°斜线或弧线不能保证宽相等。

③检查并加深(一定养成经常检查的习惯)。

④标注尺寸。俯视图表示上下底面形状,在俯视图标注上下底面形状的尺寸,尺寸界线为圆;主视图标注棱柱高的尺寸;棱柱的尺寸标注都是由这两部分组成的,如图 2-14(d)所示。

例 2-1 正三棱柱开槽的投影及标注尺寸,如图 2-15 所示。

一般将正三棱柱垂直摆放并放正,三棱柱的开槽部位摆放在前、上、左位置,进行三面投影,使三视图少画虚线。

绘图基本步骤如下。

①分析形体结构,确定三个视图的位置,先画俯视图,按对应关系确定正三棱柱高的位置,完成三面投影图,如图 2-15(a)所示。

②根据三视图的投影关系,先完成开槽的直接形状,主视图的投影;再将槽宽的投影投在俯视图上;最后按宽相等、高平齐完成左视图的投影。如图 2-15(b)所示。

③检查并加深。注意保留绘图痕迹(底稿线)。

④标注尺寸,如图 2-15(c)所示。

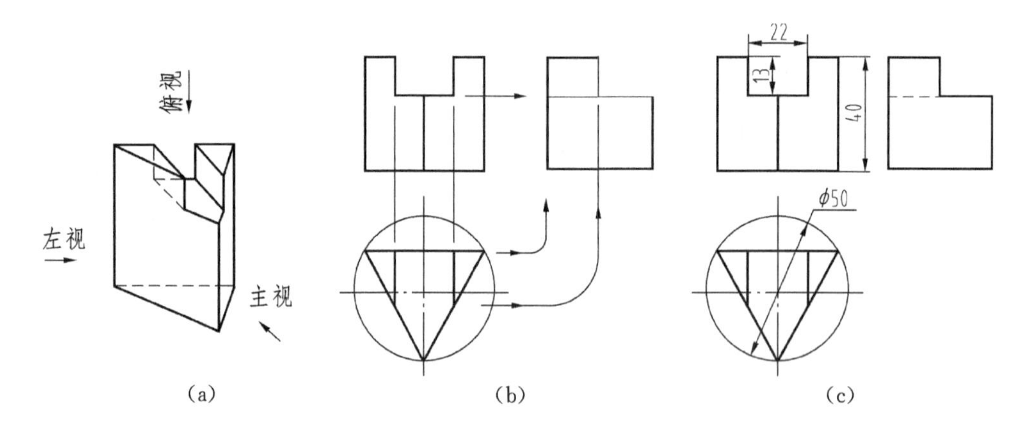

图 2-15 正三棱柱的开口及注尺寸

3. 棱柱的尺寸标注

(1)标注尺寸分析。棱柱尺寸标注由如下组成:

①基本尺寸。棱柱上(下)底面的尺寸,在一个视图中标注出(正棱柱的正多边形的尺寸界线用圆表示);棱柱高的尺寸,标注在两个视图中间。

②开口(槽)尺寸。开口(槽)的定位尺寸在中心和上下底时可省略;口(槽)的定形尺寸,即口(槽)宽和深的尺寸,标注在口(槽)形状特征明显处。

(2)标注尺寸要求。给形体标注尺寸,不要给图形标注尺寸,一定清楚每个尺寸对形体的约束内容,做到不重复,不遗漏。

①尺寸要集中标注在形状特征明显的视图中,一旦该形状标注清楚,其他投影就不再考虑。如图 2-16(c)中带"○"的尺寸,是对槽深的不清晰标注,尺寸标注不在形状特征明显的视图中。

②间接形状不能标注尺寸,这一点十分重要。如图 2-16(c),2-17(c)中带"×"的尺寸。

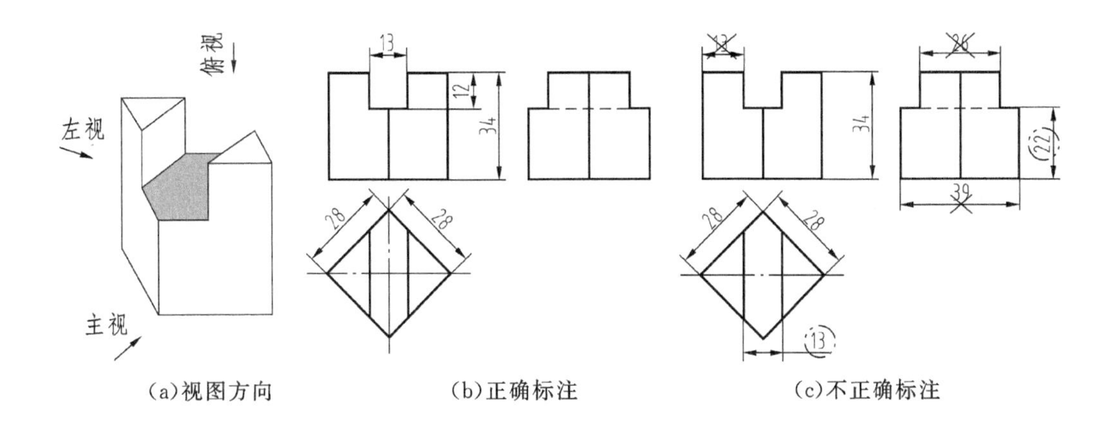

图 2－16　四棱柱开口(槽)尺寸标注的比较

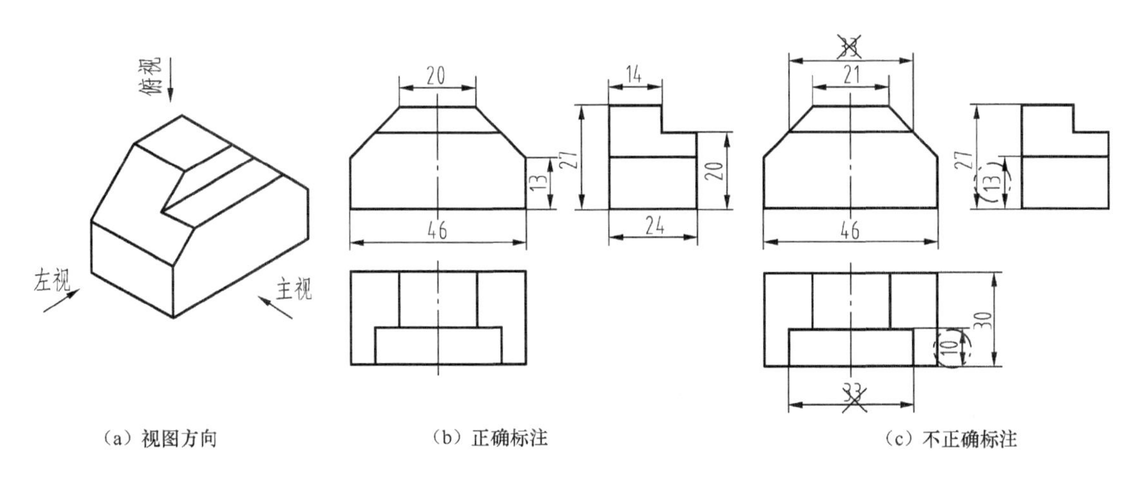

图 2－17　棱柱切割后尺寸标注的比较

例 2－2　完成开槽正六棱柱的三视图投影及尺寸标注。

正六棱柱垂直摆放，并前后面对正，将主要形状放在三面投影能看到位置进行投影，使三视图少画虚线，如图 2－18 所示。

绘图基本步骤如下：

①分析形体结构，确定三个视图的位置，并先画俯视图，按对应关系确定正三棱柱高的位置。如图 2－18(a)所示。

②根据三视图的投影关系完成正六棱柱基本体三面投影图，如图 2－18(b)所示。

③上下两槽可分别绘制，如先完成上面的槽，在左视图画出开槽的直接形状，根据三视图的投影关系，再将槽宽投在俯视图上，如图 2－18(c)所示。最后按宽相等、高平齐完成主视图的投影。如图 2－18(d)所示。重复此方法完成下面的槽，如图 2－18(e)所示。

④检查并加深图形，保证图形符合制图标准(一定养成这样一个好的习惯)。

⑤尺寸。先标注出正六棱柱的基本尺寸，如图 2－18(f)中的主、俯视图的尺寸；再分别标注出正六棱柱开槽的尺寸，如图 2－18(g)所示，最后完成开槽正六棱柱的三视图投影及尺寸标注，如图 2－18(h)所示。

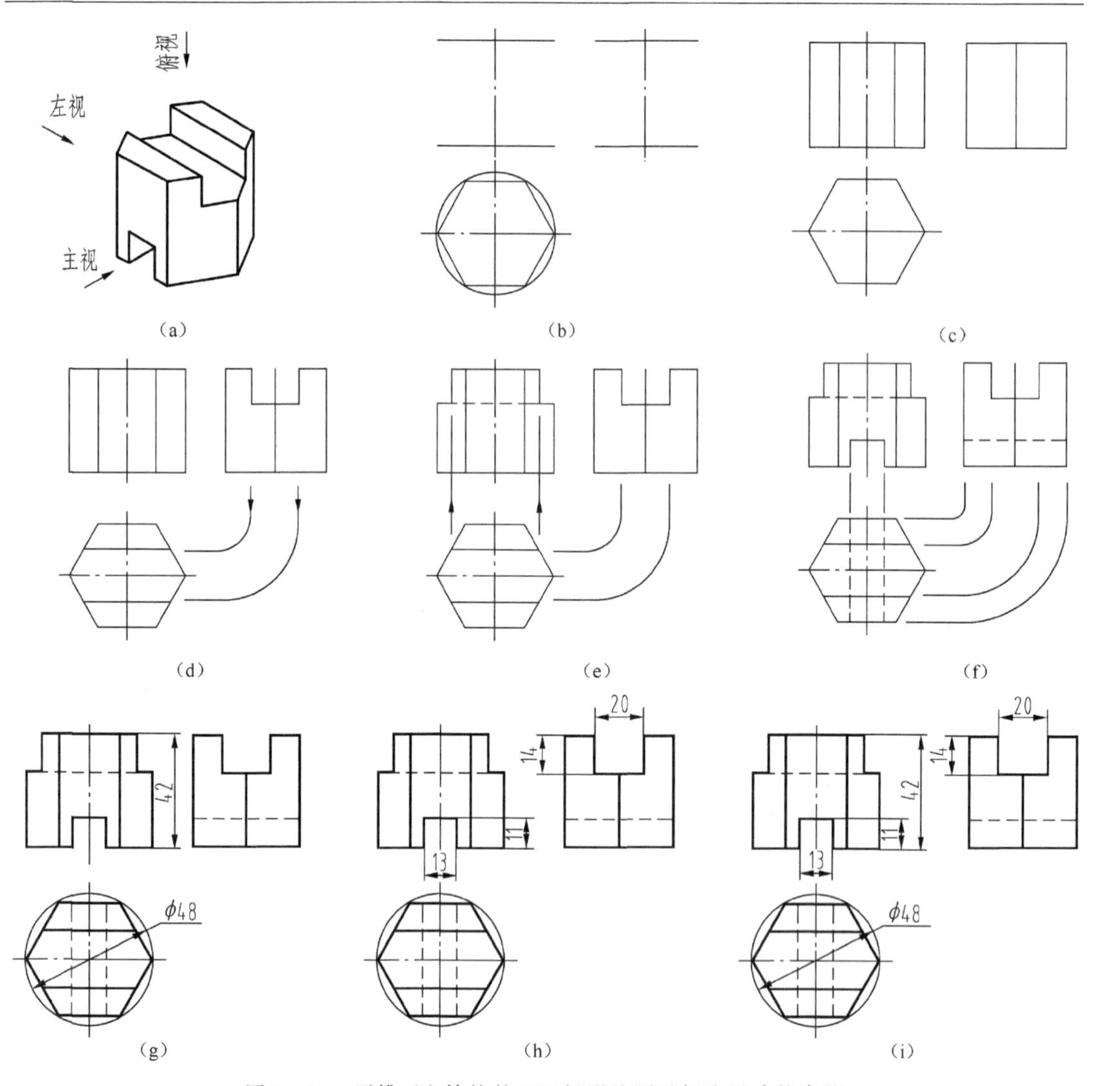

图 2-18 开槽正六棱柱的三面投影绘图及标注尺寸的步骤

2.2.2 棱锥

1.棱锥的投影及特性分析

将棱锥的底面与水平投影面平行并放正，棱锥底面在水平投影面 H 上的投影为正多边形，另两个投影为直线段；棱锥顶为点投影，锥顶点在棱柱底面正上方处，距离等于棱锥的高；垂直于棱锥中心线，切割棱锥获得棱台体，其切割获得的表面，在与棱锥底面平行的投影面上的投影，与棱锥底面为相似形，对应边平行均反映实形；棱锥侧面投影为三角形线框或投影积聚为直线，对应投影成类似形，如图 2-19 所示。

2.棱锥的尺寸标注

棱锥的尺寸标注，底面形状和高；棱台的尺寸标注，上、下底面形状和高；棱锥(开口)开槽的尺寸标注，如有多处时应一处一处的标出定位、定形尺寸。

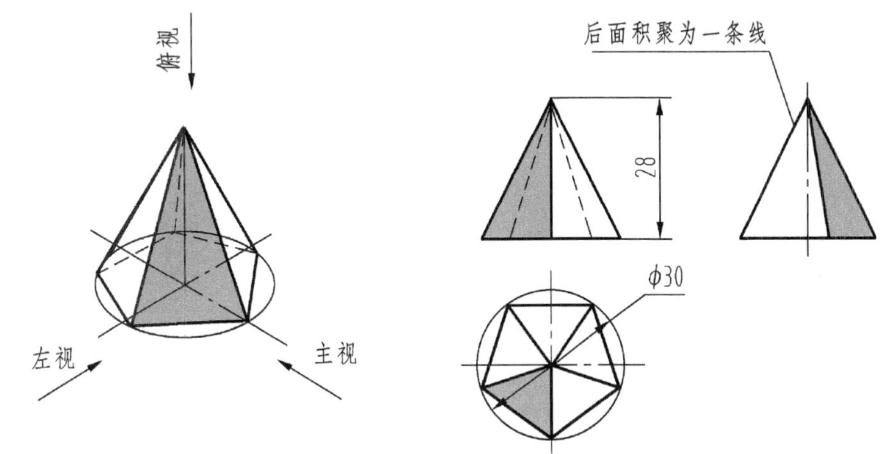

图 2-19　正五棱锥的投影及标注尺寸

例 2-3　正三棱锥切割后的投影及尺寸标注，如图 2-20 所示。

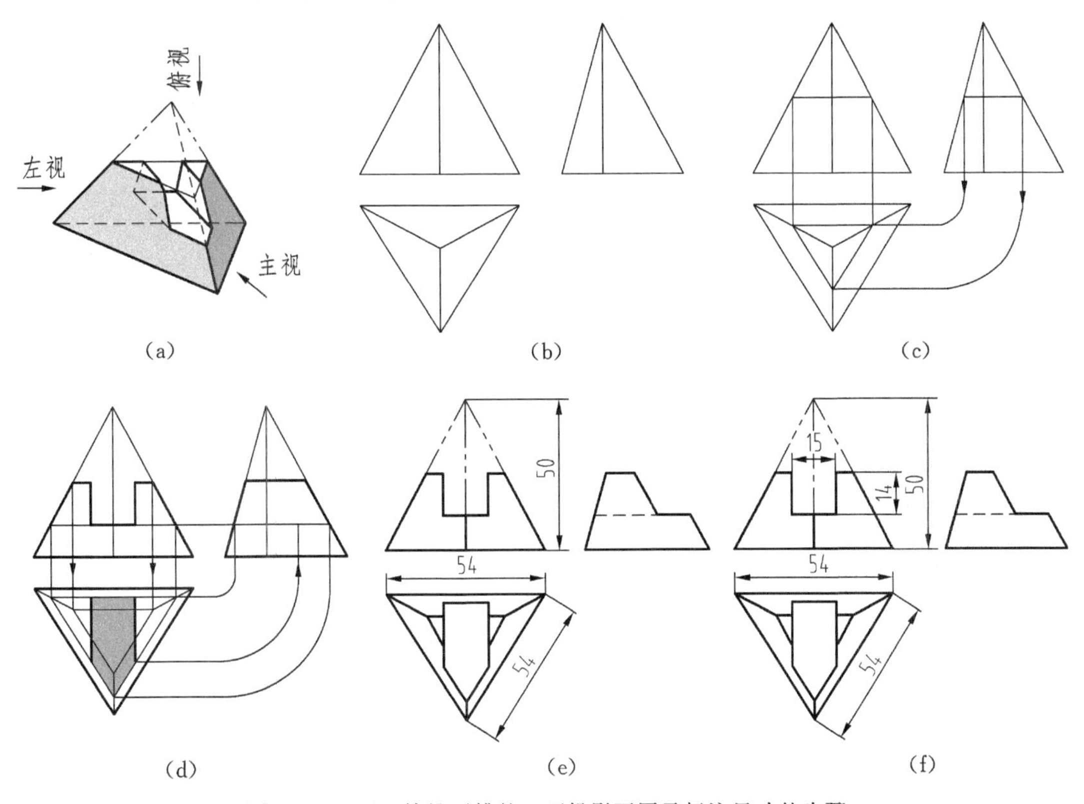

图 2-20　正三棱锥开槽的三面投影画图及标注尺寸的步骤

将切割后的正三棱锥垂直放正，切割的形状在前、上、左进行三面投影，三视图中少画虚线。

绘图基本步骤如下：

①画基本体，分析形体结构，确定三个视图的位置，先画俯视图，按对应关系确定正三棱锥高顶点的位置，完成三棱锥基本体的三面投影图。如图 2-20(a)所示。

②画三棱台体，先按高画主视图、左视图的投影，根据三视图的投影关系，完成俯视图的投影，最后完成三棱锥体的第一次切割得到三棱台体。俯视图中的上下底为相似形，对应边平行

关系不变，即辅助面法，用此方法可以求作棱锥表面上的点。如图 2－20(b)所示。

③三棱台体开槽，主视图根据尺寸画出槽的宽、深的投影，用辅助面法在俯视图上画出槽底所在的三棱台图，长对正画出槽的宽，最后根据三视图的投影关系，完成左视图的投影。如图 2－20(c)所示。

④检查并加深。如图 2－20(d)所示。

⑤标注尺寸。先标注棱锥基本体，底面形状和高，如图 2－20(d)所示；再标注三棱台体和开槽的尺寸，如图 2－20(e)所示。

例 2－4　正四棱台切割后的投影及尺寸标注，如图 2－21 示。

将切割后正四棱台垂直放正，切割的形状在上、左右对中进行三投影，

绘图基本步骤如下。

①画四棱台基本体，分析形体结构，确定三个视图的位置，先画俯视图，按对应关系确定正四棱台高的位置，完成三面投影图。如图 2－21(a)所示。

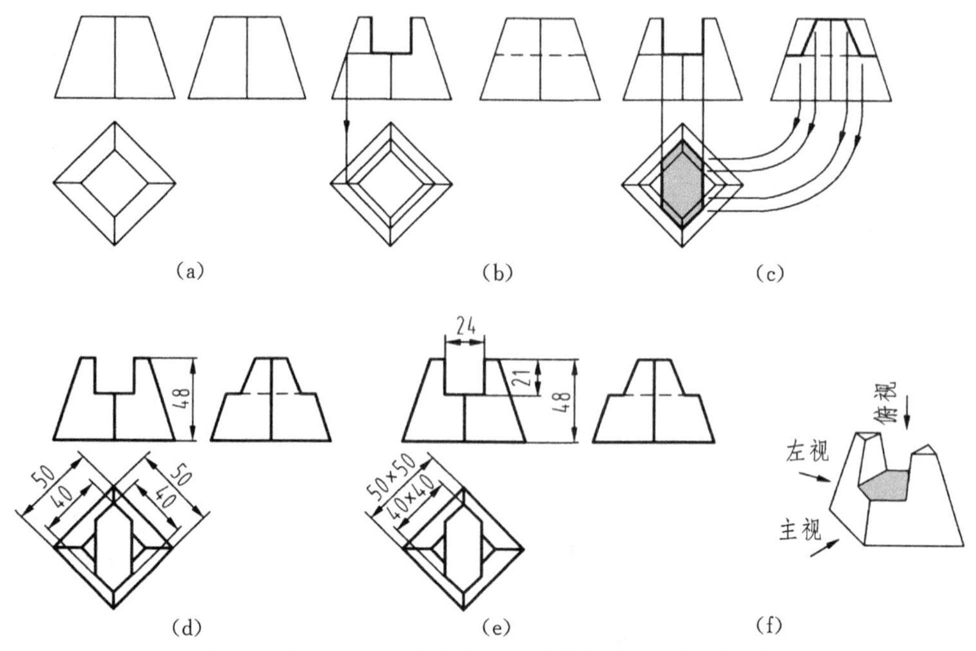

图 2－21　开槽正四棱台的三面投影及标注尺寸的步骤

②画四棱台体的开槽，先按槽深、宽完成主视图的投影；用辅助面法在俯视图上画出槽底所在的四棱台图，长对正画出槽的宽，最后根据三视图的投影关系，完成左视图的投影。如图 2－21(b)、(c)所示。

③检查并加深。注意保留绘图痕迹(底稿线)。如图 2－21(d)所示。

④标注尺寸，先标注基本体尺寸，上下底面形状和高；如图 2－21(d)所示；再标注四棱台开槽的定形尺寸 24、21，定位尺寸 21 和中心线。如图 2－21(e)所示。

例 2－5　平面体的综合练习，如图 2－22 所示。

将平面体放正、放稳，形状特征朝前进行三面投影。

绘图基本步骤如下。

①画基本形体。分析形体结构，还原变化前的形体，确定三个视图的位置，先画左视图，按

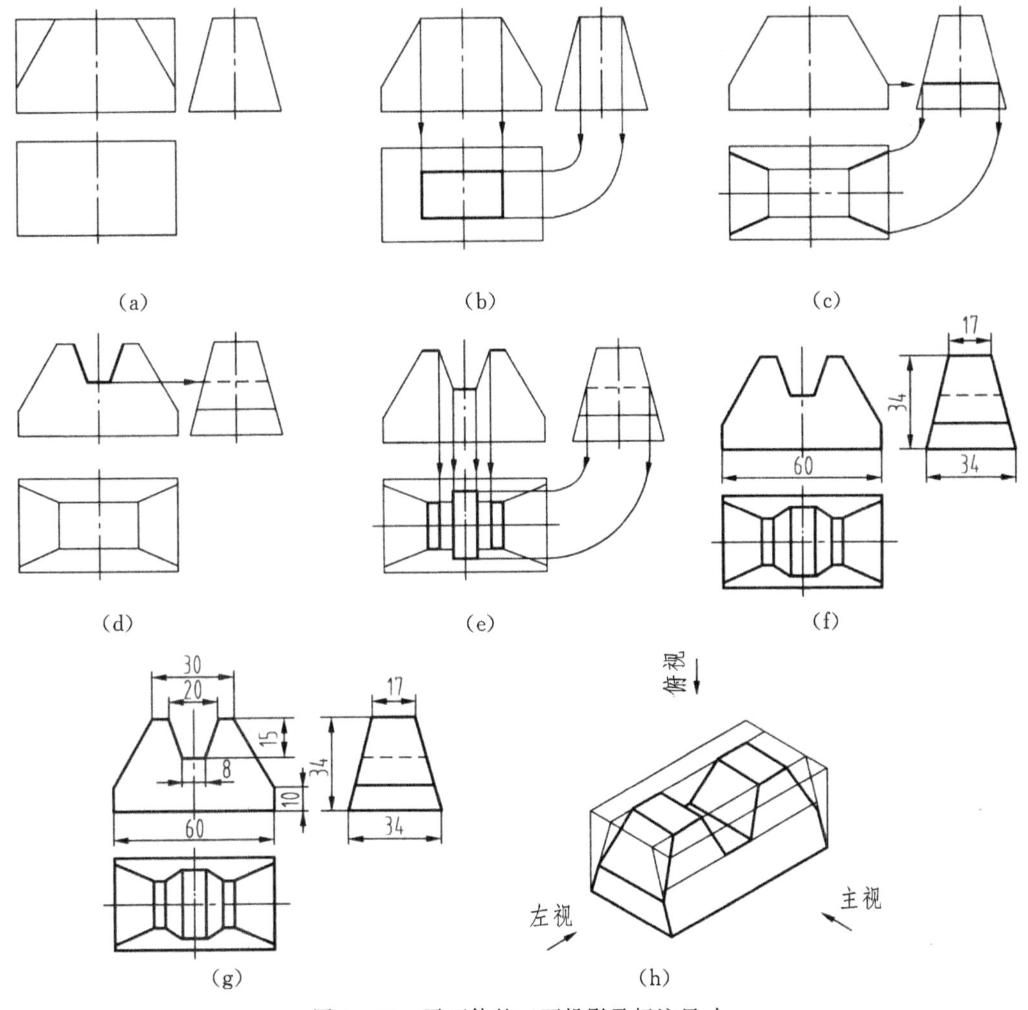

图 2-22　平面体的三面投影及标注尺寸

对应关系画俯视图、主视图，形体上的次要形状最后画。如图 2-22(a)所示。

②画形体的上面和侧面。先按高画主视图、左视图的投影，根据三视图的投影关系，完成俯视图的投影，最后完成俯视图中的投影。如图 2-22(b)、(c)所示。

③形体的开槽。主视图根据尺寸画出槽的上、下宽和深的投影，对槽底面进行投影，高平齐画左视图，如图 2-22(d)所示，长对正、宽相等画俯视图，如图 2-22(e)所示。

④检查并加深。注意点画线的表达，特别是出头 2～5mm，如图 2-22(f)所示。

⑤标注尺寸。先标注出形体的外形尺寸，如图 2-22(f)所示；再分别标出形体的开槽尺寸和左右切角尺寸，注意对称图形的对称图标注，如图 2-22(g)所示。

2.2.3　圆柱的面投影

1. 圆柱体的形成及投影分析

(1)圆柱体的形成。圆柱体是由上下底面和圆柱面组成。圆柱表面是由直线段(素线)与轴心线平行转一周形成的表面，或是一圆沿轴心线垂直移动形成的表面，如图 2－23(a)所示。

(2)圆柱表面投影分析。将圆柱垂直放入三投影面体系中，圆柱表面最左、最右、最前、最后的四条素线，分别在三个投影面中被表示出，并将圆柱表面分为 4 个区间，即左前、右前、左后、右后，如图 2－23(b)所示。

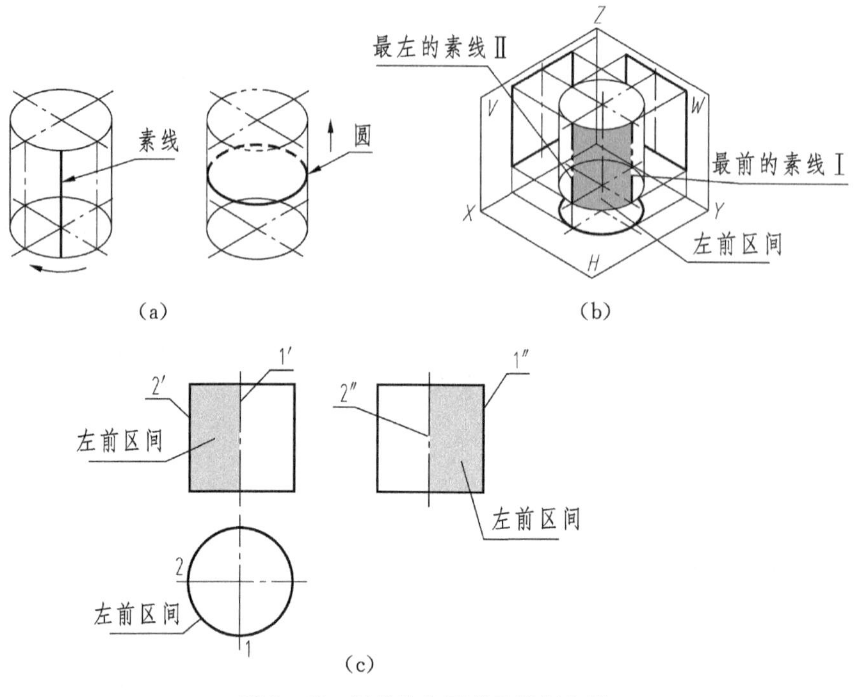

图 2－23　圆柱体的形成及投影分析

(3)圆柱体的投影特性及分析。当圆柱的轴线垂直于水平面进行三面投影时，俯视图投影为圆，圆柱体表面积聚成圆，下底面显实形；主视图、左视图投影为相同的矩形，上下底面投影积聚成矩形的水平两直线，最左、最右、最前、最后 4 条素线，投影为矩形的垂直两直线，如图 2－23(c)所示。

圆柱表面被平面切割，有 3 种情况，如表 2－6 所示。

表 2－6　平面与圆柱相交

截面位置	垂直于轴线	平行于轴线	倾斜于轴线
截交线形状	圆	矩形	椭圆
轴测图			

续表 2－6

截面位置	垂直于轴线	平行于轴线	倾斜于轴线
投影图			

2. 圆柱体表面点的投影

圆柱体表面的点分两种，一种在圆柱的特殊位置素线上，另一种在圆柱的区间内。*A* 点在圆柱体右、前区间内，俯视图一定在圆上(面的积聚)，长对正、高平齐完成 *A* 点的三面投影。

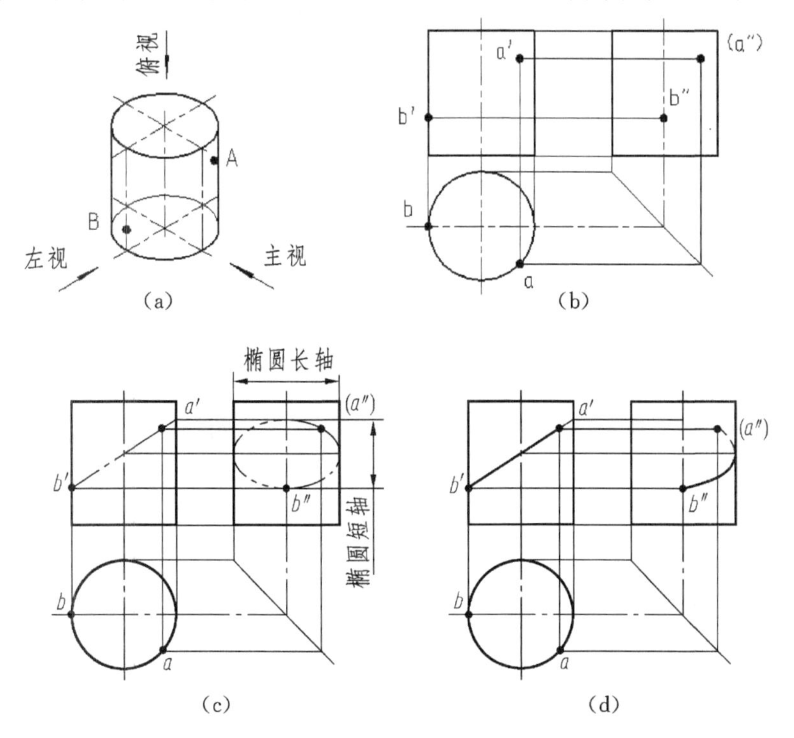

图 2－24　圆柱体表面点的投影

B 点在圆柱体最左素线上，按点在线上，投影在线上，(三等关系)得到三面投影，如图 2－24(a)、(b)所示。圆柱主视图 *a′b′*的投影为直线段，*a′b′*线段在圆柱表面上，俯视图投影一定在圆上，分析可知 *AB* 是椭圆的一部分，投影如图 2－21(c)、(d)所示。

例 2－6　圆柱体切口的三面投影及标注尺寸，如图 2－25 所示。

绘图基本步骤如下。

①画圆柱体基本体。分析形体结构，确定三个视图的位置，先画俯视图，按对应关系确定

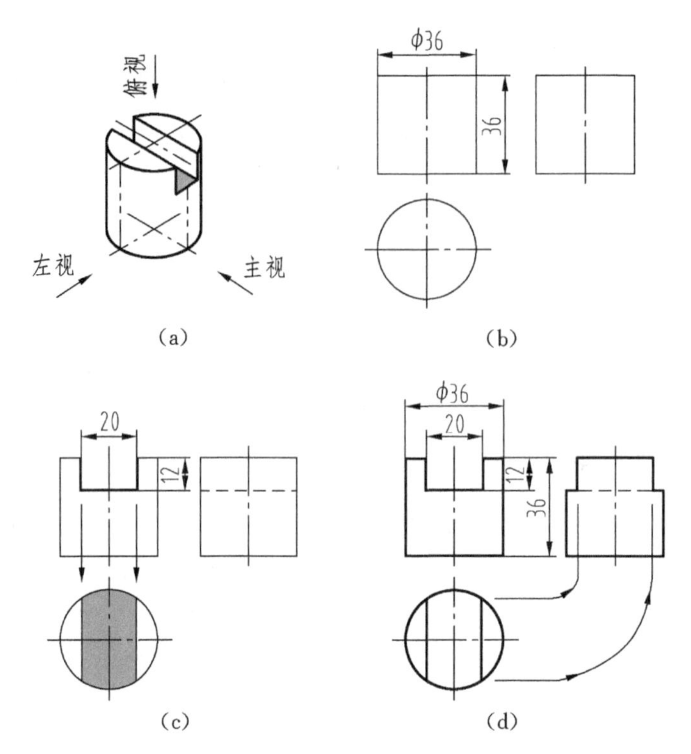

图 2-25　圆柱体及切口的三面投影及标注尺寸

主、左视图的位置,完成三面投影图。如图 2-25(a)所示。

②画圆柱体的开槽。先按槽深、宽完成主视图的投影,在俯视图上画出槽底的投影,最后根据三视图的投影关系,完成左视图的投影。如图 2-25(b)、(c)所示。

③检查并加深。注意保留绘图痕迹(底稿线)。

④标注尺寸。先标注基本体尺寸,圆的直径和高;再标注圆柱体开槽的尺寸 12、21,如图 2-25(d)所示。

2.2.4　圆锥

1. 圆锥表面的形成

一条直线(素线)与轴心线倾斜转一周,所形成的表面是圆锥表面,如图 2-26(a)所示。

2. 圆锥体投影及分析

(1)圆锥的投影表达。圆锥体底面在下且平行于水平投影面,其俯视图投影为圆,锥顶点不画(点无大小),圆锥面上所有素线都倾斜于水平面,故没有积聚性;主、左视图投影都是相同的等腰三角;分别是圆锥最左最右、最前最后 4 条素线的投影,如图 2-26(b)所示。

(2)圆锥表面点的投影。作圆锥表面 A 点的三面投影的方法有两种:

①辅助线法。过锥顶和 A 点做一条直线(棱锥表面形成的素线),交于圆锥底圆 Ⅰ,求出直线的三面投影,A 点在直线上,投影一定在直线的投影上,如图 2-26(c)所示。

②辅助圆法。过 A 点与轴心线垂直做一条水平圆,A 点在圆上,投影一定在圆的投影上,

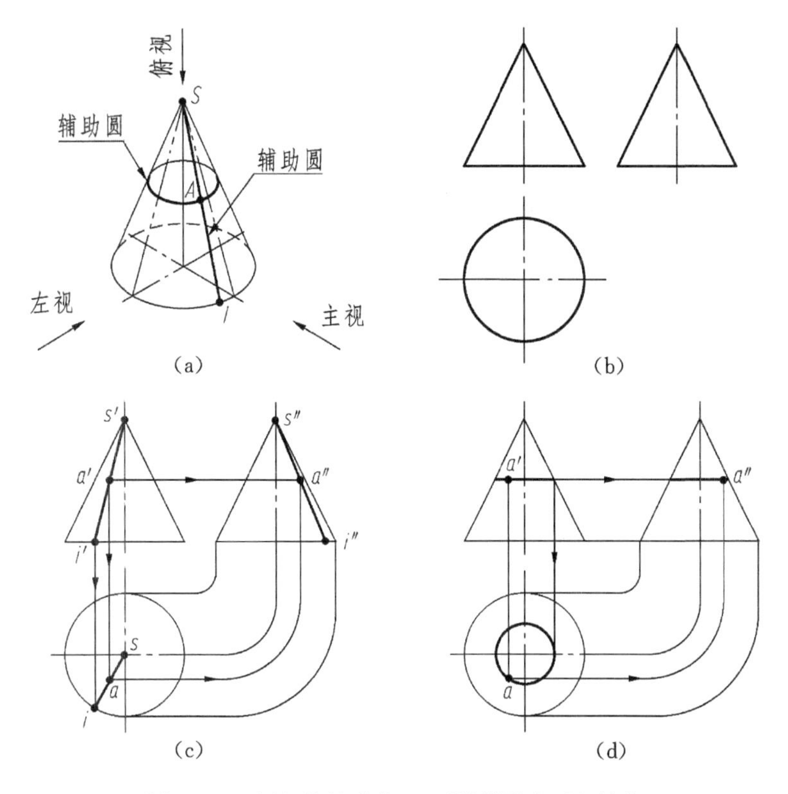

图 2-26　圆锥体的形成、三面投影及表面上的点

按三等关系得到三面投影，如图 2-26(d)所示。

(3)圆锥表面切割。圆锥表面被平面切割，所得的截交线有五种情况，如表 2-7 所示。

表 2-7　平面与圆锥体相交

截平面位置	立　体　图	投　影　图	交线形状
与轴线垂直 $\theta=90°$	P	θ	圆
与所有素线相交 $\theta>\alpha$	P	α θ	椭圆

续表 2-7

截平面位置	立 体 图	投 影 图	交线形状
与一条素线平行 $\theta=\alpha$	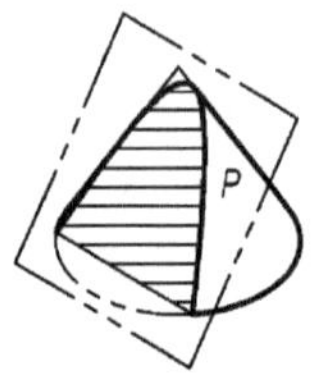	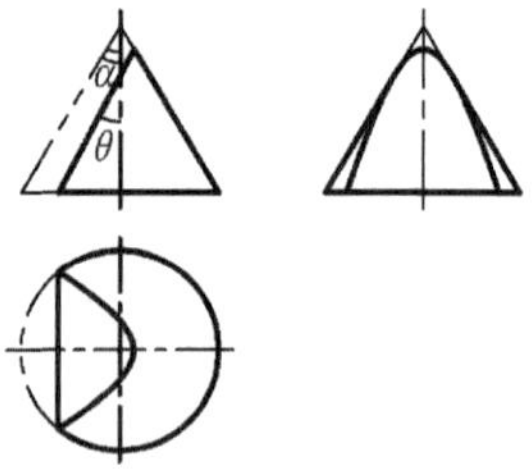	抛物线
与轴线平行 或 $\theta<\alpha$	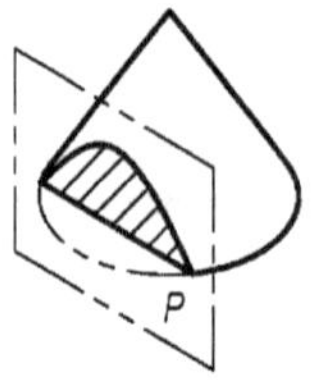	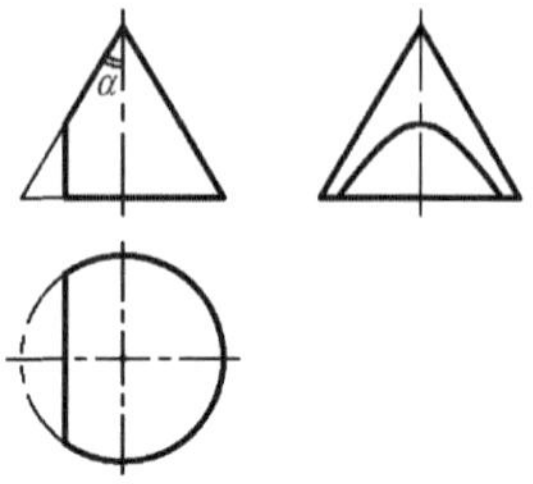	双曲线
过锥顶	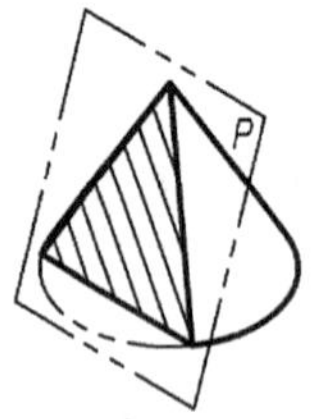	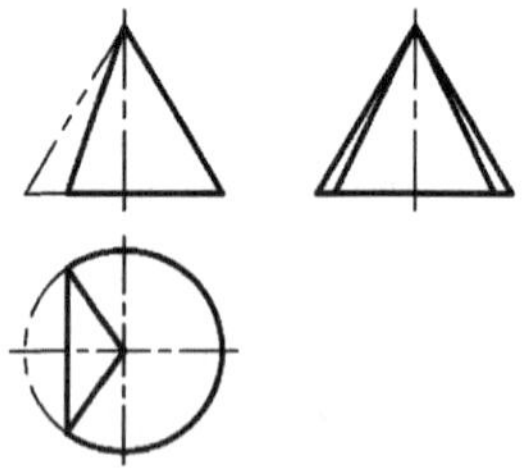	等腰三角形

例 2-7 圆锥体开槽的投影及尺寸标注，如图 2-27(a)所示。

绘图基本步骤如下：

①画圆锥体基本体。分析形体结构，确定三个视图的位置，主视图表达开槽，先画俯视图锥底圆，确定锥底圆主、左视图及位置，再根据高按对应关系，完成三面投影图。如图 2-27(b)所示。

②画圆锥体的开槽。先按槽深、宽完成主视图的投影；用辅助圆法在俯视图上画出槽底的投影，如图 2-27(c)；根据圆锥表面切割截交线可知左视图是一条双曲线(定性)，用三视图作出槽底、槽顶和双曲线顶点 5 个点的投影(定点)，过 5 个点光滑连线完成左视图的投影。如图 2-27(d)所示。

③检查并加深。保留作图痕迹，圆锥顶可用双点画线画出，左视图槽底中间部分是虚线。

④标注尺寸。先标注基本体尺寸，圆台的大、小直径和高；再标注圆柱体开槽的尺寸，如图 2-27(e)所示。

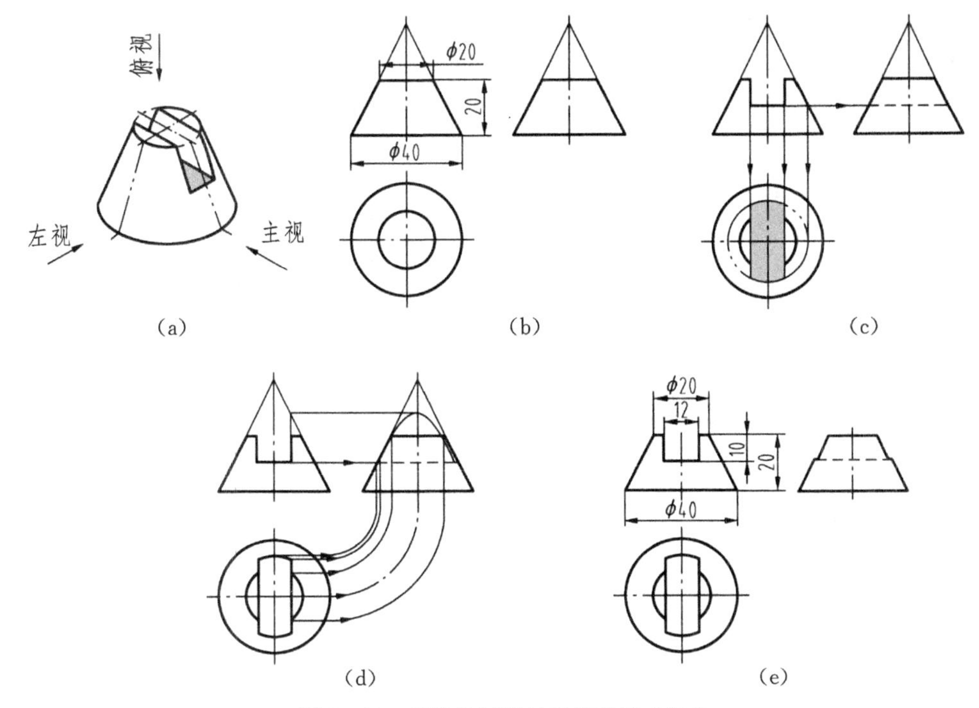

图 2－27　圆锥体开槽的投影及尺寸标注

2.2.5　球体

1.球体的投影分析

圆球体的三面投影均为球直径(半径)的圆,三面投影分别是球的3个最上、最下,最前、最后,最左、最右圆的投影;如图2－28(a)所示。球与平面的交线都是圆,如图2－28(b)所示。

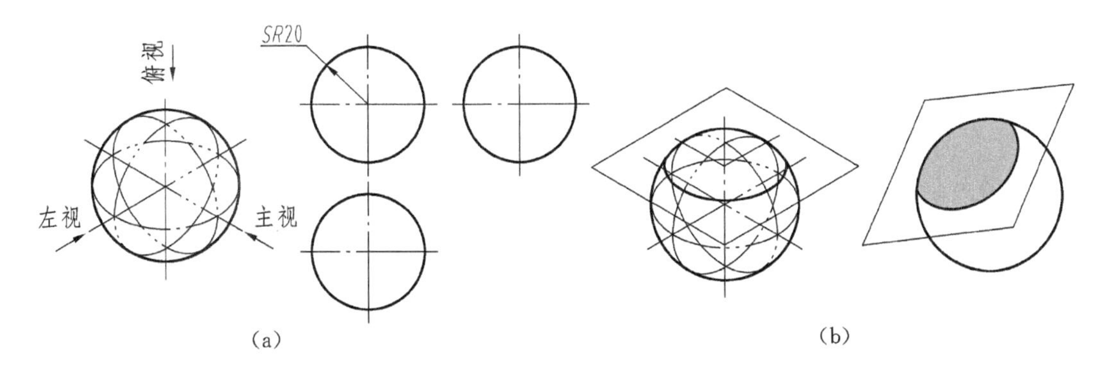

图 2－28　圆球投影分析

2.圆球(开口)开槽体的三面投影及标注尺寸

先完成圆球基本体的三面投影,再用辅助平面法完成圆球(开口)开槽体的三面投影。

圆球(开口)开槽体的尺寸标注,先标注基本体尺寸,球的基本体尺寸在半径前加*SR*(直径

前加 $S\phi$)；再标出球体(开口)开槽的定形、定位尺寸。

例 2－8 圆球体开槽的三面投影及尺寸标注。

半球体正上方开槽，多见于螺钉头的形状，如图 2－29(a)所示，三面投影及尺寸标注步骤如下：

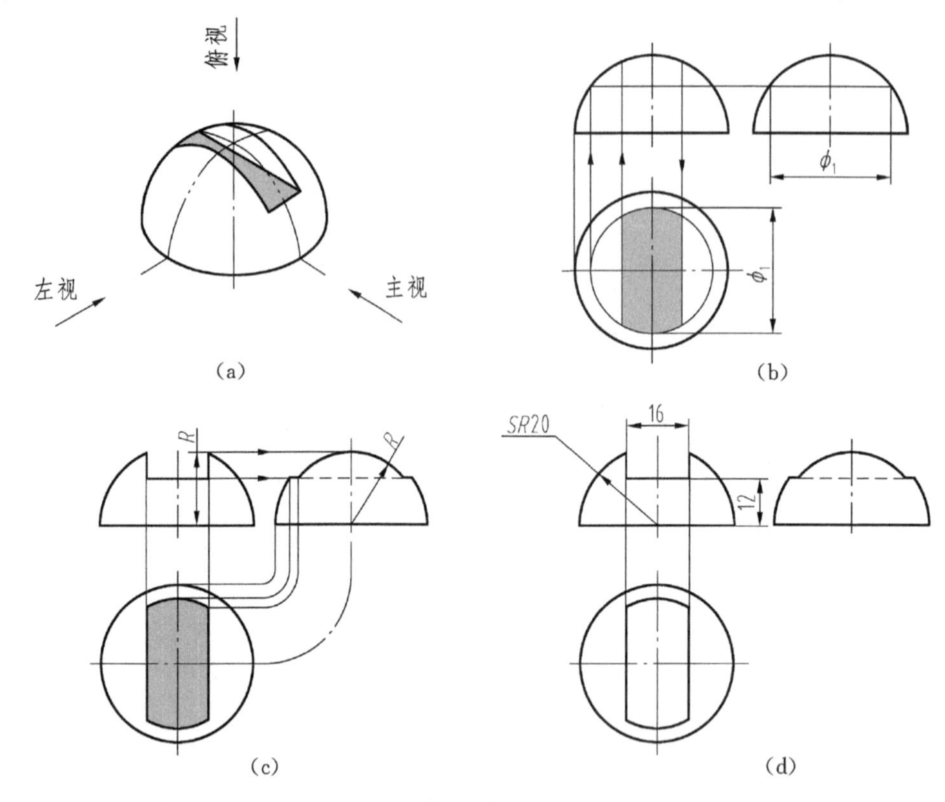

图 2－29 半圆球开槽的三面投影及尺寸标注

①选择主视图表达开槽。确定三个视图的位置，画半球体，留出标注尺寸位置，完成三面投影图，如图 2－29(b)所示。

②先按槽深、槽宽完成主视图的投影，用辅助圆法在俯视图上画出槽底的圆，长对正投影画出槽底，如图 2－29(b)所示。用相同的方法完成左视图，如图 2－29(c)所示。

③检查并加深。判别可见性，左视图槽底中间部分不可见画虚线。

④标注尺寸。先标注球体基本体尺寸 $SR20$；再标注球体开槽的定形、定位尺寸 16、21，如图 2－29(d)所示。

2.3 组合体

为了分析和描述各种形体，并对其进行投影表达训练，我们把基本几何形体以“加”或“减”的方式变化后的形体，称作组合体。组合体是分析形体的教学模型，在生产实践中没有组合体，而是各种(机件)零件，如图 2－30 所示。

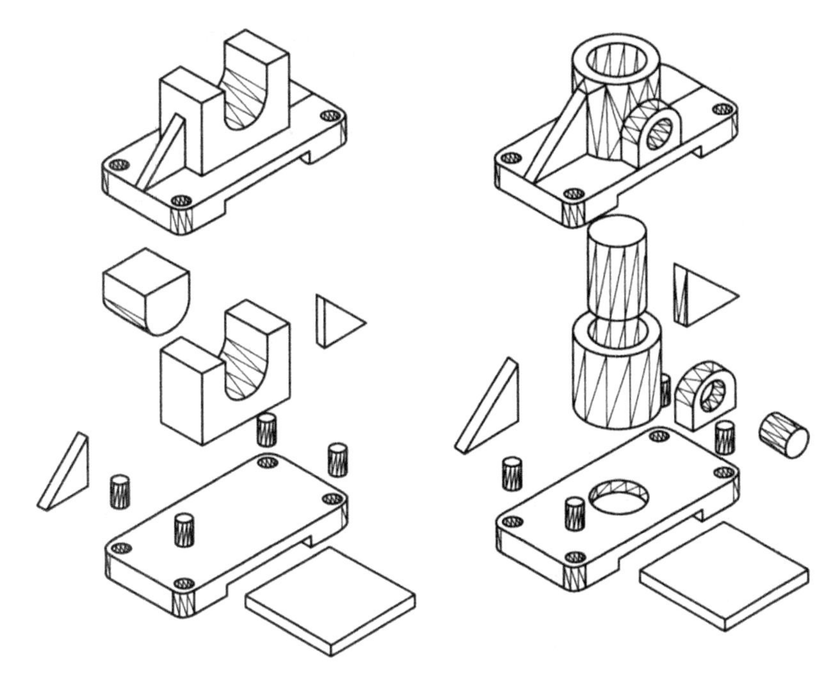

图 2-30　组合体的组合分析

2.3.1　组合分析及表达

形体分析方法是将形体用““加”或“减”方式，分解成若干个基本几何体，或将其若干个基本几何体，用“加”或”减”方法组合成形体，进而能清楚叙述形体的结构。形体分析方法是视图表达和视图识读的基本方法。下面主要讨论如何分解。

1.叠加组合

叠加式是由基本几何体相加而成的形体，是“加”的关系。按照形体表面接触的方式不同，又可分为相接、相切、相贯三种。

(1)相接。两形体以平面的方式相互接触称为相接。当两形体的结合平面平齐时，两者中间就没有线隔开，如图 2-31(a)所示。当两形体的结合平面不平齐时，两者中间应该有线隔开，如图 2-31(b)所示。

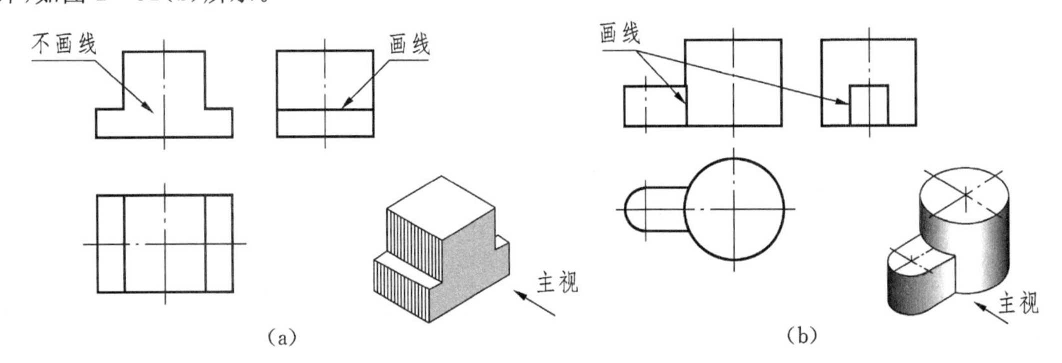

图 2-31　相接组合

(2)相切。曲面与曲面、曲面与平面,表面光滑过渡连接即是相切。两形体之间相切表面分界处没有线,所以相切处投影不画线,如图 2-32 所示。

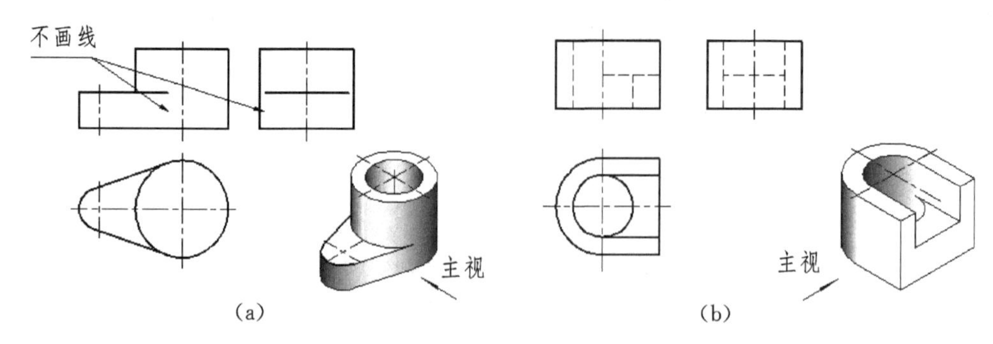

图 2-32 相切组合

(3)相贯。两立体相交表面的交线为相贯线。相贯线是一条空间的闭合曲线,相贯根据两立体的几何形状不同,分两平面体相交、平面体和曲面体相交、两曲面体相交三种情况,这里主要学习两回转体正交的投影,如图 2-33 所示。

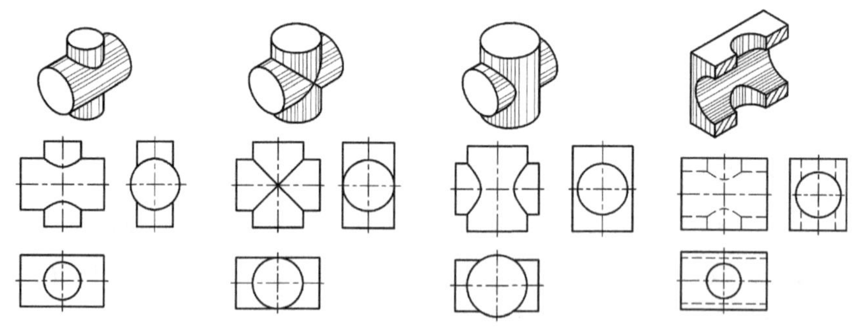

图 2-33 相贯组合

两个回转体相贯组合表面的交线,称为相贯线。相贯线为两回转体表面共有,根据投影关系作出交线在圆柱特殊位置素线上点的投影,再根据投影判断交线的弯曲方向,一般用圆弧代替。

例 2-9 两圆柱正交的投影及标注尺寸,如图 2-34 所示。

绘图基本步骤如下。

①选择主视图。分析形体结构,大圆柱平放轴心线为侧垂线,小圆柱在大圆柱的正上方,确定三个视图的位置(考虑标注尺寸的位置)。

②画大、小圆柱。画大圆柱的三视图,先画左视图,再画俯视图、主视图;相对于大圆柱正上方画出小圆柱的三视图,如图 2-34(b)、(c)所示。

③画相贯线。在俯视图和左视图上,确定相贯线在小圆柱上最前、最后、最左、最右的 4 个点的投影;再根据三视图的三等关系,作出 4 个点的主视图上的投影,主要是 2′、4′两点,(两点重合);过 3 个点作圆弧(可徒手画弧),如图 2-34(d)所示。

④标注尺寸。注尺寸前要检查并加深,(看不到的线画虚线,点画线完整,出头 2～5mm),注意集中标注,相贯线一律不标注尺寸,如图 2-34(e)所示。

例 2-10 半圆柱钻孔正交并相切,补画左视图的投影,如图 2-35 所示。

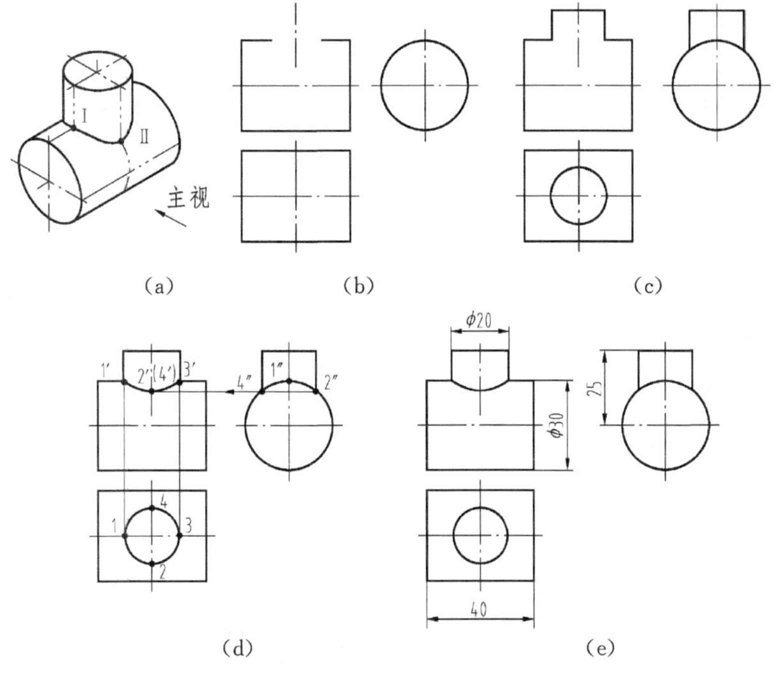

图 2－34　两圆柱正交的投影及尺寸标注

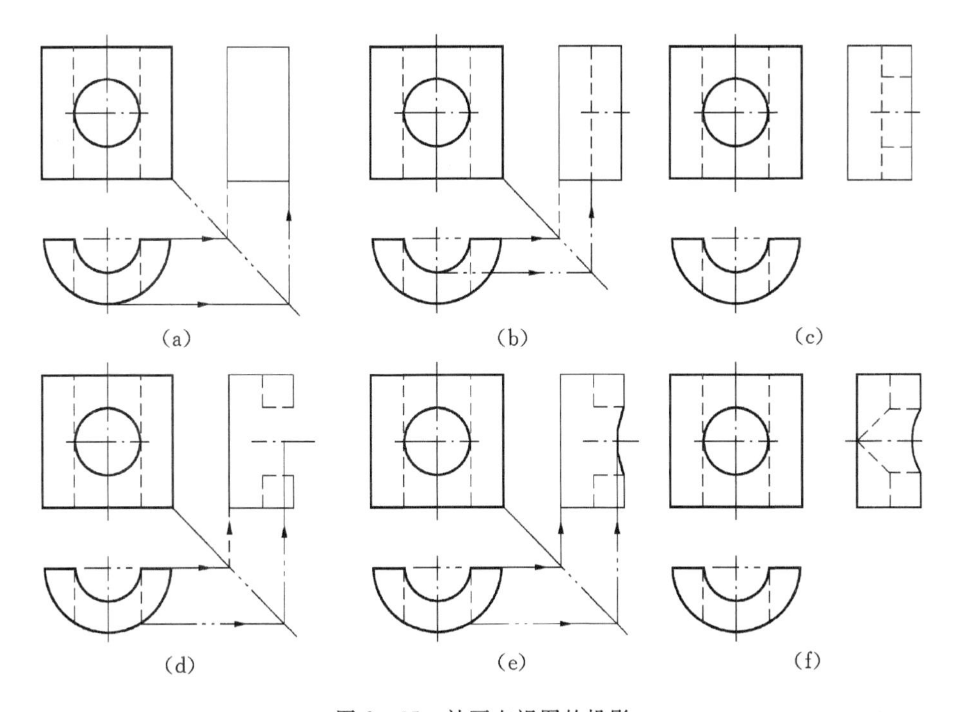

图 2－35　补画左视图的投影

绘图基本步骤如下。

①分析形体补画基本体。形体为半圆柱，在半圆柱的正中有(相同直径)钻孔，按三等关系，画出在半圆柱的外形图，如图 2－35(a)所示。画出半圆柱的孔，如图 2－35(b)所示。

②画出钻孔的左视图投影。按三等关系的高平齐，画出钻孔的左视图投影，如图 2－35(c)所示。

③画出相贯线的投影。画出钻孔与半圆柱外表面的交线(相贯线)的投影，按三等关系，画出相贯线最左、最右点的左视图投影，如图 2－35(d)所示。过三点作圆弧，得到外表面的交线(相贯线)的投影，如图 2－35(e)所示。内孔相切为两条直线，如图 2－35(f)所示。

④检查描深。对应三视图的投影检查投影关系是否正确，描深可见线，不可见线画成虚线，点画线出头 3～5mm，保留作图痕迹。

2. 挖切组合

挖切式组合体是由基本几何体相减而成的形体，是“减”的关系。形体接触的交线在里面，为内部结构，用虚线表示，挖切方式的种类如同叠加，如图 2－36 所示。

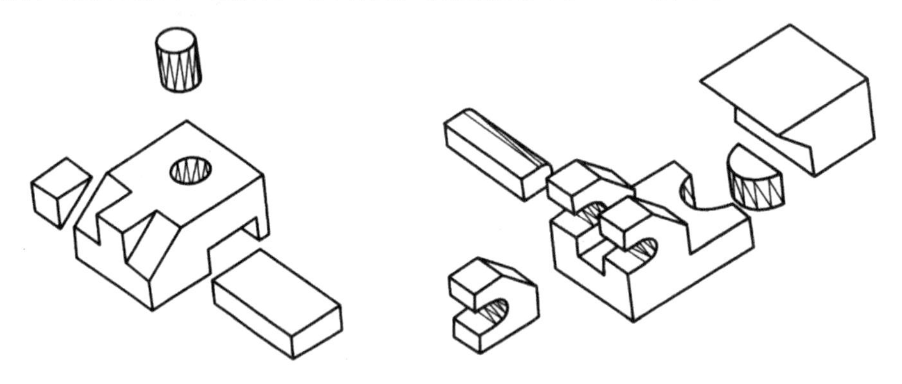

图 2－36 挖切组合

例 2－11 挖切组合体的投影，如图 2－37 所示。

①画基本体四棱柱的三视图。先画左视图，再画俯视图、主视图。如图 2－37(a)所示。

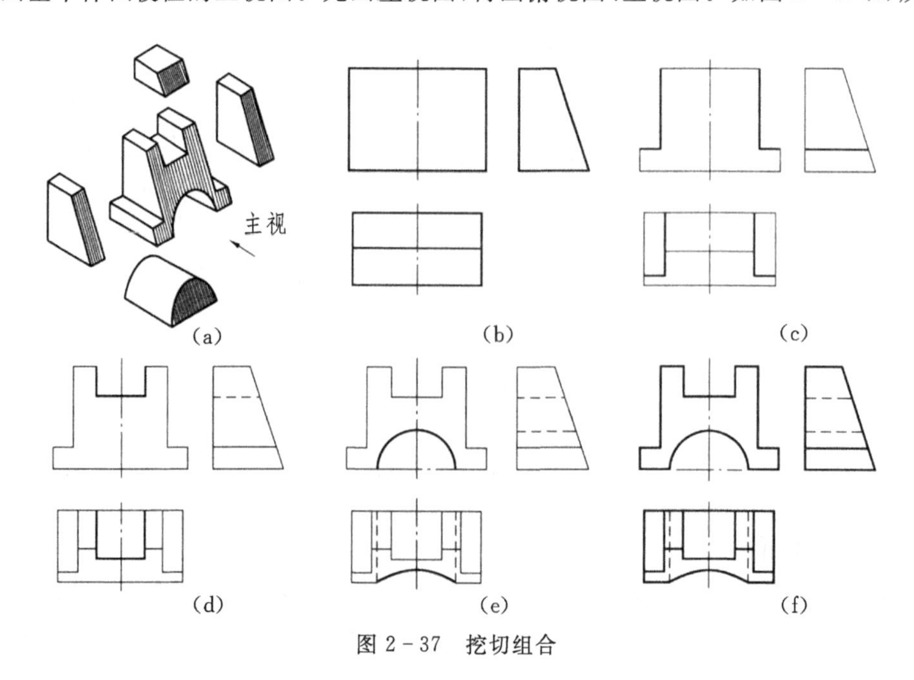

图 2－37 挖切组合

②画左右切口的三视图。先画主视图左右的切口，高平齐画左视图的粗实线，再根据三等关系画俯视图的矩形，如图 2－37(b)所示。

③画形体正上方的开槽的三视图。先画主视图正上方的开槽，高平齐画左视图虚线，再根据三等关系画俯视图矩形，如图 2－37(c)所示。

④画形体正下方半圆槽的三视图，先画主视图的半圆，高平齐画左视图虚线，再根据三等关系画俯视图的弧线，如图 2－37(d)所示。

④检查加深，完成切割体的三视图，注意点画线的绘制及线型的标准，如图 2－37(e)所示。

3. 综合组合及绘图步骤

形体的组合形式通常是既有叠加又有挖切，综合组合是最常见的组合形式。熟练地应用形体分析法，分析形体的形状、组合形式和表面连接关系等，以便于进行画图、看图和标注尺寸，这种分析组合体的方法，对培养动脑思维能力十分重要。

组合体三视图绘制的基本步骤如下。

(1)形体分析。形体分析法分析组合体的组合形式、连接关系、单元体形状等，明确主要形体与连接体之间的变化及特征等。

(2)选择主视图。主视图是图样视图中的最主要视图，是表达形体的一组视图的核心，因此，主视图一定要表达形体的主要形状特征，同时还要考虑其他图的表达。

具体的作法是，将形体放正、放稳，形状结构朝前、朝上、朝左，选择能表达形体特征的投影图作为主视图，如图 2－38 所示。比较三个选择主视图方案中(a)较正确。

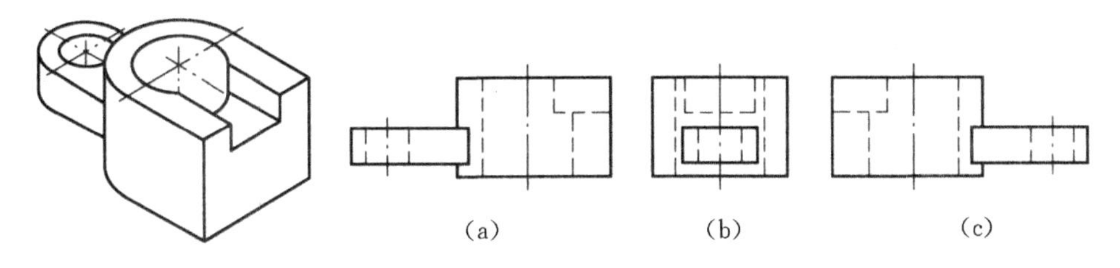

图 2－38　主视图选择比较

(3)定比例、选图幅。根据形体的尺寸大小和形体的复杂程度，选择绘图的比例和图幅，一般情况下尽量选用 1∶1 的绘图比例，选择图幅的型号，一定考虑尺寸标注的位置。

(4)绘制草图。草图绘制主要指的是打底稿的过程，要追求既快又好。要注意：

①先画形体主要部分的三视图，后画次要部分，最后画细节部分。一定避免从上到下，由左至右的习惯，从图面的布置开始，就要有全局的观念。

②先画反映形状特征明显的视图，画各部分形体的三视图时，一定要先画反映形状特征明显的视图，根据三等关系画其他视图。

③要三个视图同时画，在画形体的各部分时，一定要三个视图同时画，完成该部分的三视图后，再去画形体的其他部分，这样作使画图更简单。

④及时检查，每完成形体一部分，都要进行认真的检查，确定无误再往下画，避免以后画图错误影响全图，这一点非常重要。

(5)检查加深。底稿完成后，要对全图作认真的检查，保证投影关系正确，图线标准，图面清晰。要对点画线是否漏画，点画线出头 3～5mm 等重点检查。

例 2-12　已知组合体的直观图和左视图，完成组合体三视图的绘制。

画图前要用形体分析法对组合体进行分析。该组合是由底板和右侧立板组成；底板的左侧开槽，俯视图反映底板的形状，左视图反映立板的形状。画图方法和步骤如下。

①画中心线，完成图面布置，如标注尺寸要留出注尺寸的位置，如图 2-39(a)所示。

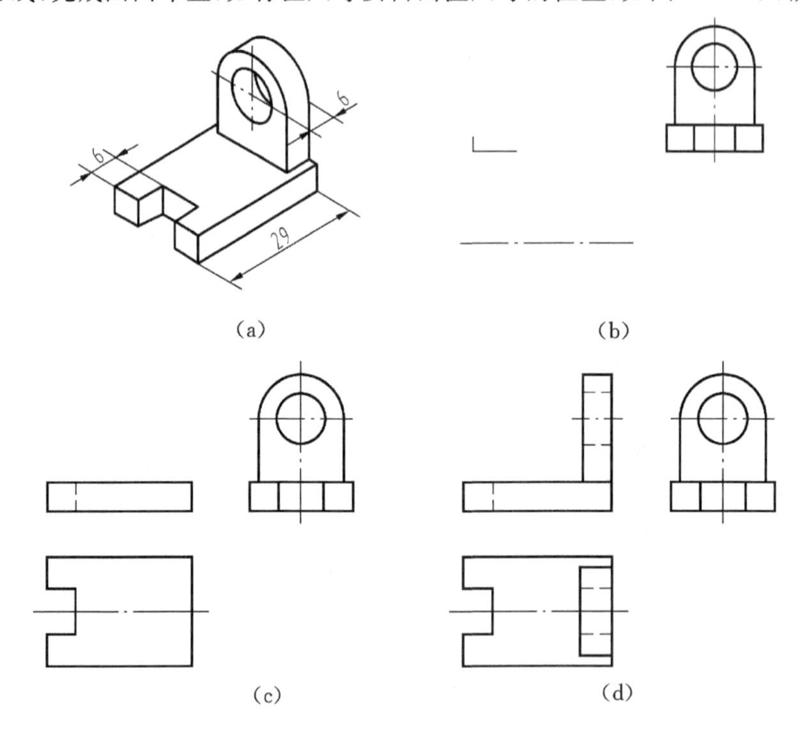

图 2-39　三视图画图步骤

②画立板的三视图，如图 2-39(b)所示。

③画底板的三视图，如图 2-39(c)所示。

④检查加深，保证图线标准；不可见的线画虚线；点画线完整，出头 3～5mm。

例 2-13　回转体综合练习

往往回转体都不是单独存在的，而是几个回转体在一起(称为组合体)，如图 2-40 所示。回转组合体三视图及尺寸标注步骤如下。

①完成回转基本体的三面投影。先选择主视图，将回转体轴心线垂直于 *W* 面，开口向上、向左摆放进行三面投影。然后确定三个视图的位置，注意留出标注尺寸的空间，最后完成回转基本体的三面投影，如图 2-41(a)所示。

②主视图、左视图开槽的投影。按开口的尺寸 10、10、4 完成主视图开口的投影；分析开口底面通过大圆柱，用高平齐完成左视图的投影，如图 2-41(b)所示。

③俯视图开槽的投影。用三等关系作出俯视图的圆柱部分投影；分析可知圆锥表面切割截交线是一条双曲线，用三等关系作出 3 个点的投影，按双曲线的定性过 3 个已知点光滑连线；开口与右端圆柱表面斜切割交线是椭圆曲线，用三等关系作出 3 个特殊点的投影，过 3 个

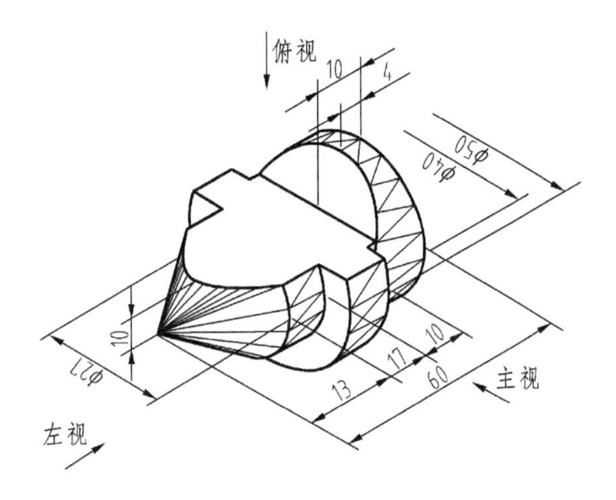

图 2-40　回转体的直观图

点圆弧连线，即完成俯视图的投影，如图 2-41(c)所示。

④检查并加深(保留作图痕迹)。

⑤标注尺寸。先标注各基本体尺寸，圆柱体、圆锥体的尺寸，要有外形；再标注开口的定形尺寸和定位尺寸，注意对称标注，如图 2-41(d)所示。

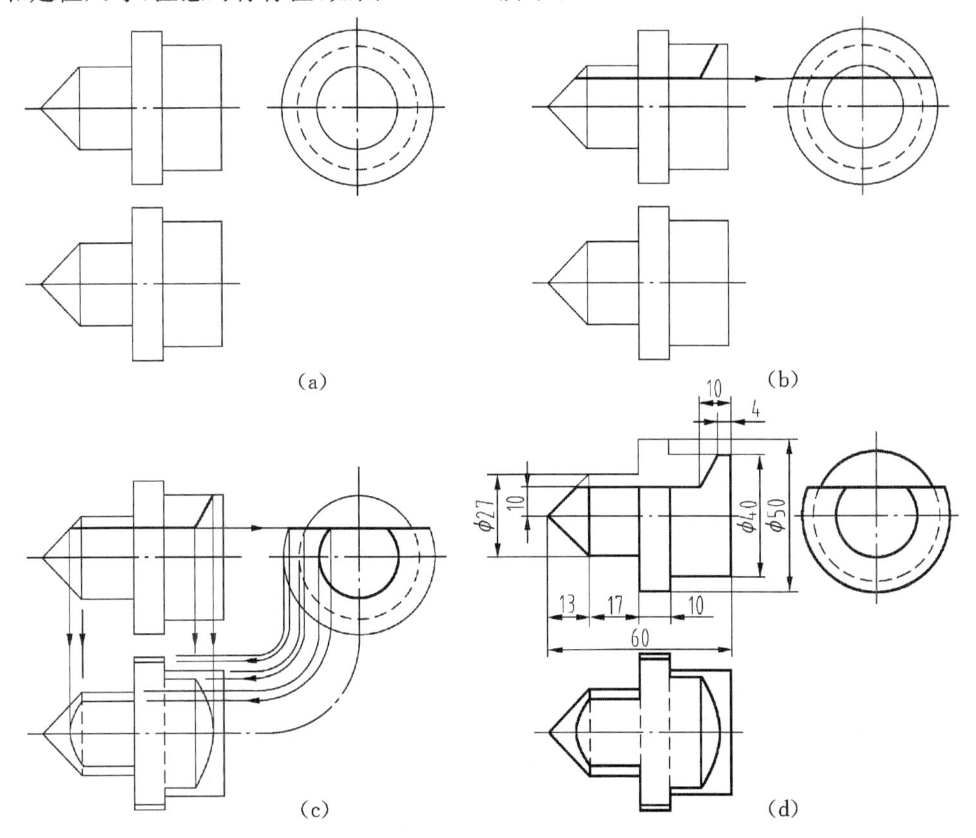

图 2-41　回转体的三面投影及尺寸标注

2.3.2 组合体的尺寸标注

1.尺寸标注的基本要求

视图仅能定性的表达形状，其形状的大小定量的表达必须由尺寸来确定。因此，尺寸标注非常重要，基本要求如下。

(1)正确。尺寸标注的全部内容必须符合国家制图标准中尺寸标注的规定。在第一章已经介绍。

(2)完整。尺寸标注必须确定形体的形状大小，必须确定各部分形状的相对位置关系，因此，标注尺寸不能遗漏尺寸，不能重复标注尺寸。

(3)清晰。尺寸标注的布置要整齐、清晰，便于看图。

2.尺寸标注必须完整

完整的标注尺寸，即不漏标注尺寸或重复标注尺寸，最有效的方法是用形体分析法，明确各组合单元体的形状"先分后和"、"先主后次"，先标注单元体的定位、定形尺寸，再标注单元体之间的位置尺寸和总体尺寸。

(1)尺寸种类。尺寸分定形、定位尺寸和总体尺寸。

①定形尺寸。定形尺寸是确定形体各部分形状大小的尺寸。我们熟知的如圆的直径，矩形的长、宽、高等都是定形尺寸。如图 2-42(a)所示。

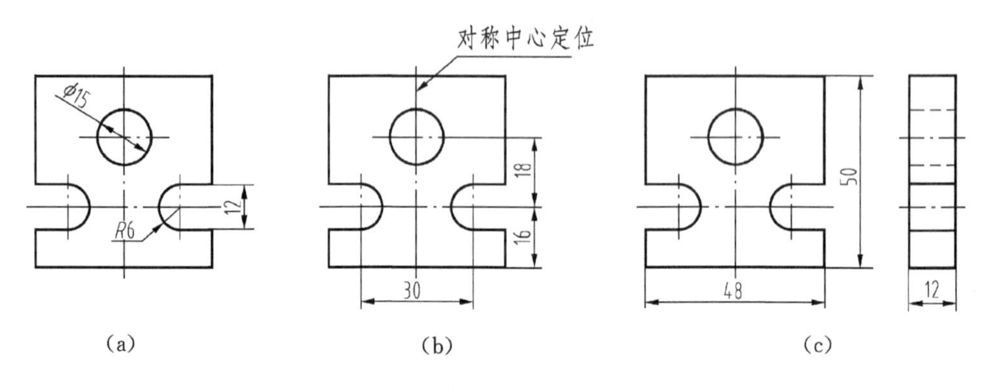

图 2-42 尺寸种类

②定位尺寸。定位尺寸是确定形体各部分形状之间相对位置的尺寸。我们熟知的如两孔中心距的尺寸等都是定位尺寸。如图 2-42(b)所示。

③总体尺寸。总体尺寸也称外形尺寸，确定形体的总长、总宽、总高的尺寸。为了表达形体的大小、所占的空间尺寸，通常要标注形体的总体尺寸，如图 2-42(c)所示。

在形体标注尺寸时，轴心线、中心线是标注尺寸的重要参考；曲面形状、相切点不能表达尺寸，必须独立标出。回转体定位尺寸一般都标注轴心线上，带有回转体的外形一般不标注总体尺寸，用半径(直径)尺寸和轴心线位置尺寸表示，如图 2-43 所示。

(2)按基准标注尺寸。尺寸基准是标注和测量尺寸时的起点，形体有长、宽、高三个方向的尺寸基准，每一个方向上至少有一个尺寸基准，用来确定各部分形体的定位尺寸，同一方向无

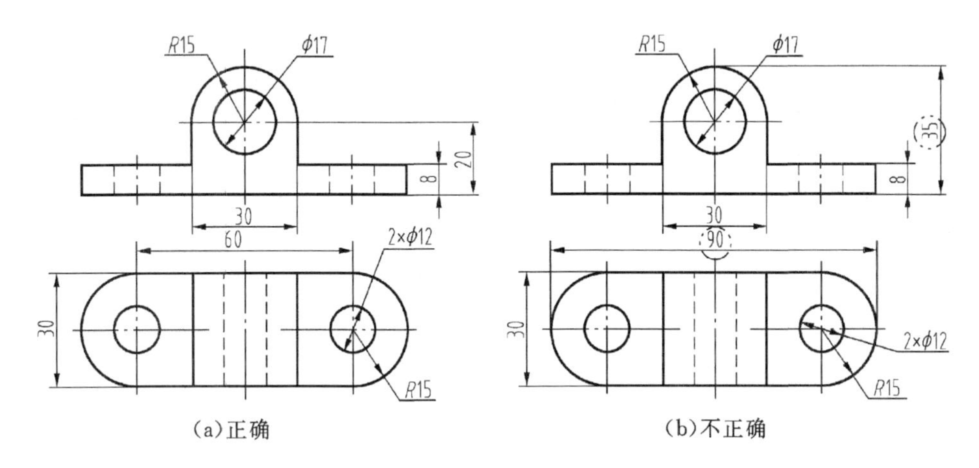

(a)正确　　(b)不正确

图 2－43　形体尺寸标注分析

论有多少尺寸基准，只能有一个是主要基准，而其他的是辅助基准。标注尺寸时一般选用形体的底面、回转体的轴心线、对称形体的中心面作为尺寸基准。如图 2－44 所示。

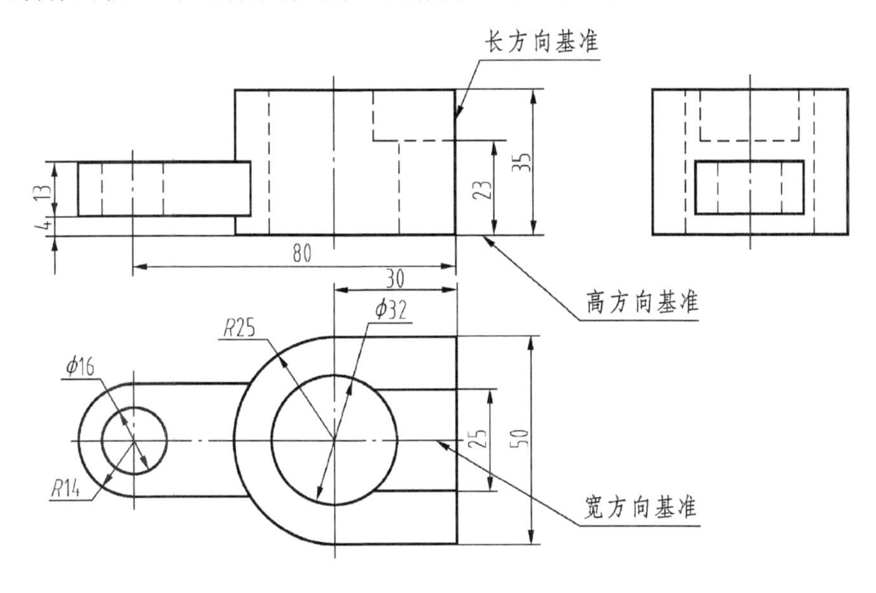

图 2－44　组合体尺寸基准分析

3. 尺寸标注要清晰

尺寸标注清晰不仅便于看图，而且更利于检查尺寸的标注，避免发生尺寸遗漏，具体要求如下。

(1)尺寸标注在该形状明显处。尺寸应标注在表达形状特征明显的视图上，标注尺寸与视图表达的内容对应。如图 2－45 所示。

(2)集中标注。同一形状的定形、定位尺寸应集中标出在一个视图中，做到一次将形体的某一部分形状尺寸标注完整，再标注下一部分形状尺寸；在一个视图中标注的尺寸，应标注在该形状两视图之间，方便检查更利于读图，如图 2－46 所示。

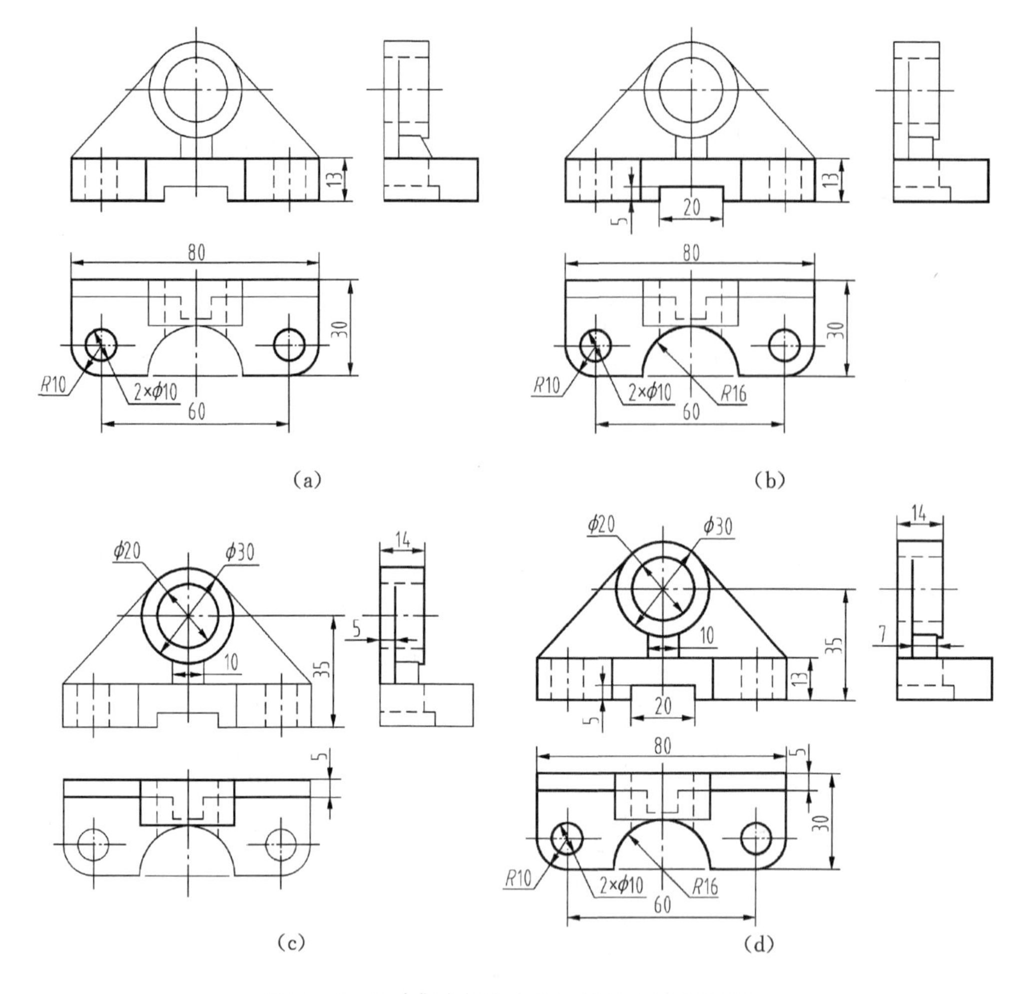

图 2-45　尺寸集中标注在形状特征明显的视图上

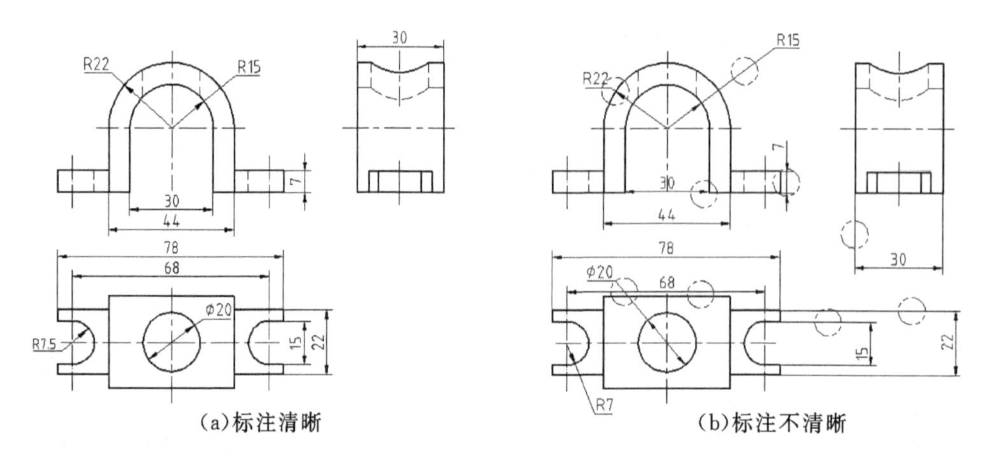

(a)标注清晰　　　(b)标注不清晰

图 2-46　尺寸标注靠近图

(3)尺寸靠近图形。为使尺寸标注明显,尺寸表达清晰,尺寸尽量应标注在形状外;尺寸线及尺寸数字距离图形不能太远或太近,一般为 $\sqrt{2}$ 倍字高,如图 2-46 所示。

(4)排列整齐。尺寸标注要排列整齐,尺寸线与图形、尺寸线之间的距离相等为 $\sqrt{2}$ 倍字高;尽量避免尺寸线和尺寸界线之间相交,如图 2-47 所示。

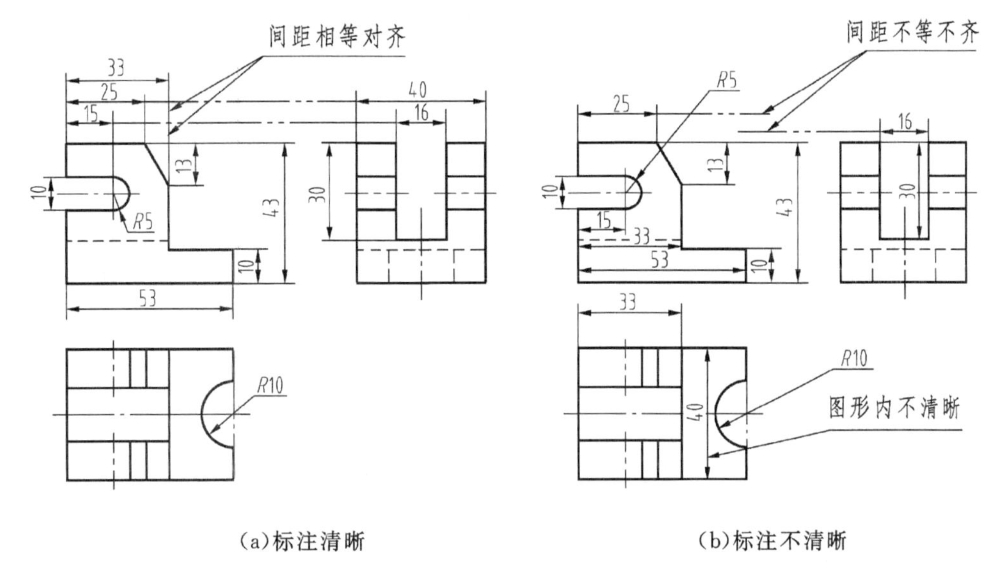

(a)标注清晰　　(b)标注不清晰

图 2-47　尺寸标注要排列整齐间、距离相等

(5)圆的标注。回转体的直径一般标注在非圆的视图上;半径尺寸一定标注在投影为圆弧的视图上;多孔时其直径可以标注在投影为圆的视图上,复合集中标注原则,并在直径前面标出孔数量,圆弧不标数量。如图 2-48 所示。

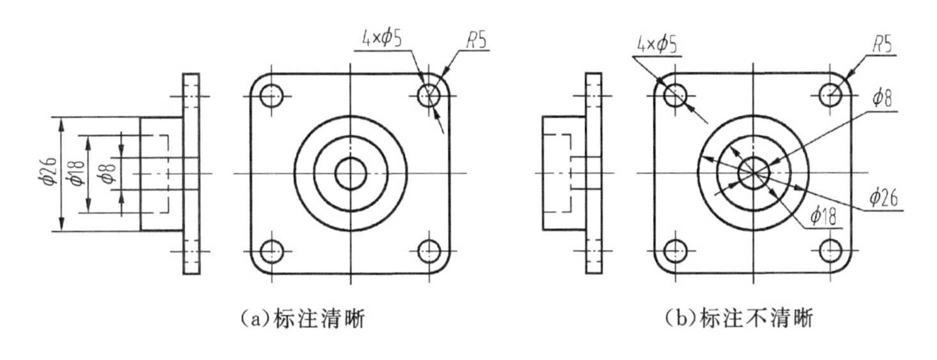

(a)标注清晰　　(b)标注不清晰

图 2-48　回转体尺寸标注

(6)虚线不注尺寸。一般不在虚线图形处标注尺寸。

4. 尺寸标注示例

常见组合体的尺寸标注,如图 2-49 所示。

例 2-14　组合体三视图的尺寸标注。

用形体分析的方法,将形体分解成若干个单元体,分别进行标注尺寸,再进行组合标出形体的外形尺寸。选择底面、圆柱后端面和中心面为尺寸基准,如图 2-50 所示。

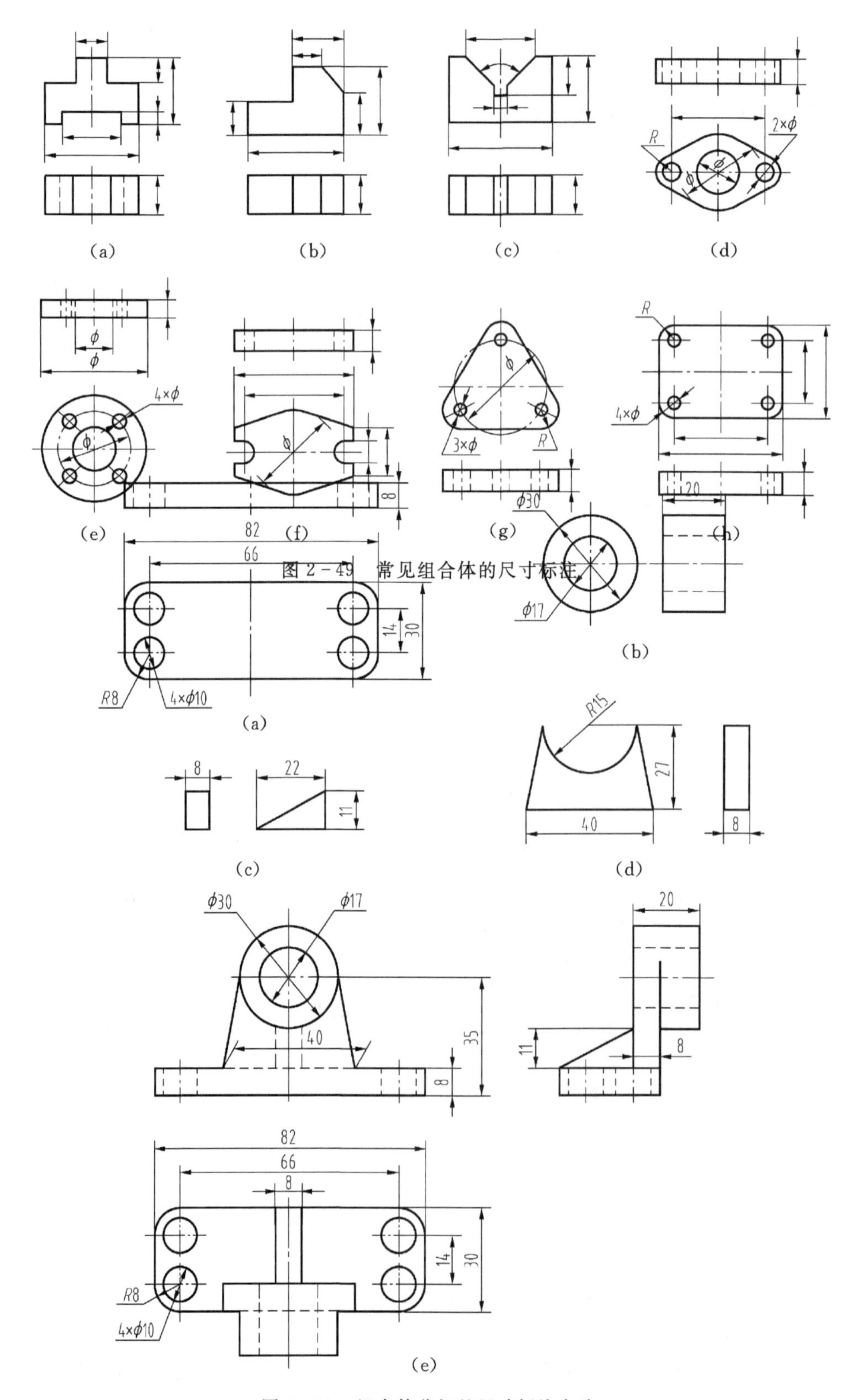

图 2-49 常见组合体的尺寸标注

图 2-50 组合体分解的尺寸标注方法

例 2－15　组合体三视图尺寸标注的示例。

形体的形状复杂多样，分析形体的结果组成，选择合理的尺寸基准，在合适的视图中进行标注，对尺寸表达非常重要，如图 2－51 所示。

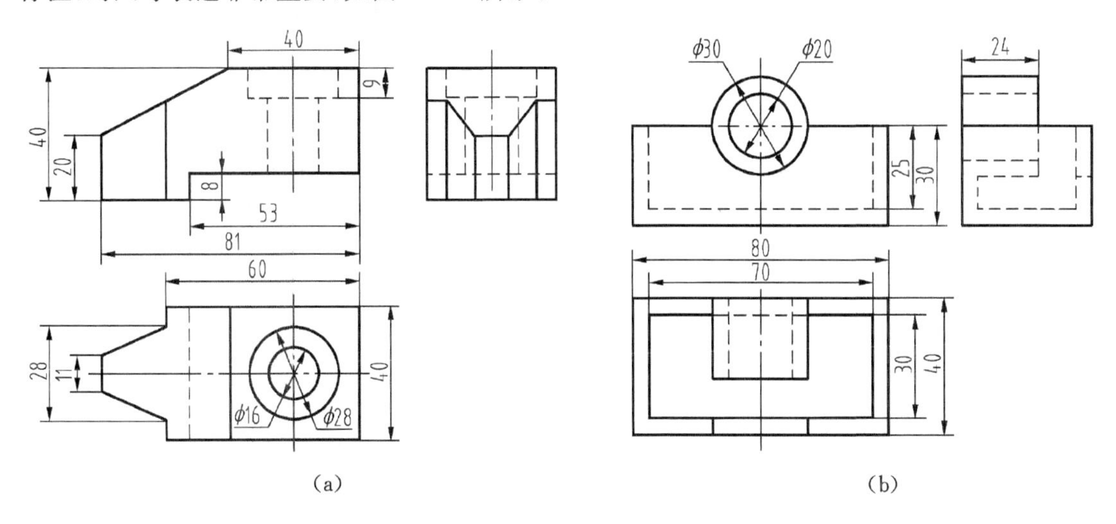

图 2－51　组合的尺寸标注示例

2.3.3　组合体的读图

1. 读图的基本知识

读图时要了解一定的相关知识和注意事项，通过看投影视图，建立空间立体，培养动脑能力。

(1)读图的目的。读图是根据三面投影及尺寸标注，想象出组合体的空间立体，是对形体作三面投影的逆过程。

(2)读图的要求。一般情况下读图要两个视图对应看，必要时可三个视图同时看，视图间互相结合对照；要先看反映形体特征的视图，在与相应的视图对照读图；看图要借用尺寸标注符号(ϕ、R)等内容，

(3)封闭线框的空间含义。在视图中每个封闭线框，都有各自的空间意义，即表示不同的形状结构。

2. 读图的基本方法

读图的目的根据平面图形建立形体的立体，形体分析法仍然是读图最有效的基本方法。

(1)形体分析方法。根据形体视图的特点，从组合体投影图中划分出若干个基本单元体，按投影对应关系分析每一基本单元体的投影，确定其形状及之间的相对位置关系，最后综合起来想象出整体的结构形状。

例 2－16　用形体分析法，读组合体的三视图，如图 2－52 所示。

读图的基本步骤如下。

①分解组合体。根据三视图中对应图形进行分解，可对照划分出三个基本单元体，底板

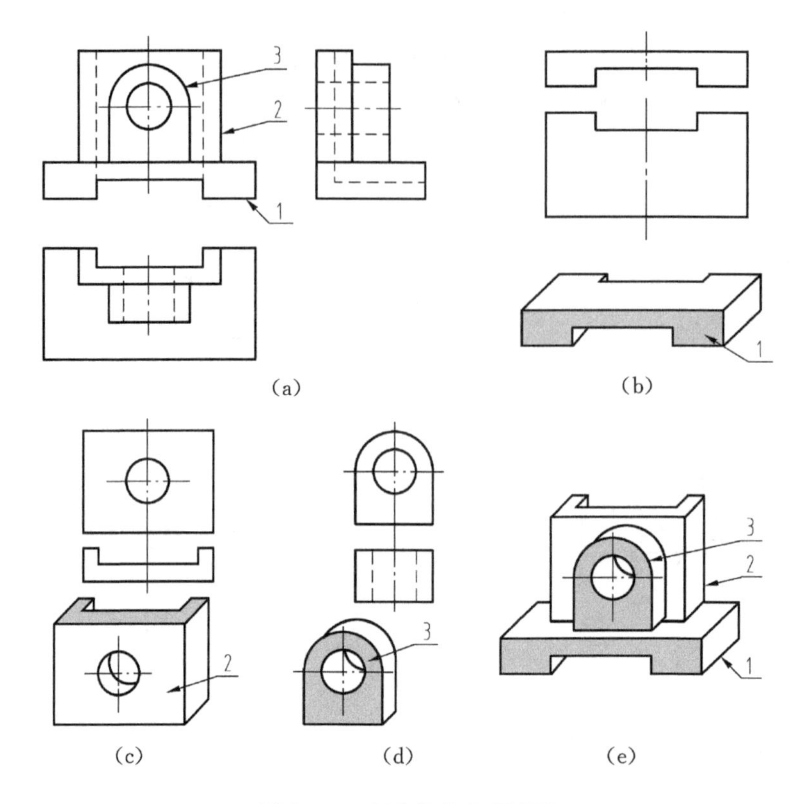

图 2－52　组合体的分析读图

Ⅰ、棱柱Ⅱ、U形板Ⅲ，如图 2－52(a)所示。

②建立形体。建立每个单元体的形状是读图的关键，先分析反映主要单元体形状特征的视图，确定大致的形状，然后再分别分析其他单元体形状特征的视图，建立形体。细小不重要的形状忽略，留在最后考虑。如图 2－52(b)、(c)、(d)所示。

③综合想出整体。将已经确定的主要形体与其他的单元体，按视图所表达的位置关系进行组合，建立组合体的空间立体，如图 2－52(e)所示。

(2)线面分析方法。线面分析方法就是根据视图中线和封闭线框的含义，分析形体表面形状和位置，从而想象形体的形状的看图方法。

在一般情况下，用形体分析法能看图方便自如，所以多采用形体分析法看图。但对于一些较为复杂的组合体三视图，则需要用线面分析方法看图，如图 2－53 所示，图中 A 面为正垂面，主视图聚积成一条线，另两个视图为类似形，B 面为侧垂面，左视图聚积成一条线，另两个视图为类似形。用对应的线和线框的线面分析法，很容易想象出形体的立体形状。

3. 综合训练

(1)补第三视图。已知两个视图，补画出第三个视图，是看图想象形体立体形状的训练方法。先读懂两个视图建立形体，再根据形体及投影关系，完成第三个视图的投影。

例 2－17　补画俯视图，如图 2－54 所示。

作图步骤如下。

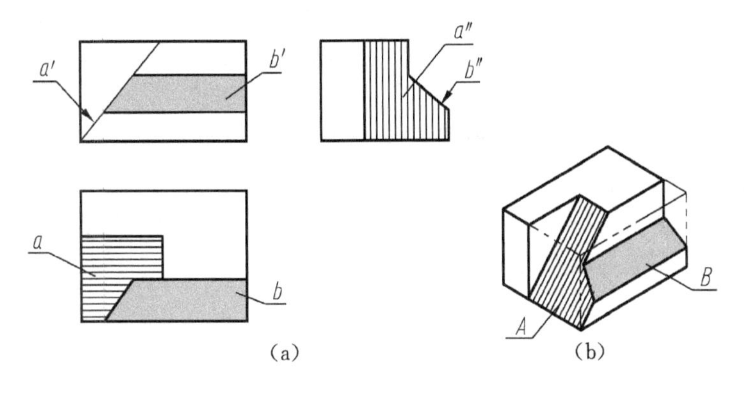

图 2-53　线面分析法

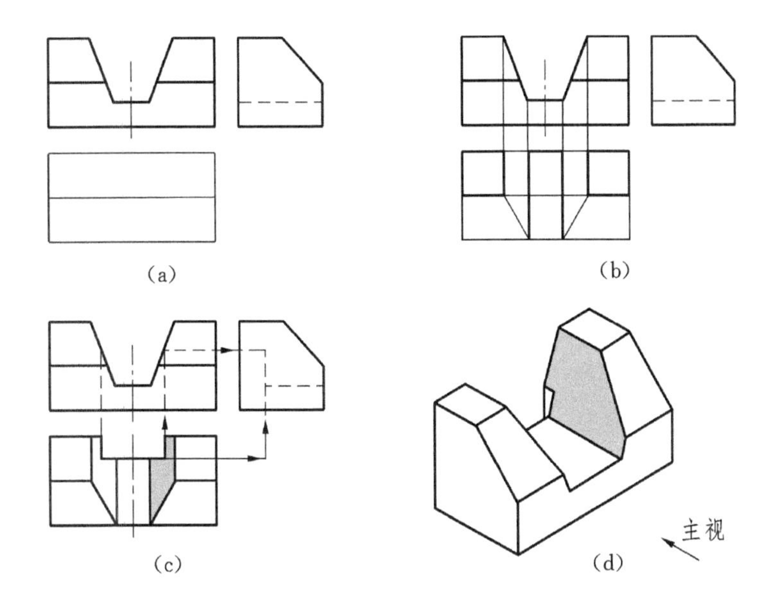

图 2-54　补画俯视图

①分析读图。根据给出的主视图和左视图，形体是由五棱柱经挖切后的组合体，横断面形状为左视图形状，正上方前后方向被挖切出梯形槽，正后方上下方向被挖切出矩形槽。

②画基本形体。按三等关系画出基本形体五棱柱的俯视图，如图 2-54(a)所示。

③上方梯形槽。正上方前后方向被挖切梯形槽，最上面和最下面根据三等关系画出，梯形槽两个侧面是正垂面，对应连线画出，如图 2-54(b)所示。

④正后切矩形槽。分析并判断开槽的形状，正后方上下方向被挖切矩形槽，在俯视图中聚积，根据三等关系画出，如图 2-54(c)所示。

⑤检查加深。根据三视图三等关系，对应检查，视图准确、线型标准。培养认真细致、一丝不苟的工作作风。

例题 2-18　补画左俯视图，如图 2-55 所示。

作图步骤如下。

①分析形体主要形体。根据已知的视图分析形体的组成，形体是由3部分组成，主要形体是圆柱体，在左边和前边分别与“U”形棱柱体组合，画出主要形体圆柱体的左视图，如图2－55(a)所示。

②画左边和前边的“U”形棱柱。根据形体组成的分析，按三等关系分别画出左边和前边的“U”形棱柱的左视图投影，如图2－55(b)、(c)所示。

③检查加深完成画图。按三等关系分别补画的形体左视图投影进行检查，确定投影图形准确无误，进行描深，完成补画左视图投影，如图2－55(d)所示。

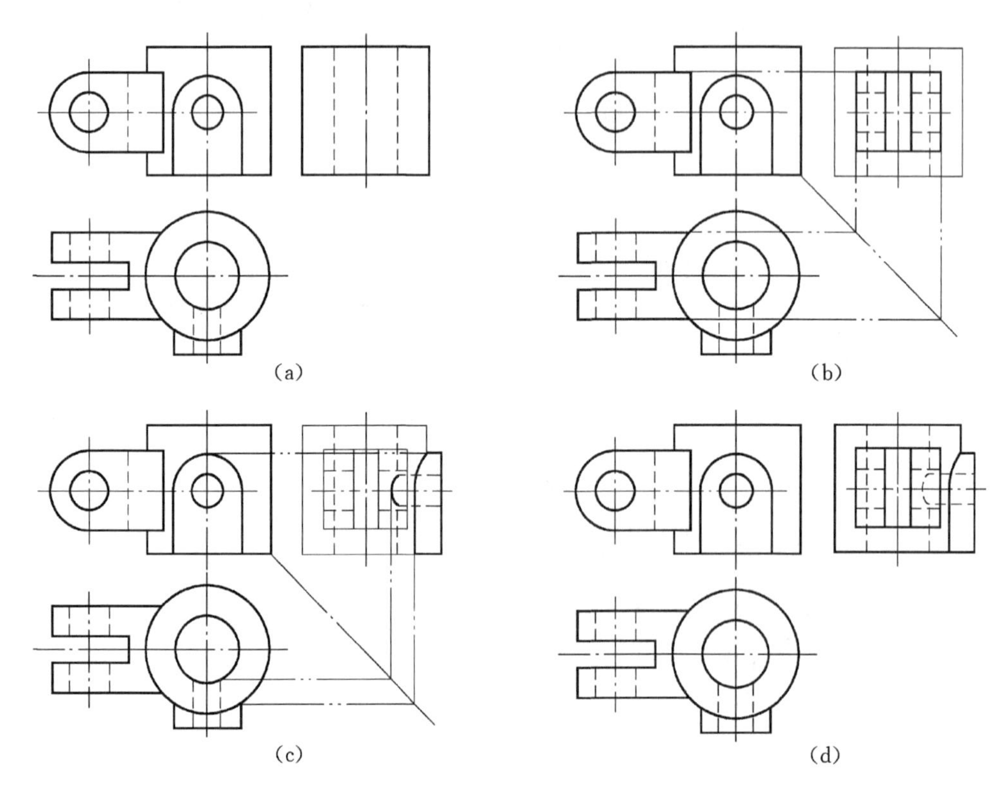

图2－55　补左俯视图

(2)补漏线。补画视图中的漏线练习，是三视图读图的训练方法。要对已给出的三视图认真识读，根据投影关系，完成三视图的表达。

例题2－19　补画视图中的漏线，如图2－56所示。

作图基本步骤如下。

①分析读图。根据给出的三视图，组合体主要为两部分，右边为中间$\phi 32$孔，高为35的圆方体。左边为厚13带阶梯孔的板。它们之间在距底面4处相切方式组合，如图2－56(a)所示。

②板与圆柱相切。在俯视图作出板与圆柱的切点P，按三等关系画出主视图、左视图的投影，由于板与圆柱面相切，板与圆柱相切处不画线。如图2－56(b)所示。

③补画板左侧的孔。根据主视图、俯视图阶梯孔的投影，按三等关系画出左视图的投影，如图2－56(c)所示。

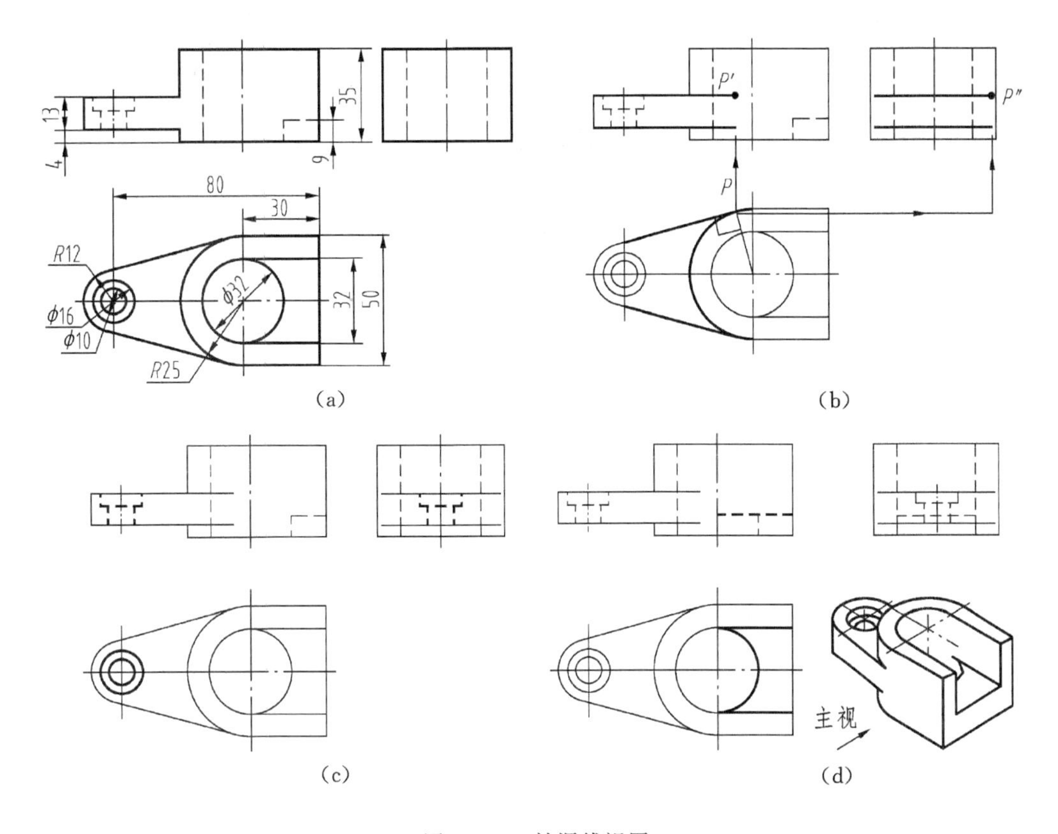

图 2－56　补漏线视图

④补画圆柱孔右上方开槽。圆柱通孔右上方向被槽切开，并与孔相切，主视图中与孔相切不画线，根据三等关系画出，如图 2－56(d)所示。

(3)选择判断。在给出的视图中选择正确的第三视图，不需要画图便能训练识图能力，是普遍采用的一种制图考核试题的题型。

例 2－20　用线面分析法，选择正确的左视图，如图 2－57 所示。

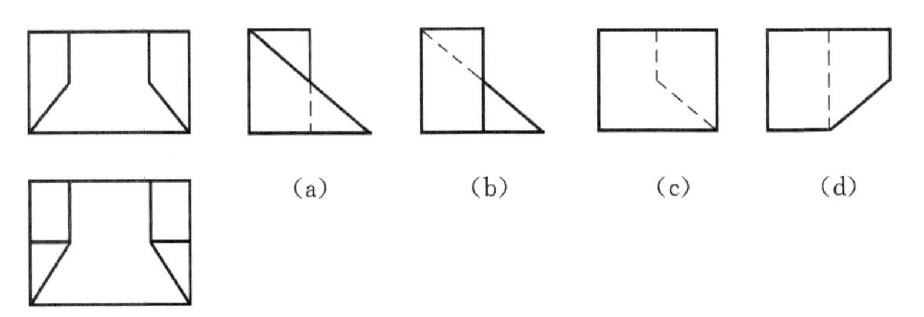

图 2－57　选择正确的左视图

根据主视图和俯视图中间的图形类似并相同，可以判断该平面为侧垂面如图 2－58(a)所示，所以在图 2－57 的(a)、(b)中选择，根据俯视图下角的三角形与主视图的斜线对应，可以判断为正垂面，如图 2－58(b)所示，所以正确的答案是图 2－57 中的(b)。

(4)形体结构创新。获得一个投影图形，可以是若干个不同的组合体，通过分析组合方式、

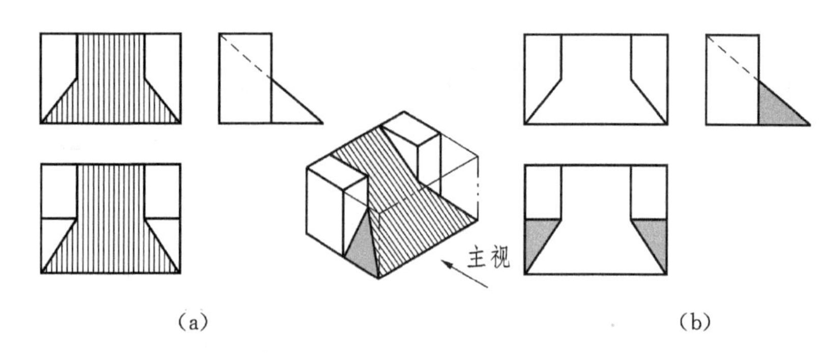

(a) (b)

图 2-58 三视图投影分析

形体结构特点与投影的关系，提高形体投影的变化多样的规律的认识，从而培养动脑分析、思维的能力。已知两个视图的投影和第三个视图的形状变化，表达形体的形状不同。如图 2-58 所示。

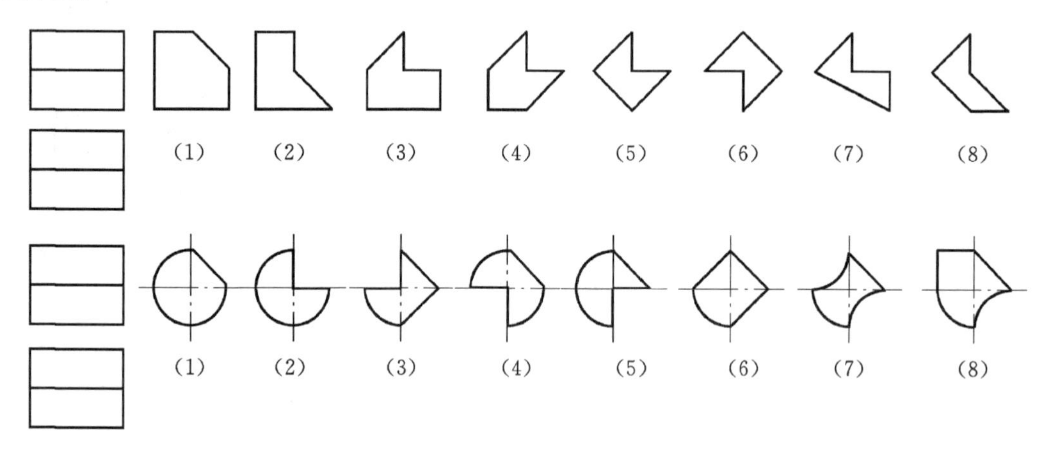

图 2-59 几何体构型的多样化

图 2-59 中的两组视图，所表达的形体为平面棱柱体和带有弧面的棱柱，左视图不同棱柱的断面形状，可以肯定还会有很多符合投影条件的棱柱体，请您再画出几个符合投影条件的棱柱体。

(5)构型便于成型。两个形体组合的条件是能形成一个新的形体。不能嵌入、悬空和线接触等。还要考虑到成形的可能性，如封闭的内腔组合结构不便于成形。

第 3 章　轴测图

本章重点内容提示

(1)轴测图相关知识及轴测图形成。了解轴测图的形成及分类,轴测图的轴向变形系数,轴测图的性质等基本知识。

(2)轴测图(三维立体)的绘制。掌握轴测图的绘制技巧,能熟练的绘制形体的正等轴测图和斜二轴测图。

(3)轴测图注尺寸。掌握轴测图标注尺寸的方法,能熟练的为正等轴测图和斜二轴测图标注尺寸。

3.1　轴测图的基本知识

机件的表达除了用视图表达外,还可以用轴测图表达,即三维立体表达。随着计算机绘图软件的发展和普及,轴测图(三维立体)在进行机件设计、零件的加工演示、空间管路布置及广告设计等方面,越来越多的被广泛采用,因此,学习轴测图对今后的工作非常重要,如图 3 - 1 所示。

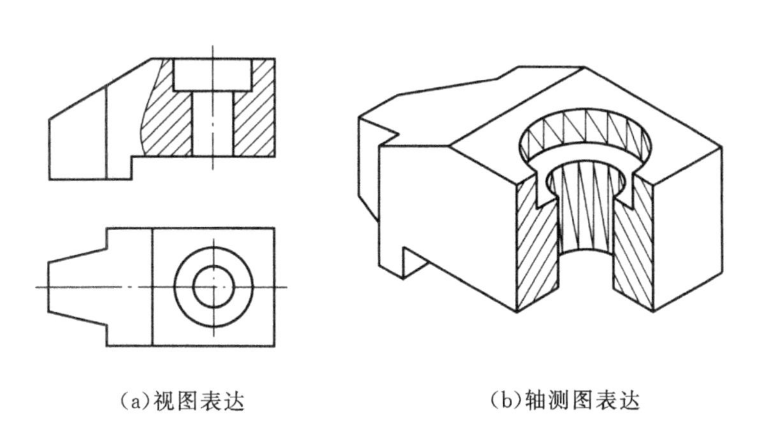

(a)视图表达　　(b)轴测图表达

图 3 - 1　视图表达与轴测图表达的对比

3.1.1　轴测图的形成

轴测图是对形体(连同直角坐标系),用平行投影法投射在一个投影面上的投影图形。

平行投影法分正投影法和斜投影法两种,用正投影法时,轴测图的投影面与形体的三个轴的夹角相同,如图 3 - 2(a)所示。用斜投影法时,轴测图的投影面与 V 面(正立投影面)平行,如图 3 - 2(b)所示。

由于轴测图是单一投影面所得到的投影图形，与人的视觉感相同（立体感），因此轴测图也称直观图。

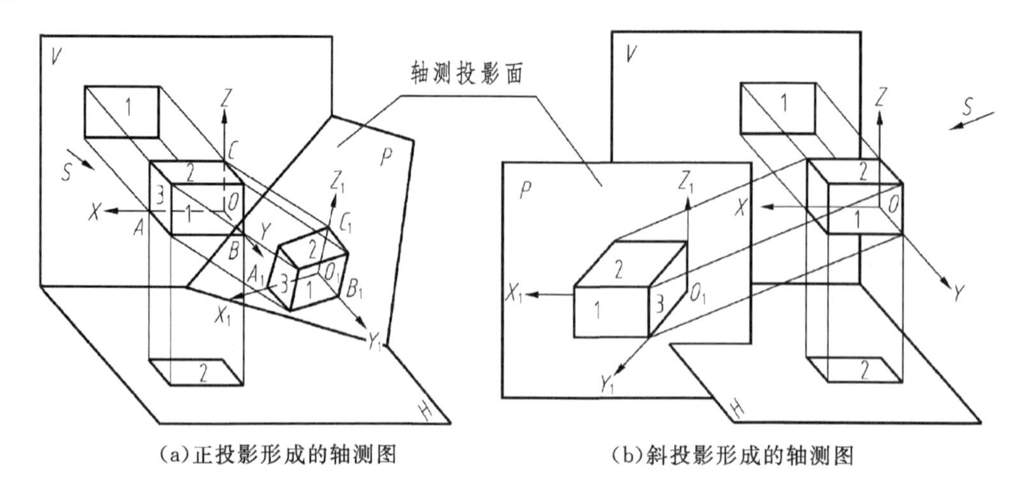

(a)正投影形成的轴测图　　(b)斜投影形成的轴测图

图 3-2　轴测图的形成

3.1.2　轴测图的性质

1. 分类

(1)正轴测图。按正投影（轴测投射方向垂直于轴测投影面）所得的轴测图。

(2)斜轴测图。按斜投影（轴测投射方向倾斜于轴测投影面）所得的轴测图。

2. 伸缩系数

由于轴测图的投影与三视图不同，形体中的 X、Y、Z 轴与轴测投影面倾斜成一定的角度，因此，形体中的 X、Y、Z 轴，在轴测投影面上的投影缩短了。

我们把形体中的 X、Y、Z 轴与轴测图中的 X_1、Y_1、Z_1 的比，称作轴向伸缩系数（简称变形系数）。三个轴的变形系数分别用 p、q、r 表示，即 $p=X_1/X$、$q=Y_1/Y$、$r=Z_1/Z$，变形系数等于小于 1。

按伸缩系数不同的规定，轴测图可分为三种，如下所示。

(1)正（或斜）等轴测图。三个轴向伸缩系数都相同，即 $p=q=r=1$。

(2)正（或斜）二等轴测图。只有两个轴向伸缩系数相同，即 $p=q\neq r$ 或 $q=r\neq p$ 或 $r=p\neq q$。

(3)正（或斜）三等轴测图。三个轴向伸缩系数都不同，即 $p\neq q\neq r$。

3. 工程上常见的轴测图

(1)正等轴测图，简称正等测。

(2)斜二等轴测图，简称斜二测。

(3)正二等轴测图，简称正二测。

4. 轴测图的性质

轴测图(轴测投影图)是根据平行投影法得到的投影图,它具有平行投影的基本特性。

(1)平行关系不变。物体上相互平行的线段,在轴测投影图上的投影相互平行,即轴测图相互平行关系不变。

(2)轴方向尺寸“不变”。物体上平行于坐标轴方向的线段(轴方向尺寸),在轴测图投影图上按变形系数变化,当变形系数取 1 时,轴方向尺寸不变。

绘制轴测图的基本原理,就是根据轴测图的性质“两个不变”进行的,理解和熟练应用轴测图的“两个不变”性质,是绘制及识读轴测图的关键。

3.2　正等轴测图

3.2.1　正等轴测图的基本知识

1. 正等轴测图的形成

在进行正等轴测图投影时,使形体的三个坐标轴与一个投影面(轴测投影面)倾斜,倾斜的夹角都相等,向该投影面进行正投影,得到的视图,称为正等轴测图,如图 3-3(a)所示。

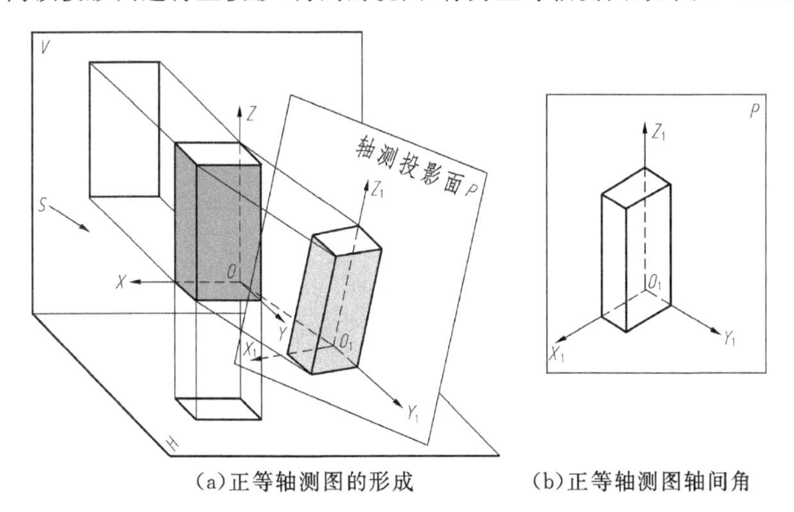

(a)正等轴测图的形成　　(b)正等轴测图轴间角

图 3-3　正等轴测图的形成及轴间角

相比较在进行三视图投影时,形体在三个投影面中(三投影面体系)形体的三个坐标轴与三投影面体系相同,形体的坐标轴与投影面平行或垂直。

2. 正等轴测图的轴间角

正等轴测图的轴间角,是形体上的三个坐标轴 X、Y、Z(空间互相垂直),在轴测投影面上的投影 X_1、Y_1、Z_1,称为轴测轴,三根轴测轴之间夹角,称为正等轴测图的轴间角。

由于三个坐标轴 X、Y、Z 与轴测投影面的倾斜角相同,因此,在轴测投影面中坐标投影的夹角也相同,三根轴测轴之间夹角均为120°,如图3-3(b)所示。

3. 轴向伸缩系数

正等轴测图的轴向伸缩系数,是形体上的三个坐标轴 X、Y、Z 与轴测投影面上的投影 X_1、Y_1、Z_1 的比,由于形体三个坐标轴与轴测投影面的倾斜角相同,因此,轴向伸缩系数相同,即 $p=q=r=0.82$。为了画图简便,规定正等轴测图的轴向伸缩系数可以近似取1,即 $p=q=r=1$。用近似值画出的轴测图比实际放大了1/0.82=1.22倍。如图3-4所示。

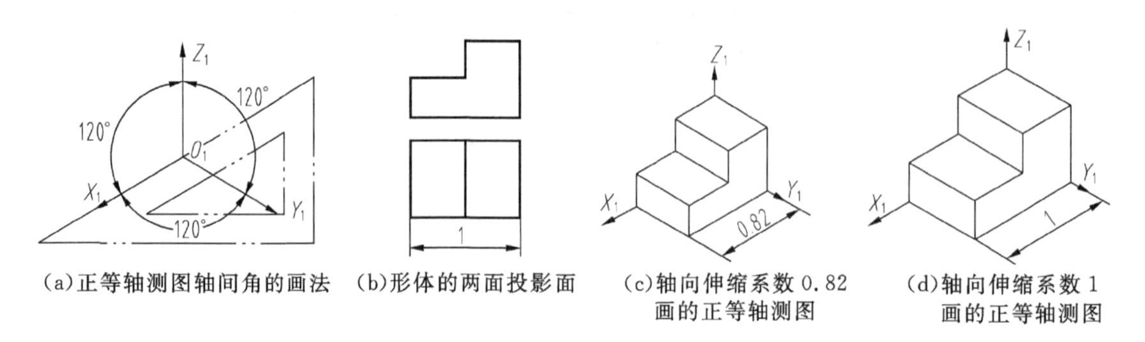

(a)正等轴测图轴间角的画法　(b)形体的两面投影面　(c)轴向伸缩系数0.82画的正等轴测图　(d)轴向伸缩系数1画的正等轴测图

图3-4　轴间角和轴向伸缩系数

3.2.2　平面体正等轴测图画法

绘制画平面轴测图的基本原理,就是根据轴测图的性质,即"平行关系不变"、"轴方向尺寸不变"完成绘制,由于表达的形体不同,绘制平面正等测图的方法大致可分两种,一种是坐标法,另一种是挖切叠加法。

1. 坐标法

用坐标法画平面立体的正等测图的基本步骤如下。

(1)确定坐标。在形体上或投影图上先选恰当的坐标轴系,原点选在形体的上、前位置,并标出相应的坐标轴,如图3-5(a)所示。

(2)画轴测轴。在画轴测图的位置,画出互为120°的 X、Y、Z 轴测轴,如图3-5(b)所示。

(3)按轴测轴性质画图。根据坐标轴方向尺寸不变,沿坐标轴方向分别作出平面立体表面上的各个点,如图3-5(c)、(d)所示。然后根据"平行关系不变"对应连线,画出平面正等测图,如图3-5(e)所示。

(4)检查描深。规定轴测图不可见线不画,可见线加深,保留作图痕迹,如图3-5(f)所示。

例3-1　用坐标法完成六棱柱正等轴测图绘制,如图3-6所示。

画六棱柱正等测图的步骤如下。

①选坐标轴系。选六棱柱上中心为轴测图的坐标原点,坐标轴系如图3-6(a)所示。

②画坐标轴。用三角板画出互为120°的轴测轴,如图3-6(b)所示。

③画各个顶点。根据坐标轴方向尺寸不变,1、2两点直接作出;3、4、5、6点用坐标 a、b 作出,如图3-6(c)、(d)所示;高按 Z 轴方向尺寸15作出,如图3-6(e)所示。

④连线。按对应连线连线,连线时保持平行关系不变,如图3-6(f)、(g)所示;

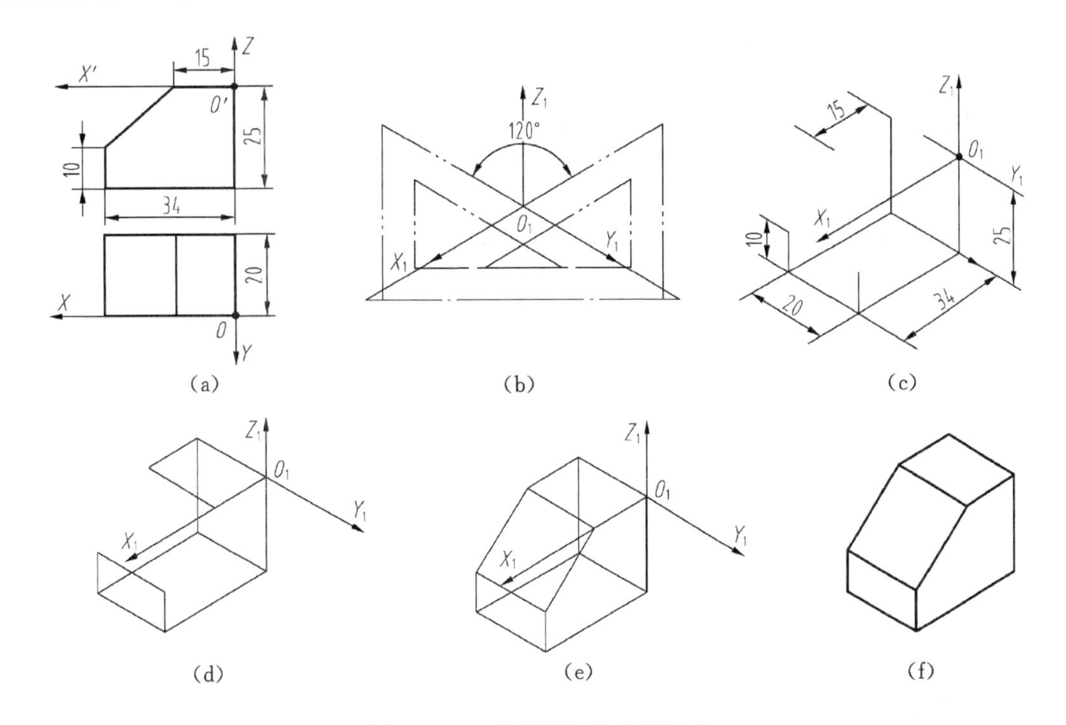

图 3-5　正等轴测图的坐标法画

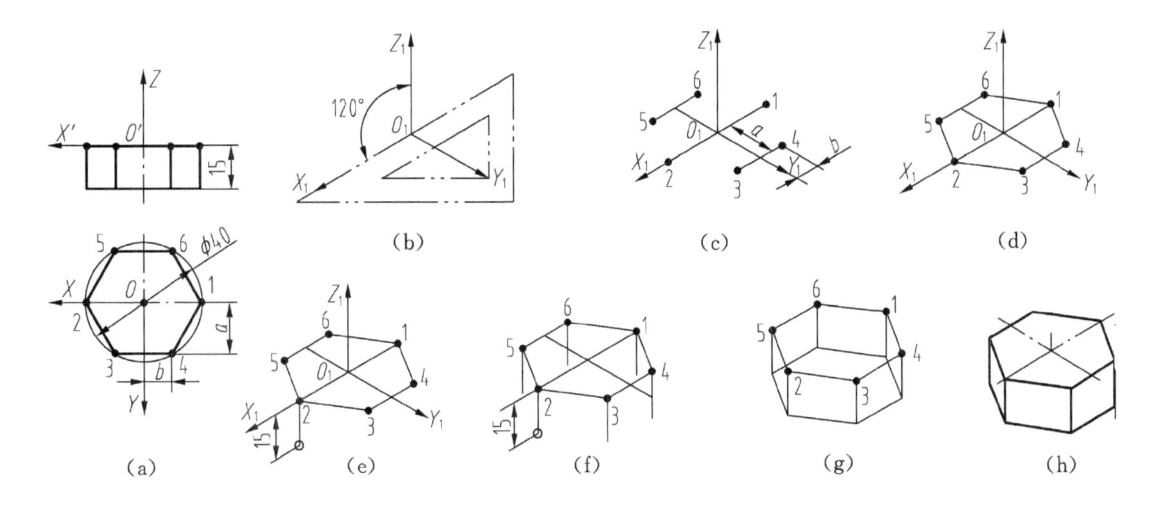

图 3-6　六棱柱正等轴测图的画图步骤

⑤检查加深。按规定轴测图不可见线不画，可见线加深即可，保留作图痕迹，如图 3-6(h)所示。

2. 挖切叠加法

用挖切叠加法画平面正等轴测图，就是利用组合体的形体分析方法，先画出长方体，长方体的三个边（X、Y、Z 轴测轴）互为 120°，再分别进行挖切，如图 3-7、3-8 所示。

例 3-2 切割体正等轴测图画法，如图 3-7 所示。

画切割体正等轴测图的步骤如下。

①画长方体。用三角板保证 120°，画出尺寸 40×30×20 的长方体，如图 3-7(a)所示。

②作一次切割。在长方体前面画出主视图的形状，按平行关系不变连线，如图 3-7(b)、(c)所示。

③作二次切割。在一次切割的基础上，画出俯视图 10×10 的形状，按平行关系不变连线，如图 3-7(d)、(e)所示；

④检查加深。不可见线不画，可见线加深，保留作图痕迹，如图 3-7(f)所示。

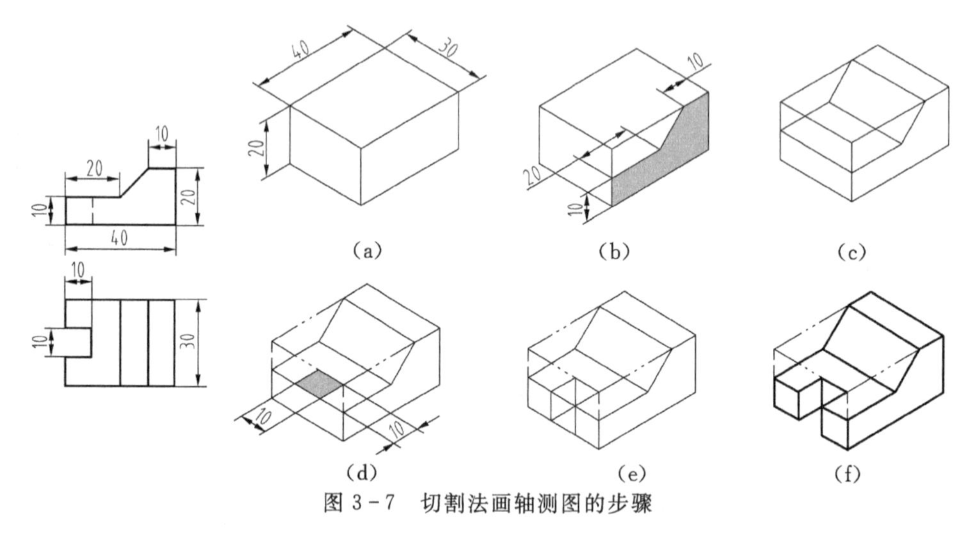

图 3-7 切割法画轴测图的步骤

例 3-3 叠加及切割平面体正等轴测图的画法，如图 3-8 所示。

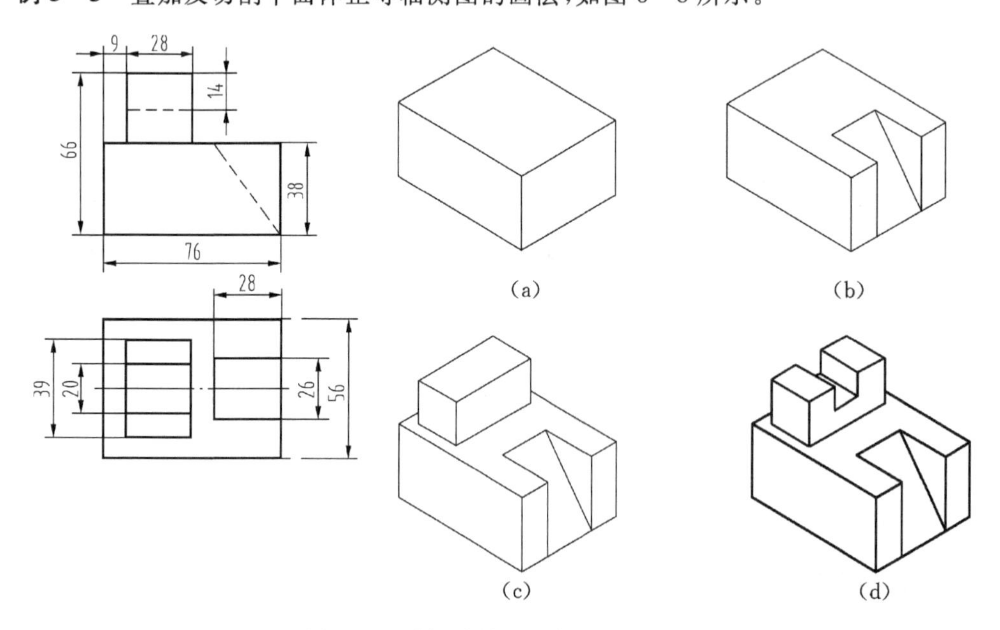

图 3-8 叠加、切割法画轴测图的步骤

①画长方体。用三角板保证 120°，画出大的长方体，长方体的尺寸为 76×56×38，如图 3

-8(a)所示。

②作一次切割。在长方体上面画出俯视图右边的形状，在右、下棱线上作出两点对应连线，完成第一次切割，如图 3-8(b)所示。

③叠加。在长方体上面画出俯视图左边的形状，按与 Z 轴平行关系不变，画垂线取高(66－38＝28)，在长方体的正左上，画出小的长方体，如图 3-8(c)所示。

④作二次切割。按视图中的尺寸 20×14，在小的长方体完成第二次切割，如图 3-8(d)所示。

⑤检查加深。按要求可见线加深，不可见线不画。

3.2.3　回转体正等轴测图的画法

掌握了回转体正等轴测图的画图方法，非回转曲面体可用回转体弧面代替表达。

1.圆的正等轴测画法

圆的正等轴测图是椭圆，常遇到的是平行于各坐标面的圆(水平圆、正平圆、侧平圆)，如图 3-8 所示。

绘画椭圆的方法(以水平圆为例)，如图 3-9 所示。

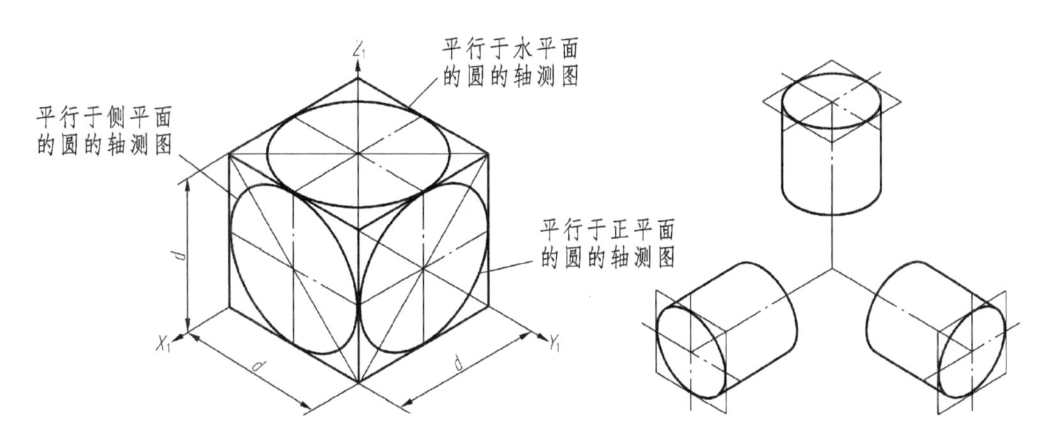

图 3-9　坐标面的圆的正等轴测图

(1)在圆的投影视图上，过轴与圆的交点画出正方形，如图 3-10(a)所示。

(2)按正等轴测轴夹角成 120°的规定，画出圆的中心线，在轴上取 1～4 点处半径(轴方向尺寸不变)，过 1～4 点分别作平行 X、Y 的直线(平行关系不变)，得到菱形，即过轴与圆的交点画出正方形的轴测图，如图 3-10(b)所示。

(3)接下来可以有两种作图法：

①在菱形内徒手画椭圆，保证过轴与圆的交点 1(及另外三点)的圆弧切线方向，平行与 X 轴(平行关系不变)，完成椭圆的绘制，如图 3-10(c)所示。

②用圆规四心法画完成椭圆的绘制，如图 3-10(d)、(e)、(f)所示，用段圆弧代替椭圆是近似椭圆画法。

手工绘画椭圆的两种方法，同样重要都应学习掌握，特别是第一种徒手画椭圆方法，对培养目测能力，增强自信，提高绘图水平非常重要。无论用哪种方法，都必须先画出“菱形”。

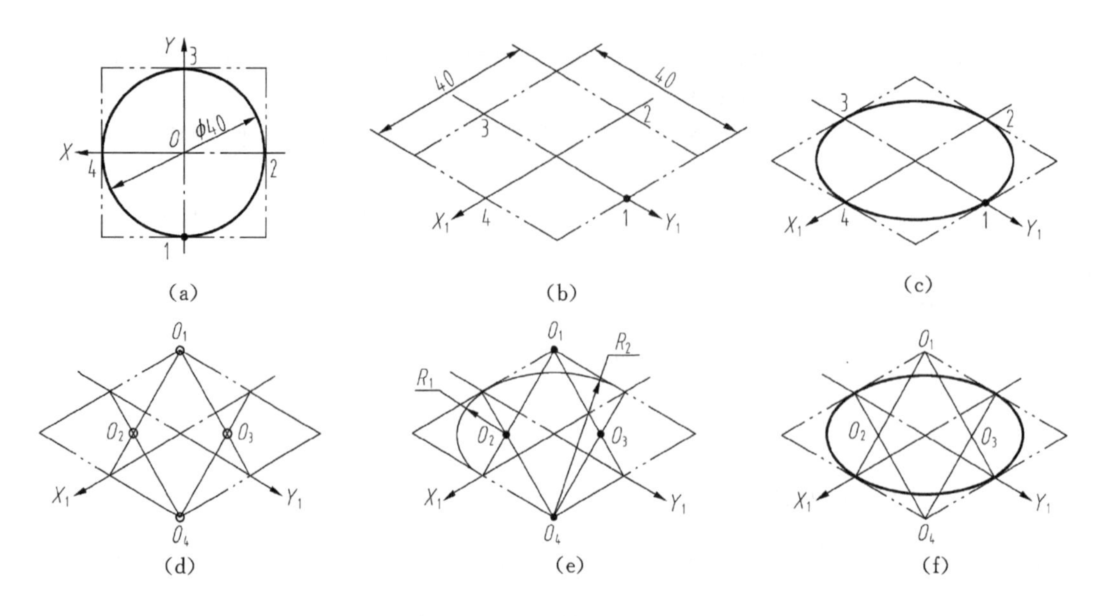

(a) (b) (c)

(d) (e) (f)

图 3-10 圆的等轴测图画法

2. 圆角正等轴测的画法

投影图中每个圆角都是四分之一圆，同样在正等轴测图中是四分之一椭圆，画出四分之一“菱形”，徒手画四分之一椭圆，或用四心法画椭圆的方法，将半径为 R 圆的正等轴测图，从轴处断开分成 4 份，分别画在相应的位置上，如图 3-11 所示。

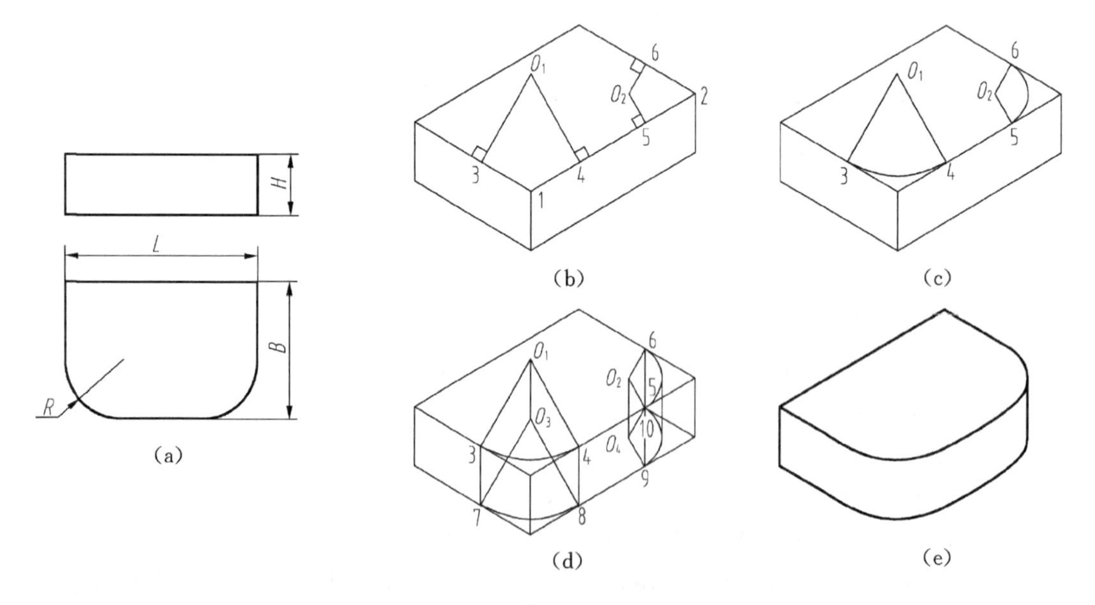

(a) (b) (c) (d) (e)

图 3-11 圆角正等轴测的画法

回转体的正等轴测图，主要仍是绘制出相应的椭圆，正等轴测图投影的轮廓线，是回转体最外的素线，用直线段连接椭圆，一定保证直线段与椭圆切线。

例 3－4　圆台正等轴测图画法，如图 3－12 所示。

圆台水平放置，上下底圆平行与侧立投影面为侧平圆，作图方法如下。

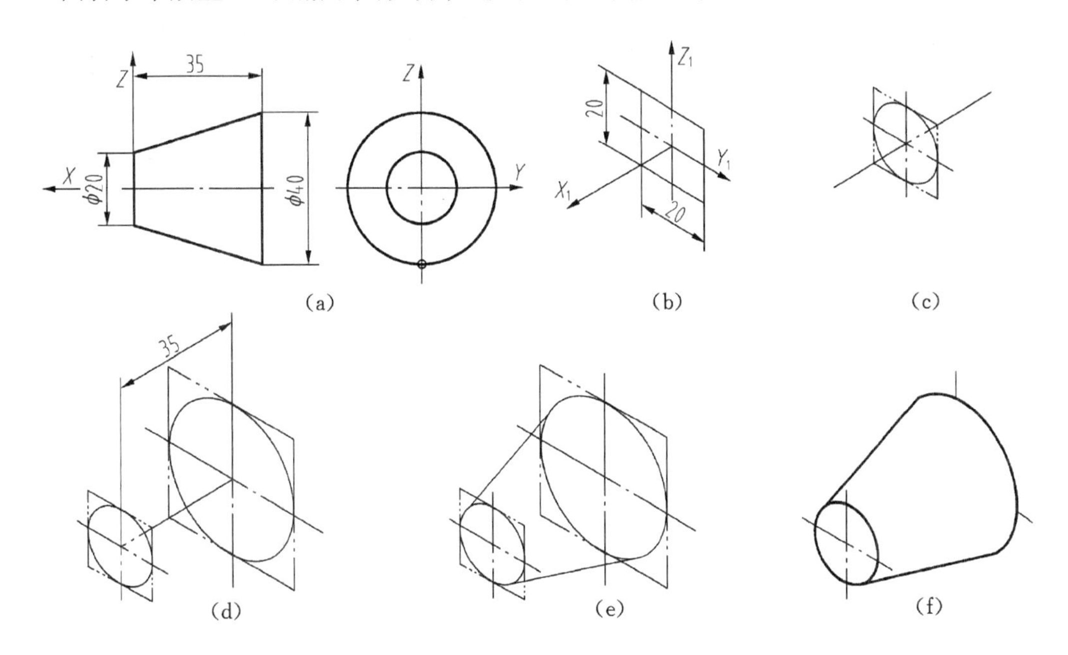

图 3－12　圆台正等轴测图画法

①确定坐标轴系。选圆台小底圆心为轴测图的坐标原点，坐标轴系如图 3－12(a)、(b)所示。

②画小底圆轴测图。根据坐标轴方向尺寸不变，平行关系不变，作出边长为 20 的菱形，在菱形内画椭圆，如图 3－12(b)、(c)所示。

③画大底圆轴测图。根据 X 轴方向尺寸 35 确定大底圆心位置，如同画小底圆的方法画大椭圆，如图 3－12(d)所示。

④画圆台轴测图最外的素线。用直线段连接大小椭圆，一定保证直线段与椭圆切线，如图 3－12(e)所示。

⑤检查加深。加深可见线，不可见线不画，保留作图痕迹，如图 3－12(f)所示。

3. 切割时的画法

回转体切口、开槽的正等轴测图画法，需先画出回转体未切口、开槽前的正等轴测图，在根据形体分析方法，完成出切口、开槽。在画切口、开槽的正等轴测图时，一定要表达清楚局部图形的性质，如一段椭圆相对于整个椭圆的位置。

形体切口、开槽等轴测图画的基本方法如图 3－13 所示。

(1)分析形体的切口、开槽。圆柱垂直放置，正上方前后开槽，开槽下底在俯视图的投影，是与圆柱底相同的圆，只是保留前后两段。

(2)完成圆柱正等轴测图。按圆柱画正等轴测图的方法，确定坐标轴系，画椭圆的内切菱形，绘制椭圆，用椭圆切线段连接椭圆，正等轴测图的投影是圆柱最外的素线，(视图的投影是

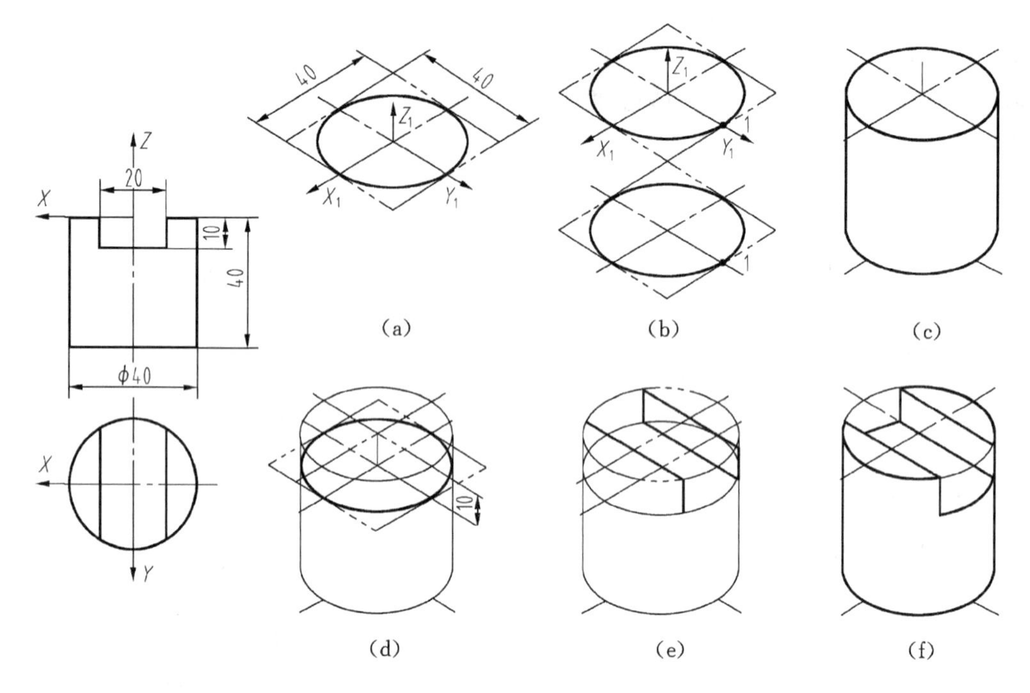

图 3-13　圆柱开槽正等轴测图画法

圆柱最左右、最前后素线）如图 3-13(a)、(b)、(c)所示。

(3)完成切口、开槽正等轴测图。先画槽底圆轴测图，根据 Z 轴方向尺寸 10 确定槽底圆心位置，画出槽底圆的椭圆，(不要只画出能看见的部分)如图 3-13(d)所示；再根据开槽宽 X 轴方向尺寸 10 和平行关系不变，画出槽宽直线；沿直线与椭圆的相交点 Z 轴方向画线，交于槽底椭圆，得到槽底形状，完成开槽的轴测图，如图 3-13(e)所示。

(4)检查加深。加深可见线，轴测图规定不可见线不画，保留作图痕迹，如图 3-13(f)所示。

例 3-5　圆画锥切口槽正等轴测图及标注尺寸。

圆锥垂直放置，左上方前后切口，作图方法如下。

①基本体。完成圆锥基本体的正等轴测图，如图 3-14(a)所示。

②画圆锥切口底圆的椭圆。根据 Z 轴尺寸 15 作出椭圆，(学过的方法在菱形内画椭圆)，如图 3-14(b)所示。

③画左视图双曲线的轴测图。根据 X 轴方向尺寸 13，与 Y 轴平行画出切口交线，与 Z 轴平行画出切口圆柱最右的素线的交点，如图 3-14(c)所示。过三点作出双曲线的正等轴测图(可徒手绘制)，如图 3-14(d)所示。

④检查加深。加深可见线，及点画线，保留作图痕迹，如图 3-14(e)所示。

⑤正等轴测图标注尺寸。按三视图的尺寸，在明显的形状处，和中心面处标注尺寸，如图 3-14(f)所示。

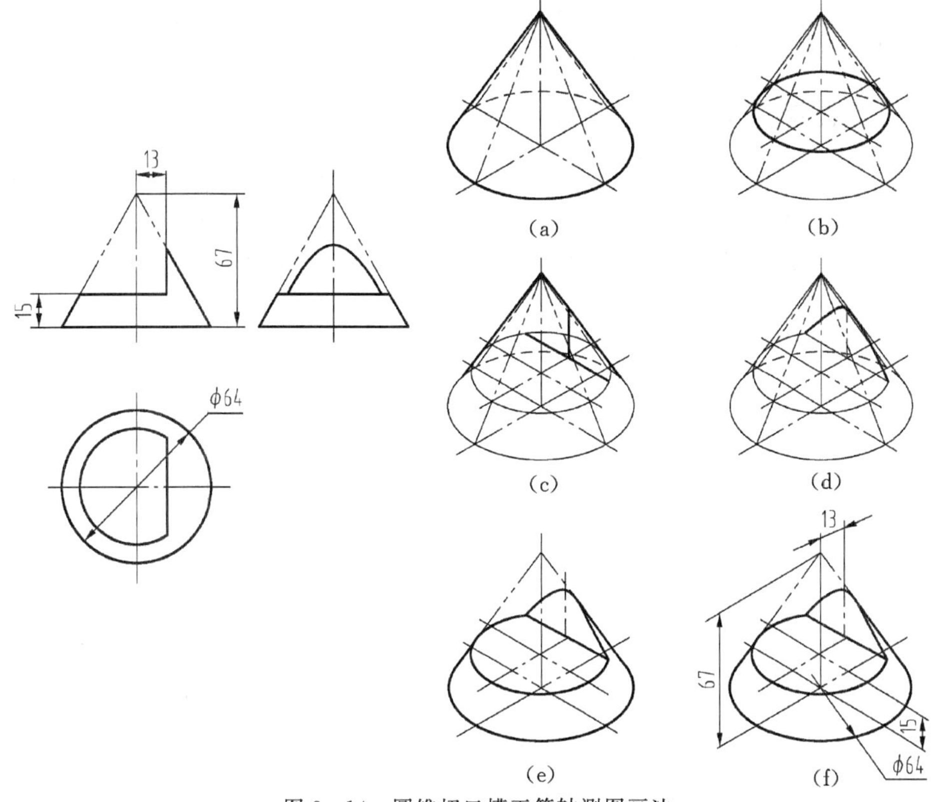

图 3-14　圆锥切口槽正等轴测图画法

3.3　斜二测轴测图

3.3.1　斜二测轴测图的基本知识

1.斜二测轴测图的形成

形体上的一个坐标面与轴测投影面(轴测图的投影面)平行,用平行投影法中的斜投影法,进行投影,在一个轴测投影面上得到的投影图形,称为斜二测轴测图。如图 3-15 所示。

由于二测轴测图的形成特点,轴测投影面与形体上的一个坐标面平行,在斜二测轴测图

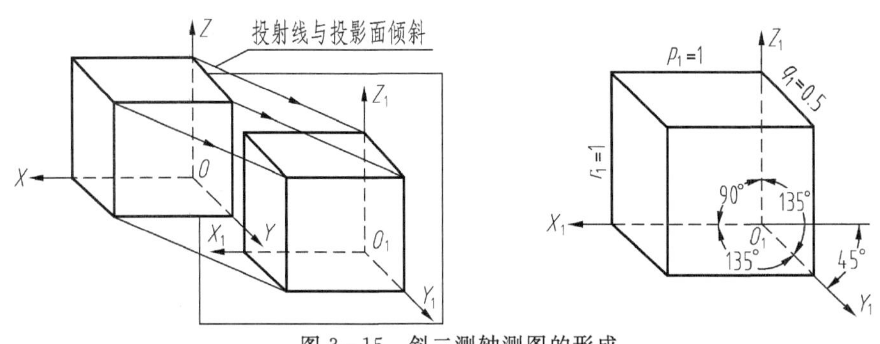

图 3-15　斜二测轴测图的形成

中，有一个面的形状与三视图的投影形状完全相同，因此，斜二测轴测在表达形体某一个坐标面的形状较复杂时，作图简便、快捷，如回转体的表达。

2. 斜二测轴测图的轴间角及轴向伸缩系数

由于绘制斜二测轴测图时的形体上的一个坐标面与轴测投影面平行，故该形体坐标面上的图形反映实形，坐标轴相互垂直。如该坐标面选 XOY，即 $\angle XOZ = 90°$，$P = r = 1$，Y 轴方向 $\angle YOZ = 135°$，$q = 0.5$，画图时牢记斜轴尺寸缩小一倍，如图 3－16 所示。

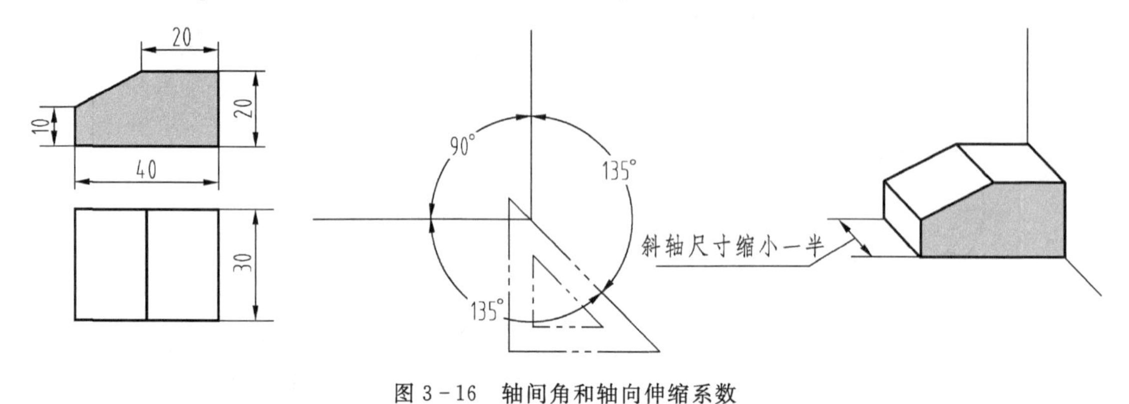

图 3－16　轴间角和轴向伸缩系数

3.3.2　斜二测图的画法

1. 画斜二测图的注意事项

画斜二测图时选择轴测轴是绘图的关键。因为，斜二测图中的三个坐标角度不同，两垂直坐标轴所在坐标面上的图形显实形，另两个轴夹角 135°的坐标面上的图形，斜轴尺寸缩小一倍，因此，在画斜二测图时要注意斜轴的选择。

(1)选择垂直坐标面。由于斜二测图的两个垂直坐标反映实长，该投影面反映实形，因此，画斜二测图时，应尽量把形状复杂的平面选作前面，以使作图简单快捷。

(2)选择斜轴方向。确定斜轴方向时，与 X、Y 轴倾斜 45°有 4 个方向可以选择，要选择能看到形体结构的方向，以便清晰表达形体，如图 3－17 所示。

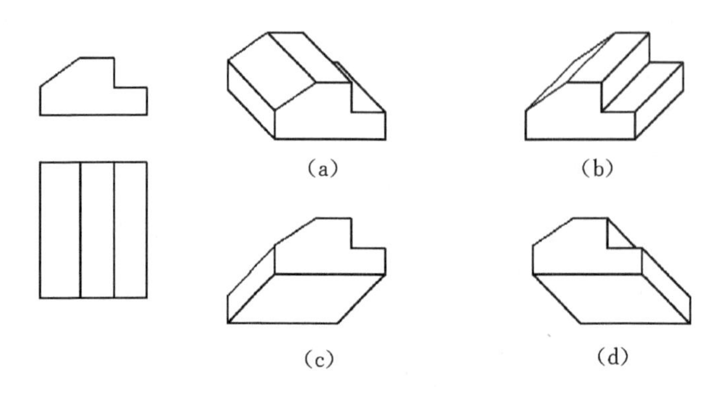

图 3－17　斜二测图的斜方向选择比较

2. 平面形体斜二测图的画法

先画平行于投影面的图形(显实形),斜轴方向与 X、Y 轴倾斜 45°,可以方向缩小一倍画棱线,如图 3－18 所示。

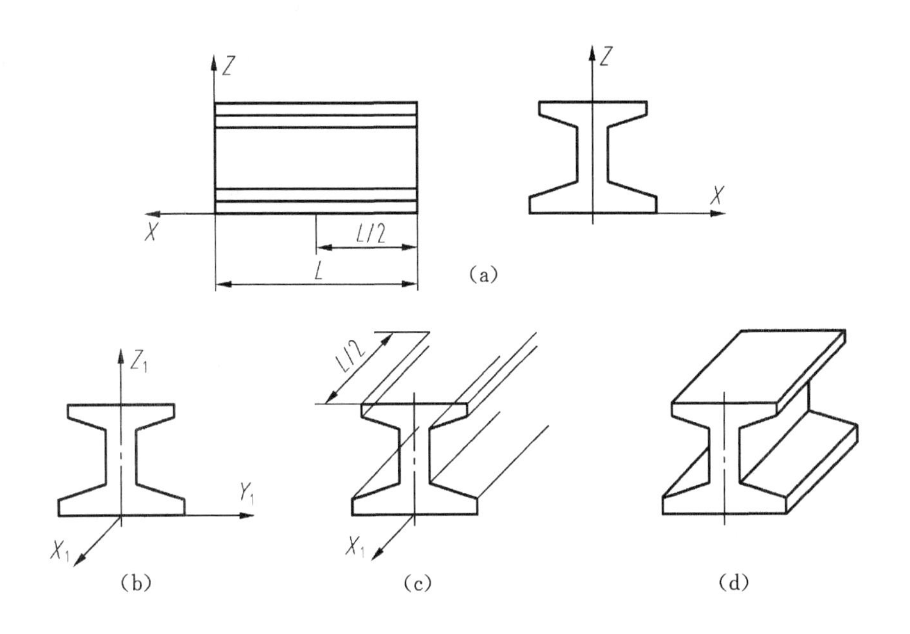

图 3－18　平面体斜二测图

3. 回转体斜二测图画法

一般选图的投影视图作斜二测图反映实形的面,该面为二测图的两个垂直坐标轴,选轴心线作斜轴,倾斜方向一般向后,如图 3－19 所示。

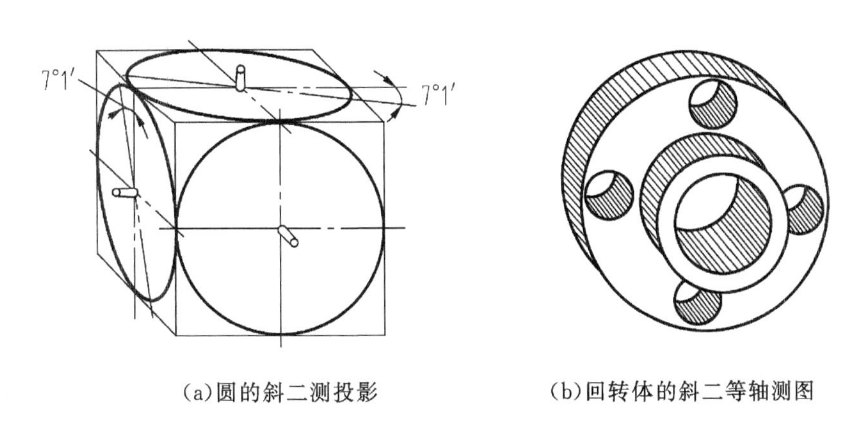

(a)圆的斜二测投影　　(b)回转体的斜二等轴测图

图 3－19　回转体斜二测

例 3－6　回转体斜二测轴测图画法,如图 3－20 所示。

①确定坐标轴系。选形体最前面孔中心为轴测图的坐标原点，画出坐标轴系如图 3－20(a)所示。

②画轴测图的轴测轴。选斜轴的倾斜方向，向左后方向倾斜，根据坐标轴方向尺寸缩小一半，按 Y 轴尺寸 30、10 缩小一半 15、5，在 Y 轴去圆心点，如图 3－20(b)所示。

③画圆。根据 Y 轴的圆心位置，分别画出直径为 ϕ10、ϕ20、ϕ40 的圆，如图 3－20(c)所示。

④连最外的素线。用直线段连接对应圆，一定保证直线段与圆切线，如图 3－20(d)所示。

⑤后画细小结构。根据圆心 ϕ30 画出直径 ϕ5 的四个圆，(看不见的圆不画)如图 3－20(e)所示。

⑥检查加深。加深可见线，不可见线不画，保留作图痕迹，如图 3－20(f)所示。

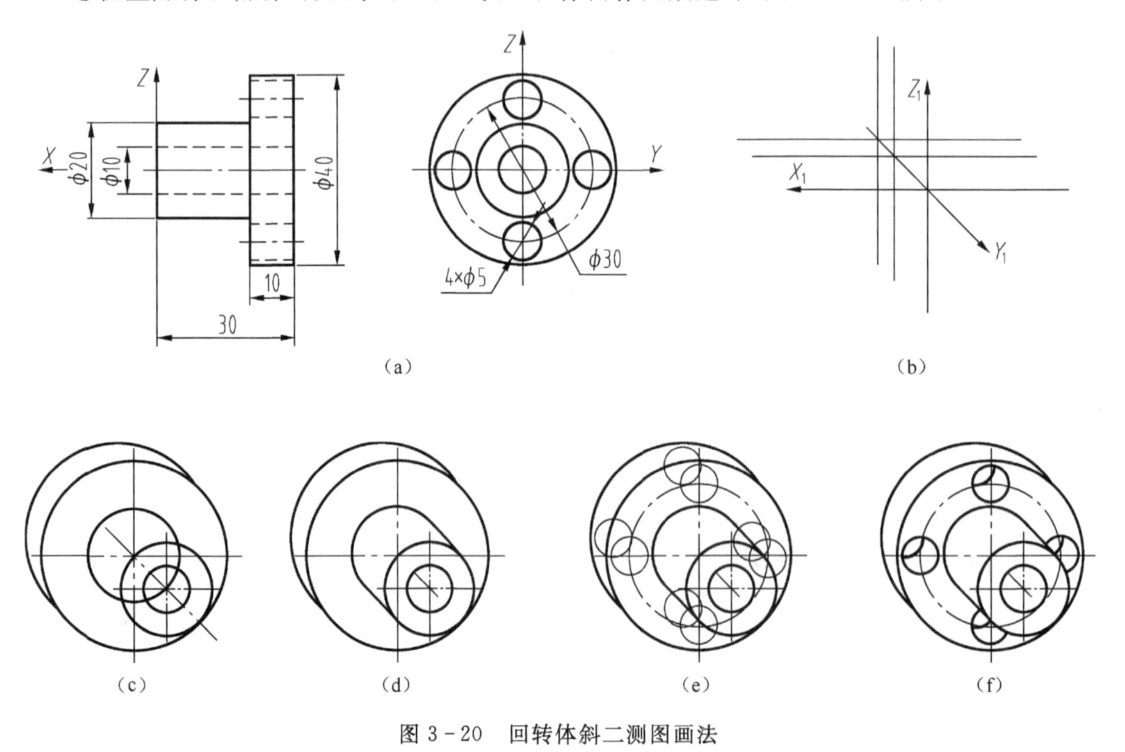

(a) (b)

(c) (d) (e) (f)

图 3－20 回转体斜二测图画法

3.4 轴测图的表达

3.4.1 轴测图的画法

用形体分析的方法，将形体进行分解，假设形体是经过由若干个基本体叠加和挖切组合而成，按前面学过的基本体轴测图的画图方法，便可完成组合体轴测图的绘制，只是要将基本体轴测图画在指定位置上。

1. 叠加法

用叠加法画组合体轴测图基本步骤如下：

(1)一定要先画组合体主要形体的轴测图，可以先画大致形状，如图 3－21(a)所示(圆角也可以最后画)。

(2)按形体的各部分形状，依次画其他的基本体轴测图，先画大致形状不追求完整，后画其他细小形状，要先画形体前面的形状，再后画形体后面的形状，如图 3－21(b)、(c)、(d)所示。

(3)最后完成全部基本体的轴测图绘制，如图 3－21(e)所示。

(4)检查描深可见线，画出见线中心线，保留作图痕迹，如图 3－21(f)所示。

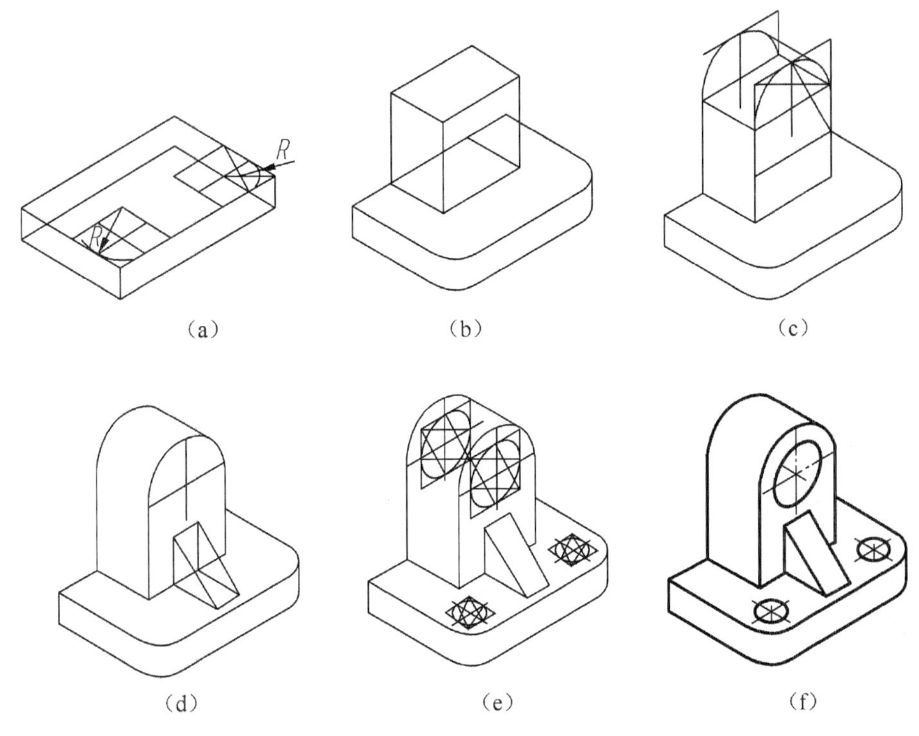

图 3－21　叠加法画轴测图

2. 切割法画轴测图

用学过的组合体挖切形成的理论，分析形体合适的挖切方式，是能否顺利完成轴测图的关键，如图 3－22 所示。

基本步骤如下：

(1)画长方体。按外形尺寸先画出长方体的轴测图，如图 3－22(a)所示。

(2)作第一次切割。根据主视图形状的尺寸，按轴方向尺寸不变的性质，在长方体的前面画出主视图的形状，按平行关系不变的性质画棱线，完成第一次切割，如图 3－22(b)、(c)所示。

(3)作第二次切割。根据左视图形状的尺寸，在长方体右面画出左视图的形状，完成第二次切割，如图 3－22(d)所示。

(4)作交线。这是最关键的一步，通过对切面分析，作出两个切面交线的交点，对应连线即可，如图 3－22(e)、(f)所示。

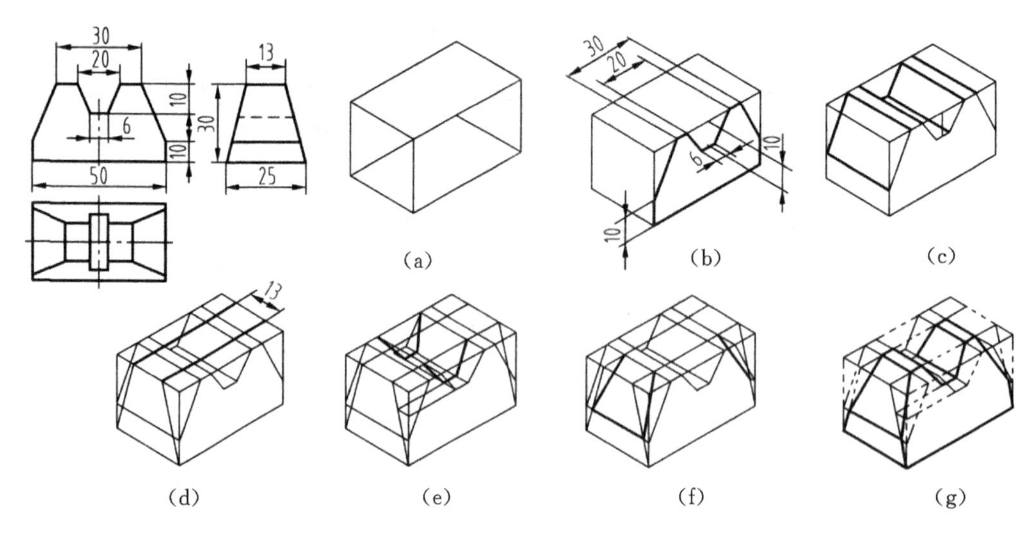

图 3-22　切割法画轴测图

(5)检查描深。检查描深可见线,保留作图痕迹(底稿线),如图 3-22(g)所示。

3.复合法画轴测图

用形体分析的方法,分析形体是由若干个基本体叠加和挖切组合而成,先画组合体主要形体的轴测图,按前面学过的方法进行叠加和挖切画图,按形体的各部分形状,依次画其他部分形体的轴测图,先画大致形状,不追求细小形状;先画形体前面、上面看到的形状,看不到的形体不画,如图 3-23 所示。

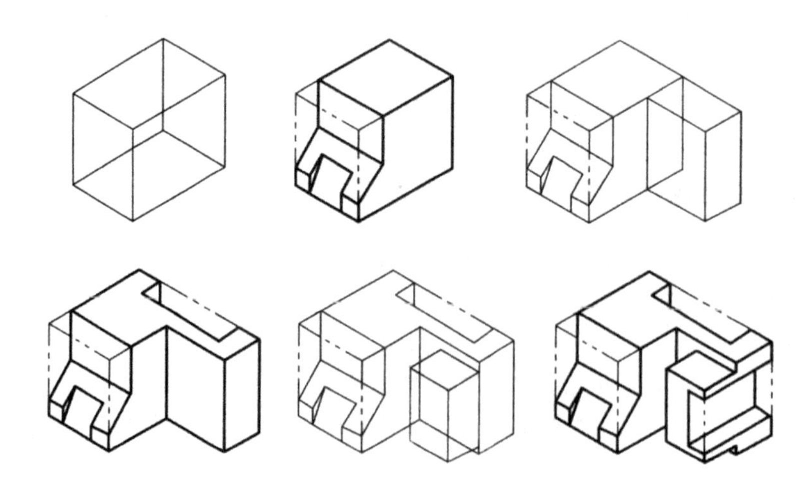

图 3-23　挖切及叠加画法

3.4.2　轴测图的尺寸标注

轴测图的表达是由轴测图和尺寸组成,轴测图与三视图的图形只是定形的表达形体,准确的描深形体必须标注尺寸。因此,必须掌握轴测图尺寸标注的方法。

1. 标注尺寸的基本要求

轴测图标注尺寸的基本要求,与三视图中的尺寸标注相同,即将三视图中的尺寸如同形体的形状一样画在轴测轴中,如图 3-24 所示。

(1)尺寸标注在坐标面内。尺寸要标注在相应的坐标面内,与三视图的投影尺寸标注吻合。

(2)尺寸线。尺寸线与尺寸标注的几何要素平行,分别平行轴测轴,与尺寸界线之间的夹角为 120°。

(3)尺寸界线。尺寸界线在轮廓线的延长线上,分别平行轴测轴,与尺寸界线之间的夹角为 120°。

(4)尺寸数字的位置在轴测图的外侧,远离轴测图一侧,方向与轴测图的轴测轴的方向相同。

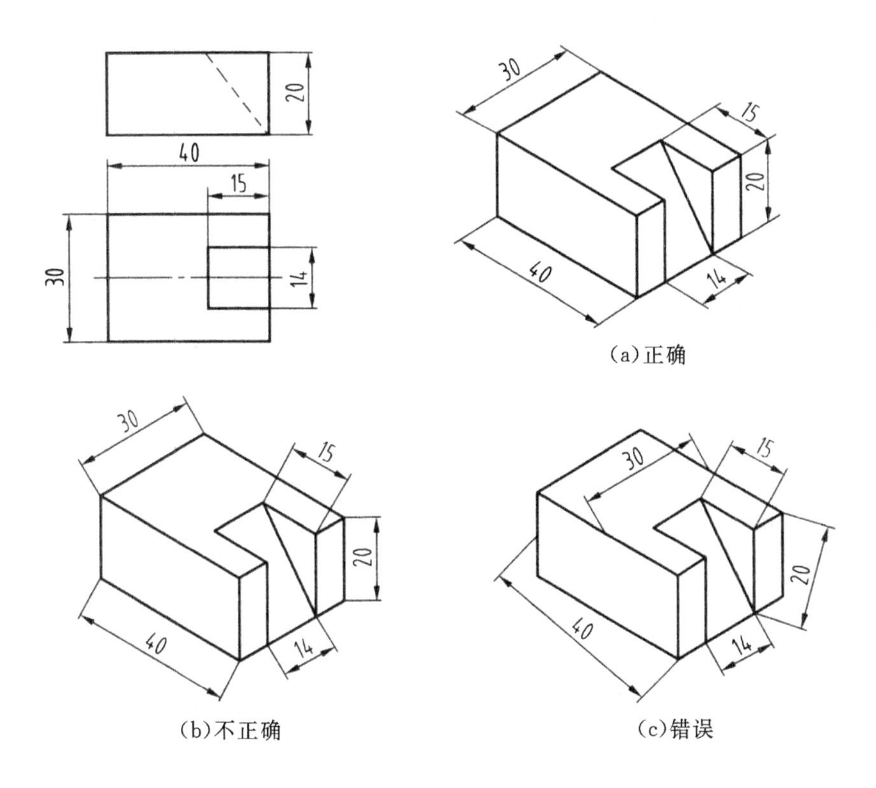

图 3-24　尺寸标注在轴测面内

2. 尺寸注标清晰的注意事项

轴测轴尺寸注标与三视图尺寸标注相同,尺寸数字在尺寸线的上方、左侧,数字的字头向上、向左,应做到正确、完整、清晰。轴测轴尺寸注标清晰的注意事项,如图 3-25 所示。

(1)尺寸线不交叉。轴测轴的尺寸是标注在三个空间面中,这样就要求尺寸在不同的面内标注，尺寸之间不能交叉，如图 3－25(b)所示。

(2)标在轴测图外。轴测图的尺寸应尽量标注在轴测图的图形外，与图的距离等于尺寸线之间距离，为 $\sqrt{2}$ 字高，如图 3－25(c)所示。

(3)中心面上标注。对称形状的尺寸尽可能标注在中心面上，表达清晰准确，如图 3－25(a)所示。

(4)回转体的标注。形体上的回转体的孔或圆角，可以直接标注在孔或圆角的形状上。

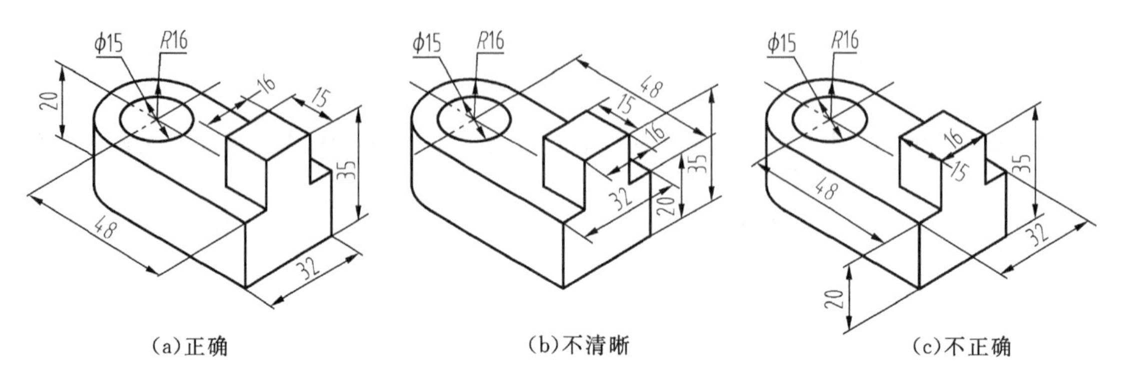

(a)正确　　(b)不清晰　　(c)不正确

图 3－25　尺寸标注在形体外尺寸线不交叉

3. 综合示例

轴测图的尺寸标注较复杂，同时也很灵活，主要是同时在三个面中标注尺寸，标注尺寸的原则是正确、完整、清晰，如图 3－26 所示。

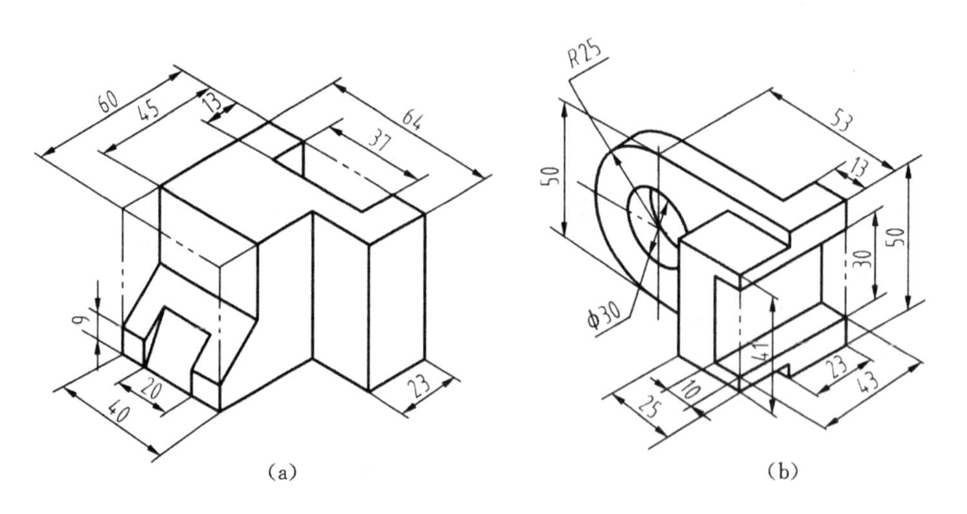

(a)　　(b)

图 3－26　轴测图的尺寸标注

3.4.3　轴测剖视图的画法

为了用轴测图表达形体(机件)的内部结构形状，在轴测图上假想用剖面沿内部结构中心面切开形体，移出部分形体，将内部结构暴露在外，这种表达方法即轴测剖视图。

1.剖切面的选择

为使剖切后形体表达的清晰、准确,剖切平面要选择在反映内部结构形状特征的中心面上。一般情况下,剖切平面与坐标面平行,采用两个相垂直的剖面,剖切掉形体前、左部分,在暴露内部形状结构的同时,使外部形状结构又不被剖掉且表达完整。

2.轴测图剖面线

剖面线画法的规定,主要是轴测图剖面线的方向,在不同坐标面上倾斜角度的规定,如图 3-27 所示。

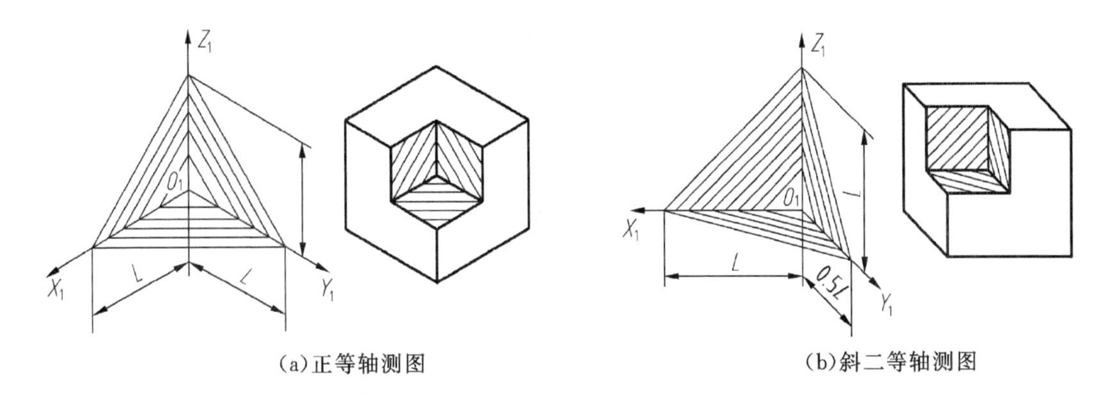

(a)正等轴测图　　(b)斜二等轴测图

图 3-27　轴测图剖面线画法的规定

3.轴测剖视图的画法

轴测剖视图的画法方法有两种:初学者可采用第二种画法,较熟练后尽量采用第一种画法,直接画出剖面形状,被剖切掉的结构形状不予考虑,因此,先画剖面形状的方法,是画轴测剖视图的最佳方法,如图 3-28 所示。

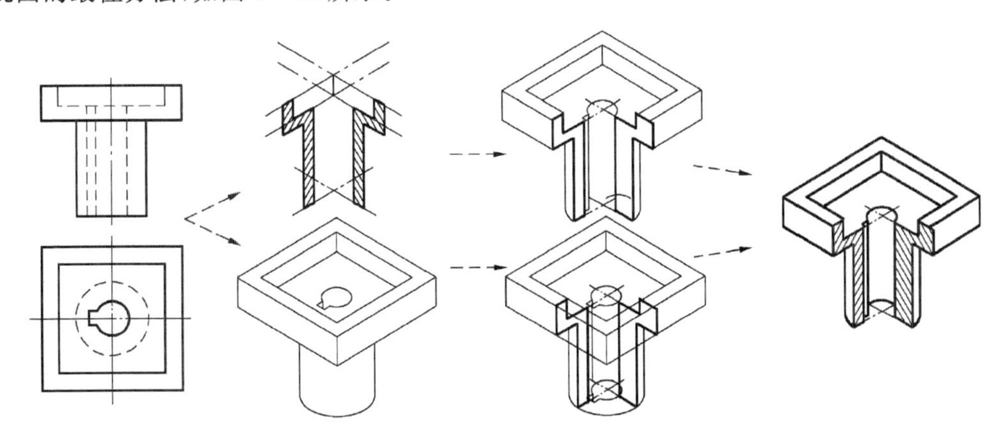

图 3-28　剖视轴测图的两种画法比较

(1)先画剖面形状。在形体轴测图的相应位置上,先直接画出剖面形状,并按轴测图剖面线规定的画法,画出剖面线,然后画出内、外部能看得见的形状结构,即从里向外画。

(2)先画轴测图。先画出形体的(大致形状)轴测图,然后沿轴测轴方向选择剖切面,将形体的内部机构剖开,按规定画出剖面线和内部能看得见的形状。

4. 轴测剖视图的表达示例

用轴测剖视图表达形体直观,在某些场合必须用直观的测剖视图表达,表达的方法也比较灵活,如图 3-29、3-30 所示。

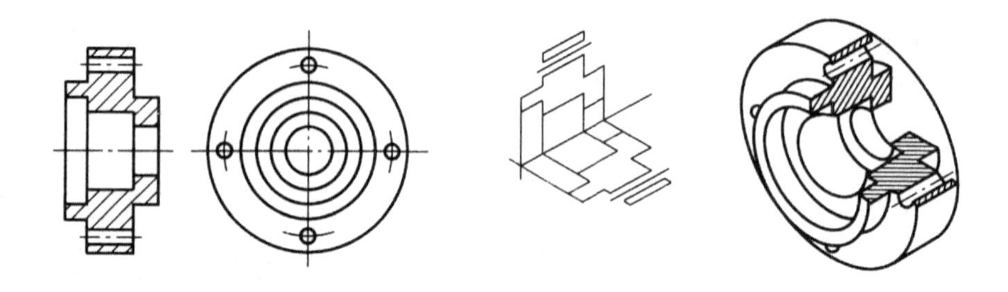

图 3-29 剖视轴测图的画法

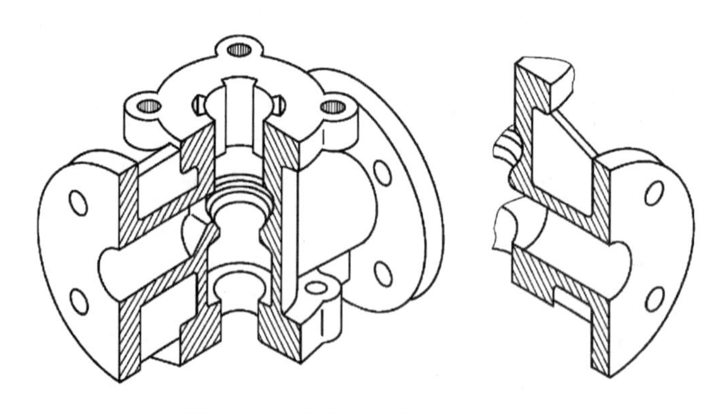

图 3-30 阀体剖视轴测图的画法

第4章　图样表达方法

本章重点内容提示

(1)了解《机械制图》标准中对图样表达的相关规定,掌握视图、剖视图、断面图、局部放大图等图样表达方法及相关知识。

(2)选择合理的图样表达方法及标注,运用图样表达方法的各项规定,能准确、完整、清晰、合理的表达各类机件。

(3)运用图样表达方法的知识,能看懂工程图样中使用图样表达方法绘制的各种视图。

4.1　视　图

视图主要是用来表达机件的外部结构。内部结构在视图表达中不予考虑,因此,视图一般不画虚线。视图表达主要分基本视图、向视图、斜视图、局部视图及旋转视图等。

4.1.1　基本视图

1.基本视图的形成

在三视图的基础上对机件进行另外三个方向的投影。即同时向前、后、上、下、左、右方向进行投影,得到的六个视图,称作基本视图,如图4-1所示。

2.基本视图的位置

基本视图的位置是包含三视图位置,在三视图的基础上,增加了另外三个视图。

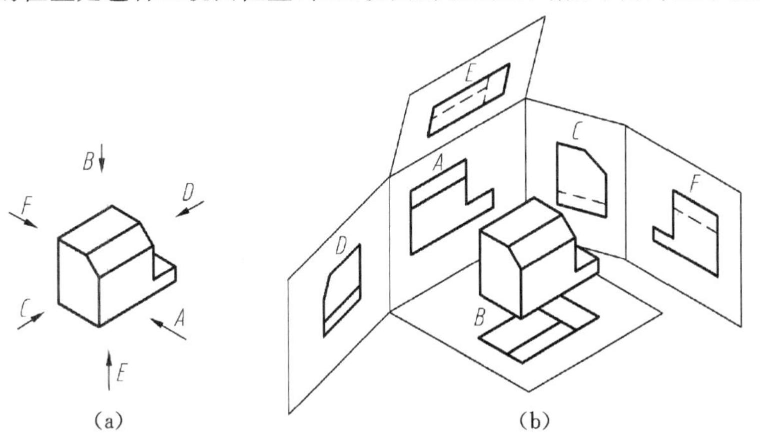

图4-1　基本视图的形成

主视图——由前向后投射所得的视图；
俯视图——由上向下投射所得的视图；
左视图——由左向右投射所得的视图；
右视图——由右向左投射所得的视图；
仰视图——由下向上投射所得的视图；
后视图——由后向前投射所得的视图。

六个基本视图的位置是固定的，仍然保持三视图的投影关系，三视图的性质不变，即“三等关系”和“位置关系”。注意的是后视图在左视图的右侧，保持高平齐。如图 4-2 所示。

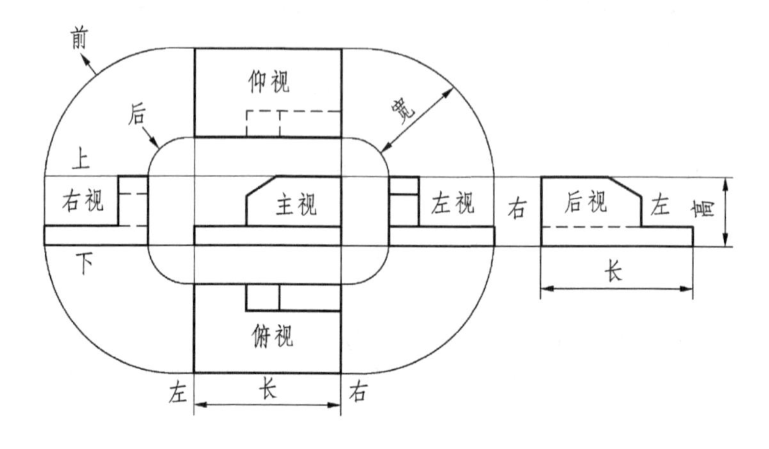

图 4-2　基本视图的投影及位置

3.基本视图的机件表达

基本视图表达应以优先三视图（主视图、左视图、俯视图）的表达为主，在表达中优先选用基本视图表达。用主视图、左视图和右视图表达机件的示例，如图 4-3 所示。

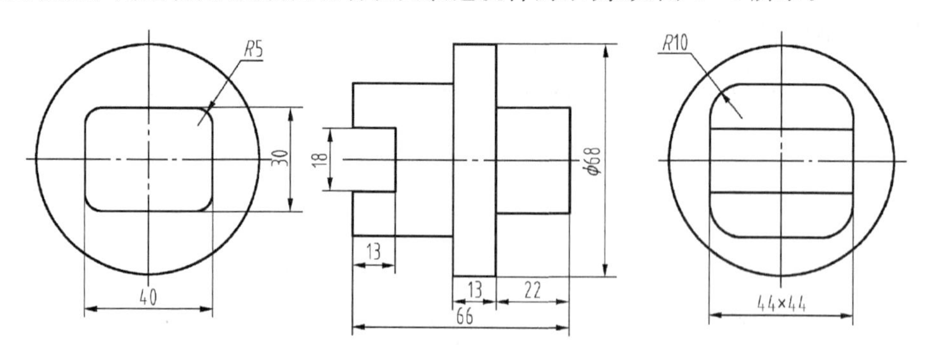

图 4-3　机件的基本视图表达

4.1.2　向视图

1.向视图的位置

向视图在图样中的位置，可以自由配置，为方便读图向视图位置应尽量靠近投影。向视图可以合理、灵活的利用图面，除主视图外，其他视图都可以用向视图表达。但向视图的位置应以基本投影的位置优先，如图 4－4(b)所示。

2. 向视图的标注

向视图必须用符号标注，符号由细实线、箭头和大写字母组成。符号的大小，如图 4－4(a)所示。向视图的标注方法，是在视图上按投影方向标出箭头和大写字母，同时在该投影图的正上方标出相同的大写字母，如图 4－4 所示。

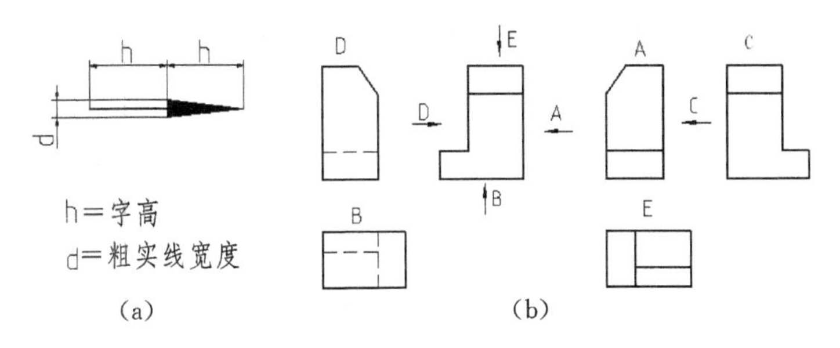

图 4－4　向视图符号及标注

3. 向视图的机件表达

向视图表达的特点是视图的位置灵活，在机件表达中应用很广泛，经常用向视图反映机件的某个面的形状，如图 4－5 所示。

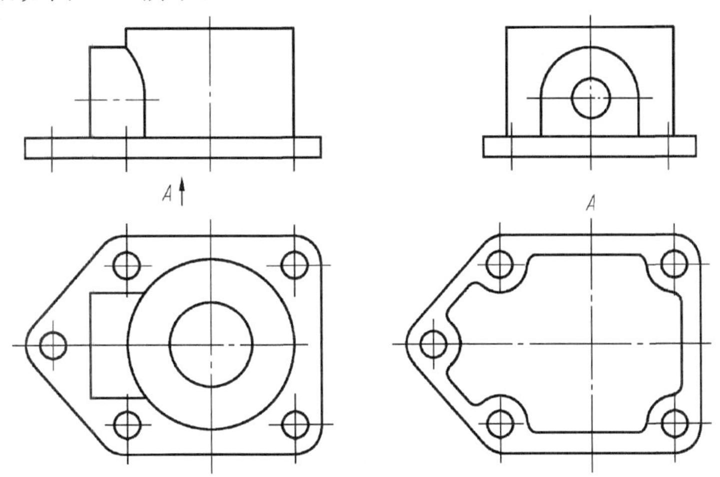

图 4－5　用向视图表达机件的底面结构

4.1.3　斜视图

1. 斜视图的形成

机件上某处结构不平行于基本投影面时，为表达机件该处的形状，向垂直于该机件结构平面投影，该投影面与基本投影面倾斜，该投影面投影得到的视图称为斜视图。如图 4－6(a)所示。

2.斜视图的表达

斜视图的表达必须采用符号标注,斜视图的符号与向视图的符号相同。符号箭头代表投影方向,大写字母写在箭头符号的正上方,大写字母的字头永远向上(正写),在斜视图的正上方标出相同的大写字母,斜视图的表达方法有两种:

(1)按投影方向表达。按图中斜视图的箭头方向投影画图,斜视图与投影方向一致,如图4-6(b)所示。

(2)投影图转正表达。为了画图方便,将斜视图转正绘制,规定要在大写字母字旁标出转动的方向,箭头靠近字母,转动小于等于45°,如图4-6(c)所示。

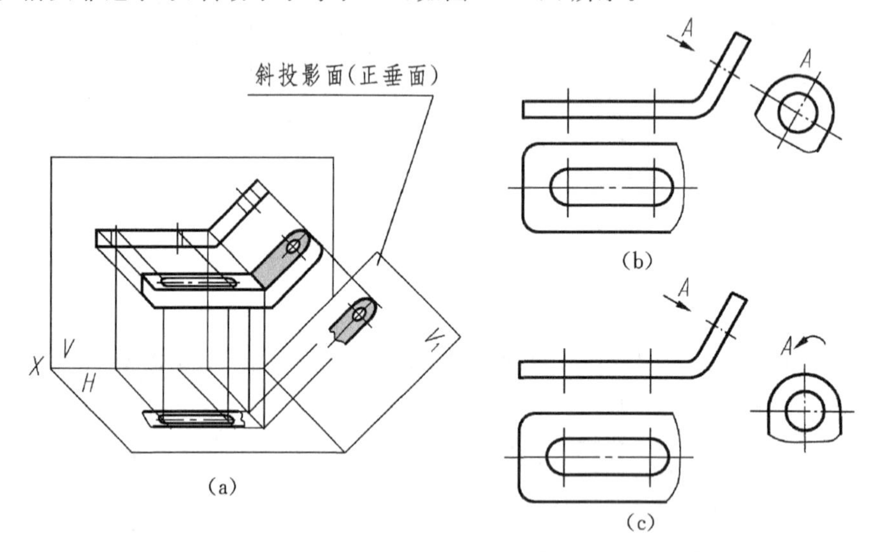

图4-6 斜视图的投影及标注

3.斜视图的位置

斜视图所画的位置,应优先画在符合投影方向的位置上。斜视图不能画在投影方向位置上时,应尽量画在靠近投影方向符号位置处,以方便看图。

4.斜视图的机件表达

用斜视图表达机件的某个倾斜表面最为常见,斜视图一般可以只画出机件倾斜表面的形状,如图4-7所示。

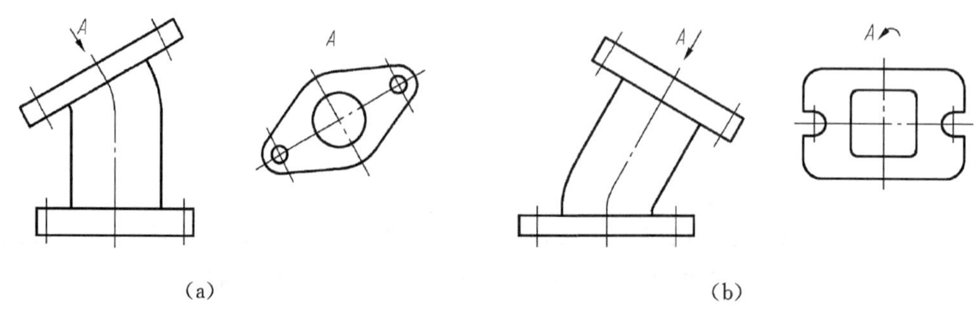

图4-7 机件的斜视图表达

4.1.4　局部视图

1. 局部视图的形成

假设将机件断开，只表达需要表达的机件部分，将该部分进行投影得到的视图，称为局部视图。前面学过的基本视图、向视图、斜视图都可以用局部视图进行表达。

2. 局部视图表达

由于机件需要表达局部结构的投影图形不同，局部视图的表达可分为两种。

(1)独立图形表达。需要表达的机件部分形状，在视图投影方向的投影图形是独立的，只画出该独立局部结构形状的投影，其他的投影图形省略不画。如图 4-8(a)中的 A 向局部视图。

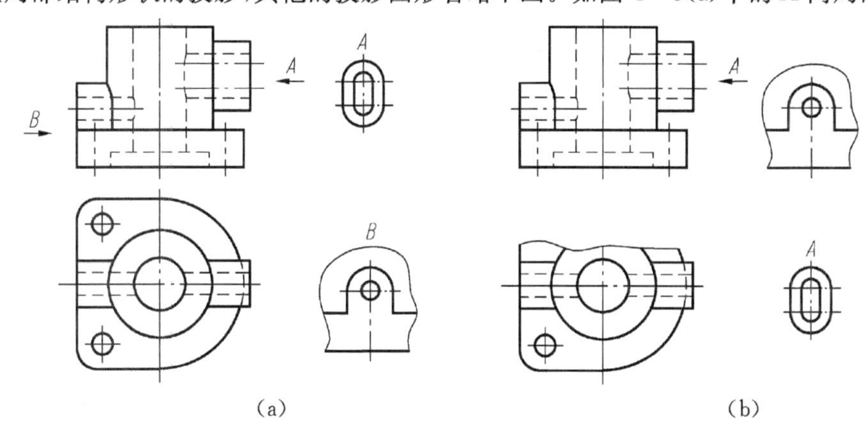

(a)　　(b)

图 4-8　局部视图

(2)用波浪线断开表达。需要表达的机件的局部形状不独立，假设将需要表达的机件局部结构断开，进行投影画图，必须使用波浪线(断裂线)或双折线，画在机件的断开处，如图 4-8(a)所示，图中 B 向的局部视图。

当局部视图的投影符合基本投影位置时，或投影关系明确不标注符号也能表达清楚时，标注符号可以省略，如图 4-8(b)所示，图中俯视图和左视图都是用波浪线断开表达的局部视图。

3. 波浪线的的注意事项

波浪线表示局部视图机件的断开处，也称为断裂线(双折线也可以表示机件的断开处)，波浪线的画法是局部视图表达的重点。局部视图表达画波浪线时必须注意如下。

(1)用细实线表达。局部视图使用的波浪线(断裂线)或双折线必须用是细实线，使用细实线表示机件的断开处，可以很好地与机件的轮廓线粗实线区分。

(2)实体断开边界。波浪线表示局部视图机件实体的断开的边界处，没有机件的断开的实体处，不能画波浪线。同样有机件的断开的实体处不能漏画波浪线，因此，波浪线必须画在机件断开的实体上，不能超出机件实体多画或漏画。如图 4-9 所示。

(3)波浪线的位置。局部视图要真实的表示机件的局部结构形状，波浪线所画的位置必须在机件局部结构投影的有效图形内，投影图形不能改变机件的局部结构，因此，在画局部视图

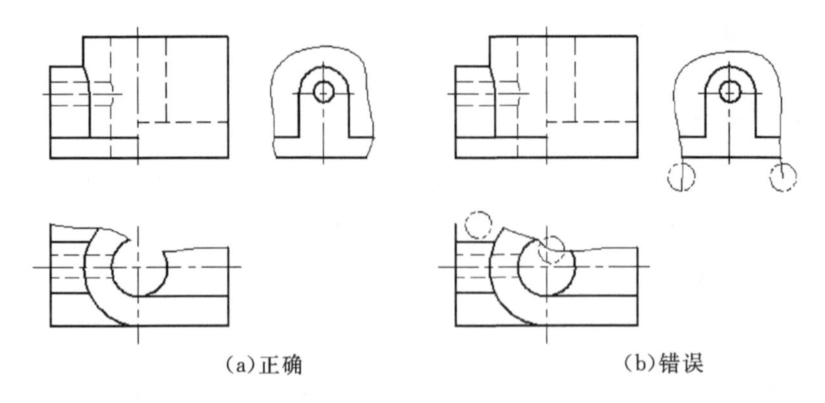

(a)正确　　　　(b)错误

图 4－9　局部视图波浪线的画法

时，一定考虑机件的整体结构的投影图形，必要时可以先画出相应的全部投影视图，再取局部视图。波浪线不能与轮廓线重合，必须独立使用；波浪线尽量不画在其他图线的延长线上。如图 4－10 所示。

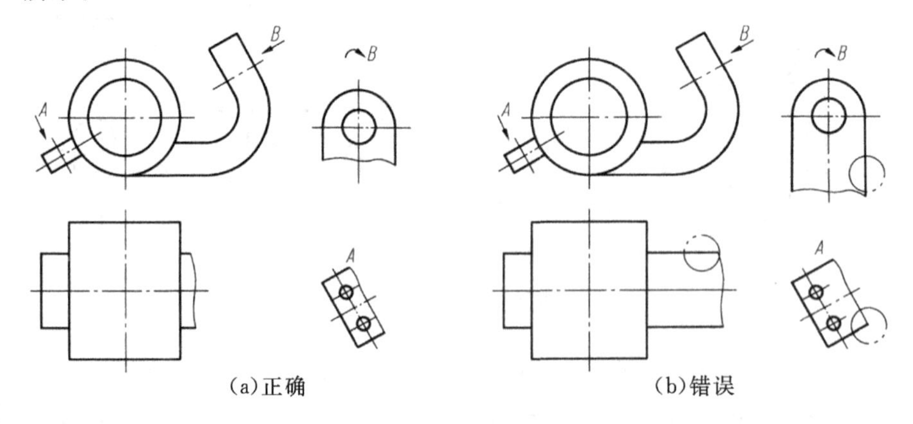

(a)正确　　　　(b)错误

图 4－10　局部视图波浪线的画法

4. 局部视图的表达示例

局部视图在表达机件局部结构形状时，形式灵活多样，特别对机件形状不规则的结构表达，局部视图非常好用，如图 4－11 所示。

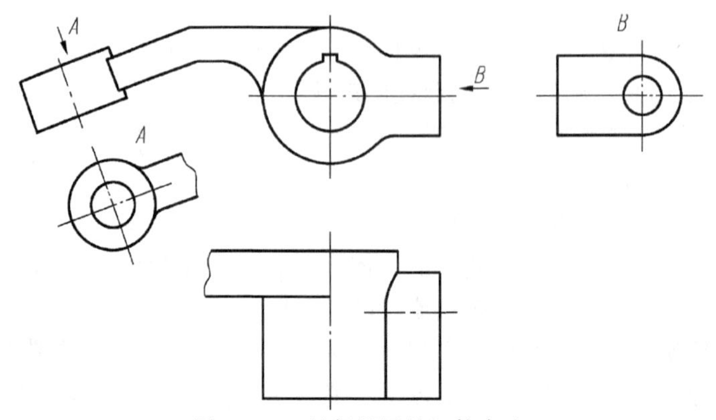

图 4－11　局部视图的机件表达

图样中可以用局部视图很灵活的表达机件的局部结构形状，灵活就意味着表达形式多样，供在不同的表达中选用，同样局部视图表达机件的局部结构形状时，也很容易出错，下面举例讨论局部视图表达形式及容易出的错误，如图 4－12 所示。

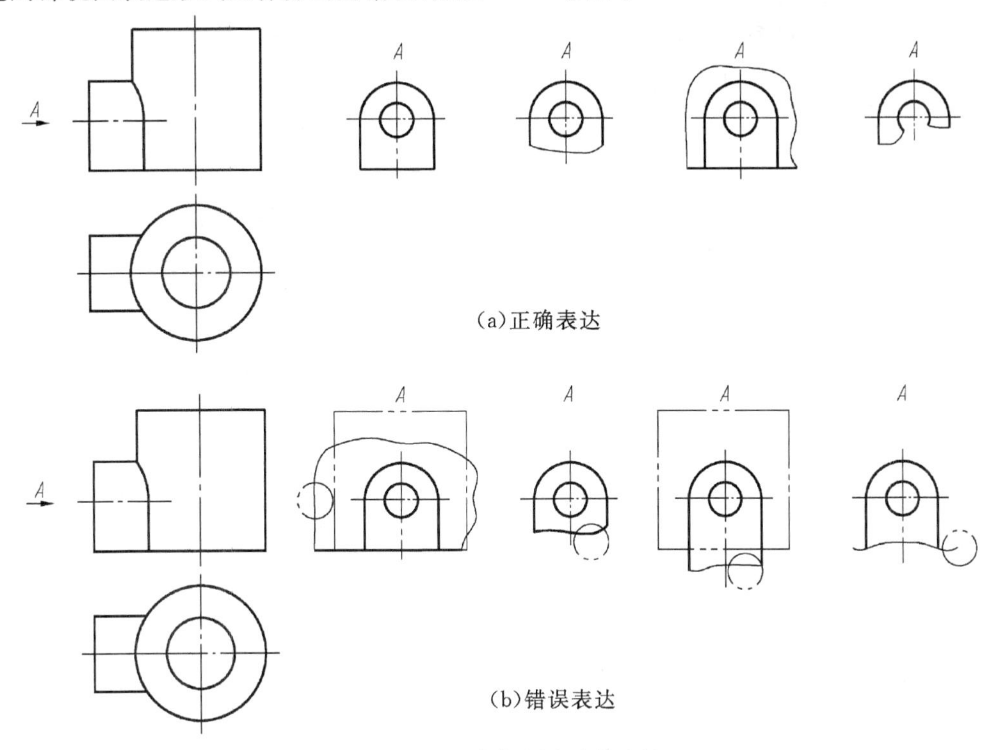

(a)正确表达

(b)错误表达

图 4－12　局部视图表达的比较

4.2　剖视图

剖视图主要是用来表达机件的内部结构，机件的外部结构不予考虑。剖视图按剖切的多少不同，分为全剖视图、半剖视图和局部剖视图三种，也可根据剖面的不同进行分类。

4.2.1　剖视图的基本知识

1. 剖视图的形成

假想用剖切面(平面或柱面)在适当位置剖开机件，将处在观察者与剖切面之间的部分移去，然后将剩余部分向投影面进行投影得到的图形，称为剖视图(简称剖视)。其中假想的三个动作(剖切、移去、投影)是同时发生在一起不可分开的，即投影结束，剖切、移去也结束，在进行下一个投影时，机件是完整的，如图 4－13 所示。

2. 剖面符号

剖视图的断面要画剖面符号，为了区分机件的实心部分与空心部分，规定剖面符号画在剖切平面与机件体接触的部分，该部分称为断面。

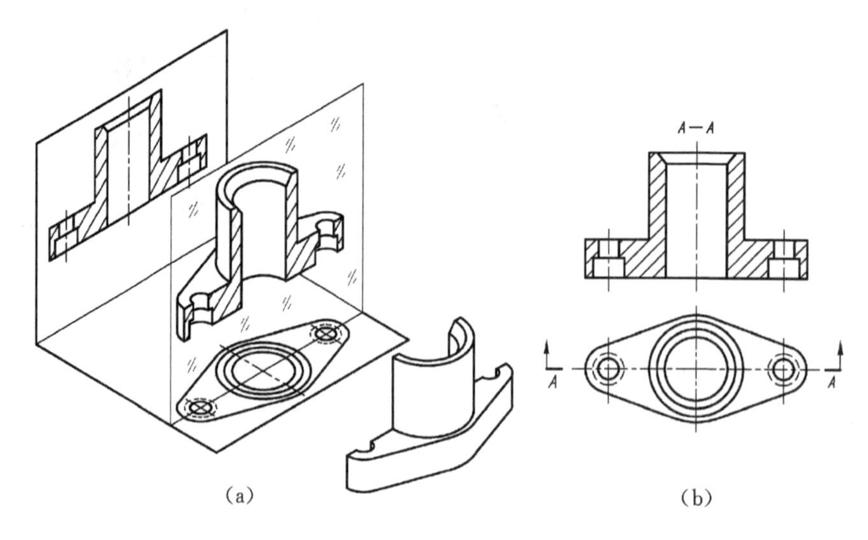

图 4-13　剖视图的形成

(1)常见材料剖面符号。国家制图标准规定在机件的断面图形上，要画出规定的剖面符号，不同的材料剖面符号不同。规定金属材料的剖面符号，是由一组相互间平行且间距相等的细实线组成。如表 4-1 所示。

表 4-1　常见材料剖面符号

材料名称		剖面符号	材料名称	剖面符号
金属材料			玻璃及供观察用的其他透明材料	
非金属材料(已有规定剖面符号者除外)			转子、电枢、变压器和电抗器等的叠钢片	
线圈绕组元件			固体材料	
木材	纵剖面		格网(筛网、过渡网等)	
	横剖面		液体	

(2)绘制金属材料剖面符号的注意事项。

①金属材料的剖面符号必须用细实线绘制,细实线之间互间平行并且间距相等,一般线之间的距离不易过大或过小,通常在3～5mm(尺寸数字的字高～字宽)。

②剖面符号的细实线必须与轮廓线倾斜(45°优先);不能与轮廓线平行或垂直,如图4-14(a)所示;

③同一个机件视图中的所有剖面符号必须相同,即倾斜方向和间距必须相同,如图4-14(b)所示;

④机件的断面一定是独立的封闭线框,剖面线画在封闭线框内,剖面线不能有轮廓线通过。

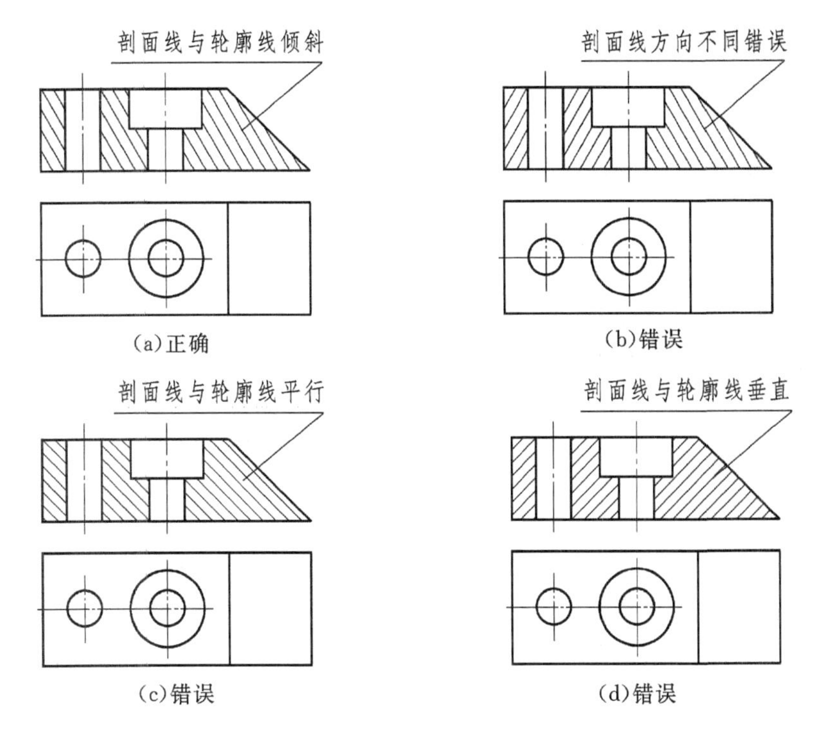

图4-14　剖视图中剖面线的角度

3.剖视图的标注

剖视图一般要标注剖视符号,指明剖切位置及投影方向,注明对应的剖视图,以表示剖切投影与视图之间的关系,如图4-15(b)所示。

剖切符号由三部分组成。当机件形状较简单或剖切位置明确,不标注符号仍能表达清楚时,剖切符号可以省略。

(1)剖面位置符号。剖面用两段线段表示,线段的粗是粗实线的两倍,长约等于字高。

(2)投影方向符号。即是向视图符号。用细实线和箭头表示。当投影关系清楚时投影方向符号可以省略。

(3)剖视位置代号。剖视位置代号由大写字母表示,分别标注在剖面位置符号旁边和剖视图的正上方,在剖视图正上方标出的两个大写字母中间画一段长为一倍字高的细实线段。大写字母字头方向永远向上,当剖切位置关系清楚时剖视位置代号可以省略。如图4-15(b)所示。

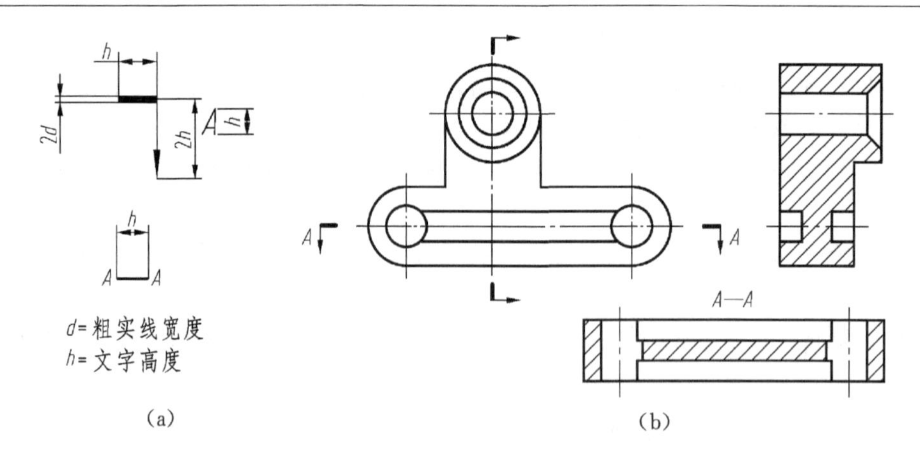

图 4-15 剖视图符号及标注

4.2.2 剖视图的画法

因为需要表达机件结构的内容不同,所以画剖视图的方法与画视图的方法不同,画图的过程有很大的区别,在这里注意学习掌握非常重要。

画剖视图先要分析了解机件的内部结构,选定剖切平面后,特别要清楚在剖面上的结构形状,机件外表面及剖面剖不到的结构形状不予考虑。画图时一定要先画剖面上的图形,及剖面上的剖面符号,最后进行对剖面后的机件内部结构进行投影,看到的画粗实线,看不到的不画线。一定要摆脱先画完视图后,再改画成剖视图的习惯,避免作不必要的分析和画图。

1.画剖视图方法

(1)确定剖切位置。通过观察机件分析(或看三视图),清楚机件的内部结构,内部结构的定位线,如中心线等;画出剖面的剖切位置,确定剖视图的表达方案,如图 4-16(a)、(b)所示。

(2)画剖面图形。在画剖面图形前,可以大致画出剖面的大致轮廓,直接画出剖面上图形,剖面前和后的机件结构形状不予考虑,并在剖面区域绘制剖切符号(剖面线),剖面区域必须是独立的封闭图形,如图 4-16(c)、(d)所示。

(3)完成剖视图。对剖切后的机件内部结构进行投影,能看到的结构形状用粗实线画出,被剖切掉和看不到的轮廓不画线,虚线省略不画(虚线独立表达机件结构时画出),如图 4-16(e)所示。

(4)标注剖视符号。按规定的方法进行剖视符号标注。当剖切视图之间关系清楚时,剖视符号标注尽量可以省略不标,如图 4-16(e)中的剖视符号可以省略不标。

2.画剖视图的注意事项

在对机件进行剖视图的表达时,首先应注意的是剖视图的形成原理,能正确的按剖视图的各项规定,完成剖视图的绘制。其次是注意如何选择剖切位置,准确、清晰的表达机件。在绘制剖视图时应注意以下几点。

(1)剖视图的投影。剖视图只是假想的剖开机件,剖切、移去、投影三个动作是不可分的,画下一个投影时机件一定是完整的。

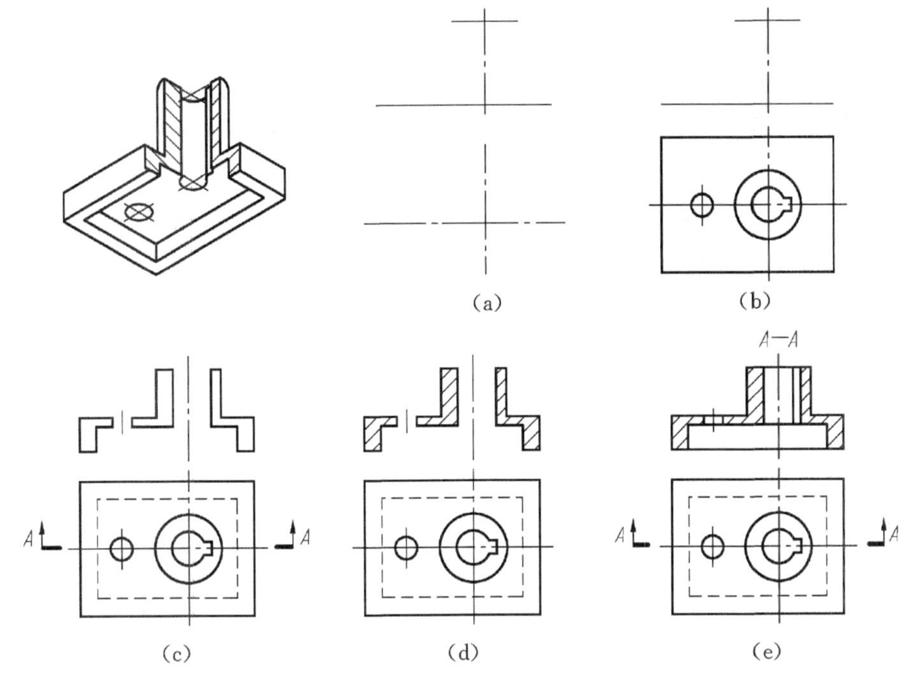

图 4-16　画剖视图方法

(2)剖面位置。选择剖切面位置时，一定要选择表示机件内部结构形状特征的位置，如机件孔、槽等结构的中心等，避免剖切出不完整结构要素，一般不与轮廓线重合，需要时允许紧贴机件表面剖切，此时，该表面不画剖面符号，如图 4-17(a)所示。

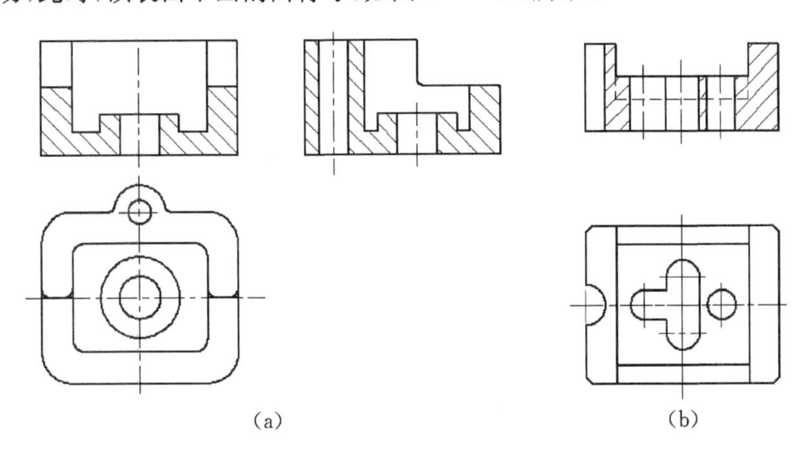

图 4-17　剖位置及虚线的表达

(3)虚线有独立表达的意义。剖视图不画虚线，只有在不影响剖视图的清晰又能减少视图数量时，可画少量的虚线，但是虚线必须有独立的表达内容，如图 4-17(b)所示。

(4)剖面符号。在一个图样中，同一机件无论剖切几次，有几个剖视图，其剖面符号必须相同(既倾斜角度相同、间距相等)，如图 4-18 所示。剖面符号不能有图线通过，一定画在一个独立的封闭线框内，如图 4-19 所示。

(5)不漏画线。画出剖面后能看到的机件内部结构，能观察到的形状用粗实线画出，不能

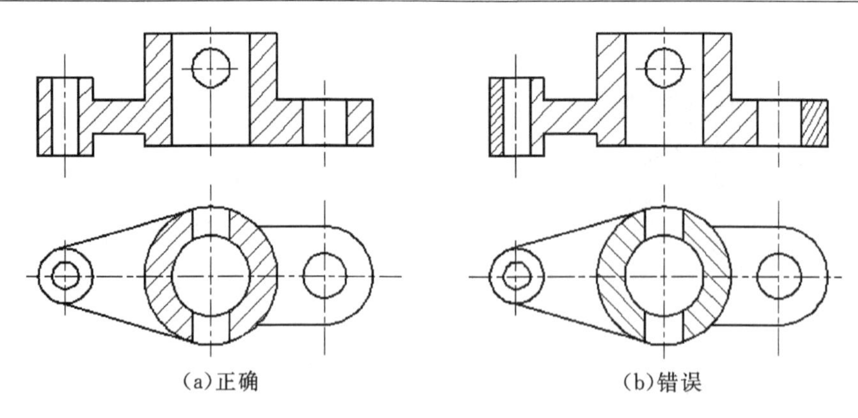

图 4-18 同一机件剖面线的方向和间距相同

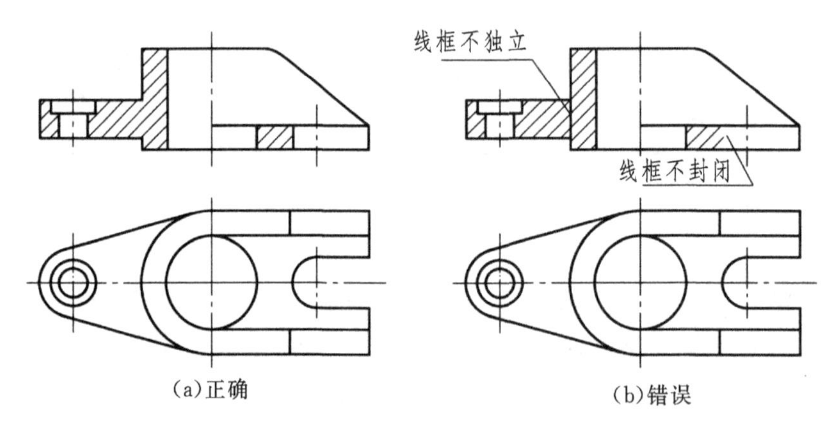

图 4-19 剖面线在独立封闭线框内

漏线,也不能多画线,要认真检查,养成严谨细致、一丝不苟的工作作风,如图 4-20 所示。

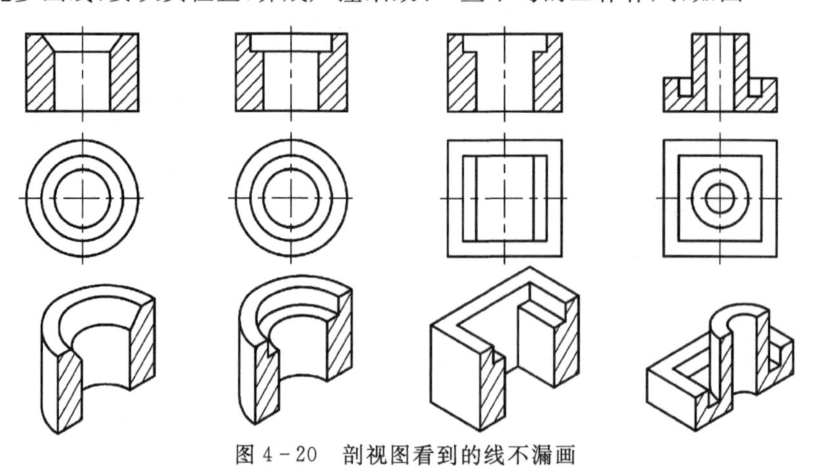

图 4-20 剖视图看到的线不漏画

例 4-1 将三视图中的主视图用全剖视图的表达,如图 4-21 所示。

①看图分析。通过看图分析(或观察机件),清楚机件的内部结构,确定剖视图的表达方案,如图 4-21(a)所示。

②剖切位置。选定合适的剖面剖切位置，并清楚在剖切面上机件的结构形状，如图4-21(b)所示。

③画大致轮廓。画出投影图的大致外形，内部结构的定位线，如中心线等，如图4-21(c)所示。

④画断面图形。直接画出剖面上的图形，剖面前和后的机件结构不考虑，并在剖面区域绘制剖面线，剖面区域必须是独立的封闭图形，如图4-21(d)所示。

⑤完成剖视图。剖面后的机件进行投影，用粗实线画出可见轮廓线的投影，虚线省略不画（虚线独立表达机件结构时画出）。

⑥标注剖视符号。按规定的方法进行剖视符号标注。当剖切视图之间关系清楚时，剖视符号标注尽可能省略不标，图4-21(e)中剖切视图之间的关系清楚剖视符号省略不标。

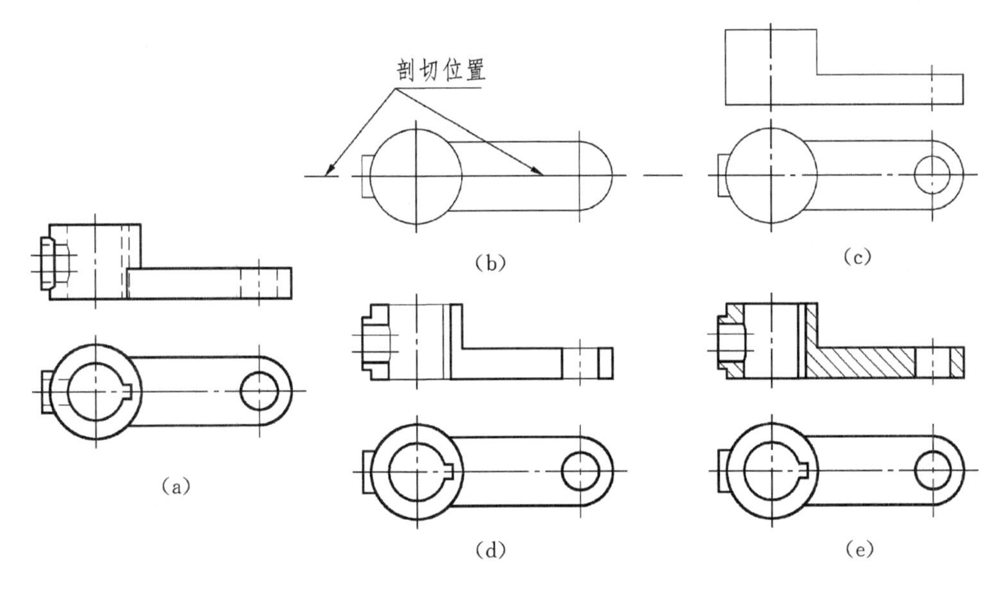

图4-21　剖视图的画图步骤

4.2.3　剖视图的种类

按剖切范围的多少，剖视图分为全剖视图、半剖视图、局部剖视图三种。

1. 全剖视图

用剖切面完全地剖开机件所得到的剖视图，称为全剖视图。全剖视图不表达零件的外部结构形状，因此，全剖视图适合表达内部结构较复杂，外部结构简单的零件，并且是不对称结构的零件，如图4-22所示，主、左视图全剖。

2. 半剖视图

当机件是对称结构，具有对称平面时，以对称中心线为界，一半画成剖视图，另一半画成视图，用这种表达方法画的图形，称为半剖视图。

(1)半剖视图的形成。通常情况下零件的投影为对称结构时，要采用半剖视图表达，支座

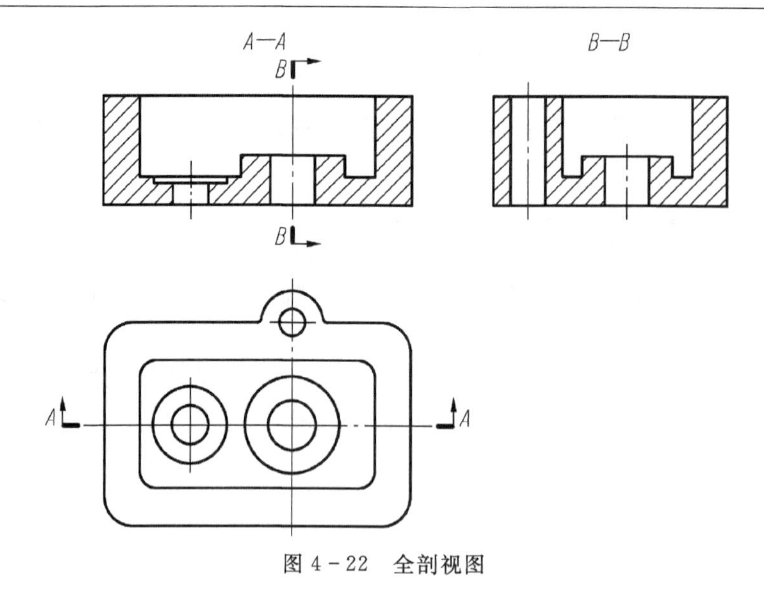

图 4-22　全剖视图

零件的视图表达，如图 4-23(a)所示。支座零件的全剖视图表达，如图 4-23(b)所示。支座零件的主视图和俯视图，取支座视图的和支座全剖视图的一半，如图 4-23(c)所示。将其组合成主视图和俯视图的半剖视图，表达支座零件结构的主视图和俯视图投影是对称的，如图 4-23(d)所示。

(a)　(b)

(c)　(d)

图 4-23　半剖视图的形成

(2)半剖视图的标注。半剖视图表达机件结构形状的一半,因此,半剖视图的尺寸标注采用半标注,尺寸界线及箭头也只能画一侧,另一侧不画。如图 4－24 所示。

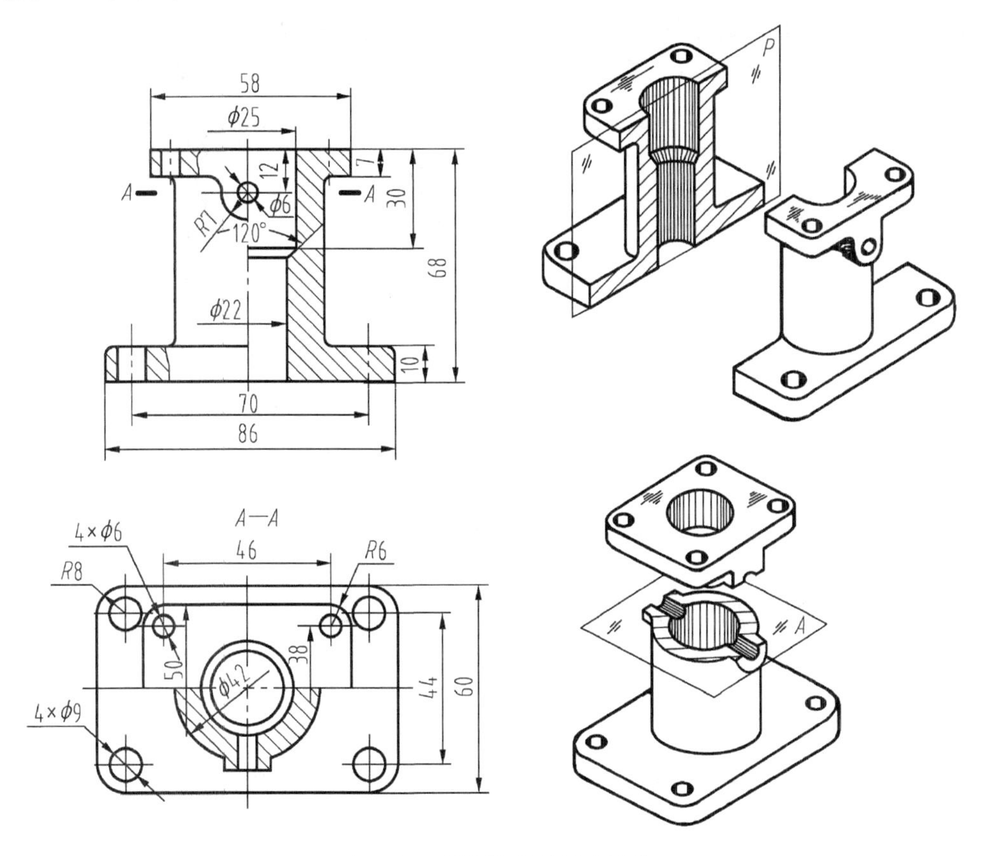

图 4－24　半剖视图的尺寸标注

(3)不能半剖视图的零件。不对称的零件和对称中心有轮廓形状的零件,不能选用半剖视图表达,如图 4－25 所示。

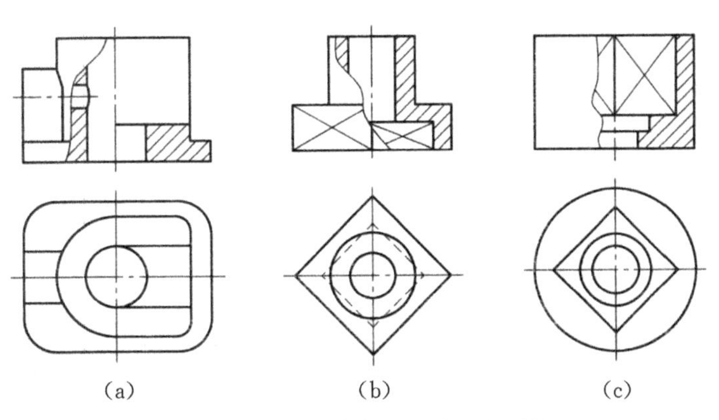

图 4－25　不能半剖视图表达的零件

3. 局部剖视图

(1)局部剖视图的形成。用剖切面局部地剖开机件，所得到的剖视图称为局部剖视图。此图形是由剖视和视图组合而成，一般要用波浪线表示剖视和视图的分界，如图 4－26 所示。

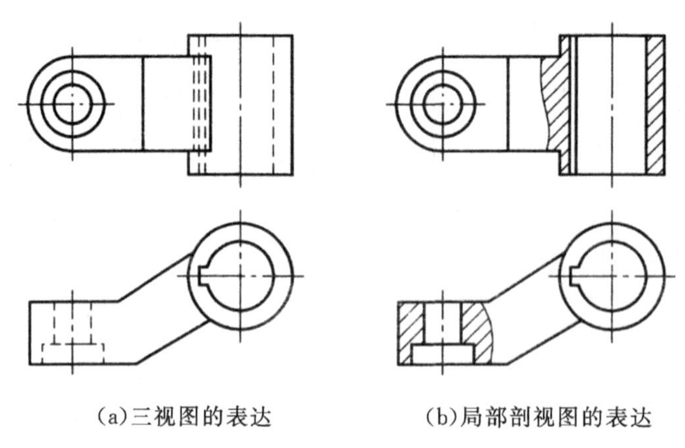

(a)三视图的表达　　(b)局部剖视图的表达

图 4－26　局部剖视图的表达

(2)波浪线的表达。波浪线表示剖视图和视图的分界位置，波浪线的画法与局部视图相同，波浪线应选择在机件结构内没有变化的位置处。如图 4－27 所示。

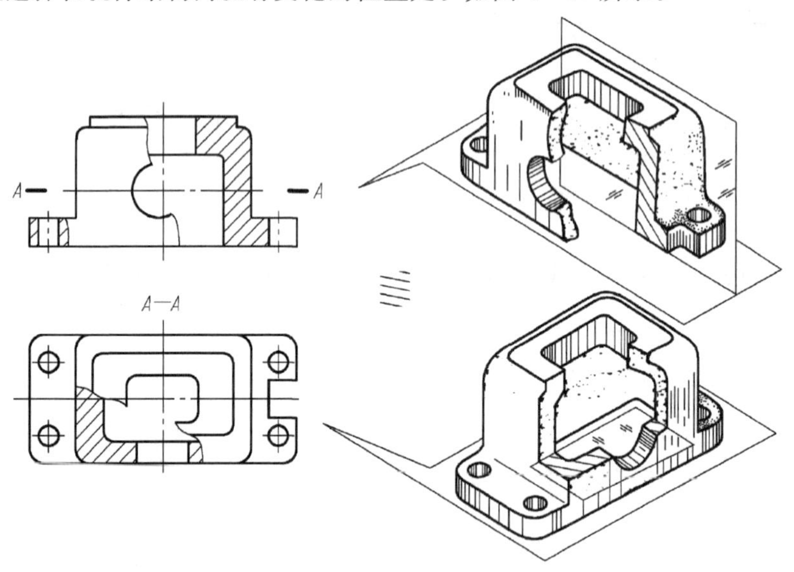

图 4－27　局部剖视图波浪线的表达

(3)局部剖视图表达注意事项。局部剖视图表达主要注意局部剖视图的断裂线的位置及画法，波浪线的画法与局部视图的表达要求相同，画波浪线容易出现的错误，如图 4－28 所示。

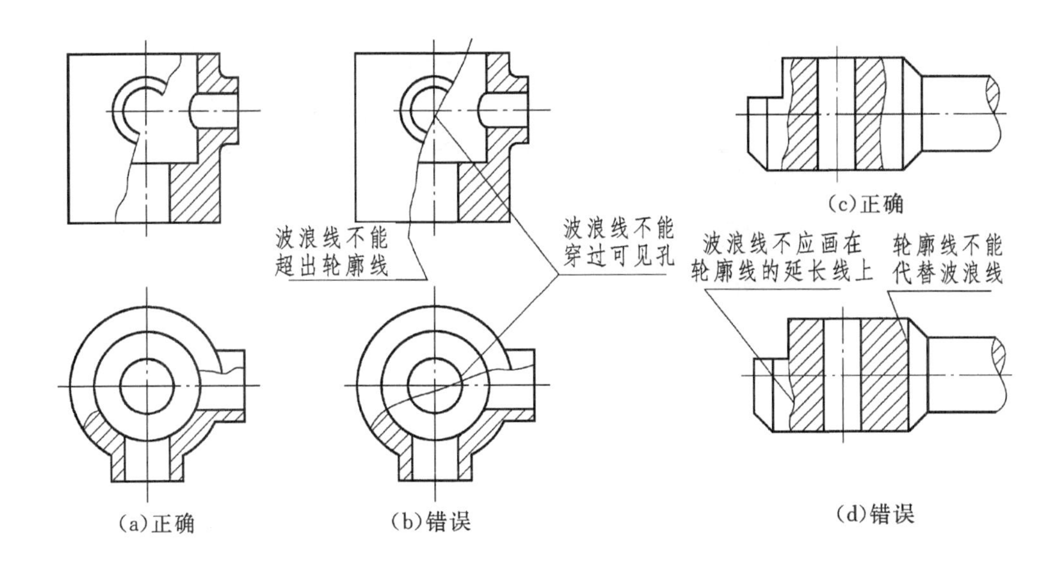

图 4－28　局部剖视图波浪线的表达比较

4.2.4　剖面的种类

1.单一剖面

单一剖面包括：单一剖切平面、单一斜剖切平面、单一剖切圆柱面三种。

(1)单一剖切平面。用平行与基本投影面的单一剖切平面，剖切机件的方法，如图 4－29 所示。

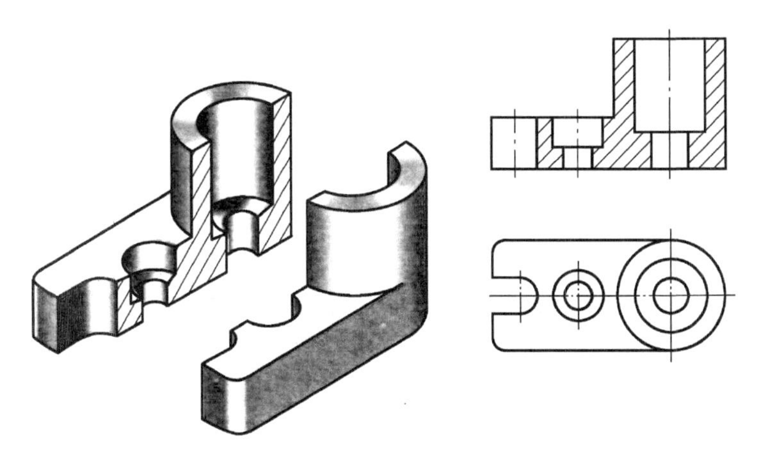

图 4－29　单一剖面的剖视图表达

(2)单一斜剖切平面。不平行与基本投影面的单一斜剖切平面，剖切机件的方法，得到的剖视图，称作斜剖视图。斜剖视图可以画正，在剖视图上的剖视符号后加旋转符号(如斜视图)。如图 4－30 所示。

(3)单一剖切圆柱面。单一剖切圆柱面，是用圆柱面剖切机件，将圆柱剖面上的图形展开

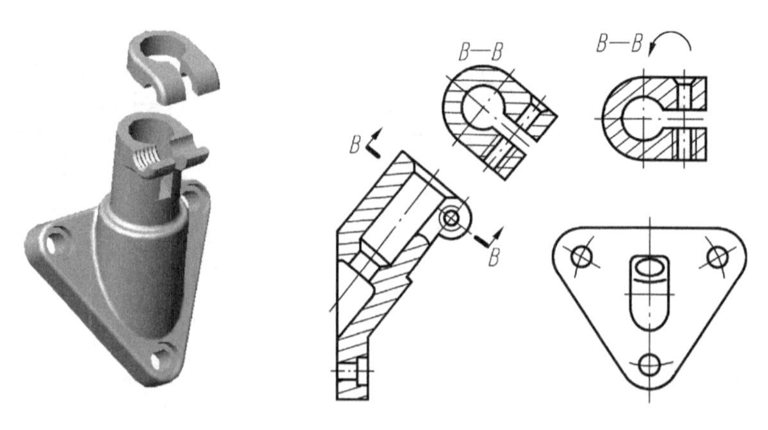

图 4－30　单一斜剖面剖视图的表达

画，如图 4－31 所示。

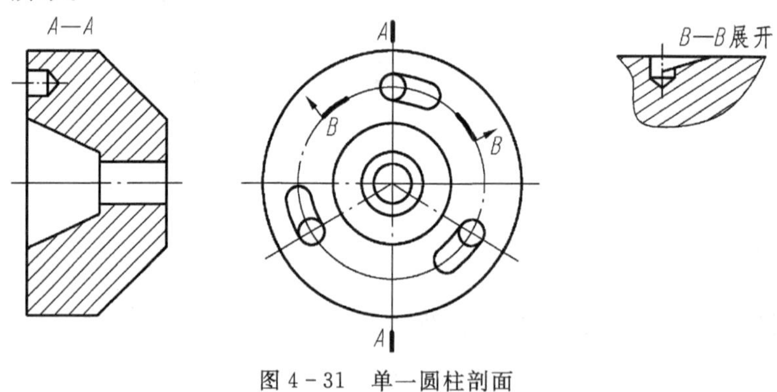

图 4－31　单一圆柱剖面

2. 几个平行剖面

(1)平行剖面剖视的形成。用几个相互平行的剖切平面，剖切机件的表达方法，也称为阶梯剖，如图 4－32 所示。

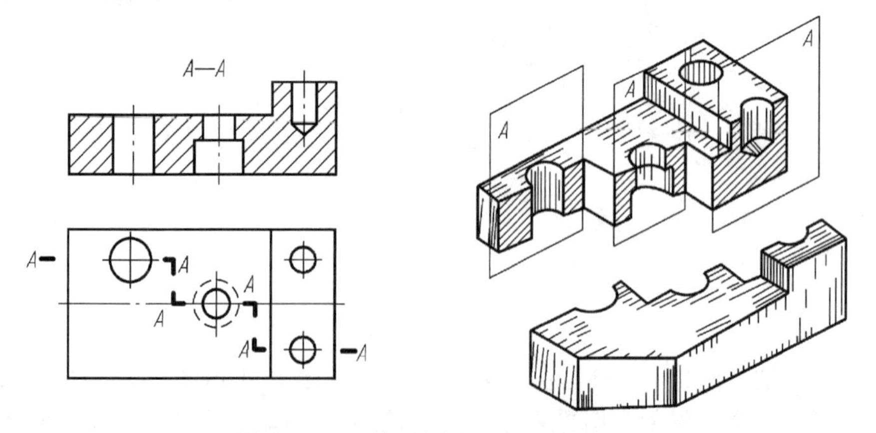

图 4－32　几个平行剖面剖视图的表达

(2)几个平行剖切平面表达的注意事项。两个平行剖切平面之间的连接转折处必须是直角(与投影相垂直的剖面),在剖视图上不能画出转折处分界线,如图 4-33(b)所示。

①在剖切位置符号处,必须用大写字母标出剖视位置符号。

②选择两个剖切平面转折处,不能与视图中的轮廓线重合,如图 4-33(c)所示。

③选择合理的剖切位置,保证剖视图中表达的机件结构要素清晰、完整。剖切位置符号可以与轮廓线相交。

④对称结构的剖视表达,尽量采用半剖视图的方法表达。在模具设计图中普遍采用,如图 4-33(a)所示。

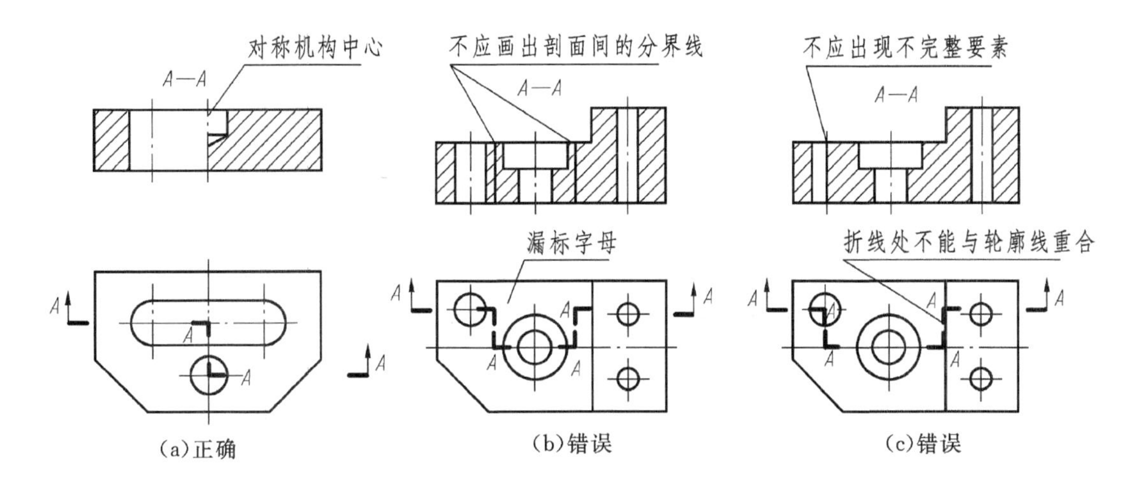

图 4-33　平行的剖切平面表达注意事项

(3)平行剖切的表达示例。用平行的剖切平面表达的机件较为广泛,平行剖面可以进行半剖或局部剖视的表达,如图 4-34 所示(该图的剖切位置符号可以省略)。

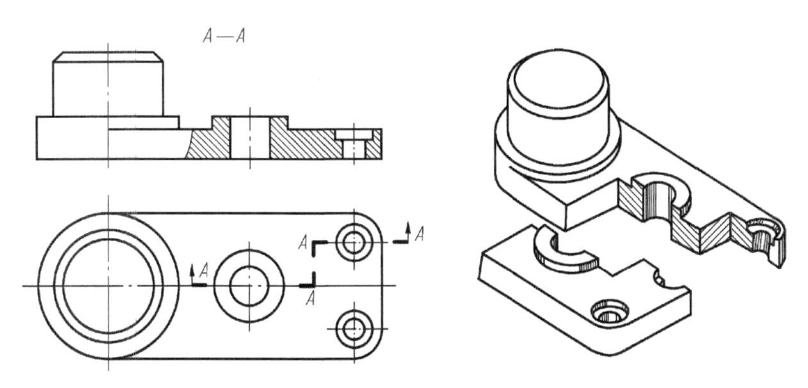

图 4-34　平行剖面的局部剖视图

3. 相交剖切平面

(1)相交剖面视图的形成。回转体或有回转结构的机件,采用相交剖面进行表达,即两个剖面不平行相交,也称作旋转剖,如图 4-35 所示。

(2)相交剖面的注意事项。机件转结构。是否应该采用相交剖面表达,取决与机件的结构

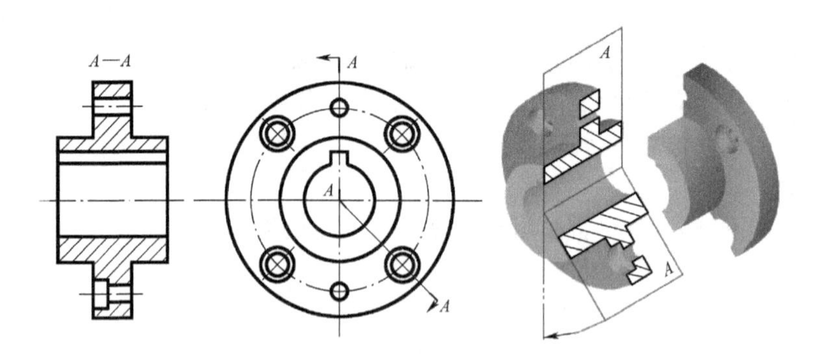

图 4-35 相交剖面视图的表达

是否是回转结构。

①剖切平面相交的交线。两个剖切平面的交线必须选择与机件回转结构轴线上，并垂直于某一基本投影面，反映被剖切机件结构的真实形状。

②倾斜剖面。倾斜剖面必须绕轴旋转到与基本投影面平行后再投影，使投影反映被机件结构剖面的真实形状(注意“三等关系”的变化)。规定剖面后的结构按未旋转前的位置画出。如图 4-36 所示。

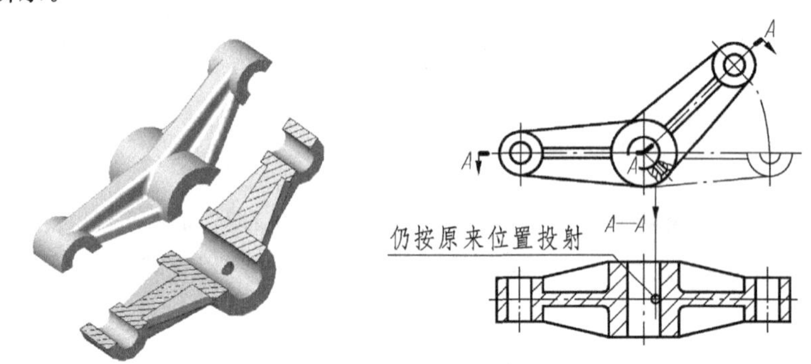

图 4-36 相交剖面视图未剖到的结构表达

③不完整要素。采用相交剖切平面表达出现机件结构不完整要素时，将此部分结构按不剖绘制，或不采用相交剖切平面表达，如图 4-37 所示。

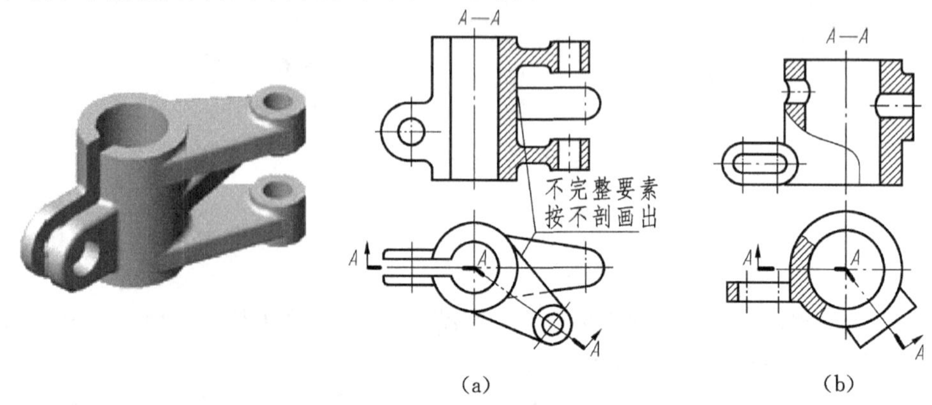

图 4-37 相交剖面剖到的不完整要素的表达

④相交剖切出剖视符号不能省略。采用相交剖切平面表达，必须标出剖视符号。

4. 复合剖切平面

机件的内部结构情况复杂多样，往往需要各种剖面同时使用，各种剖面在一个剖视图中同时使用，称为复合剖切平面。

复合剖切平面可以根据机件的结构表达需要，画成全剖视图、半剖视图或局部剖视图，如图 4－38(a)所示。有时复合剖切平面需要展开，进行投影画图，如图 4－38(b)所示。

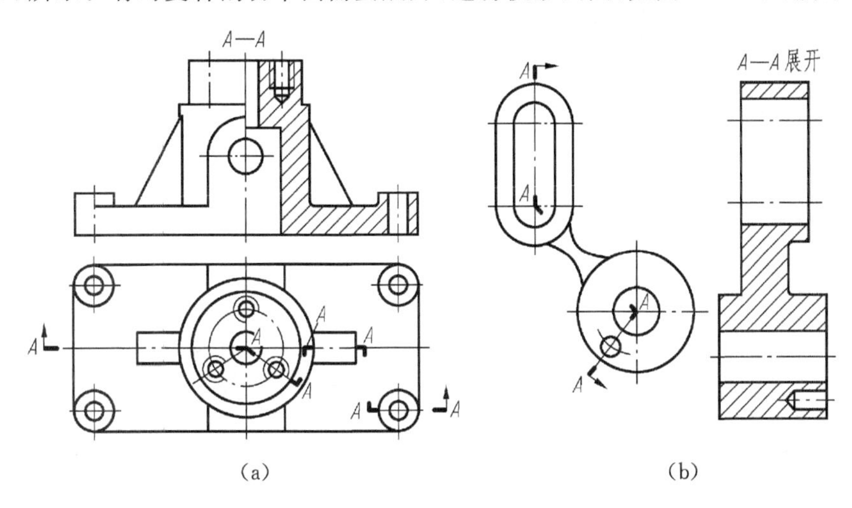

(a)　　(b)

图 4－38　相交剖面视图的表达

4.3　断面图

断面图只画机件断面上的图形，用来表达机件的断面形状。断面图主要有移出断面图、重合断面图两种。

4.3.1　断面图的基本知识

1. 断面图的形成

用剖切面将机件的某处断开，只画断面上的图形，称断面图(因为，所画的是剖面上的图形，也称作剖面图)。注意与剖视图的区别，如图 4－39 所示。

断面是指机件某处的横截面形状，其截面要与机件的结构垂直。工程上用断面结构形状尺寸的大小，确定机件的强度。

2. 断面图的表达规定

(1)回转结构画线。剖面所剖切的是回转机构，断面图表达画线；剖面剖切的为非回转机构，断面图表达不画线，如图 4－40 所示。

(2)断面图形要完整。机件结构为非回转结构，断面图形分离成几部分，出现不完整视图，

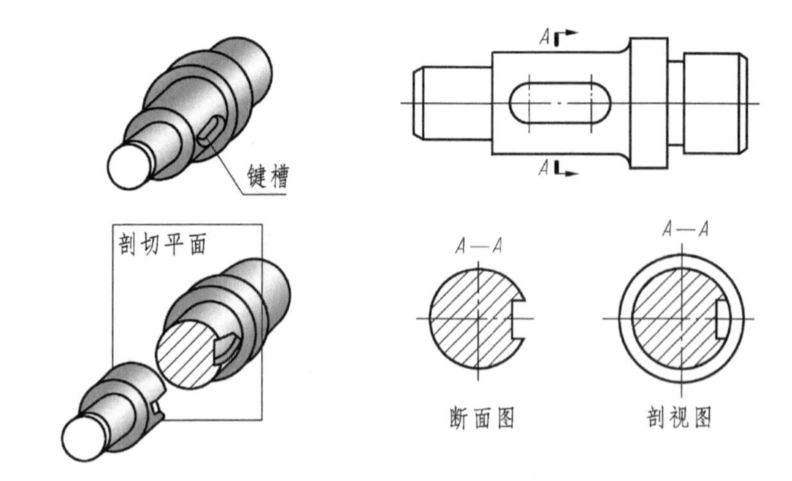

图 4 - 39　断面图的形成及与剖视图的区别

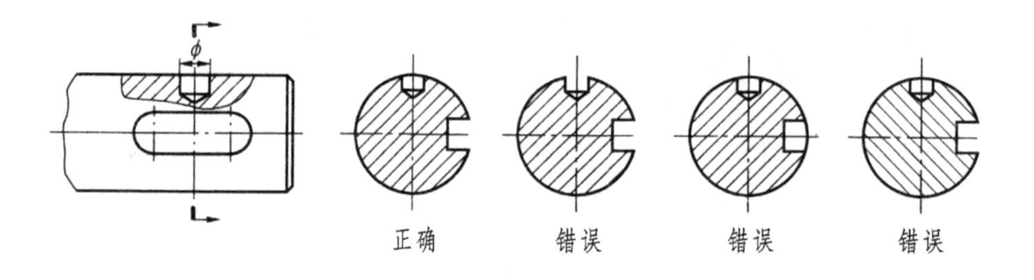

图 4 - 40　断面图的规定表达

这时可按剖视图绘制，如图 4 - 41 所示。

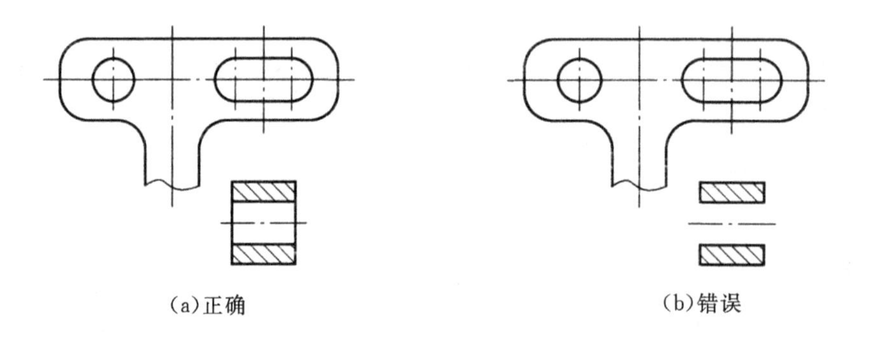

图 4 - 41　断面图的规定表达

4.3.2　断面图的表达

断面图的表达方法主要有移出断面图、重合断面图两种，根据表达的需要进行选择。

1. 移出断面图

移出断面图是将断面图画在视图的轮廓线外的表达方法，断面图形的轮廓线用粗实线绘制。移出断面图表示方法有 3 种。

(1)剖切符号标注。使用剖切符号表示与剖视图相同，当断面图是对称图形时，投影方向符号可以省略，断面图可以转正绘制。如图 4-42 所示。

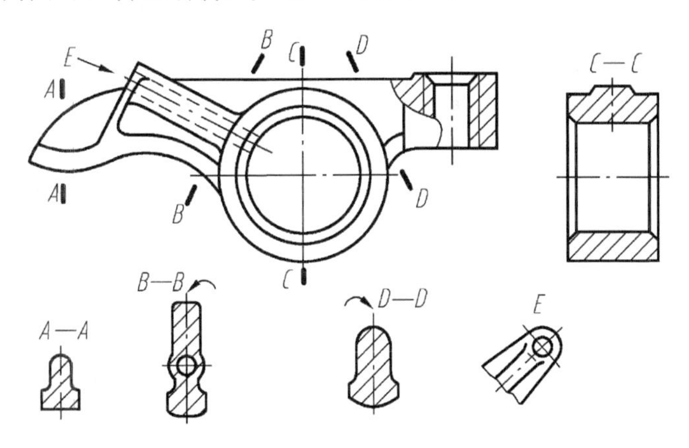

图 4-42　用符号标注的断面图

(2)点画线标注。在机件断面处画出点画线，在点画线的延长线上，画出机件的断面图，即断面图用点画线引出标注，如图 4-43(a)所示。

(3)画在断开处。机件结构为细长结构，采用细长结构的简化表达方法时，断面图直接画在断开处，不做如何保证。如图 4-43(b)所示。

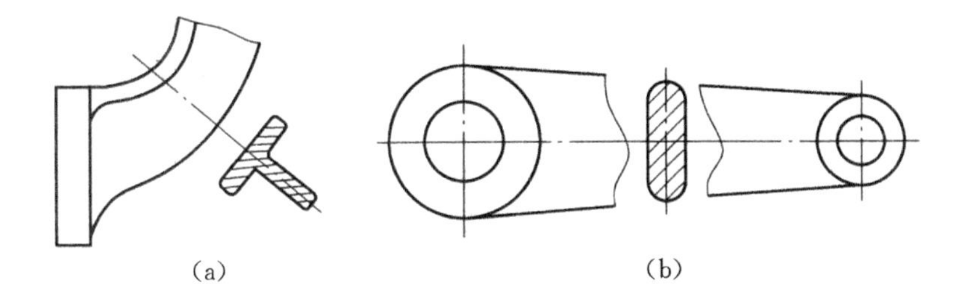

图 4-43　用点画线引出的断面图

2. 重合断面图

重合断面图是将断面图，画在视图的轮廓线内的表达方法。为了能与视图区分，规定重合断面图的轮廓线必须用细实线画出。

(1)剖切符号。剖切符号(剖面线)与机件的剖切符号相同，并保证不能与断面图的轮廓线平行或垂直，如图 4-44(a)所示。

(2)断面位置。断面位置用点画线表示，必须与轮廓垂直，要选在能反映机件特征的位置上，如图 4-44(b)所示。

(3)投影方向符号。重合断面图形不对称时，要标出投影方向符号，如图 4-44(c)所示。

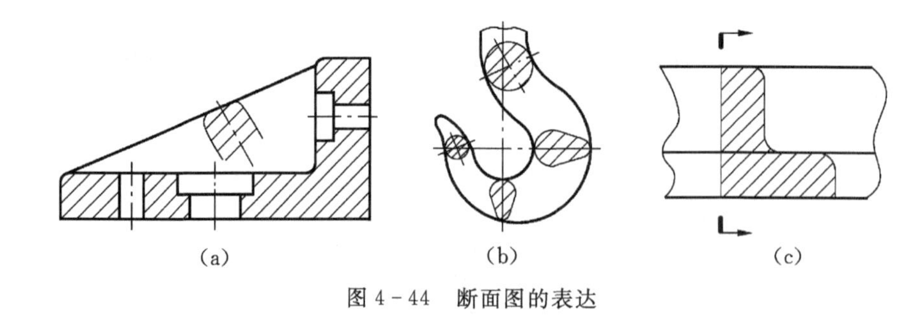

图 4－44　断面图的表达

4.4　局部放大图

按一定比例表达机件时，机件上细小的重要结构常常会表达不清，且难以标注尺寸。规定可以将这些细小结构画出局部的放大图。这种将机件的部分结构用大于原图形所采用的比例画出的图形，称作局部放大图，如图 4－45 所示。

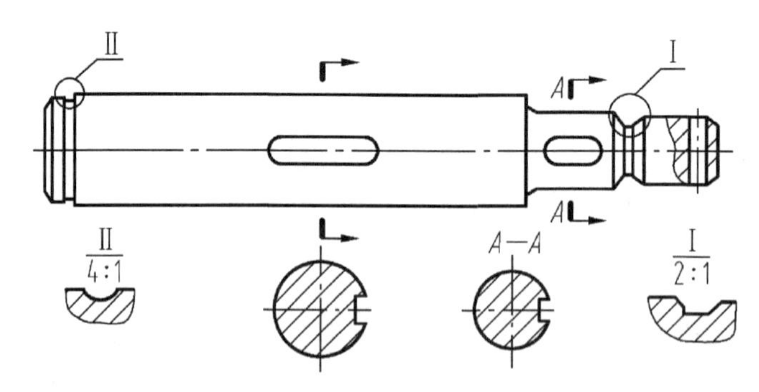

图 4－45　轴的局部放大图表达

4.4.1　局部放大图的表达

局部放大图是在一个图样中，允许有多个比例的表达方法，先在原图上把要放大的部位用细实线圆或其他图形圈上，再将圈上的部位形状按新的比例（大于原原有比例），单独进行投影表达的方法。

局部放大图可以是视图、剖视图、断面图，与被放大部分的表达方法无关。局部放大图可以再进行投影，局部放大图的位置尽可能画在被放大部位的附近。如图 4－46 所示。

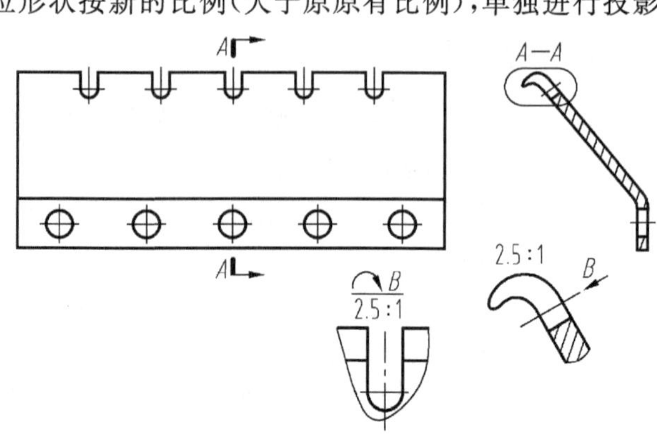

图 4－46　局部放大图表达

4.4.2　局部放大图的标注

局部放大图必须采用标注符号，它由两部分组成，一部分是用大写罗马数字及引线，标出视图上放大部位，另一部分标注在局部放大视图的正上方，分子标出对应大写罗马数字，分母标出采用的放大比例，分数线用细实线段，如图 4-47(a)所示。当图样中只有一处局部放大图时，大写罗马数字可省略不标。如图 4-47(b)所示。

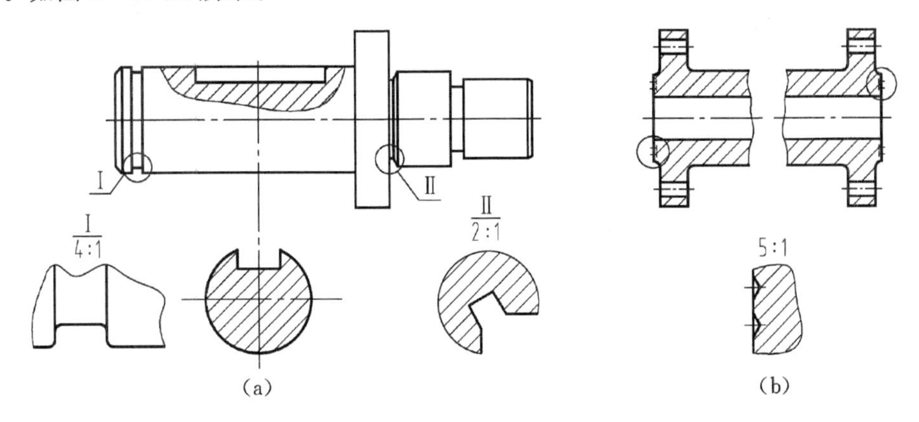

图 4-47　局部放大图的标注

4.5　规定的简化画法

为了更利于准确、清晰的表达和识读机件，在机件表达方法的基础上，《机械制图》国家标准规定了若干简化表达方法，掌握规定简化表达方法对读图和绘图都非常重要。规定简化表达方法很多，涉及领域很广泛，我们只能选常见的几种学习，更多的方法要注意在今后的实践中学习。

4.5.1　相同结构表达

机件上相同结构很多，为表达和识读简单，规定对相同结构可以采用简化的方法进行表达，即只画“代表”。按机件结构的不同分如下几种情况。

1. 相同结构

视图中机件有多个相同结构，如孔、槽、压痕等，只画出一个或一组结构形状，并画出分布位置，数量用标注表达。如图 4-48(a)、(c)所示。

2. 较长机件

较长机件用波浪线将中间断开，只画出机件两头的形状。如图 4-48(d)所示。

3. 部分表达

机件表面的结构，可只表达一部分，如图 4-48(b)。对称机件图形的视图，可只画出对称中心的一半，并在对称中心线两端各画上符号，即两段与尺寸数字字高相同的细实线，也可用断裂线画出一部分，如图 4-48(e)、(f)所示。

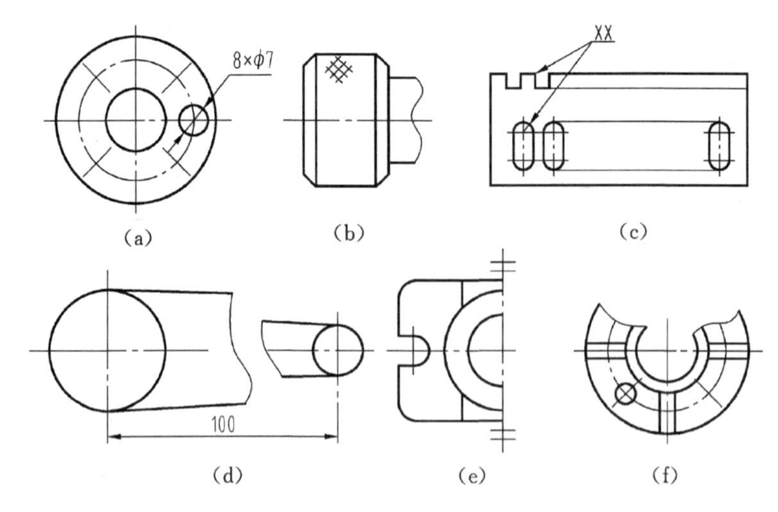

(a) (b) (c)
(d) (e) (f)

图 4-48 机件相同结构的画法

4.5.2 省略表达

机件的结构形状在投影时，有许多图形难画且没有意义，如相贯线、工艺倒角(圆角)等，对不重要的细小图形或已经表达清楚的内容，都可以视而不见，省略不画。

1. 省略不画

在视图中有些线不能反映机件结构没有表达的意义，并且比较难画如：相贯线、小角度倾斜的回转体的投影、小斜度、小锥度的投影等，都可以视而不见省略不画。如图 4-49(a)、(b)所示。

2. 标注符号

当视图之间关系清晰，不标注符号仍能表达清楚时，标注符号都可以省略不标。如移出断

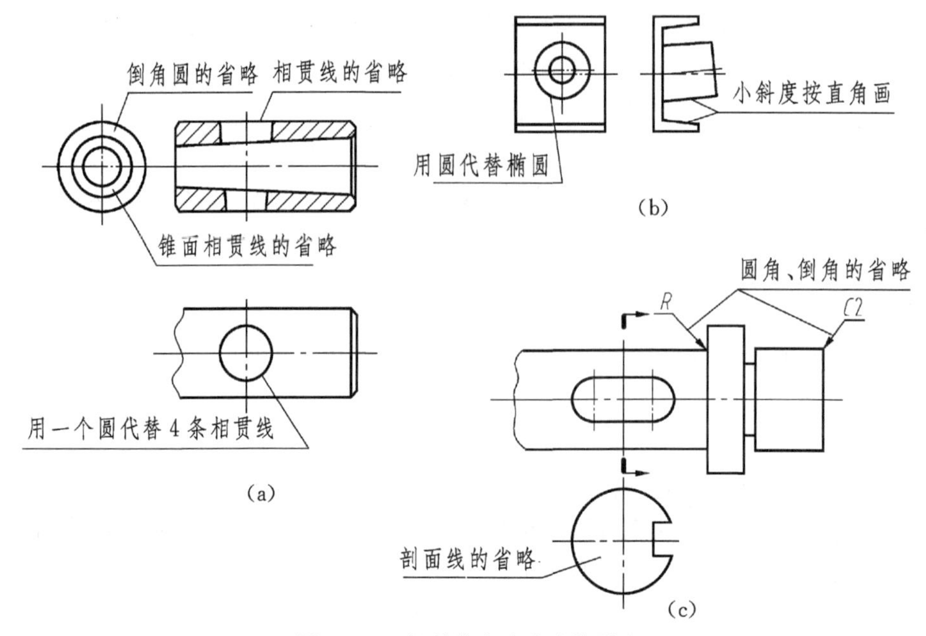

(a) (b) (c)

图 4-49 机件的省略表达的画法

面图不画剖面线仍能表达清楚时，剖面线可以省略。如图 4－49(c)所示。

3. 小尺寸结构

机件上的小尺寸结构不画出只进行标注的表达方法，如小尺寸的圆角和倒角不画出只作标注，如图 4－49(c)所示。

4.5.3　特殊规定表达

在机件表达方法的应用过程中，不断学习掌握各种表达方法的特殊规定，对读图和画图非常重要，下面将常用(必须掌握)的几种规定方法介绍如下。

1. 向视图

向视图的规定表达是将向视图或部分向视图画在指定位置上，省略标注的表达方法，如图 4－50 所示。

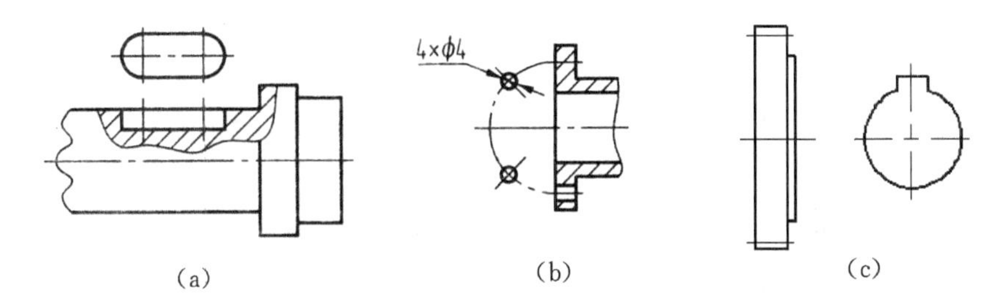

图 4－50　向视图的规定表达

2. 剖视图

在机件进行剖视图表达时，用细实线画出剖面切掉的结构，在剖视图投影看不到的机件结构形状，如图 4－51(a)所示。

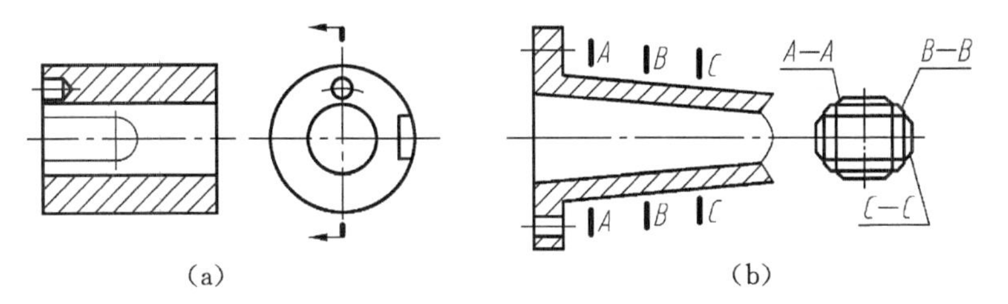

图 4－51　规定表达

3. 断面图

机件上需要连续表达的断面，在机件上标出剖视符号，只画移出断面图中需要表达的轮廓图形，并将其画在同一位置，较直观的表达断面变化，如图 4－51(b)所示。

4.5.4　结构规定表达

机件上的部分结构形状或用处相同，都用同样的名称，如筋板、面板轴、孔，轴等。对它们的表达也有相应的特殊规定。

1. 筋板剖切

在剖切筋板时，当剖切平面平行于筋板时，筋板不画剖切符号（不剖）；剖切平面垂直于筋板，画剖切符号（表示筋板断面），如图 4－52 所示。

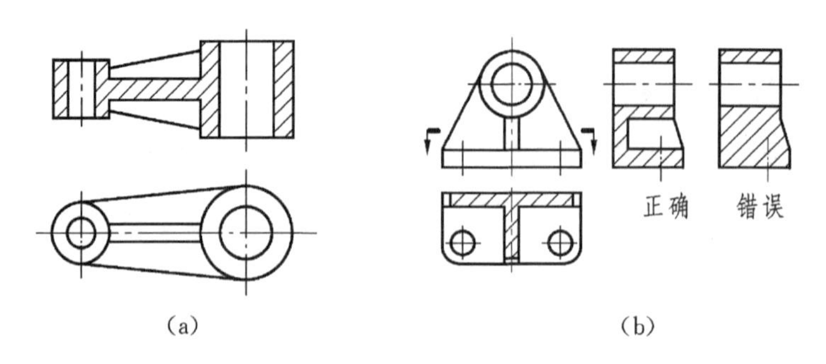

图 4－52　筋板的剖切规定

2. 回转体上的结构

机件回转结构剖切时，当剖切平面剖到回转结构的回转轨迹中心时，无论是否剖到回转结构，都按剖切到该结构画图，剖切符号可以省略不标注，如图 4－53(a)所示。

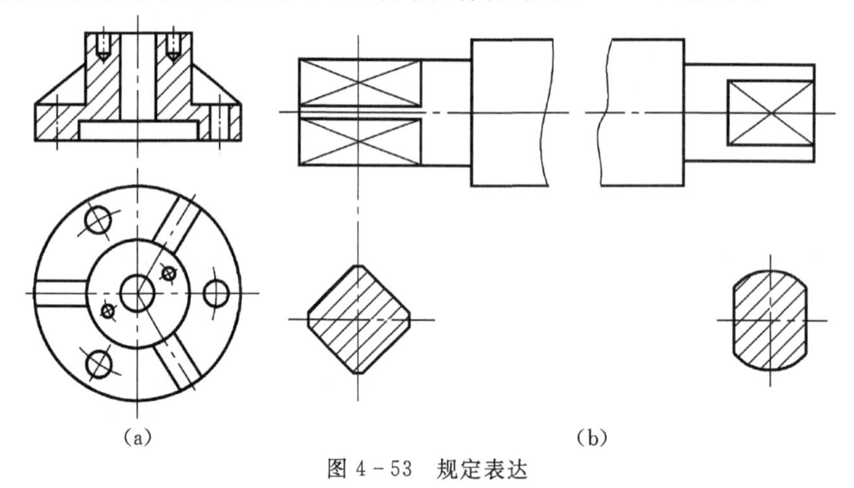

图 4－53　规定表达

3. 平面结构

在平面在不能充分表达时，可以用平面符号（两条相交的细实线）表示，如回转体轴非圆的视图中的平面，如图 4－53(b)所示。

4.6　图样表达的综合示例

图样的表达方案是由机件的结构形状所决定的，根据机件的结构特点，选择合适的表达方案，在完整、清晰地表达机件内外结构形状及相对位置的前提下，力求绘图简单，看图方便。

4.6.1　根据直观图(模型)表达机件

由机件的直观图或机件本身,用机件的表达方法完成机件的视图表达。根据机件的结构形状,进行机件的结构分析,确定机件主要的表达内容,在表达方案中选取较更简单、更合理的方案。

例 4-2　由支架的直观图,采用机件的表达方法对支架零件进行表达,如图 4-54 所示。

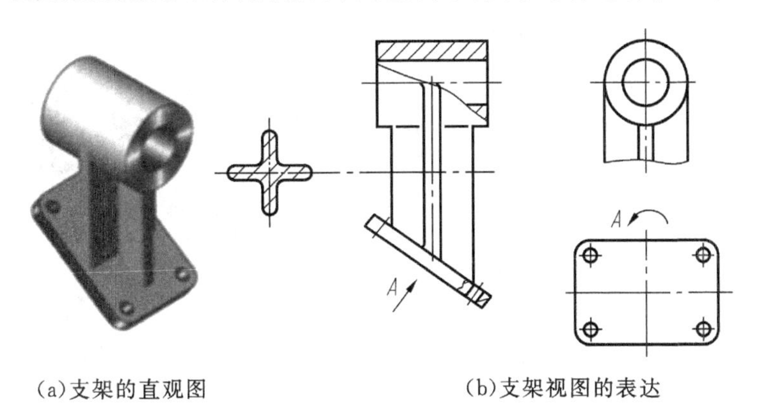

(a)支架的直观图　　(b)支架视图的表达

图 4-54　支架零件的表达

例 4-3　根据压盖零件的直观图,用机件表达方法完成表达,如图 4-55(a)所示。

由压盖零件的直观图可知,该机件由三部分组成,外形较复杂,底板、上方的回转体和正前方的"U"形板。根据压盖零件的结构特点,有以下三个表达方案,如图 4-55 所示。

①方案一。主视图、俯视图对应反映底板及上方的回转体和"U"形板外形结构,左视图全

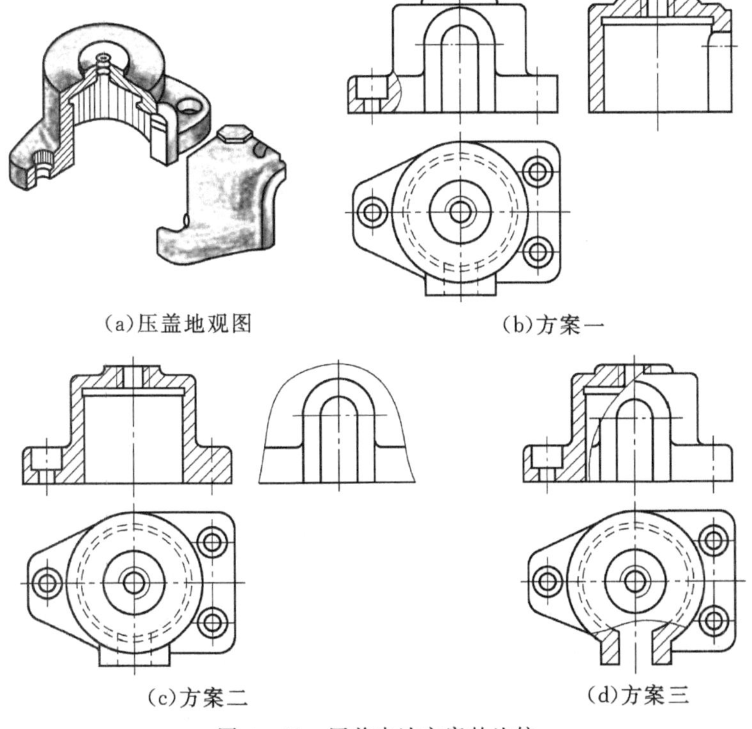

(a)压盖地观图　　(b)方案一

(c)方案二　　(d)方案三

图 4-55　压盖表达方案的比较

剖反映机件的内部结构，如图 4 - 55(b)所示。

②方案二。主视图全剖反映机件的内部结构，俯视图和主视图对应反映底板结构，局部视图反映"U"形板形状，如图 4 - 55(c)所示。

③方案三。主视图、俯视图采用局部剖视，在反映底板、上方的回转体和"U"形板外形结构的同时，也反映机件的内部结构，如图 4 - 55(d)所示。

综合上述分析，方案一的表达相对简单清晰，较优于另外两种方案。

例 4 - 4 根据阀体的直观图，完成阀体零件的表达，图 4 - 56 所示。

由阀体的直观图分析可知，该阀体是一个"四通"体，分别由四段管和四个带孔的不同形状的板组成。表达方案较明确，主视图、俯视图全剖，反映"四通"体的结构，三个向视图和俯视图表达四个带孔的各自形状的板，如图 4 - 57 所示。

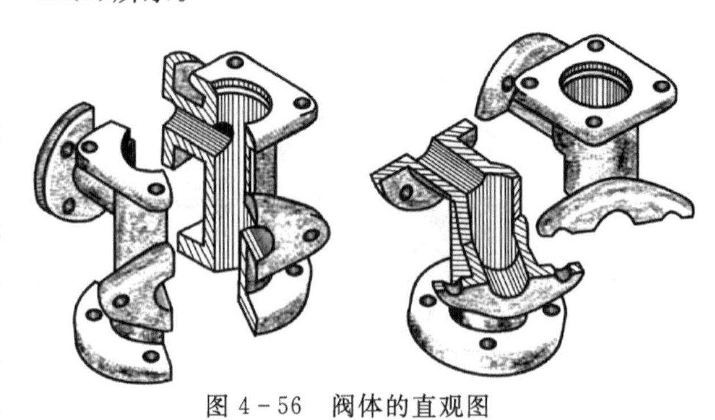

图 4 - 56 阀体的直观图

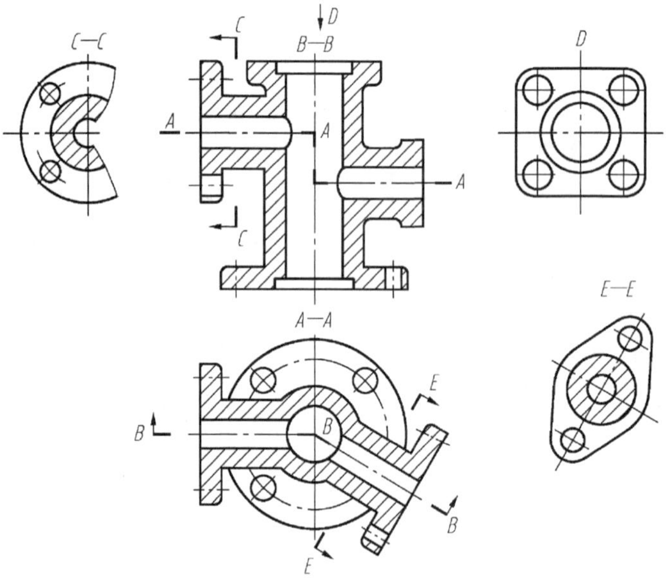

图 4 - 57 阀体的表达

4.6.2 根据三视图表达机件

根据三视图想象出机件的结构形状，再进行机件的结构分析，确定机件的表达方案，在几个方案中选取较合理的表达。

例 4 - 5 根据三视图(主、俯视图)。完成机件表达，并标注尺寸，如图 4 - 58(a)所示。

根据三视图想象出形体的形状，进行形体分析，再选择机件表达方案分析。

①方案一。主视图表达内容过于集中，尺寸标注不够清楚，如图 4 - 58(b)所示；

②方案二。用向视图单独表达前面的结构形状，俯视图省略了虚线作进一步外形表达，尺

寸标注较清晰；因此，优选方案二，表达清晰、简单，如图 4－58(c)所示。

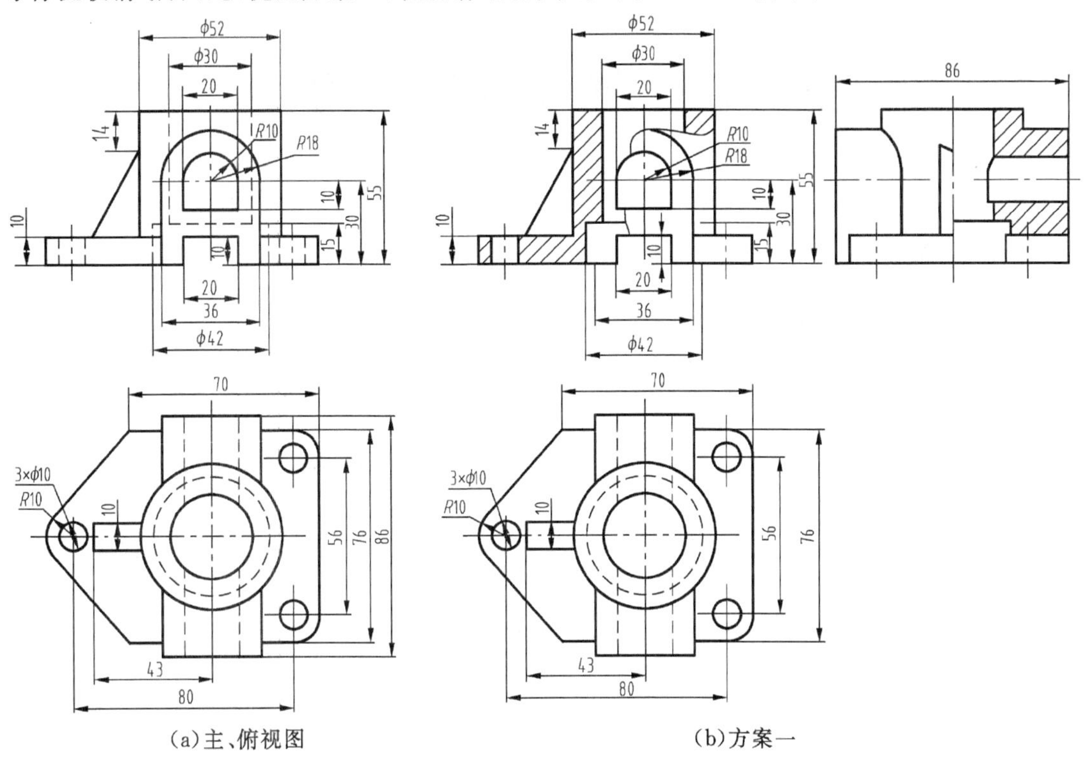

(a)主、俯视图　　(b)方案一

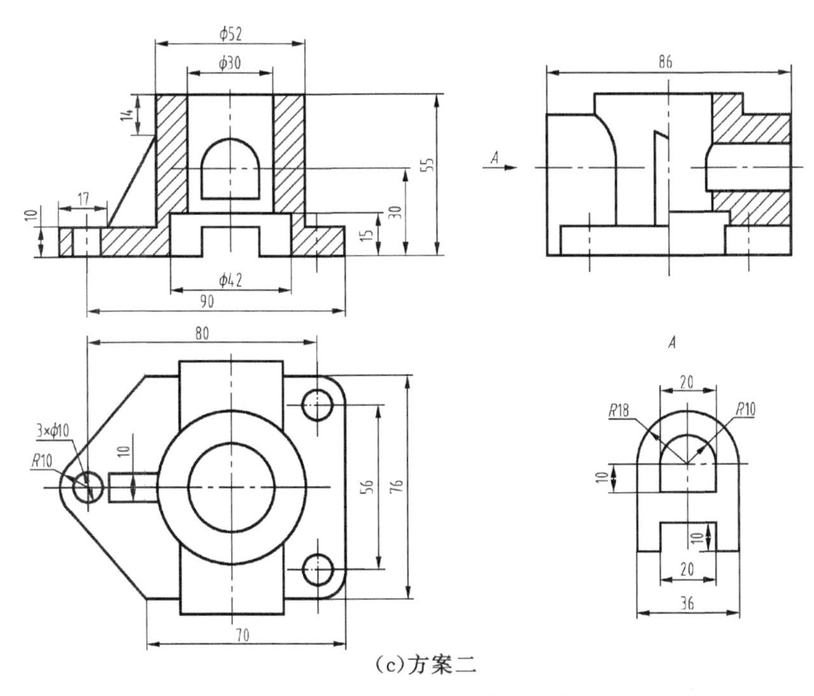

(c)方案二

图 4－58　压盖表达方案的比较

第 5 章　标准件与常用件

本章重点内容提示

(1)标准件及常用件的知识。机器是由零件组成,零件分专用件、通用件和标准件等。国家标准对结构,尺寸、技术要求等一系列都进行了标准化的零件,称为标准件,如螺栓、螺钉、垫圈、螺母、键、销、滚动轴承等。对部分结构,尺寸、技术参数进行了标准化,称为常用件,如齿轮、弹簧等。

(2)标准件及常用件的表达规定及识读。掌握标准件及常用件的画法规定,如螺纹、齿轮,栓、螺钉、垫圈、螺母等等规定画法。

(3)标准件的标记及识读。掌握标准件的标记规定,并能熟练地识读。能熟练识读这些是机械加工操作者的常识。

产品中的通用件和标准件占的比例,是该产品的一项技术参数,达到一定值方可投入生产。

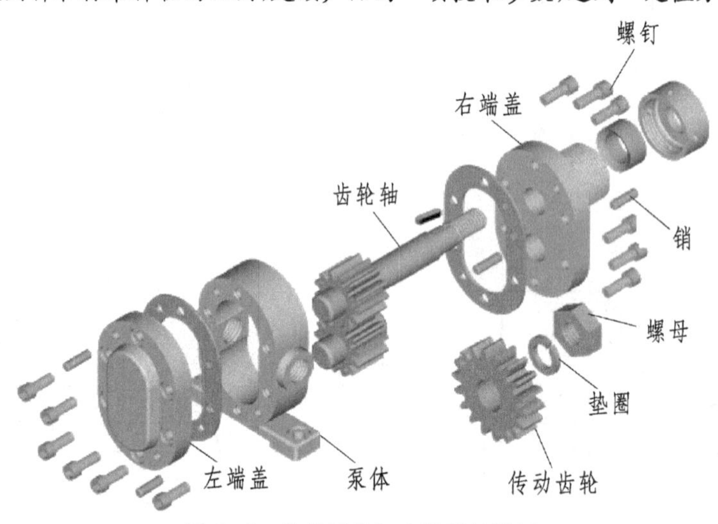

图 5-1　齿轮泵分解式装配轴测图

5.1　螺纹及螺纹连接件

螺纹是一平面图形(如三角形、矩形、梯形等)沿圆柱表面做螺旋线运动,形成的具有横截面不变连续凸起和沟槽的空间结构。螺纹主要用来作可拆卸连接和传动等。

5.1.1　螺纹的基本知识

1. 螺纹结构的形成与加工

螺旋线是一条绕圆柱旋转并上升的空间曲线,螺旋线分左旋和右旋两种。在圆柱的内表面和外表面，按螺旋线形状加工的结构，称为螺纹。因此，螺纹分内、外两种，外螺纹主要在专用搓丝机上加工，也可在车床上加工。内螺纹主要用丝锥加工，或在车床上加工，如图 5－2 所示。

螺纹一般都是标准的，按标准参数或用标准刀具加工。

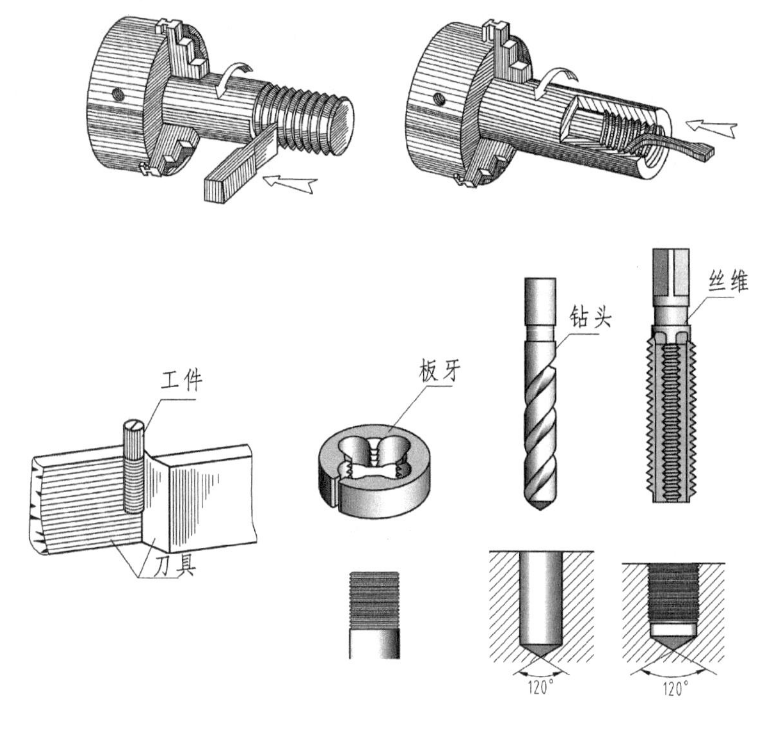

图 5－2　螺纹的加工与工具

2. 螺纹的参数

(1)螺纹牙型。螺纹在螺纹轴或孔的轴线上的断面形状，称为螺纹牙型。螺纹按牙型的不同进行分类，常用的是三角形螺纹，还有梯形和锯齿形等，常见的标准螺纹牙型及代号，见表5－1所示。

表 5－1　常见标准螺纹牙型的种类

<table>
<tr><th colspan="3">种类名称</th><th>符号</th><th>牙型放大图</th><th colspan="2">说　明</th></tr>
<tr><td rowspan="3">连接螺纹</td><td>普通螺纹</td><td>粗牙
细牙</td><td>M</td><td>60°</td><td colspan="2">常用的连接螺纹，分粗牙、细牙两种，优选粗牙螺纹，细牙螺纹牙型小，切深较浅，用于薄壁或紧密连接</td></tr>
<tr><td rowspan="2">管螺纹</td><td>非密封</td><td>G</td><td>55°</td><td>非密封管螺纹，螺纹加工在圆柱的内、外表面</td><td rowspan="2">管螺纹标注管子的尺寸代号</td></tr>
<tr><td>密封</td><td>Rc
R
Rp</td><td>55°　1:16</td><td>Rc—圆锥内螺纹
R—圆锥外螺纹
Rp—圆柱内螺纹</td></tr>
</table>

续表 5-1

种类名称		符号	牙型放大图	说　　明
传动螺纹	梯形螺纹	Tr	30°	用于传递运动和动力,如机床丝杠等
	锯齿形螺纹	B	3° 30°	用于传递单方向压力,如千斤顶螺杆

(2)螺纹直径。

①螺纹的直径。螺纹的直径有大径、中径、小径之分,螺纹的大径是工程直径,是图样中螺纹标注的直径。

②螺纹的顶径。螺纹的顶径是指外螺纹的大径,内螺纹的小径,螺纹的顶径是加工和测量使用的直径,手能触摸到。

③螺纹的底径。螺纹的底径是指外螺纹的小径,内螺纹的大径,该直径是触摸不到的,不便测量,如图 5-3 所示。

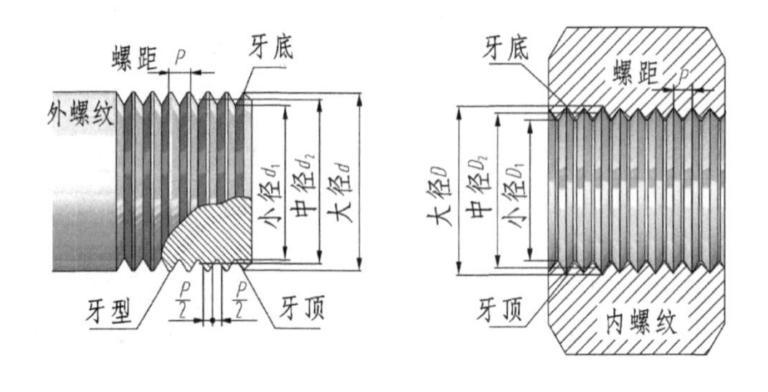

图 5-3　螺纹的几何参数及名称

(3)导程、螺距和线数。

①螺距(P)。螺纹上相邻两牙在中径上的距离为螺距,用大写字母“P”表示。

②头数(n)。在圆柱上螺旋线的线数称螺纹头数,用小写字母“n”表示。

③导程(S)。同一螺旋线上,相邻两牙在中径上的距离为导程,用大写字母“S”表示,如图 5-4 所示。导程、螺距和线数之间的关系:$S=n\times P$

(4)螺纹旋向。螺纹分右旋、左旋两种。工程上常用的是右旋螺纹,右旋螺纹不作标注,左旋螺纹必须标注。

①右旋螺纹。当内、外螺纹旋合时,顺时针转动螺纹旋入,符合右手四指表示转动方向,拇指表示螺纹上升方向规律,为左旋螺纹,如图 5-4(d)所示。

②左旋螺纹。当内、外螺纹旋合时,逆时针转动螺纹旋入,符合左手四指表示转动方向,拇指表示螺纹上升方向规律,为左旋螺纹。左旋螺纹一般使用在有特别要求的场合。如图 5-4

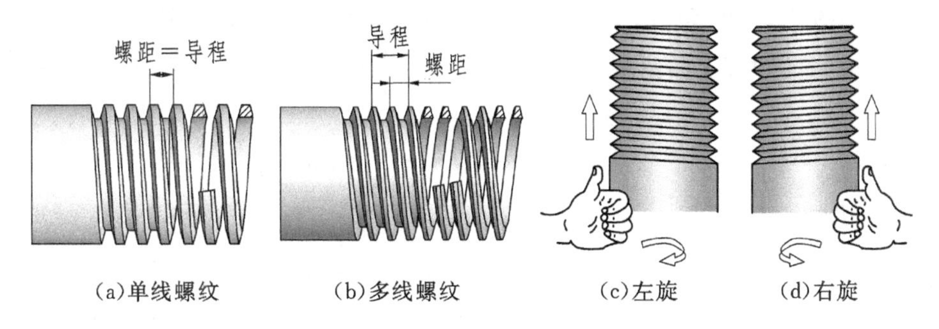

图 5－4　螺纹的导程、线数、螺距及旋向

(c)所示。

5.1.2　螺纹的画法及标注

制图标准规定内、外螺纹均不画牙型，螺纹顶径画粗实线，螺纹底径画细实线，小径的尺寸一般按 0.85 倍大径关系绘制($d_{小}=0.85d_{大}$)。螺纹的倒角可以省略不画，倒角为圆的投影必须省略不画。

1. 外螺纹的画法及标注

外螺纹的顶径是大径，画粗实线，底径是小径，画细实线。小径投影图是圆的图，画 3/4 细实线。螺纹的终止线画粗实线，轴向剖切终止线只画螺纹深度部分。如图 5－5 所示。

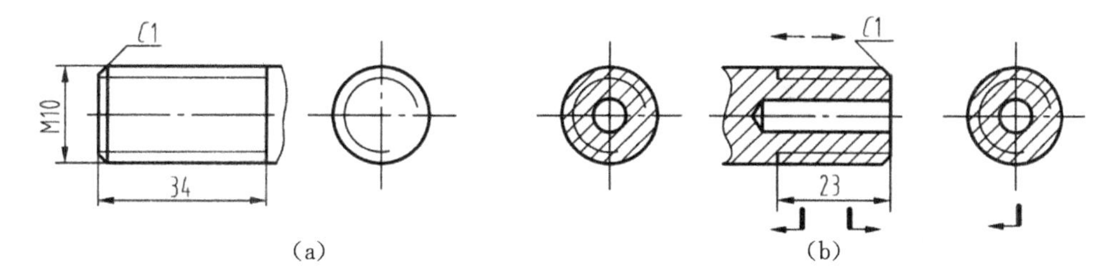

图 5－5　外螺纹的画法

2. 内螺纹的画法及标注

内螺纹的小径是顶径，大径是底径。钻孔深度一定大于螺纹深度一般取 3～5mm 或 0.2～0.3 倍直径，钻孔深度及底部 120°均不标注尺寸。钻孔底的锥角为 120°，规定不标注。如图 5－6所示。

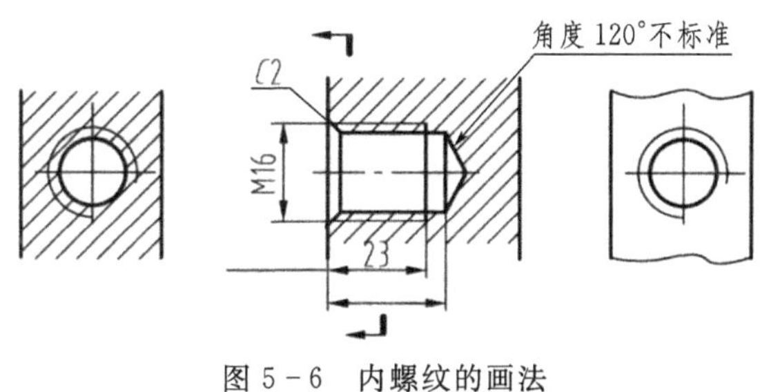

图 5－6　内螺纹的画法

内螺纹的画图过程与内螺纹的加工过程相吻合，真正的学懂内螺纹的画法，必须了解其加工，内螺纹的加工是先钻孔后攻丝的过程，孔底的锥角为120°是由钻头锥角确定的，如图5-2所示。

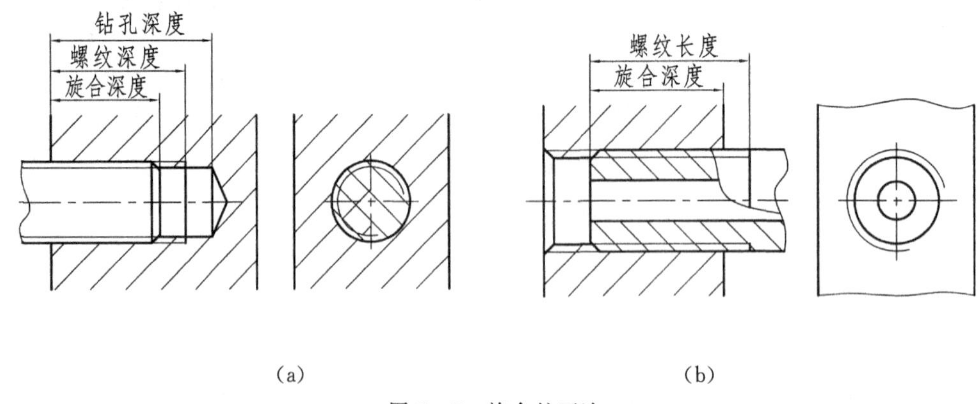

(a)　　(b)

图5-7　旋合的画法

3. 螺纹旋合的画法

螺纹旋合一般采用剖视画法，螺纹轴与螺纹孔旋合剖切时螺纹部分重合，大、小径对齐，规定外螺纹优先，螺纹轴在前，螺纹孔在后，内螺纹被遮住不画，即“螺纹杆优先”。螺纹旋合深度与材料有关，一般1～2倍直径，如图5-7所示。

4. 螺纹标记及识读

(1)螺纹的规定标记。螺纹的标注与圆柱相似，只是直径“ϕ”用牙型代号取代，螺纹一律标注大径的尺寸。螺纹按用途分为普通螺纹和传动螺纹两种。图中无法反映螺纹的参数和制造精度等，必须用规定标记加以说明。标准螺纹和传动螺纹的标记如下：

[螺纹特征代号]　[尺寸代号]　[旋向]—[中、顶径公差带代号]—[旋合代号]

螺纹标注示例如表5-2中所示。

(2)螺纹标注注意以下几点。

①单数螺纹的线数省略不标。

②单数粗牙普通螺纹的螺距省略不标。

③右旋螺纹的旋向省略不标，左旋标注LH。

④螺纹公差代号是对螺纹制造精度的要求。普通螺纹标注中径、顶径公差代号，中径在前顶径在后，相同时只标注一个，小写字母代表外螺纹，大写字母代表内螺纹。传动螺纹只标注中径公差代号。

⑤管螺纹的尺寸代号用引线标注，尺寸代号不是螺纹的大径，是指管子的规格代号(通孔直径)。

⑥螺纹旋合长度由短到长分别用S、N、L表示，中等螺纹旋合长度省略不标，特殊需要时注明旋合长度数值。

(3)螺纹标记的识读。在工程图样中，无论何种螺纹的画法都是相同的，能读懂螺纹标记的含义非常重要，如图5-8所示。

表 5－2　标准螺纹的标记示例及说明

种类名称			标注示例	说　明
连接螺纹	普通螺纹	粗牙	M20-5g6g-S M10-7H	1. 表示公称直径 20mm，中、顶径公差带代号 5g、6g，短旋合长度，普通粗牙外螺纹。 2. 表示公称直径 10mm，中、顶径公差带代号同为 7H，中等旋合长度，普通粗牙内螺纹
		细牙	M20×2LH-6h M10×1-7H	1. 表示公称直径 20mm，螺距 2mm，左旋，中、顶径公差带代号同为 6h，普通细牙外螺纹。 2. 表示公称直径 10mm，螺距 1mm，中、顶径公差带代号同为 7H，普通细牙内螺纹
	管螺纹	非密封	$G1\frac{1}{2}A$ $G\frac{1}{2}-LH$	非密封管螺纹，内、外螺纹都是圆柱管螺纹。外螺纹公差分为 A、B 两种，内螺纹不标记 1. 外螺纹管子尺寸代号为 $1\frac{1}{2}$，公差为 A 级。 2. 内螺纹管子尺寸代号为 $\frac{1}{2}$，左旋
连接螺纹	管螺纹	密封	$R2\frac{1}{2}$ $Rc1\frac{1}{2}-LH$ $Rp1\frac{1}{2}$	1. R 圆锥外螺纹，管子尺寸代号为 $2\frac{1}{2}$。 2. Rc 圆锥内螺纹，管子尺寸代号为 $1\frac{1}{2}$，左旋。 3. Rp 圆柱内螺纹，管子尺寸代号为 $1\frac{1}{2}$

续表 5-2

种类名称		标注示例	说明
传动螺纹	梯形螺纹	Tr36×12(p6)-7H	梯形内螺纹，公称直径 36mm，双线，导程 12mm，螺距 6mm，右旋，中径公差带代号为 7H，中等旋合长度
	锯齿形螺纹	B40×7LH-8c	锯齿形外螺纹，公称直径 40mm，螺距为 7mm，左旋，中径公差带代号为 8c，中等旋合长度

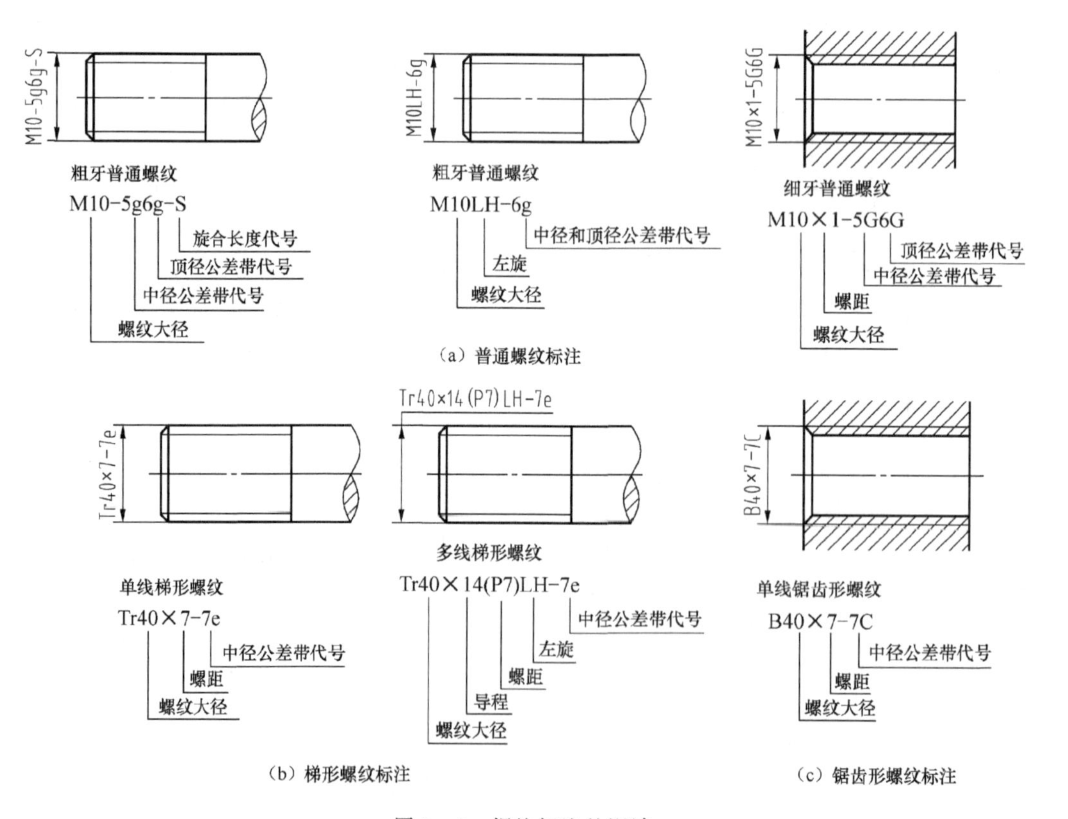

图 5-8　螺纹标注的识读

例 5-1　图样尺寸标注中“Tr40×14(P7)LH-8e-L”的含义

“Tr40”梯形螺纹，工程直径（大径）40mm；“14（P7）”表示梯形螺纹的导程 14mm，螺距 7mm（双头螺纹）；“LH”表示左旋梯形螺纹；“8e”表示梯形螺纹的中径、顶径公差代号，字母小写表示为外螺纹，即梯形螺纹轴；“L”表示梯形螺纹为长旋合长度。

5. 非标准螺纹的画法和标注

非标准螺纹的表达画图，必须画出至少一组牙型螺纹，并要标出螺纹结构所需要的全部尺寸，如图 5－9 所示。

特殊螺纹在标注时，应在特征代号前面加注“特”字，如：特 M36×0.75—7H。

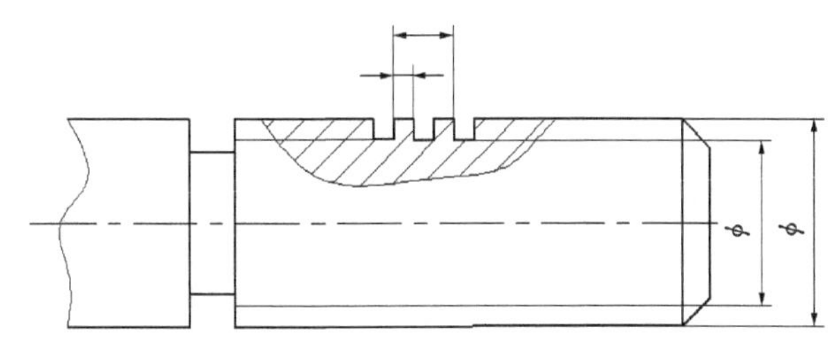

图 5－9　非标准螺纹的表达

5.1.3　螺纹固定件及连接

螺纹固定件也称为螺纹连接件，用螺纹固定件的连接是工程上应用最广泛的可拆式连接。常见的螺纹固定件，如图 5－10 所示。常用的螺纹连接有螺栓连接、螺柱连接、螺钉连接三种。

图 5－10　螺纹固定件

1. 常用螺纹固定件及标记

螺纹连接件是由一系列的标准件组成，不需单独画图，必须按规定标记进行标注。

螺纹固定件的按规定标记由件的名称、标准代号、尺寸与规格、性能等级组成，格式如下。

名称 — 标准代号 — 形式 规格精度 尺寸及其他 — 性能等级或材料及热处理

常见的几种螺纹连接件的标记示例如图表 5 - 3 所示。

表 5 - 3 常用螺纹固定件及标记示例

标记示例	图例及尺寸	说 明
螺栓 GB/T 5782 M8×40	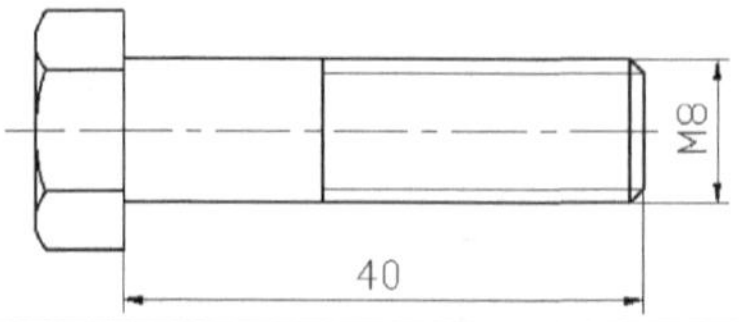 M8 40	螺纹规格（大径）M8，工程长度 40mm，国标号 GB/T 5782，A 和 B 级，性能等级 8.8 级，表面氧化的六角头螺栓
螺柱 GB/T 897 M8×40	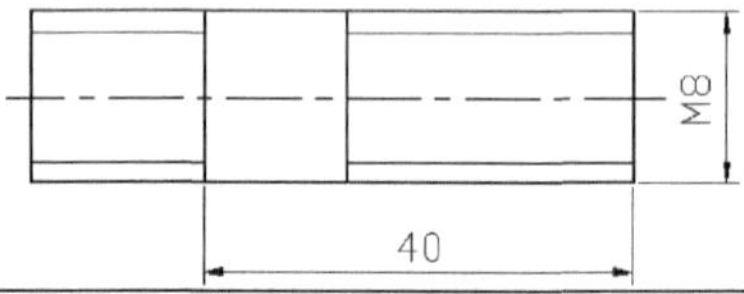 M8 40	螺纹规格 M8，工程长度 40mm，国标号 GB/T 897，性能等级 4.8 级，不经过表面处理，$b_{m=}1d$ 的双头螺柱
螺母 GB/T 6170 M10	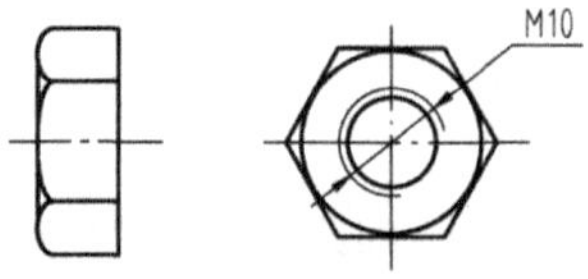 M10	螺纹规格（大径）M10，国标号 GB/T 6170，性能等级 10 级，不经过表面处理的螺母
垫圈 GB/T 95 M10	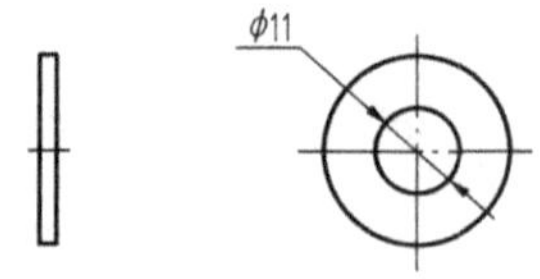 φ11	工程尺寸 10mm，性能等级 100HV 级，国标号 GB/T 95，不经过表面处理的平垫圈
垫圈 GB/T 93 M10	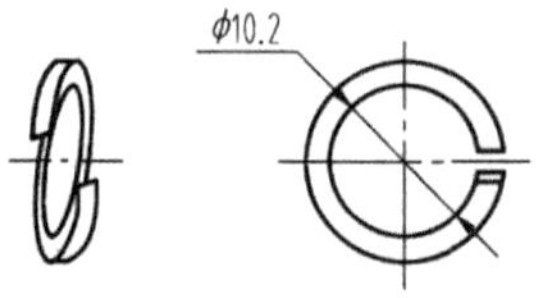 φ10.2	工程尺寸 10mm，材料为 56Mn，国标号 GB/T 93，表面氧化处理的弹簧垫圈
螺钉 GB/T 67 M8×30	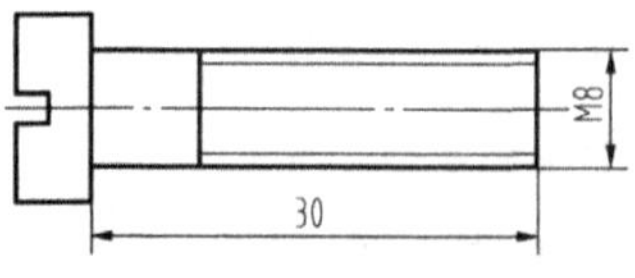 M8 30	尺寸规格 M8，工程长度 30mm，国标号 GB/T 67，性能等级 4.8 级，不经表面处理的开槽盘头螺钉
螺钉 GB/T 68 M8×30	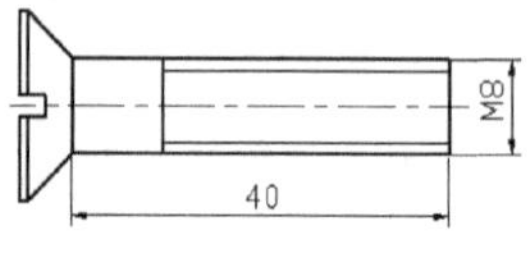 M8 40	尺寸规格 M8，工程长度 30mm，国标号 GB/T68，性能等级 4.8 级，不经表面处理的开槽沉头螺钉

注：螺纹连接件的其他结构尺寸查表获得。

2.常用螺纹固定件的画法

螺纹连接件是标准件，一般多采用近似画法，以标注为准，下面介绍画螺纹连接件的方法。

(1)查表获得尺寸数据法。由规定标记查阅相关标准，获得螺纹连接件的尺寸数据(此方法，是设计及加工获得数据的重要手段，非常重要)。如表5－3中标记示例对应的图例及说明。

(2)近似画法(比例画法)。连接件的尺寸数据都是按螺纹直径(D、d)的比例画出，如图5－11所示。

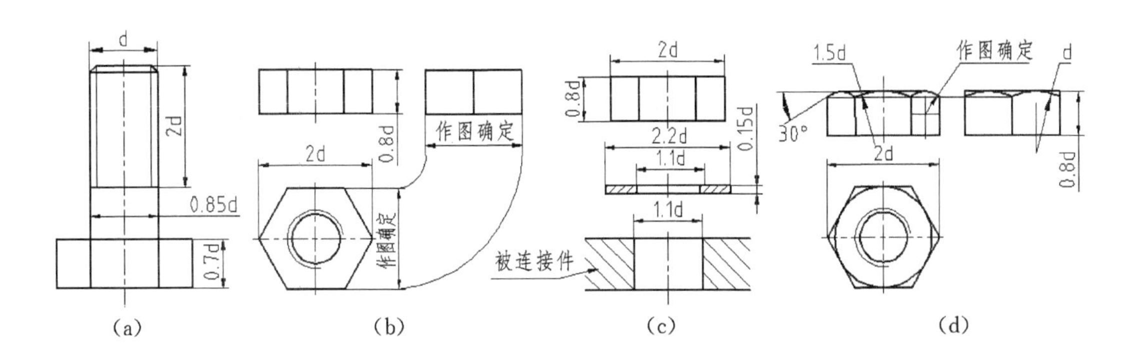

图5－11 螺纹连接件的近似画法

螺栓头、螺母及垫圈的倒角都可省略不画，如图5－11(a)、(b)、(c)所示。按近似的方法画出螺母倒角的方法，如图5－11(d)所示。

3.螺栓连接的画法

(1)螺栓连接的画图步骤。螺栓连接适用于连接厚度有限板件，把被连接件钻成通孔，螺栓由下至上的方式穿过，用螺母旋合连接。螺栓连接的画图步骤如图5－12所示。

图中L为螺栓长度，按下面公式计算后查表确定(在标准长度系列中选择)。

$$L \geqslant \delta_1 + \delta_2 + h + S + m + a$$

其中：δ_1、δ_2——被连接件厚度由设计确定。

a——螺栓伸出螺母长度0.3d(一般取3～5mm)。

(2)螺柱连接的画法。螺柱连接适用于被连接件较厚，不易转通孔，可以拆卸的连接。装配操作是将螺柱旋入端b_m全部旋入、旋牢，画图时旋入端螺纹终止线与被连接件轮廓线一定要重合为一条线。如图5－13所示。

图中弹簧垫的直径$D=1.5d$，开口槽宽$m_1=0.1d$(或涂黑表示)，角度与轴线方向65°～80°。螺柱旋入端长度b_m，与旋入零件的材料有关，如表5－4所示。

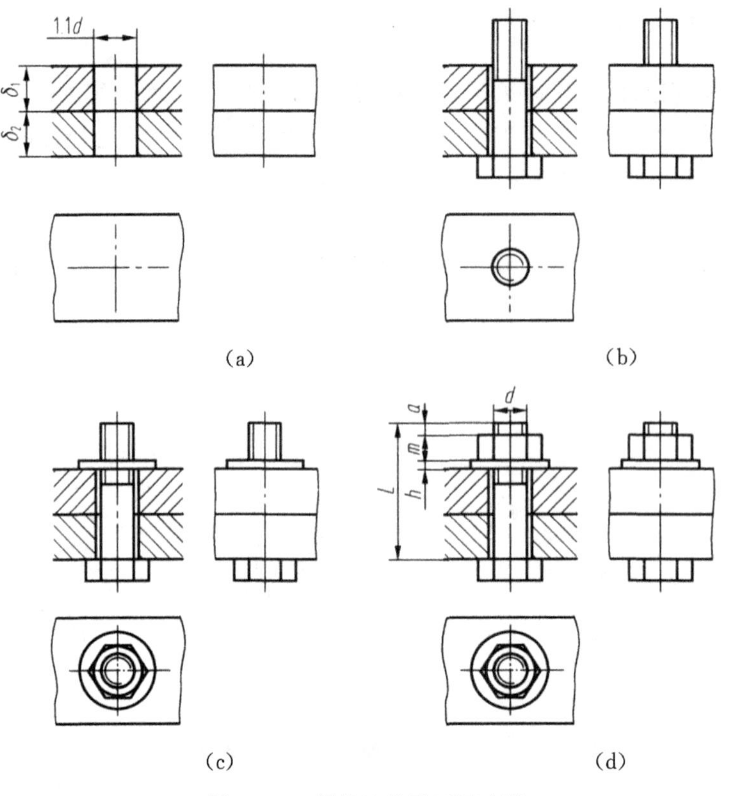

图 5-12　螺栓连接及画图步骤

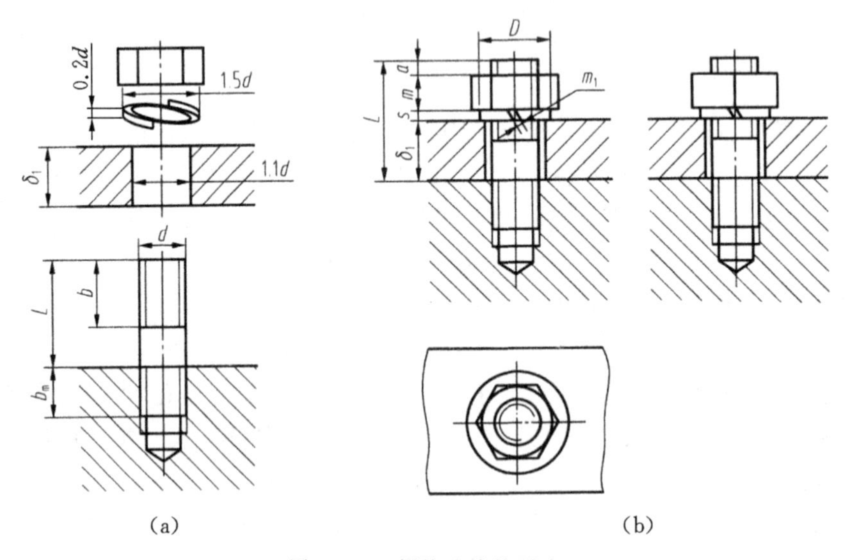

图 5-13　螺柱连接的画法

表 5-4　螺柱旋入端长度与代号

旋入零件的材料	旋入端长度 b_m	国标代号
钢、青铜、硬合金	$b_m=1d$	GB/T 897
铸铁	$b_m=1.25d$ 或 $b_m=1.5d$	GB/T 898 或 GB/T 899
铝、有色金属较软材料	$b_m=2d$	GB/T 900

注：表中 d 是螺柱螺纹直径。

(3)螺钉连接的画法

螺钉连接适用于受力不大，并不经常拆卸的连接，螺钉的型号较多，主要根据螺钉头形状的不同，分圆柱头、球头和沉头等，按螺钉头开槽一般分“一字”和“十字”槽型。如图 5-14 所示。

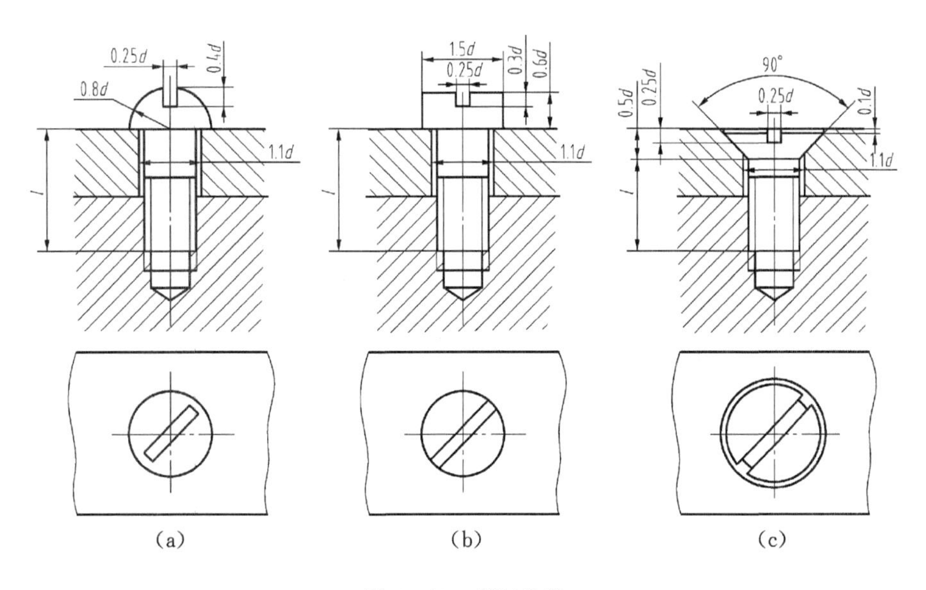

图 5-14　螺钉连接

螺钉头的槽按规定表达，投影非圆的视图上槽口画正，投影为圆的视图画成 45°，采用简化表达时，球头和沉头螺钉俯视图都可以画成图 5-14(b)的形式，当槽≤2mm 时，可涂黑表示。

5.2　键连接

键是连接轴和齿轮、带轮(轮毂)等一起转动的机件，键联接属于可拆卸连接。工程中常使用的有单键、花键两类。如图 5-15 所示。

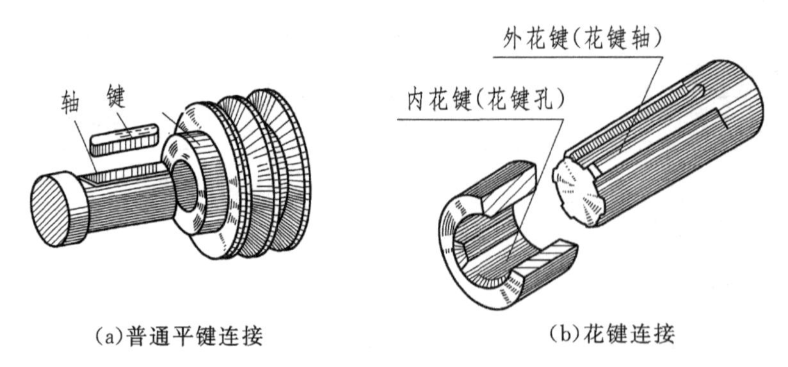

(a)普通平键连接　　(b)花键连接

图 5－15　键的连接

5.2.1　单键的种类及标记

1. 常用键的种类

常使用的键有普通平键、半圆键、钩头楔键三种。普通平键又分 A 型、B 型、C 型三种，如图 5－16 所示。其中 A 型平键应用最普遍。

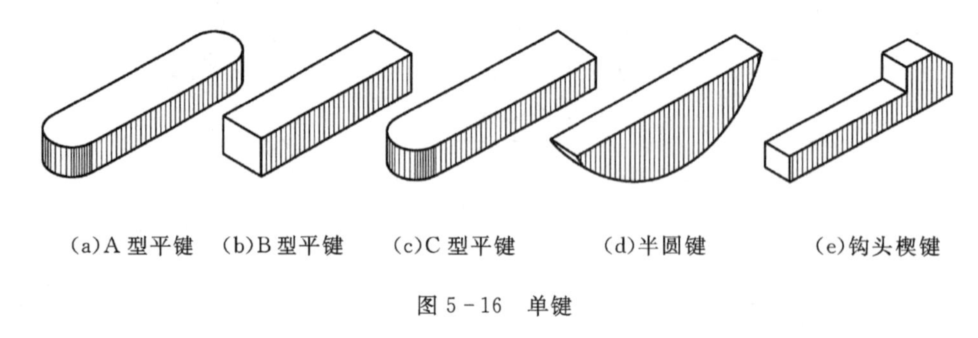

(a)A 型平键　(b)B 型平键　(c)C 型平键　(d)半圆键　(e)钩头楔键

图 5－16　单键

2. 键的标记

键的规定标记，如表 5－5 所示。

表 5－5　键的规定标记

键的标记	图例及尺寸	说　明
键 A8×7×25　GB/T 1096	h b L	键的尺寸规格 $b=8$mm，$h=7$mm，$L=25$mm，圆头普通平键（A 型），国标号 GB/T 1096

续表 5－5

键的标记	图例及尺寸	说　明
键 B8×7×25　GB/T 1096		键的尺寸规格 b＝8mm，h＝7mm，L＝25mm，平头普通平键（B 型），国标号 GB/T 1096
键 6×10×25　GB/T 1099		键的尺寸规格 b＝6mm，h＝10mm，d_1＝25mm，半圆键，国标号 GB/T 1099
键 18×100　GB/T 1565		键的尺寸规格 b＝18mm，L＝100mm，钩头楔键，国标号 GB/T 1565

注：键的其他结构尺寸查表获得。

5.2.2　单键连接的画法及标注

1. 键槽的画法

在学习键槽的画法前，应当先了解键槽的加工过程，能帮助理解画图的相关规定，键槽的加工方法，如图 5－17 所示。

键和键槽的尺寸是根据轴、轮毂孔直径从标准中查表获得，键长的度 $L \leqslant$ 轮毂长度 B，并

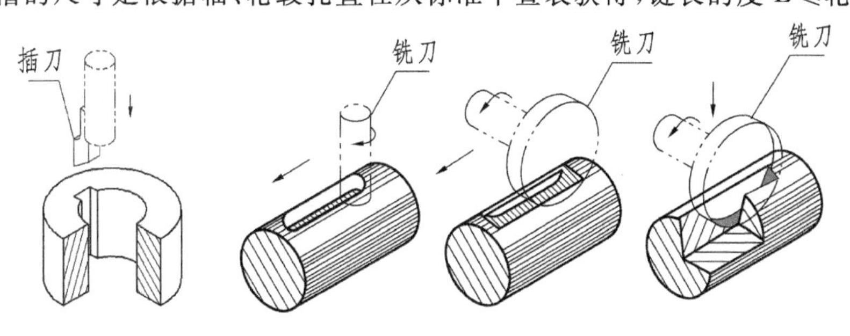

图 5－17　键槽的加工方法

取标准系列值。键槽的标注规定画法及尺寸标注，如图 5－18 所示。

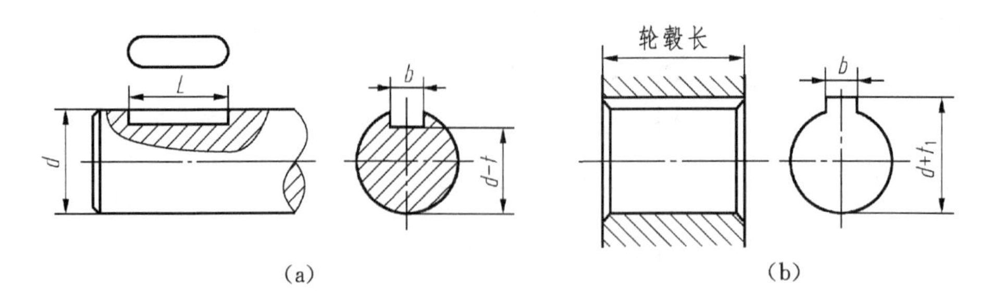

图 5－18　键槽的画法及尺寸标注

2. 键联接的画法

键联接的画法反映键装配过程，平键、半圆键的底面与轴的键槽底面接触画一条线，键的上表面与轮毂孔键槽的底面不接触画两条线，(用夸大画法画出两条线距离)，键的侧面与轴和接轮毂孔有配合画一条线；钩头楔键四个面相接触画一条线；如表 5－6 所示。

表 5－6　单键连接的画法及尺寸标注

名称	连接的画法及标注	说　明
普通平键		键的侧面接触受力传动转矩。顶面有间隙，画两条线，键的倒角或倒圆省略不画
半圆键		键的侧面接触受力传动转矩。顶面有间隙，画两条线
钩头楔键		键的顶面与底面同时接触受力传动转矩。侧面间隙配合，画一条线

5.2.3　花键连接

花键连接又称多槽键连接，特点是键和键槽的数量较多，轴和键制成一体。主要应用在载荷大、定心精度高及齿轮轴向移动的连接。花键按齿形分矩形花键、渐开线花键等，其中矩形花键应用较为广泛。

1. 花键的画法及标记

(1)花键的画法。花键的表达以标注为准，画法与齿轮基本相同，齿顶圆画粗实线，齿根圆画细实线不能省略，花键的断面图可以画出一组花键的齿形，花键的画法，如图 5－19 所示。

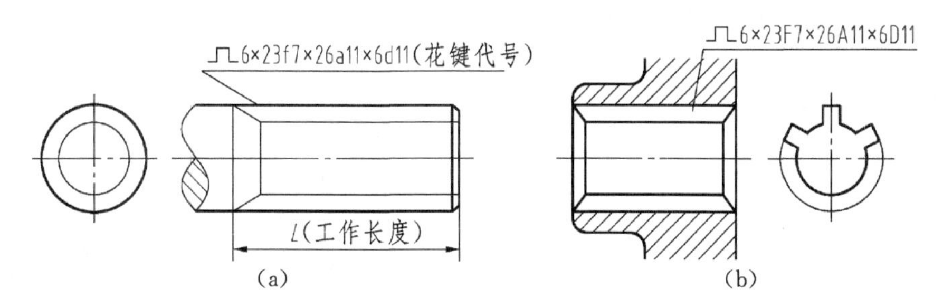

图 5－19　花键的画法

(2)花键的代号

花键的代号是由花键符号和花键的尺寸规格组成；

花键类型代号 + 键数 + 小径及公差 + 大径及公差 + 键宽及公差

其中各项之间用“×”符号连接，基本偏差代号用字母表示，小写表示外花键，大写表示内花键。

例 5－2　解释花键的标记：键Ⅱ6×23f7×26a11×6d11

GB/T1144 是花键的标准号，“Ⅱ6”表示花键类型为矩形花键，花键的键数 $N=6$；“23f7”表示花键的小径 $d=23$mm 公差 f7；26a11 表示花键的大径 $D=26$mm 公差 a11，“6d11”表示花键的键宽 $B=6$mm 公差 d11；公差(基本偏差)代号为小写字母，表示花键轴(外花键)。

2. 花键连接的画法及标记

花键连接的规定画法及标记，如图 5－20 所示。

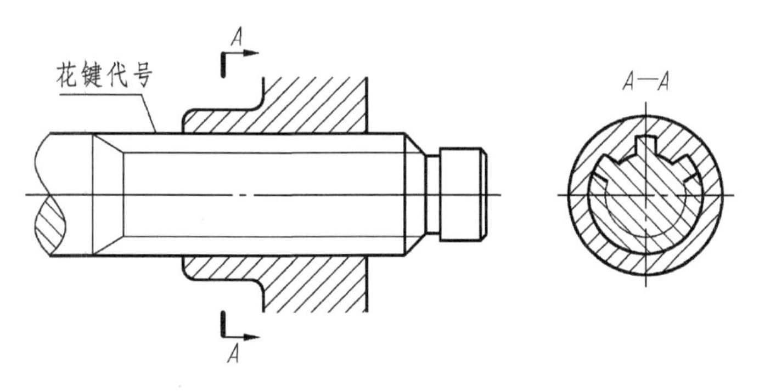

图 5－20　花键连接的画法

5.3 销连接

销连接是工程上广泛应用的可拆卸连接，常用的销有圆柱销、圆锥销、开口销三种，主要用于零件之间的定位或连接，开口销常用在螺纹连接中，防止螺母松脱。

5.3.1 销的分类及标记

1. 圆锥销孔的加工方法

在了解销的分类和标记之前，了解销孔的加工方法和过程，对学习销连接非常重要。先按圆锥小端面尺寸钻孔，再用成形圆锥铰刀加工成锥孔。因此，圆锥孔标注小径，符合加工需要。如图 5－21 所示。

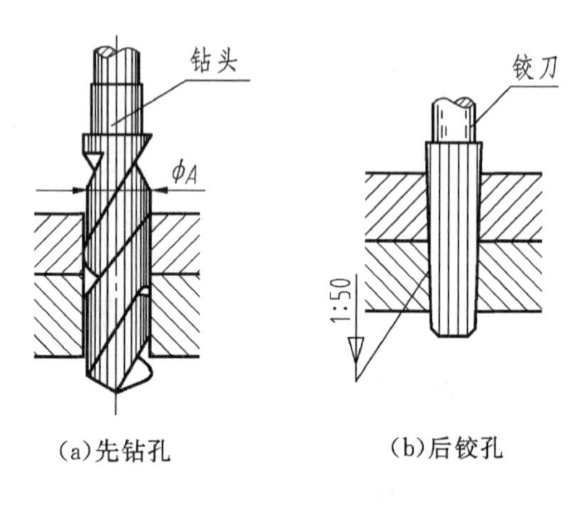

(a)先钻孔　　(b)后铰孔

图 5－21　销加工的方法

2. 销的分类及标记

常用的销有圆柱销、圆锥销和开口销三种，圆柱销、圆锥销用于零件之间的连接或定位，开口销防止螺母松动或固定其他零件。销的尺寸标准从表中查取获得。销的标记及说明，如表 5－7所示。

表 5－7　销的图例及标记示例

名称	标 准 号	图 例	标记示例
圆锥销	GB/T 117—2000	$R_1 \approx d \quad R_2 \approx d+(L-2a)/50$	销 GB/T 117—2000A10×100 直径 $d=10$mm，长度 $L=100$mm，材料 35 钢，热处理硬度 28～38HRC，表面氧化处理的圆锥销 圆锥销的公称尺寸是指小端直径
圆柱销	GB/T 119.1—2000		销 GB/T 119.1—2000 10m6×80 直径 $d=10$mm，公差为 m6，长度 $L=80$mm，材料为钢，不经表面处理

续表 5－7

名称	标　准　号	图　　例	标记示例
开口销	GB/T 91—2000		销 GB/T 91—2000 4×20 公称直径 $d=4$mm(指销孔直径)，$L=20$mm，材料为低碳钢，不经表面处理

5.3.2　销连接的画法

销在做定位时，装配精度较高，一般在装配后统一加工，先钻孔后铰孔，孔的尺寸及精度靠刀具保证。如表 5－22 所示。

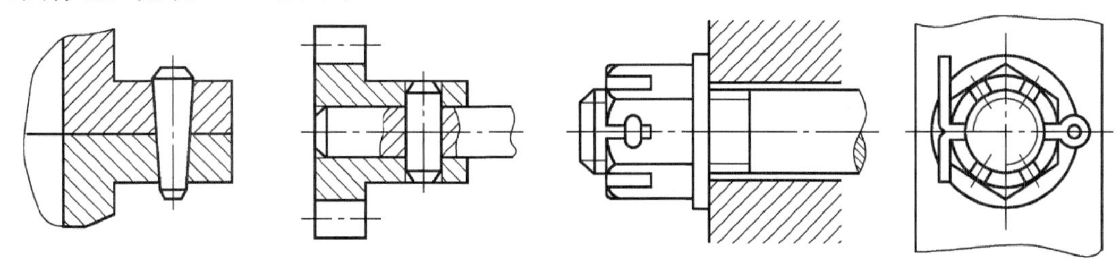

图 5－22　销连接的画法

5.4　齿轮

齿轮的主要作用是传递扭矩、改变转动速度和方向。按传动轴相对位置和齿条分布不同，分为圆柱齿轮、圆锥齿轮和蜗轮蜗杆三种。齿轮的基本结构是由齿条、轮毂和腹板组成，如图 5－23 所示。

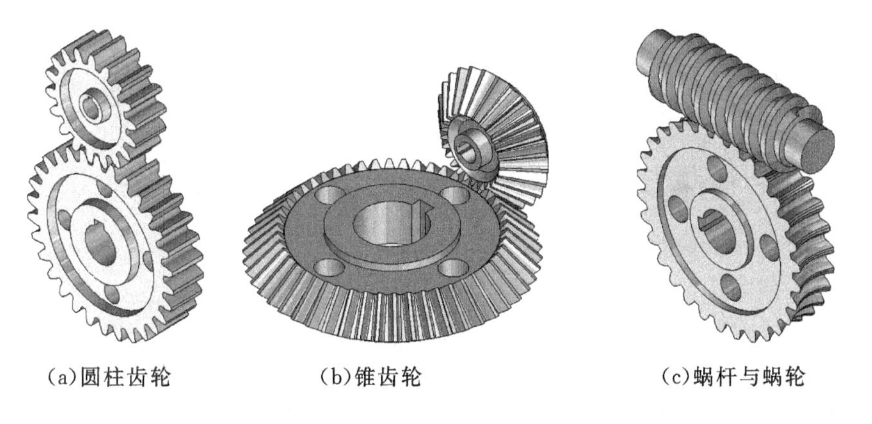

(a)圆柱齿轮　　(b)锥齿轮　　(c)蜗杆与蜗轮

图 5－23　齿轮的分类及结构

5.4.1 圆柱齿轮

齿轮的齿条分布在圆柱表面的齿轮为圆柱齿轮。齿轮的轮齿表面形状一般为渐开线。齿轮按齿条在圆柱表面的分布不同,分为直齿、斜齿和人字齿三种。如图 5-24 所示。

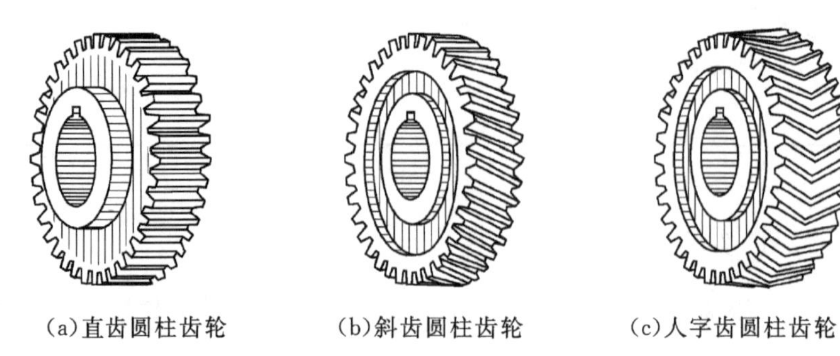

(a)直齿圆柱齿轮　(b)斜齿圆柱齿轮　(c)人字齿圆柱齿轮

图 5-24　齿轮的分类及结构

1.圆柱齿轮的参数

齿轮的齿侧表面为渐开线曲面,我们以直齿圆柱齿轮为例研究齿轮参数,如图 5-25 所示。

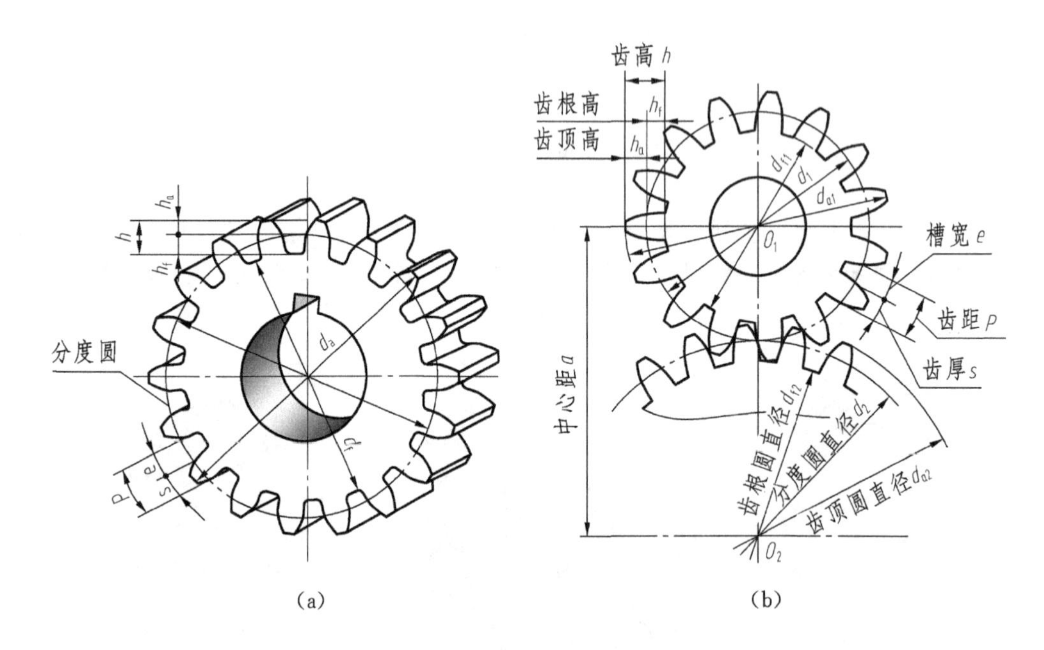

(a)　(b)

图 5-25　直齿圆柱齿轮的参数名称及代号

(1)中心距及分度圆。两啮合齿轮轴线之间的距离 α,分度圆直径 d。

即

$$\alpha=(d_1+d_2)/2$$

(2)齿轮直径。齿轮直径包括:齿顶圆直径(d_a)、分度圆直径(d)和齿根圆直径(d_f)。

(3)齿高。齿轮的齿高包括齿顶高(h_a)、齿根高(h_f)和全齿高(h),三者关系为:

$$h=h_a+h_f$$

(4)齿距。在齿轮分度圆上,两个相邻同侧齿面的弧长,称为齿距(P)。齿距由槽宽(e)和齿厚(s)组成,标准情况下槽宽齿厚相等。

即　$s=e=P/2$　或　$P=e+s$

(5)齿形角(压力角)。齿轮啮合时,在节点 P 处两齿廓的公法线(受力方向)与两节圆的公切线(速度方向)之间的夹角,称为齿形角(a)。标准渐开线轮齿的齿形角不变,$a=20°$。

(6)齿数。齿轮的轮齿数量(z)。

(7)模数。齿轮模数是齿轮的主要参数,设计和画图时齿轮所有参数都是由模数确定的。因此,一定清楚模数的含义及计算。

齿轮分度圆的圆周长$=\pi d=zP$　　$d=zP/\pi$

设计和画图时 z、d 为整数,令齿距 P 与圆周率 π 的比值为系数 m,m 称为模数,即:模数 $m=P/\pi$。

由此得:　$d=mz$

齿轮分度圆的直径=齿轮的模数×齿轮的齿数

齿轮的轮齿大小是由齿轮模数决定,齿轮模数是标准的一组数,如表 5-8 所示。

表 5-8　渐开线圆柱轮齿模数

第一系列	1	1.25	1.5	2	2.5	3	4	5	6	8	10	12	16	20	25	32	40	50
第二系列	1.75	2.25	2.75	(3.25)	3.5	(3.75)	4.5	5.5	(6.5)	7	9	(11)	14	18	22	28	36	45

注:优先选用第一系列,括号内的模数尽可能不用,本表未摘录小于1的模数。

直齿圆柱齿轮的的模数、齿数、齿形角确定后,齿轮各部位参数的分尺寸按模数关系公式计算,如表 5-9 所示。

表 5-9　直齿圆柱齿轮尺寸与模数的关系

参数名称	计算公式	参数名称	计算公式
模数 m	$m=d/z$	分度圆直径 d	$d_0=mz$
齿顶高 h_a	$h_a=m$	分度圆直径 d_a	$d_a=d+2h_a=m(z+2)$
齿根高 h_f	$h_f=1.25m$	分度圆直径 d_f	$d_f=d-2h_f=m(z-2.5)$
齿高 h	$h=h_a+h_f=2.25m$	中心距 a	$a=(d_1=d_2)/2=m(z_1+z_2)/2$

2.圆柱齿轮画法

(1)单个圆柱齿轮画法。圆柱齿轮画法规定,齿顶圆画粗实线;分度圆用点画线绘制;齿根圆用细实线或省略不画;轮齿剖切时轮齿不剖,齿根圆用粗实线表示;斜齿或人字齿在图上标出倾斜方向,如图 5-26 所示。

齿轮零件图的规定,在图样的右上角要标注出齿轮的齿数、模数等参数,如图 5-27 所示。

(2)圆柱齿轮啮合画法。两个圆柱齿轮啮合时,两个齿轮的分度圆必须相切。投影为圆的

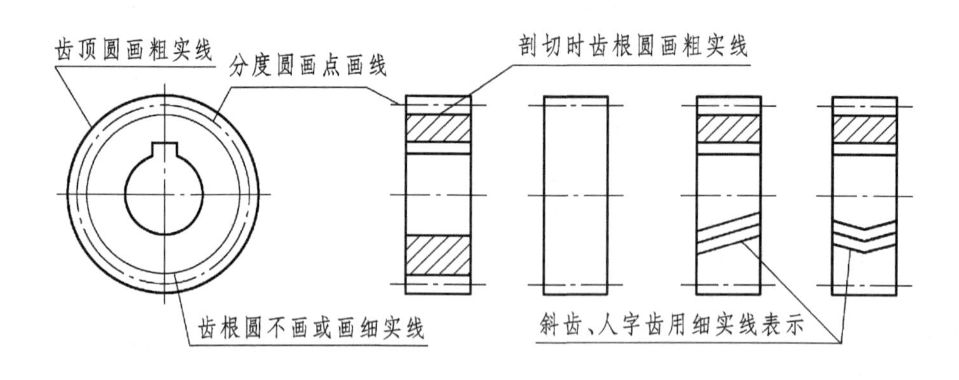

图 5-26　圆柱齿轮的画法

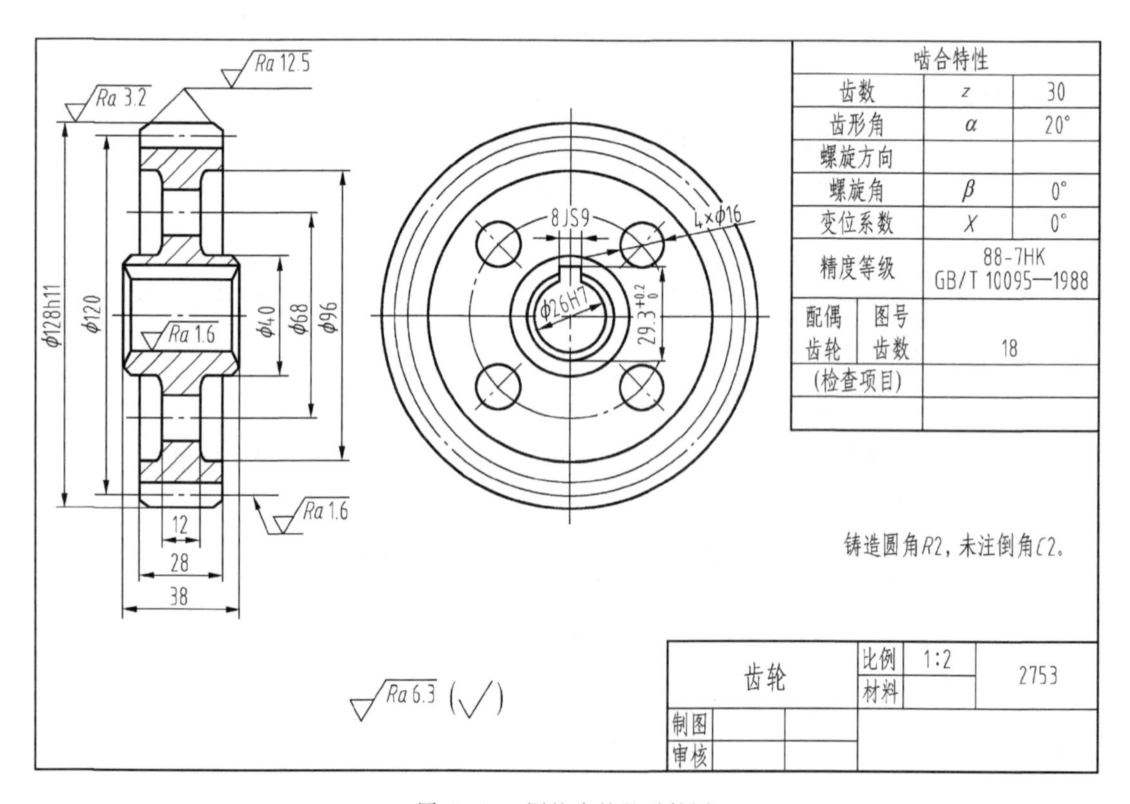

图 5-27　圆柱齿轮的零件图

视图中，齿根圆可以省略不画或画细实线；啮合区齿顶圆画粗实线可以省略不画；投影为非圆的视图中，图啮合区只画一条粗实线(分度圆)，如图 5-28(b)所示。

两个圆柱齿轮轮齿剖视时，啮合区共用一条点画线，齿顶与齿根画两条线，距离为 0.25 倍模数(可夸大画法)。一般齿顶画粗实线表示主动齿轮，如图 5-28(a)所示。

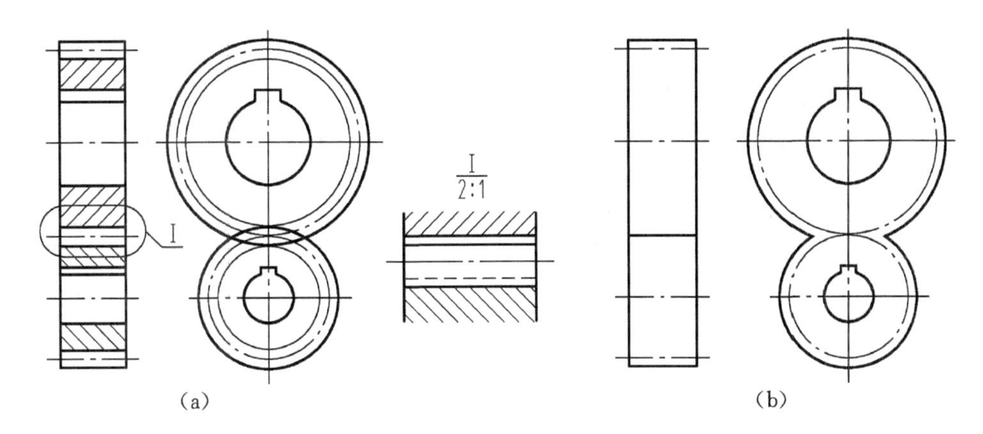

图 5－28　圆柱齿轮啮合的画法

5.4.2　直齿圆锥齿轮

直齿圆锥齿轮用于垂直相交的两轴之间的传动，直齿圆锥齿轮与圆柱齿轮不同是成对使用的。直齿圆锥齿轮的轮齿分布在圆锥面上，齿形从大端到小端逐渐收缩。为了便于设计和制造，标准规定以齿轮大端的轮齿形状参数值为直齿圆锥齿轮标准参数值。因此，直齿圆锥齿轮的大端面，加工时要与分度圆锥相垂直。

1. 直齿圆锥齿轮参数及计算

直齿圆锥齿轮各部分的名称及代号如图 5－29 所示，一般情况下模数、齿数(传动比)、需要计算各部分的尺寸时，可查表各部分的尺寸关系公式，见表 5－10 所示。

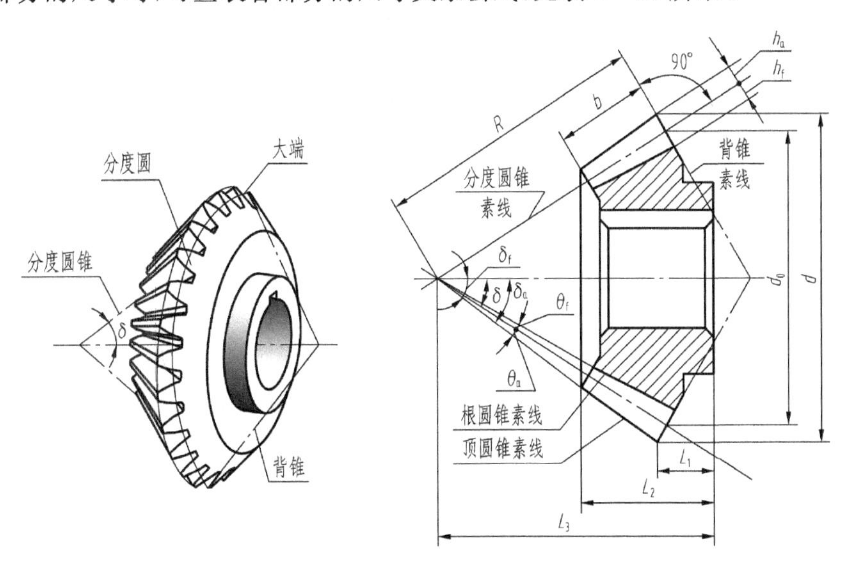

图 5－29　圆锥齿轮各部分的名称及代号

表 5-10 直齿圆锥齿轮各部分的尺寸关系

基本参数:模数 m 齿数 z 分度圆锥角 δ					
名称	代号	计算公式	名称	代号	计算公式
齿顶高	h_a	$h_a=m$	齿顶角	θ_a	$\tan\theta_a=\dfrac{2\sin\delta}{z}$
齿根高	h_f	$h_f=1.2m$	齿根角	θ_f	$\tan\theta_f=\dfrac{2.4\sin\delta}{z}$
齿高	h	$h=2.2m$	分度圆锥角	δ	当 $\delta_1+\delta_2=90°$时 $\tan\theta_1=\dfrac{z_1}{z_2}$, $\delta_2=90-\delta_1$
分度圆直径	d	$d=mz$	顶锥角	δ_a	$\delta_a=\delta+\theta_a$
齿顶圆直径	d_a	$d_a=m(z+2\cos\delta)$	根锥角	δ_f	$\delta_f=\delta-\theta_f$
齿根圆直径	d_f	$d_f=m(z-2.4\cos\delta)$	背锥角	δ_v	$\delta_v=90°-\delta$
锥距	R	$R\dfrac{mz}{2\mathrm{sim}\delta}$	齿宽	b	$b\leqslant R/3$

2. 直齿圆锥齿轮的画法

直齿圆锥齿轮的画法规定与圆柱齿轮的画法基本相同。因为,直齿圆锥齿轮是成对使用的,两直齿圆锥齿轮的分度圆锥角互为余角,即个轴的夹角垂直(90°),一旦一个直齿圆锥齿轮的尺寸(图形)确定,另一个直齿圆锥齿轮的尺寸(图形)也确定。所以,单个直齿圆锥齿轮的画图是啮合时图形的一部分,如图 5-30、5-31 所示。直齿圆锥齿轮的零件图,如图 5-32 所示。

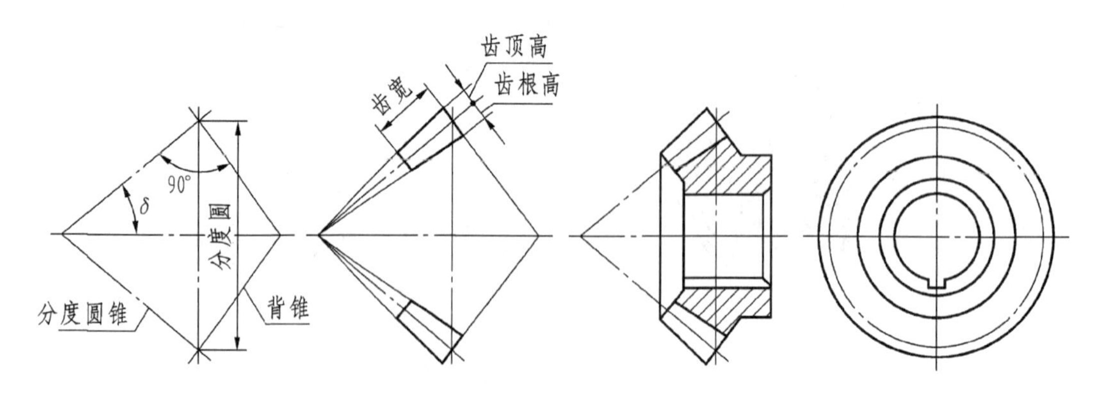

图 5-30 圆锥齿轮的画法步骤

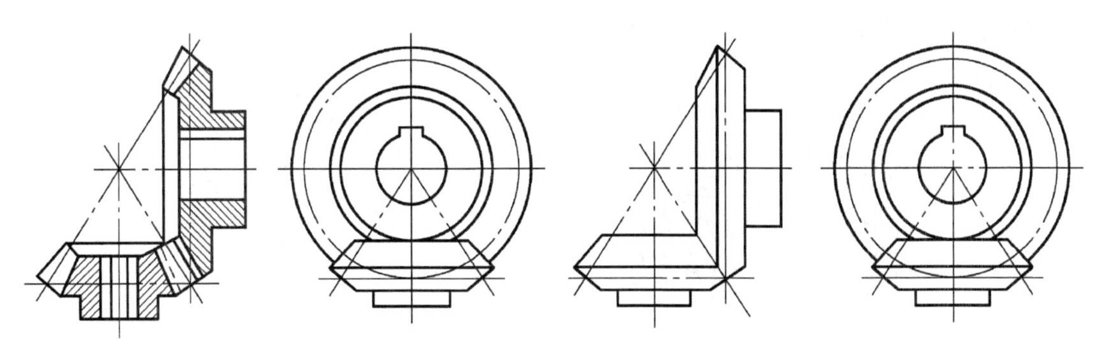

图 5-31　圆锥齿轮啮合的画法

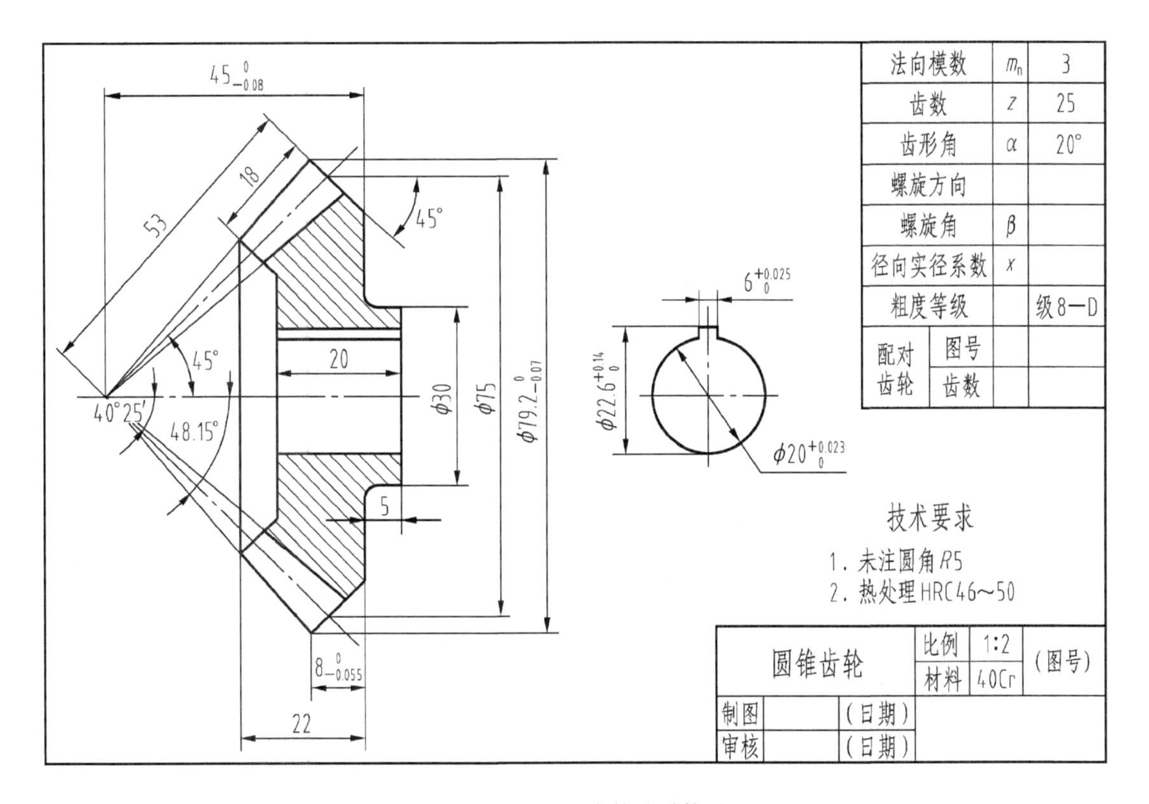

图 5-32　圆锥齿轮的零件图

5.4.3　蜗轮蜗杆

蜗轮蜗杆是两轴垂直交叉的传动，蜗杆是主动，蜗轮是被动，可获得较大的传动比。蜗杆的形状与螺纹相似，其齿数也称为头数，相当于螺纹的头数，常用的头数有单头或双头。

1. 蜗轮蜗杆的参数及画法

蜗轮蜗杆的基本参数及计算公式可查表获得，蜗轮蜗杆的画图尺寸可以通过计算公式算出。蜗轮和蜗杆的画法与齿轮的画法基本相同，蜗轮的齿形成弧形与蜗杆吻合，分度圆与蜗杆的分度圆相同，如图 5－33、5－34、5－35 所示。

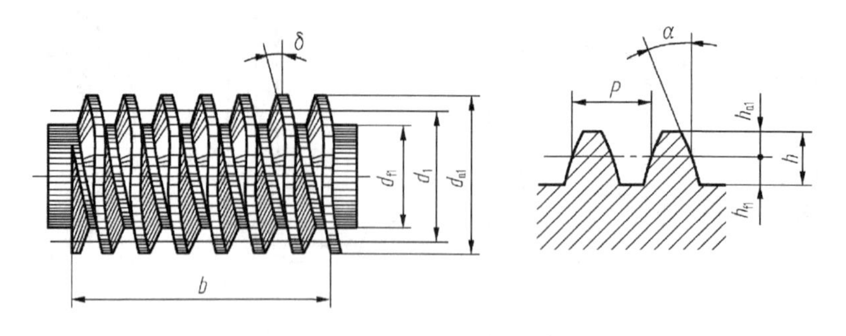

图 5－33　蜗杆的参数

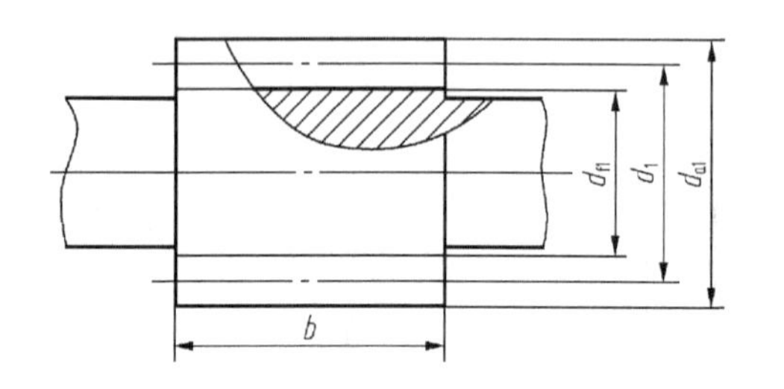

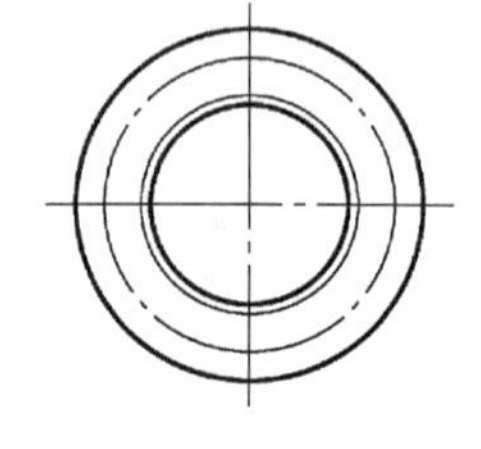

图 5－34　蜗杆的画法

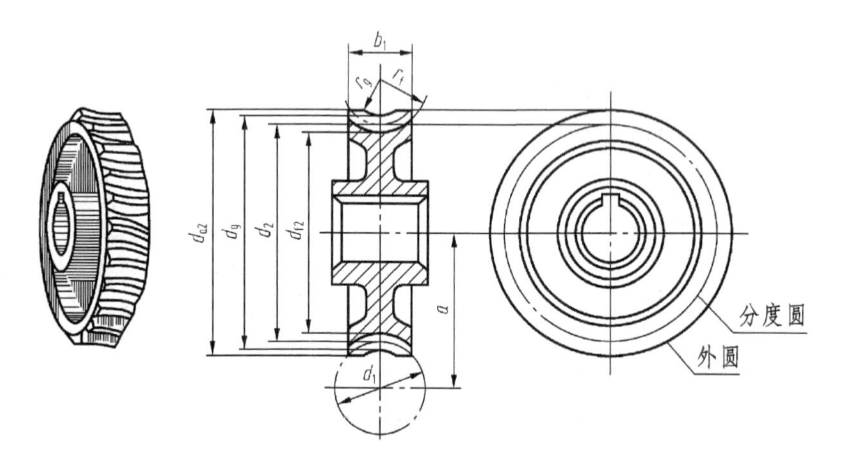

图 5－35　蜗轮的参数及代号

2. 蜗轮蜗杆啮合的画法

蜗轮与蜗杆啮合时的画法与齿轮啮合时的画法基本相同，保证分度圆相切，齿根圆投影可不画，齿条不剖，如图 5－36 所示。

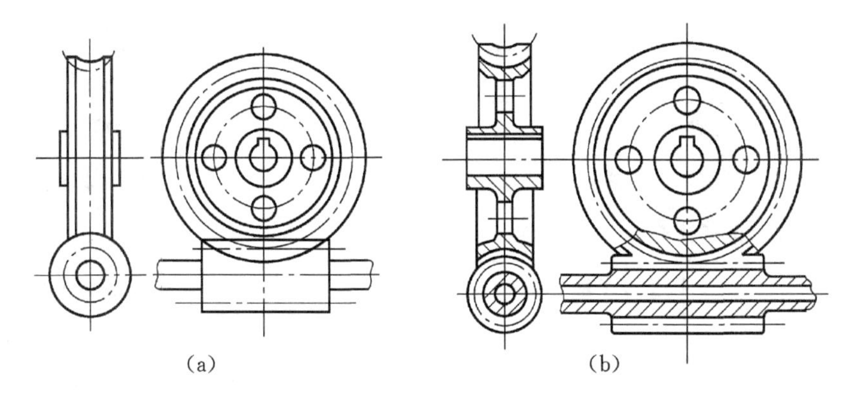

图 5 - 36　蜗轮蜗杆啮合的画法

5.5　滚动轴承

轴承是在机器设备起支承轴转动的零件，轴承分两大类，滑动轴承和滚动轴承。带有滚动体的轴承，称为滚动轴承。滚动轴承是标准件，它以结构紧凑、摩擦阻力小、寿命长，被广泛使用。

5.5.1　滚动轴承的结构及代号

1. 滚动轴承的结构

滚动轴承是由内圈、滚动体、保持架、外圈组成，如图 5 - 37 所示。

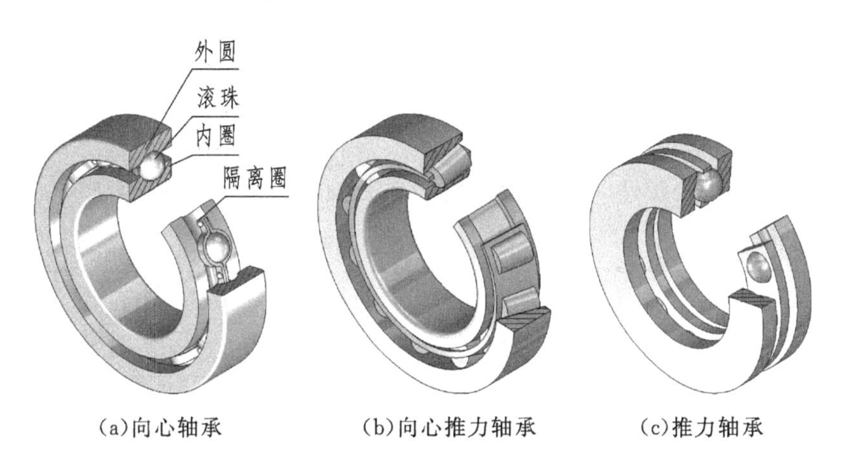

图 5 - 37　滚动轴承的结构

2. 滚动轴承的分类

滚动轴承的分类方法很多，根据承载荷方向不同分向心轴承、推力轴承；根据滚动体不同分球轴承、滚子轴承、滚针轴承；根据滚动体的排列和结构不同分单列、双列和轻、重、宽、窄系列轴承等。滚动轴承的类型代号如表 5 - 11 所示。

表 5-11 轴承的类型代号

代号	轴承类型	代号	轴承类型
0	双列角接触球轴承	6	深沟球轴承
1	调心球轴承	7	角接触球轴承
2	调心滚子轴承和推力调心滚子轴承	8	推力圆柱滚子轴承
3	圆锥滚子轴承	N	圆柱滚子轴承
4	双列深沟球轴承	U	球面球轴承
5	推力球轴承	QJ	四点接触球轴承

3. 滚动轴承的代号

滚动轴承代号由基本代号、前置代号和后置代号构成，其形式如下。

前置代号　基本代号　后置代号

（1）基本代号。基本代号表示滚动轴承的基本类型，结构和尺寸，是滚动轴承的基本代号。它是由轴承的类型代号、尺寸系列代号、内径代号构成。例如：

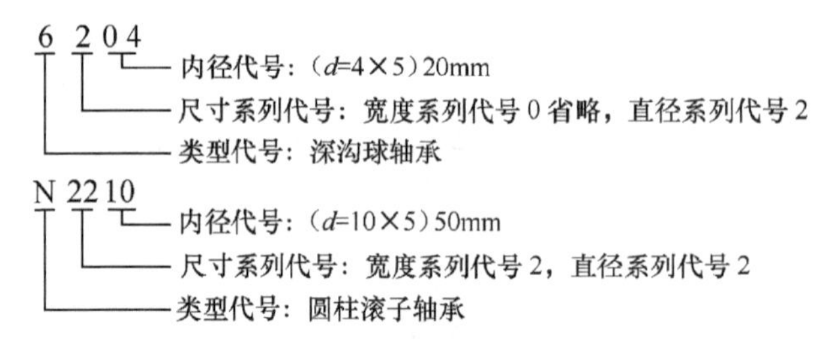

表示工程内径的内径代号，一般用两位数字表示，如表 5-12 所示。

表 5-12 内径代号及示例

内径代号	轴承工程内径 mm	示　例
00、01、02、03	10、12、15、17	轴承代号 6201——工程内径 12mm
04～96	代号×5	轴承代号 6208——工程内径(8×5)40mm
1～9,22、28、32,≤500	/代号	轴承代号 62/22——工程内径 22mm

（2）前置代号和后置代号。前置代号用字母表示，后置代号用字母表或加数字表示，前、后置代号是轴承在结构、形状、尺寸、公差、技术要求等有变化时，加以标注说明。例如：

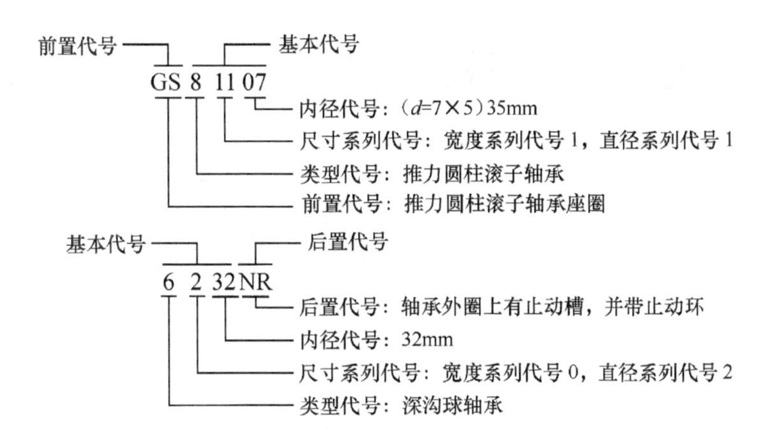

5.5.2　滚动轴承的画法

1. 滚动轴承的画法

画滚动轴承的方法，从滚动轴承标准中查出相关的主要尺寸参数，根据主要尺寸参数，按规定画法。常用的滚动轴承有深沟球轴承、圆锥滚子轴承和推力球轴承三种，我们重点学习这三种常用轴承的画法，如表 5－13 所示。

表 5－13　滚动轴承的画法

名称和标准号	主要数据	特征画法	规定画法	装配画法
深沟球轴承 60000 型 GB/T 276—1994	D d B			
圆锥滚子轴承 30000 型 GB/T 297—1994	D d B T C			

续表 5－13

名称和标准号	主要数据	特征画法	规定画法	装配画法
推力球轴承 50000 型 GB/T 301—1995	D d T	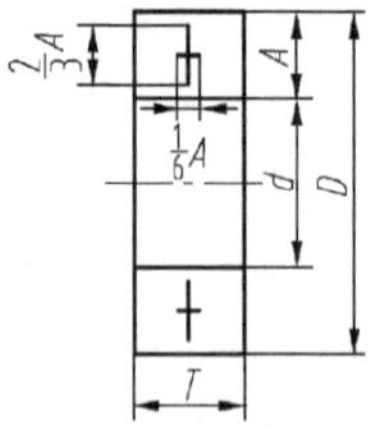	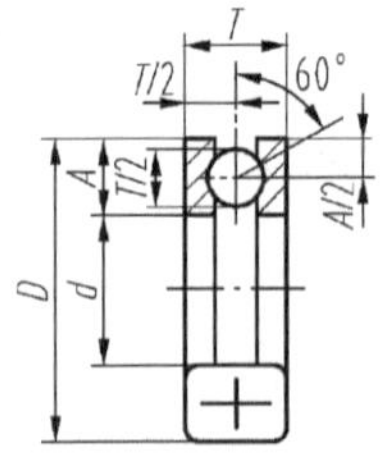	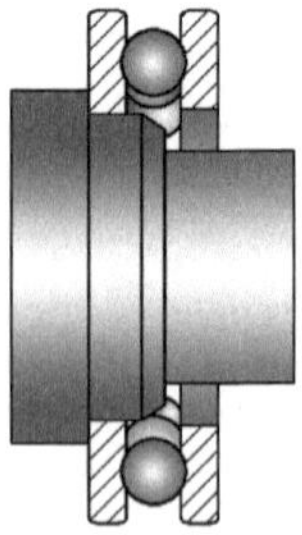

2. 滚动轴承在装配图中的画法

滚动轴承在装配图中的画法表达有两种，一种是需要详细表达结构时，滚动轴承可按规定画法表达，另一侧可画成特征画法。另一种是只需简单的表达，采用特征画法表达，如图 5－38 所示。

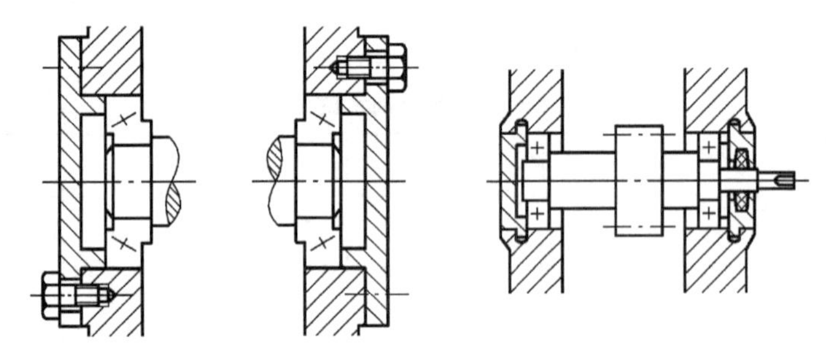

图 5－38　滚动轴承在装配图中的特征画法

5.6　弹簧

弹簧是一种储能、复位的零件。用在减振、测力、夹紧等场合，弹簧的种类多用途广，注意在今后的实线中观察学习。如图 5－39 所示。

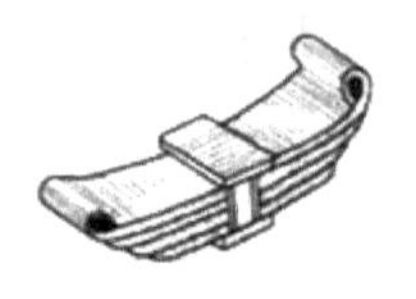
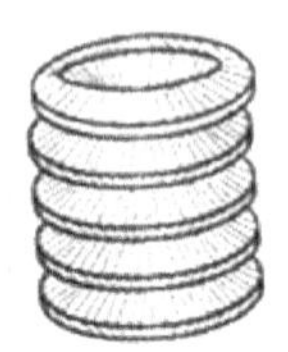

图 5－39　属于弹簧的零件

5.6.1　圆柱螺旋弹簧的分类及基本参数

1. 圆柱螺旋弹簧的分类

圆柱螺旋弹簧根据承受力的方向不同分为：压缩弹簧、拉力弹簧、扭力弹簧三种，如图 5-40 所示。这里主要介绍圆柱螺旋压力弹簧。

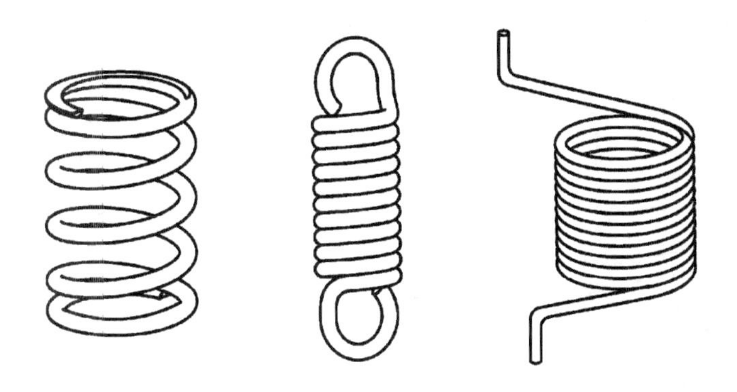

图 5-40　圆柱螺旋弹簧的分类

2. 圆柱螺旋压缩弹簧的基本参数

(1)弹簧丝直径。弹簧钢丝直径(d)。

(2)弹簧直径。弹簧外径(D)、弹簧内径(D_1)、弹簧中径(D_2)。

(3)节距。除支撑圈外，相邻两圈的距离(t)。

(4)自由高度。弹簧在不受力时的高度(H_0)，如图 5-41 所示。

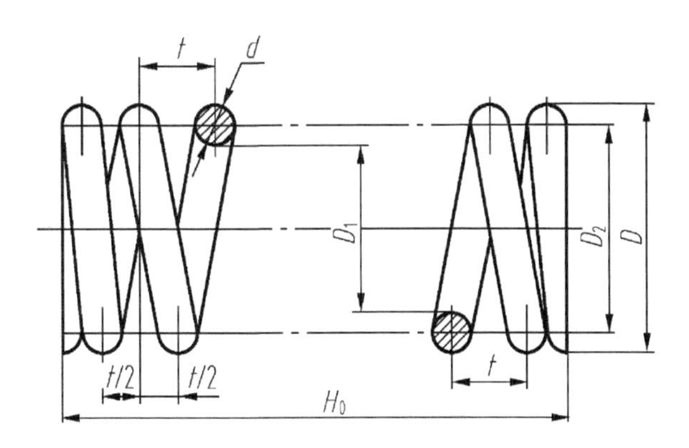

图 5-41　圆柱螺旋压缩弹簧的基本参数

5.6.2 圆柱螺旋压缩弹簧的画法

1. 圆柱螺旋压缩弹簧的规定画法

圆柱螺旋压缩弹簧的规定画法有三种。圆柱弹簧一般可画成右旋，左旋必须标注“LH”。弹簧丝直径小于2mm时，采用示意图画法，如图5－42所示。

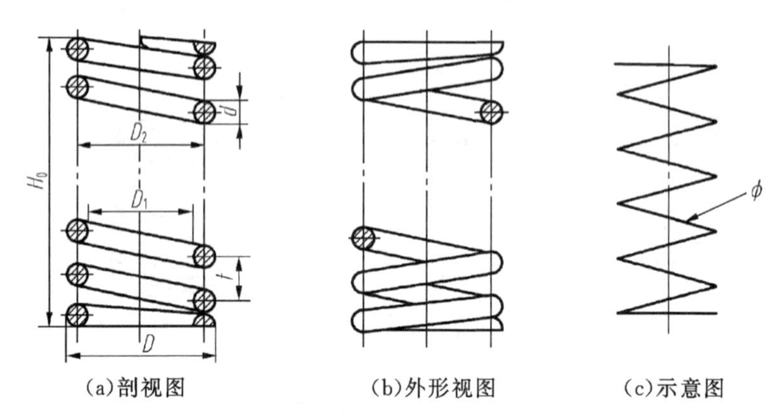

图5－42 圆柱螺旋压缩弹簧的画法

2. 圆柱螺旋压缩弹簧的画图步骤

已知弹簧的钢丝直径 $d=5$mm，弹簧外径 $D=42$mm，节距 $t=11$mm，自由高度 $H_0=100$mm。画图步骤如下，根据弹簧中径 D_2（$D_2=D-d$）和自由高度（H_0）、节距（t）和弹簧丝直径（d）绘图，如图5－43所示。

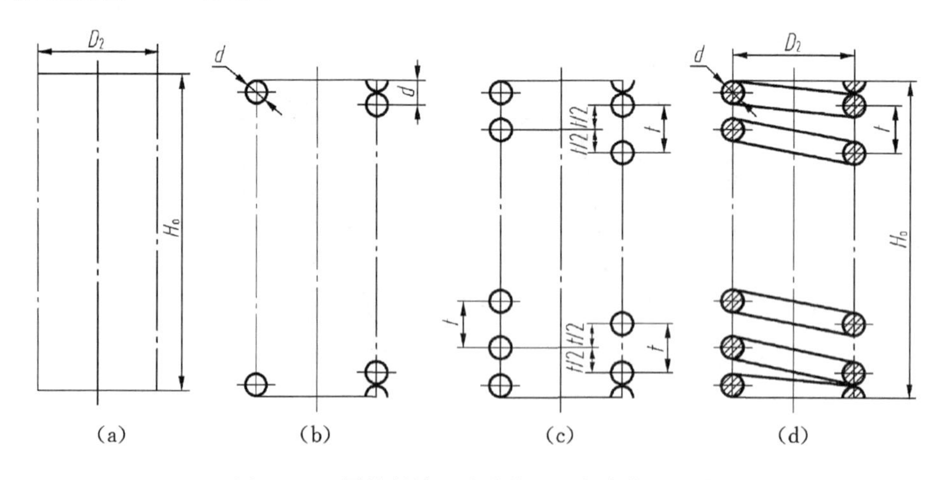

图5－43 圆柱螺旋压缩弹簧的基本参数及画法

螺旋压缩弹簧的零件图表达，要标出热处理后的硬度，要在图纸的右上角，标出钢丝长度、旋向、有效及总的圈数，如图5－44所示。

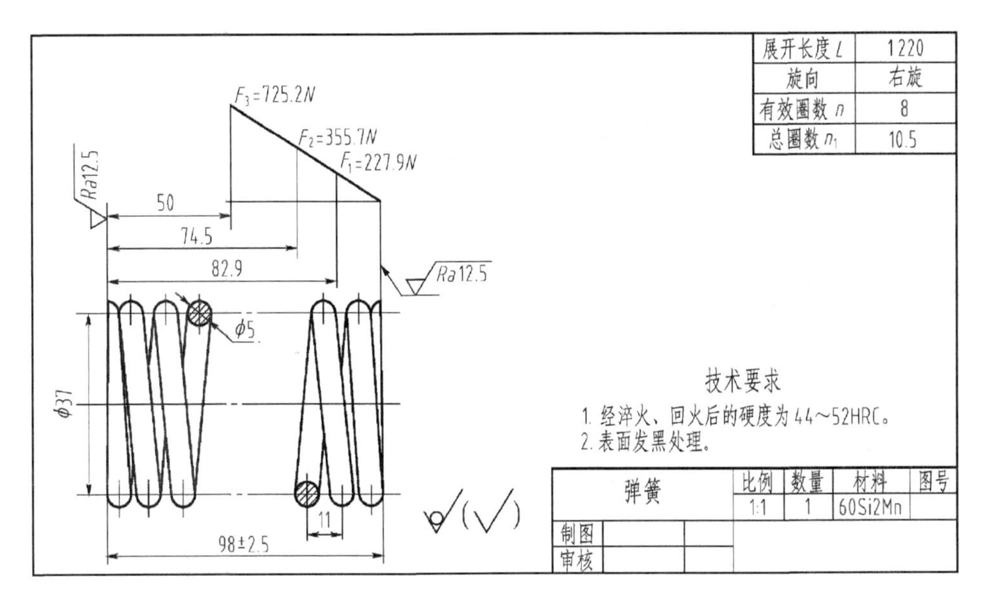

图 5-44　螺旋压缩弹簧的零件图

3. 装配中圆柱螺旋压缩弹簧的画法

圆柱螺旋弹簧在装配中可以采用简化表达，当圆柱螺旋弹簧的尺寸较小时，尽可能选用简化表达，如图 5-45 所示。

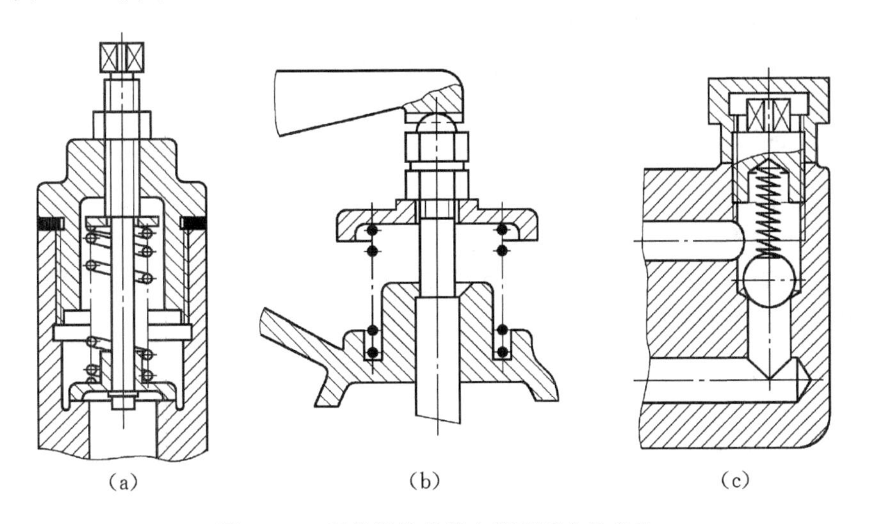

图 5-45　圆柱螺旋弹簧在装配图中的表达

第6章　零件图

本章重点内容提示

(1)了解零件图的基本知识。零件图的作用是指导加工和检验零件的依据,是企业生产实践活动中的主要技术文件,没有零件图就没有零件的加工。零件图必须包含除图形、尺寸外,还要有各项技术要求和标题栏。

(2)零件的工艺结构。零件工艺结构涉及到专业知识的学习和掌握,是加工零件时自身客观存在的,我们要能够很好的理解它的存在,在学习过程中,要注意学习零件工艺结构的表达方法。

(3)零件图的识读。读懂零件图的全部内容,想象出零件的立体结构形状,建立零件的加工制造工艺过程,是本章的重中之重。"看图加工"是一名技术操作者所必备的能力。培养零件图识读的能力,是一个较长期的任务,零件图识读水平的提高需要坚持不懈的努力。

6.1　零件图的基本知识

机器是由部件和零件组成,零件是不可再拆分的组成机器或部件的单元体。零件图是用来表达零件的结构形状、尺寸大小及技术要求的工程图样。

6.1.1　零件图的作用

零件图是指导生产零件的依据;零件的毛坯制造、加工工艺路线的制定、工序图的绘制、加工、检验和技术文件管理等,都依据零件图进行操作。

因此,零件图表达的内容必须正确无误、完整清晰;零件图的尺寸标注必须准确无误、经济合理;各项技术要求等工程标注能满足产品对零件的要求。

6.1.2　零件图的内容

完整的零件图包括四方面内容,如图6-1所示。

1.一组视图

遵照国家机械制图标准,按照图样表达方法,能正确、合理、准确、清晰表达零件结构形状的一组视图。视图尽可能采用简单的规定表达方法。

2.一组尺寸

一组能完成零件制造所需要全部尺寸,其尺寸标注是正确、完整、清晰、合理,它是零件制造、检验及包装入库的依据。

3. 技术要求

技术要求是按国家制图标准规定的要求，它可以满足零件在产品中的使用性能及制造调试等的需要。如表面质量、尺寸公差、几何公差及材料热处理要求等。

4. 标题栏

按国家制图标准规定在图样的右下角，必须绘制出标题栏，并填写零件的相应信息。

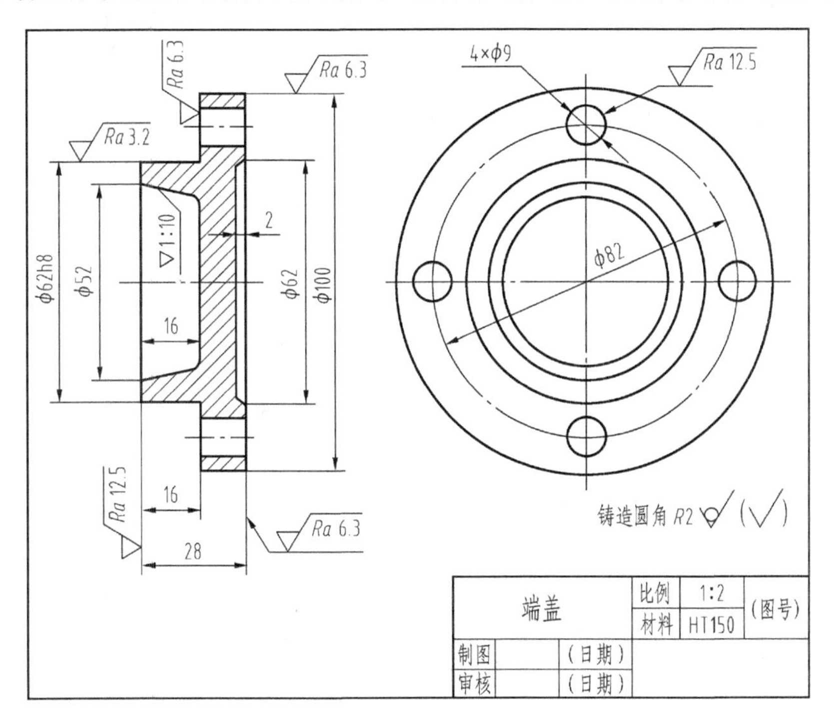

图 6－1　端盖零件图

6.2　零件图的视图表达

6.2.1　零件分析

零件的分析是"动脑"的过程，是利用形体分析的方法，结合零件的知识，了解零件的结构特点、使用情况及加工过程。是学习画零件图和看零件图的关键。培养运用所掌握的知识认真思考，积极动脑的习惯和能力。

1. 零件结构分析

就是用分析的方法，准确、清楚的了解零件的形状结构，各部位结构形状之间的相对位置，组成关系，部分结构形状所具有的特点。零件结构分析是选择零件表达方案的首要条件。

2. 零件作用分析

在确定表达方案前，一定要清楚了解零件在产品中的位置、工作原理，零件各部位及主要工作部位的形状、精度与使用的关系等，如何选择表达方案才能准确的表达。如图6－2所示。

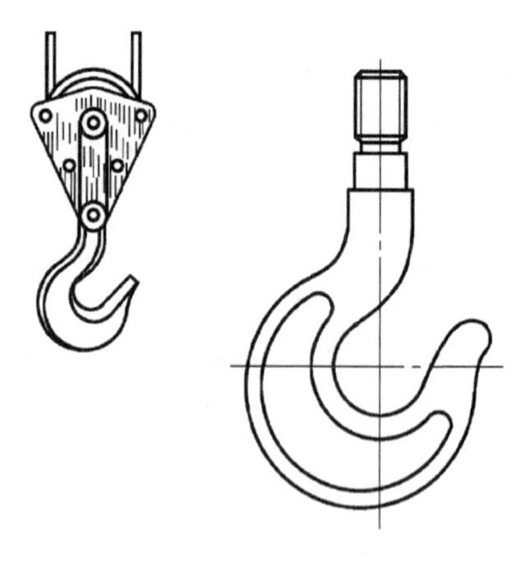

图 6－2　吊钩的工作位置

3. 零件加工分析

分析零件加工制造工艺，特别是了解主要加工工艺零件的装夹位置，主视图选择及其他视图表达方式的依据，使加工看图方便，如图 6－3 所示。

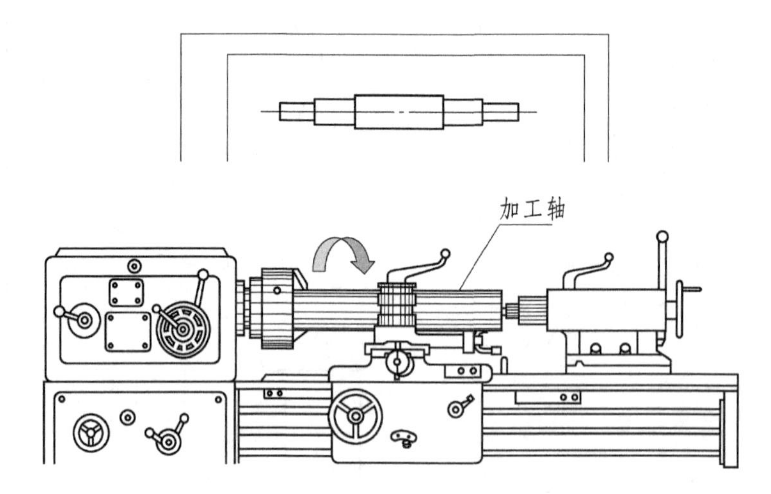

图 6－3　阶梯轴零件在车床上的加工

6.2.2　主视图的选择

主视图是一组视图的核心，选择主视图是要考虑零件的主要加工内容、形状结构，其他视图和表达方法的选择都是围绕主视图进行的。图样视图表达是否成功，完全取决与主视图的选择，而非主视图的选择又取决与对加工技术的掌握。因此，零件主视图的分析选择，对学习、提高综合专业知识非常重要。

1. 加工位置

加工位置是指零件在机床上主要加工工序中的装夹位置。零件主视图的位置与加工和测量位置相同，便于看图制造零件。如在车床上加工的回转体零件、冲压件等主视图的选择，应符合加工位置，如图 6－4 所示。当加工位置与其他位置不符合时，优先考虑加工位置。

2. 工作位置

工作位置是指零件在产品运行中的工作位置(安装位置)。选择零件主视图，应尽量与零

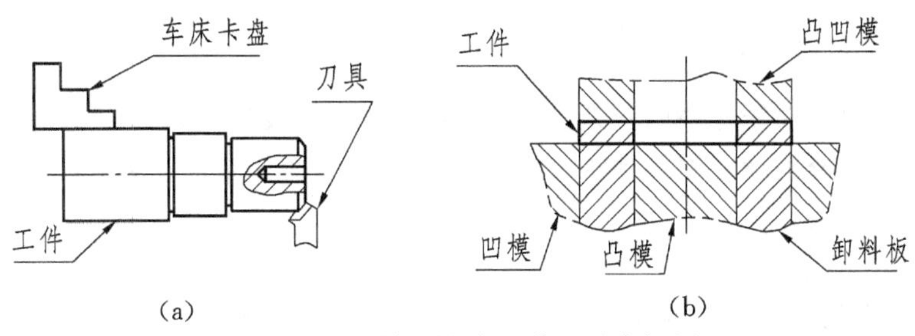

图 6-4　按零件图的加工位置选主视图

件的安装、使用的工作位置相同。如产品的底座、吊钩等的主视图的选择，都应与工作位置一致，如图 6-5 所示。

3. 结构特征

结构特征是指零件形状类型及特点。选择主视图在考虑加工位置、工作位置的同时，尽可能的表达零件的结构特征。主视图的选择即表达了工作位置，又要考虑到表达零件的结构形状特征。如图 6-5(b)所示。

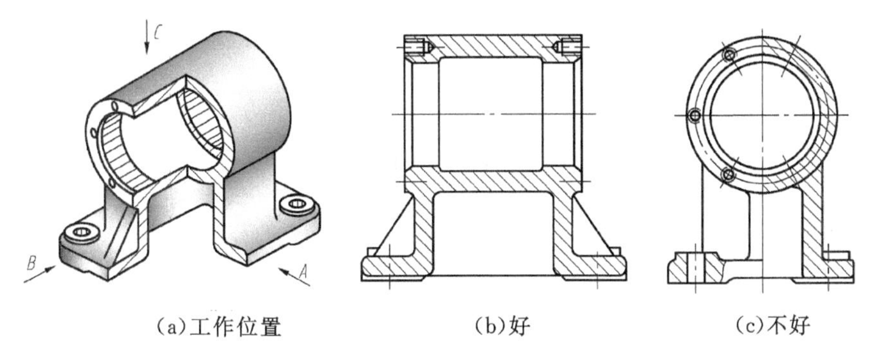

图 6-5　按零件图的加工位置及结构特征选主视图

零件有多个加工位置，工作位置不对时，主视图的选择优先考虑零件的结构特征。

上述主视图选择考虑的三方个面，称为主视图选择的基本原则。零件的形状结构千奇百怪，对很多零件不能同时满足主视图选择的基本原则，要根据具体情况具体分析对待，各有侧重。如图 6-6 所示。

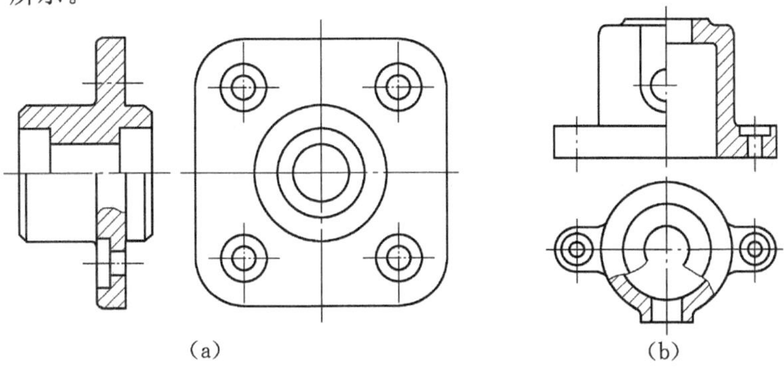

图 6-6　主视图的选择

6.2.3 其他视图的选择

在主视图确定后，根据零件的复杂情况，先确定主视图表达的内容，剩余尚未表达和未能表达清楚的部分，再分别确定用其他视图逐一表达。在选择其他视图时应注意以下几方面。

1. 每个视图有独立的表达内容

零件图中每个视图都应有独立的表达内容。零件图每个视图表达的内容相互对应，但不能重复表达，尽量将一个工序的加工内容集中表达在对应的一个视图上，方便读图及加工。如图 6－7 所示。

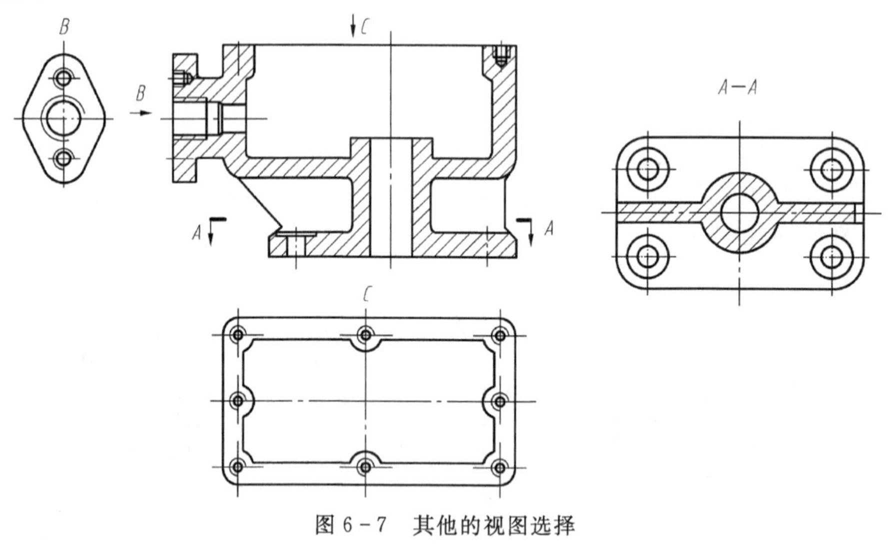

图 6－7 其他的视图选择

2. 优选基本视图

优先选用三视图及 6 个基本视图，选择基本位置视图（剖视图、断面图），方便看图也省去不必要的标注，使图面简单清晰。如图 6－8 所示。

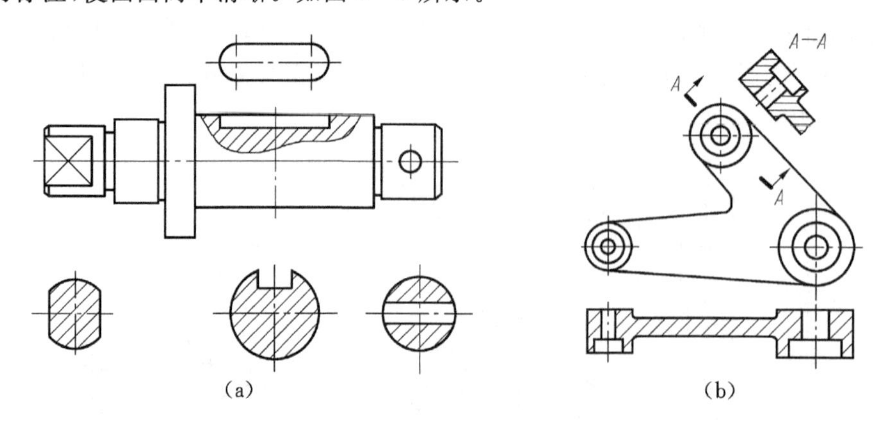

图 6－8 优选基本视图（剖视图、断面图）省去标注符号

3. 尽可能采用规定简化表达

尽量多采用规定的简化表达方法，多采用简化标注，使图面清晰、简单、易懂，能否准确的采用简化表达方法，是视图及综合能力的体现。

同一零件两种不同表达方案的比较，如图6－9所示。方案一，俯视图采用剖视图与主视图对应表达底板和筋板，如图6－9(a)所示。方案二，俯视图与左视图对应表达底板，筋板没有单独表达，轴的表达主、左视图重复两次，如图6－9(b)所示。因此，优先方案一，不重复表达，表达更清晰。

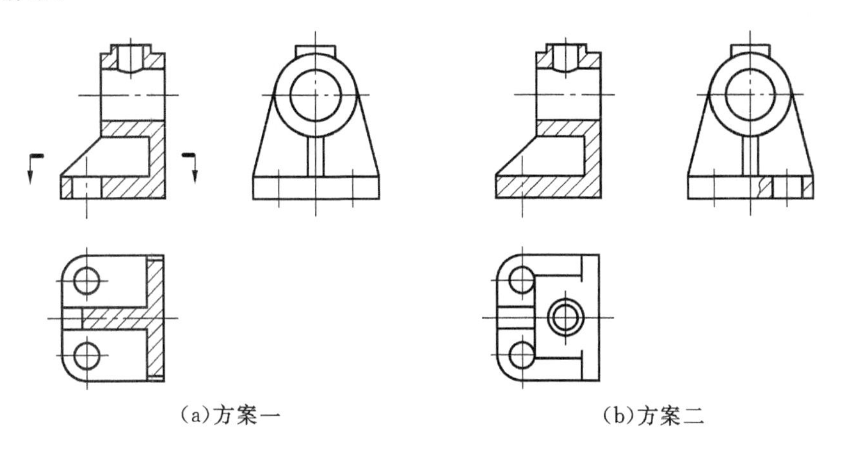

(a)方案一　　(b)方案二

图6－9　零件图表达方案的比较

6.3　零件图的尺寸表达

零件图的尺寸标注，是指定零件加工工艺过程的依据。在形体尺寸标注的基础上要侧重于合理性。合理是指符合设计要求，便于加工和测量，降低加工制造成本。尺寸标注是零件图表达的重点和难点。

6.3.1　合理选择尺寸基准

选定合适的尺寸基准，关系到零件的加工成本。因此，零件图的尺寸标注一定要选用合理的基准进行标注，尺寸基准的选择是学习的重点。

1. 基准的概念

尺寸基准即尺寸标注的起点，尺寸基准是指零件上的几何要素(面、线、点)。根据零件的结构形状和工艺特点，合理的选择尺寸基准是尺寸标注的关键内容。

零件在长、宽、高三个方向上都有尺寸基准，每一个方向上至少有一个尺寸基准，同一方向上有多个基准时，一定要有主要基准，其余的为辅助基准。尺寸基准分设计基准、工艺基准两种。

2. 基准的分类

(1)设计基准。设计时满足产品的性能需要,所选定标注尺寸的基准,称为设计基准。以该基准去约束零件的其他结构形状的尺寸,可以保证零件性能。一般选择零件的底面、轴线等。

(2)工艺基准。零件在加工、检验过程中使用的尺寸基准,称为工艺基准。以零件的该基准出发(定位)去加工其他结构形状,从而保证零件结构形状的精度。

3. 基准的选择

选择尺寸基准时尽可能将设计基准和工艺基准统一起来,称为基准统一原则。当二者不能统一时,一般优先选择满足设计要求的尺寸基准。尺寸基准一般在图样中不标注出。如图 6-10 所示。

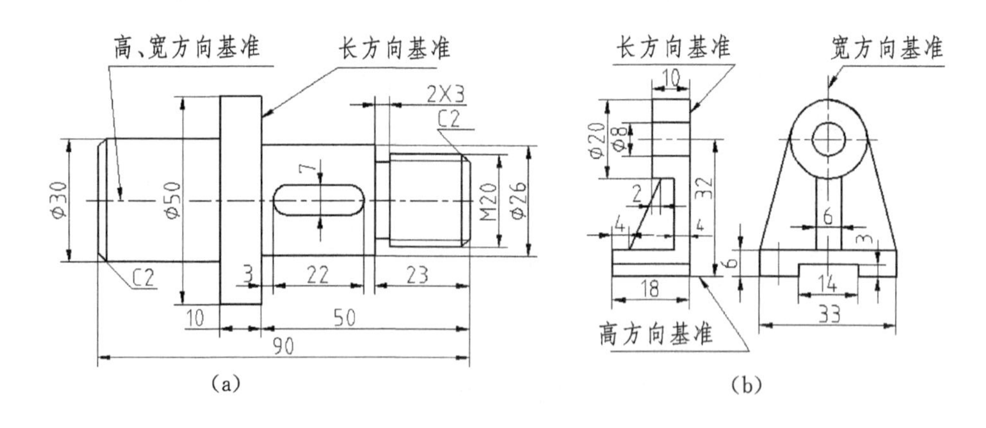

图 6-10 零件图尺寸中选用的基准

零件标注尺寸时,经常选用以下形状作为尺寸基准。

①零件对称结构的对称中心面;

②零件上主要回转体的轴线;

③零件的主要配合面、支承面;

④零件上主要、重要的加工面。

当零件较复杂时,判断零件的尺寸基准,主要看定位尺寸的标注,如图 6-11 所示。图中高度方向上的尺寸基准,是孔的定位尺寸 16、38 及定位、定形尺寸 9、30 都从这个平面出发的,因此,该面为高度方向上的尺寸基准。长度方向的尺寸基准,是孔的定位尺寸 15 及定位、定形尺寸 16、30 都从左侧面出发,因此,该面是长度方向上的尺寸基准。零件结构对称时,对称中心面一般是尺寸基准。

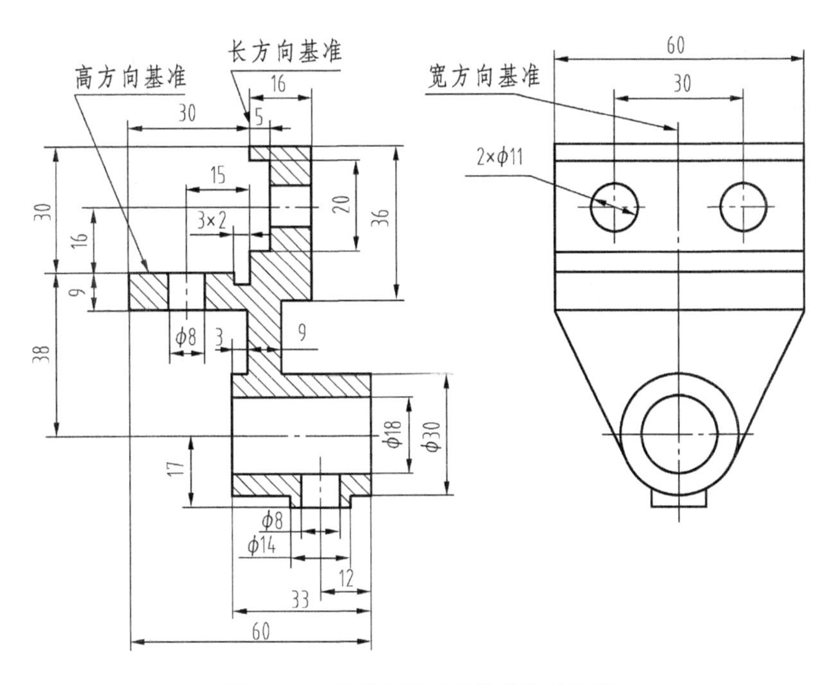

图 6－11　零件图尺寸标注基准的选择

6.3.2　标注尺寸的要求

零件尺寸是制定零件加工工艺的重要依据，尺寸标注直接决定零件能否加工和零件的加工成本。合理标注尺寸是专业知识能力的综合体现，应作为重点学习掌握。

1. 标注尺寸的基本要求

(1)零件的主要(重要)尺寸直接标出。零件的主要尺寸直接标出方便加工、降低成本。主要尺寸是指零件上结构的定位尺寸；主要的孔、轴尺寸；底板、筋板厚度尺寸；外形尺寸等，如图 6－12

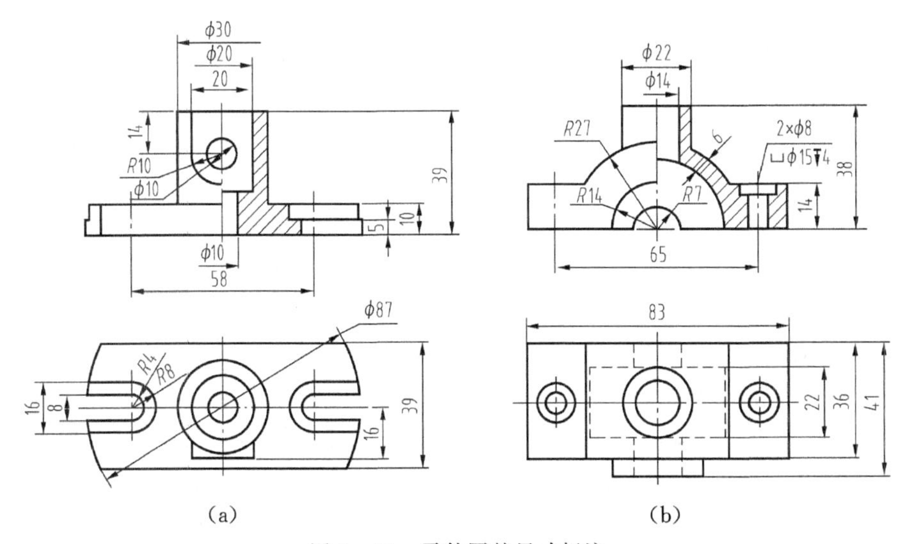

(a)　　(b)

图 6－12　零件图的尺寸标注

所示。

(2)按加工工艺标注尺寸。按加工的顺序(工艺)标注尺寸,尺寸利于指导零件加工及检验,如图 6-13 所示。

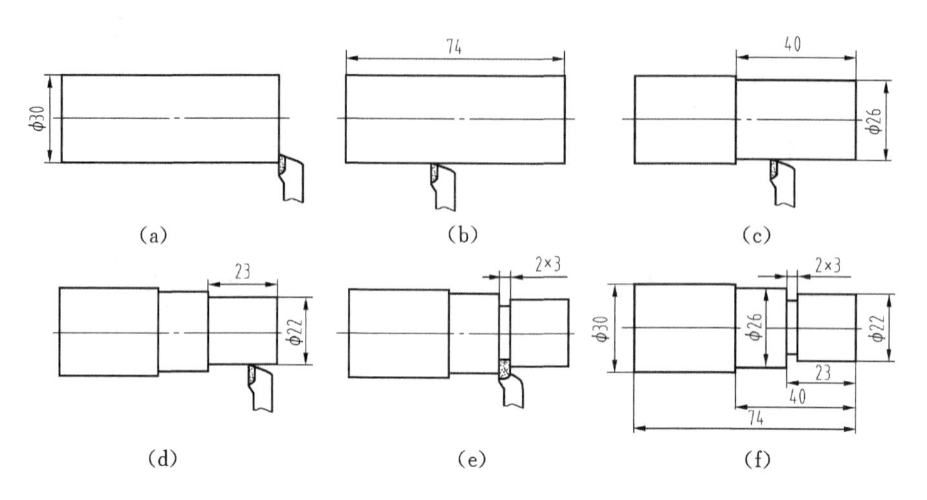

图 6-13　零件图按加工标注尺寸

按零件的加工(工艺)内容标注尺寸,尺寸与零件的加工及检验相吻合。例如,回转体的一部分,按回转体加工标注直径尺寸,如图 6-14 所示。

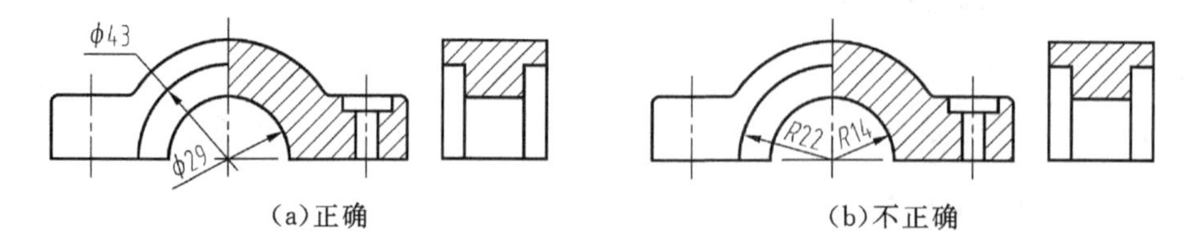

图 6-14　零件图按加工标注尺寸的比较

(3)尺寸与视图同步集中标注。在视图表达时,考虑到每个视图都有独立的表达内容,能指导某一项加工要求,尺寸标注也应当与视图同步表达尺寸,将零件部分结构形状的定形、定位尺寸集中标注在形状特征明显的视图中,看图方便,便与加工。如图 6-15 所示。

2.尺寸链与开口环

(1)尺寸链。在同一方向上的尺寸,按一定顺序排列彼此联系,构成回路的一组尺寸,称为一个尺寸链。在尺寸链中的每一个尺寸,称为尺寸环。尺寸链是分析尺寸误差及尺寸换算时,使用的一种方法。如图 6-16 所示。

(2)尺寸链不封闭与开口环。在一个尺寸链中,必须有一个尺寸环空出不标,使尺寸链不封闭,空出不标的尺寸环,称为开口环。对称标注时开口环被分成两半,如图 6-16(b)所示。

(3)开口环放在不重要处。在一个尺寸链中,全部尺寸环的加工误差,都积累在开口环的尺寸上,如图 6-17 所示。因此,开口环放在零件结构形状不使用,不便测量处,即尺寸开口环放在零件尺寸不重要处。

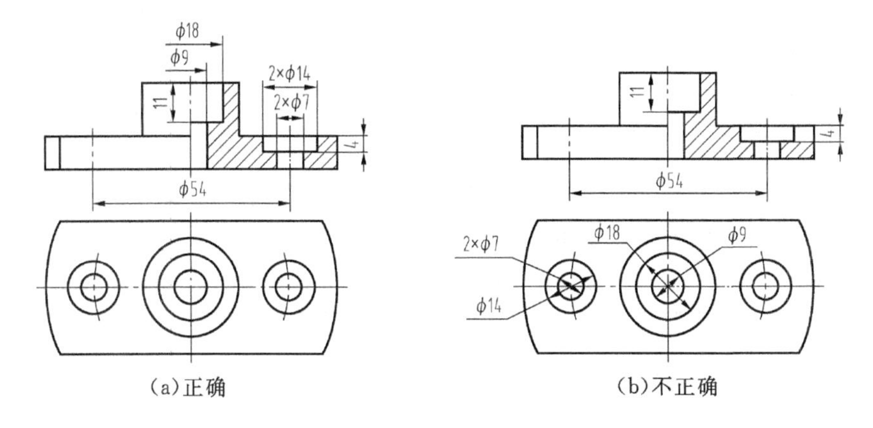

图 6－15　尺寸与视图同步集中标注

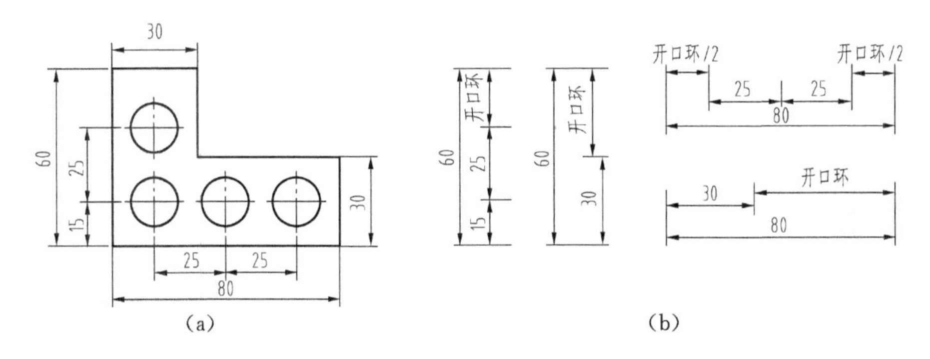

图 6－16　零件图尺寸中的尺寸链

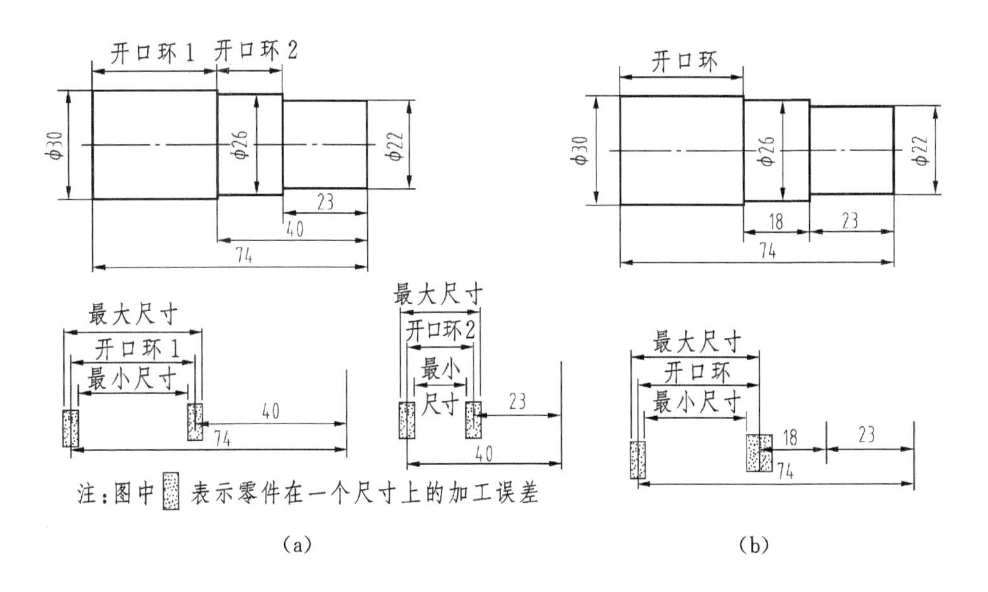

图 6－17　尺寸链中开口环的误差积累

6.3.3 零件上常见的尺寸标注

1. 常见机构的尺寸标注

零件上常见机构的尺寸规定标注，多采用集中、简化的方法标注，这些标注的方法简单易读，表达零件尺寸清晰，尽量多采用此方法，如表 6-1 所示。

表 6-1 常见机构的尺寸标注

结构类型	标注方法	说 明
光孔	2×φ6↧10；2×φ6↧10；φ6，10	2 个 φ6mm 的孔，孔深 10mm
	3×φ6 ⌵φ15×90°；3×φ6 ⌵φ15×90°；90°，φ15，φ6	3 个 φ6mm 的沉孔，锥形孔 φ15mm、90°
	2×φ6 ⌴φ10↧4；2×φ6 ⌴φ10↧4；φ10，4，φ6	2 个 φ6mm 的沉孔，阶梯孔 φ10mm，深 4mm
	2×φ6 ⌴φ16；2×φ6 ⌴φ16；⌴φ16，φ6	2 个 φ6mm 的孔，锪平孔 φ16mm，不限深度保证 φ16mm 的平面
螺纹孔	3×M10-6H；3×M10-6H；3×M10-6H	3 个 M10 的三角形普通粗牙螺纹通孔，中径、顶径的公差代号 6H
	3×M10-6H↧12 孔↧14；3×M10-6H↧12 孔↧14；3×M10-6H，12，14	3 个 M10 的三角形普通粗牙螺纹孔，螺纹深 12，钻孔深 14 中径、顶径的公差 6H

续表 6－1

结构类型	标注方法	说　　明
销锥孔	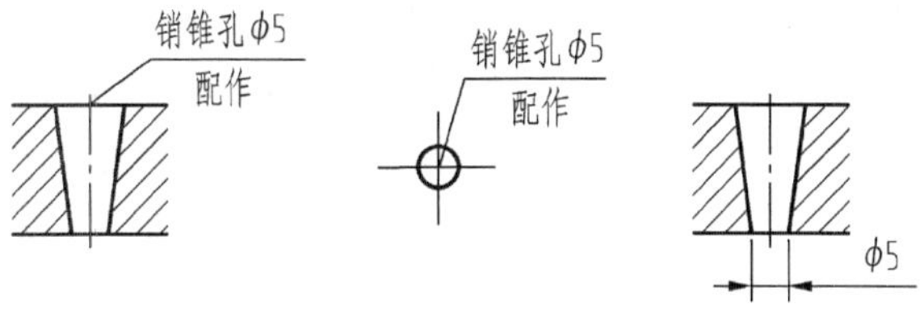	ϕ5mm 孔是与圆锥销配合的圆锥孔小头直径，锥孔通常是配作加工的
键槽	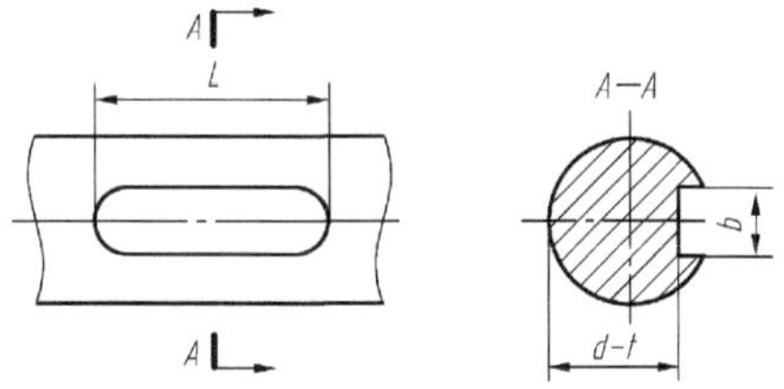	b、t 由轴径 d 查表确定，此标注便于测量
键槽	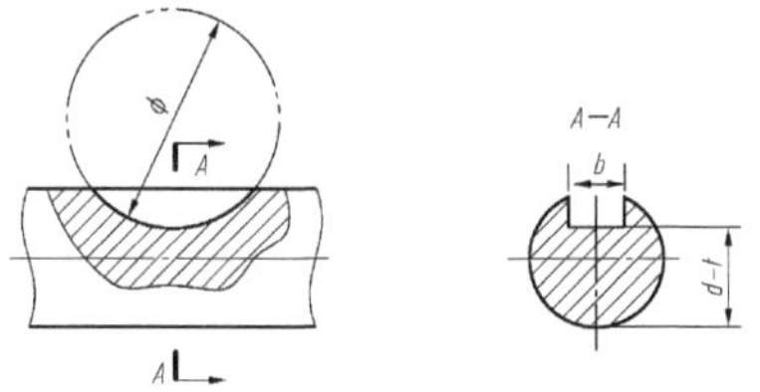	ϕ 表示铣刀直径，此标注便于选用刀具
锥度	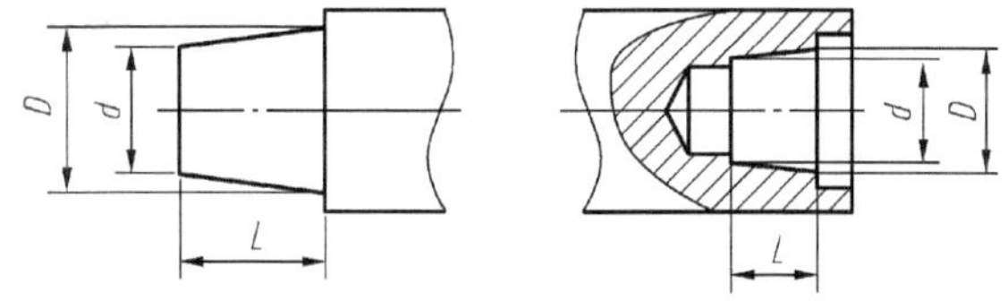	当锥度精度不高时，这样标注便于加工制造
	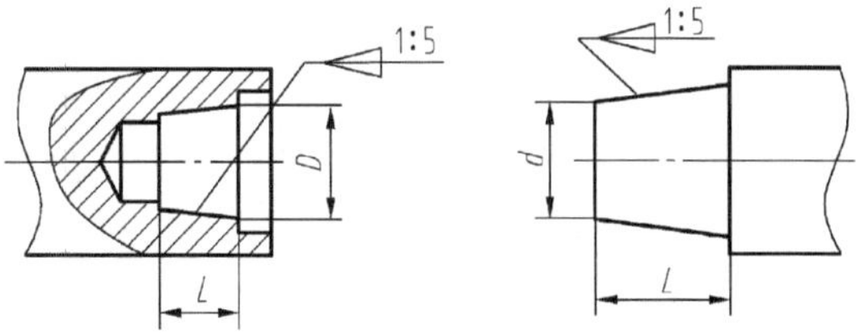	锥度要求准确精度高，并保证一端直径尺寸，此标注便于加工、测量
倒角	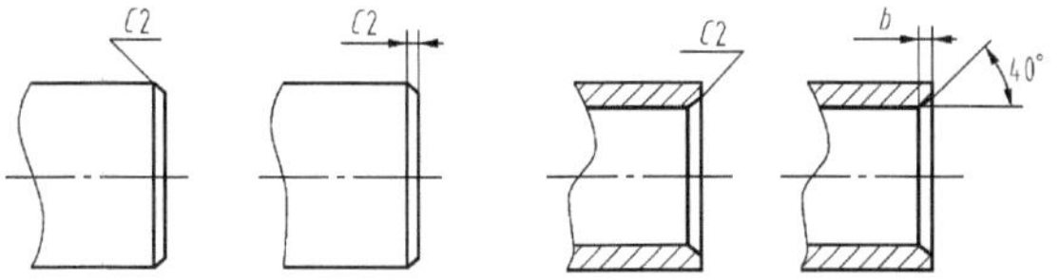	45°倒角代号为 C，倒角不是 45°时要单独标注
退刀槽	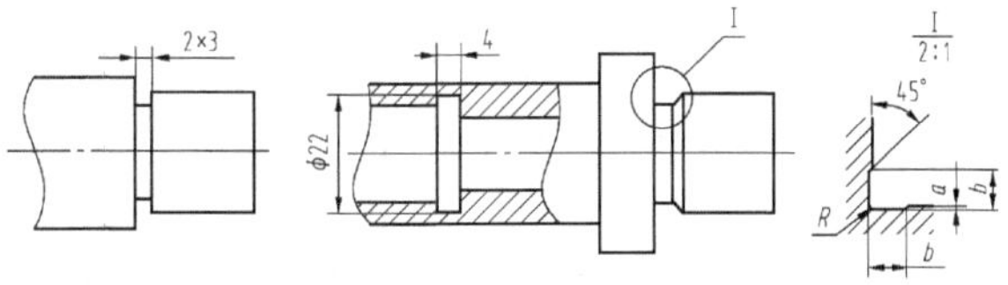	直接标出退刀槽便于选刀和标注，也可标注直径 D 和槽宽

续表 6-1

结构类型	标注方法	说　　明
中心孔	GB/T 4459.5—A4/8.5　D　D_1　60°　t　l	A 型中心孔在图样上用符号表示
	GB/T 4459.5—B2.5/8　D　D_1　60°　120°　t　l	B 型中心孔带有保护锥面
	GB/T 4459.5—CM10L30/16.3　D　D_1　D_2　60°　120°　t　l	C 型中心孔带有螺纹孔

2. 零件尺寸标注示例

零件图中的尺寸标注要考虑其他的标注，使得零件图的所有标注表达清晰。因此，尺寸位置要与其他的标注的协调进行。尺寸标注在其他标注中的位置分布情况，如图 6-18 所示。

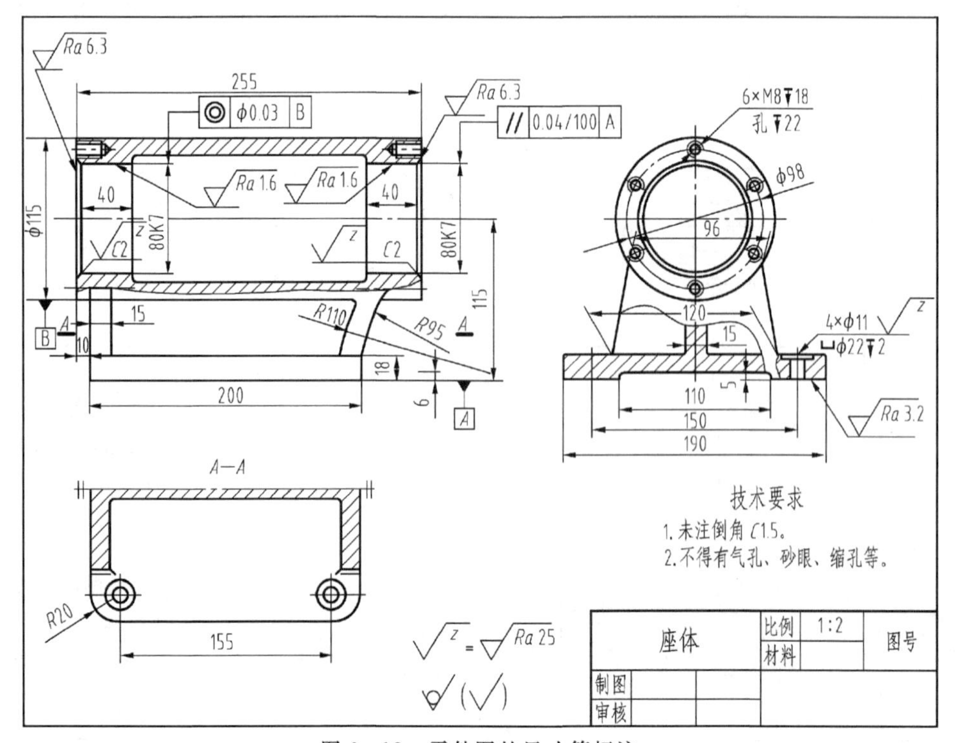

图 6-18　零件图的尺寸等标注

6.4　零件图的技术要求

保证零件达到设计的使用要求，在加工制造的整个周期过程中的质量保证。零件图样除表达结构形状、标注尺寸外，还必须标出零件在加工制造过程中的各项技术要求，如尺寸公差、几何公差、表面结构、材料热处理等。以上内容在零件图中的的标注，称为零件图的技术要求。

6.4.1　表面结构

表面结构是用以评价零件的表面质量、表面精度的技术指标。

1. 表面结构的基本知识

(1)表面结构的定义。出自零件几何表面的重复或偶然的偏差，这些偏差形成该表面的三维形貌。机件表面的表面粗糙度、表面波纹度、表面缺陷、表面几何形状的总称，称之为表面结构。

(2)表面结构的形成。主要是零件在加工过程中，刀具与零件表面之间的摩擦，切屑分离时的塑性变形，以及工艺系统中高频振动等原因，所形成的微观几何形状误差。使表面在存在许多微观高低不平的峰和谷及凸凹等缺陷，使得实际表面与理想平面有一定的差距，其差距大小可反映表面质量。

(3)表面结构对零件的影响。机械零件的破坏，一般总是从零件的表面开始。零件表面的结构特征直接影响零件的配合性质，决定零件的耐磨、抗疲劳、耐腐蚀、密封等性能。因此，为满足零件图设计需要，必须提出合理的表面结构要求，以确定零件的加工工艺。

2. 表面结构的评定参数

国家标准等规定了零件表面结构的表示法，涉及表面结构的轮廓参数是表面结构参数(*R* 轮廓)、波纹度参数(*W* 轮廓)和原始轮廓参数(*P* 轮廓)。常用的表面结构评定参数主要有两种：结构轮廓算术平均偏差(*Ra*)；结构轮廓最大高度(*Rz*)。

(1)轮廓算术平均偏差(Ra)。在取样长度内(能判别表面质量特征的一段基准线长度)，被测轮廓线上的各点到基准线距离的算术平均值。工表面在放大镜或显微镜下观察存在着许多微观高低不平的峰和谷。

即

$$R_a=(|Y_1|+|Y_2|+\cdots+|Y_n+_1|+|Y_n|)/n$$

式中：Y——轮廓偏差，即轮廓上的点到基准线之间的距离；

n——取样长度内，轮廓偏差 Y 的数量。

(2)轮廓最大高度(*Rz*)。在取样长度内，被测轮廓线上的最大轮廓峰顶与最大轮廓谷底的距离。

即

$$Rz=|Y_{峰max}|+|Y_{谷min}|$$

Ra、*Rz* 的数值越小，零件表面结构越趋于平整光滑；大表面的峰谷越大，数值越大，零件表面结构越粗糙，零件表面结构的精度等级越低。如图 6 - 19 所示。

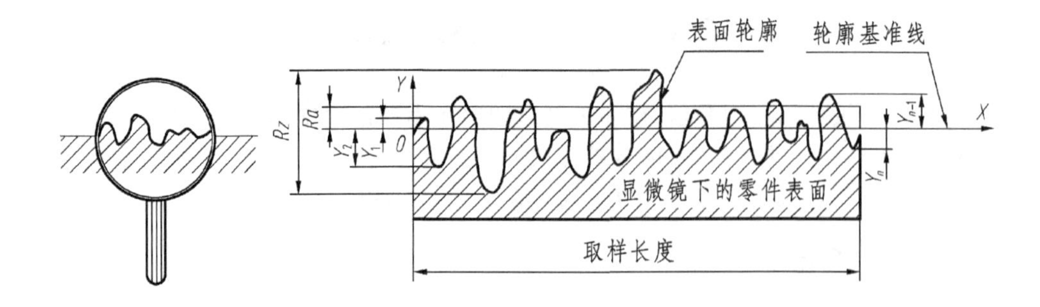

图 6-19 表面结构的评定参数 Ra、Rz

3. 表面结构的等级

(1)评定参数单位及等级的确定。

①评定参数单位。表面结构的评定参数单位是微米(μm),(1mm＝1000μm、1μm＝1000nm)。

②评定参数的等级。表面结构的评定参数等级,是用一组成倍增加的数值表示。是 100μm 与 2 相除得到的一组数值。共有 14 个等级,数值越小表面质量等级越高,见表 6-2 所示。

表 6-2 轮廓算术平均偏差 Ra 值

0.012	0.025	0.05	0.10	0.20	0.40	0.80
1.6	3.2	6.3	12.5	25	50	100

(2)评定参数等级的选用。表面结构参数值的选用原则,既要满足零件表面结构功能要求,又要考虑经济合理性。确定表面质量的参数时,应该注意以下几点,如表 6-3 所示。

①在能满足表面性能要求的前提下,应尽量选用较低的等级,选择等级低以降低加工成本。

②一般零件工作表面的表面结构等级高于非工作表面的表面结构等级,有配合的表面结构等级高于非配合表面结构等级。

③零件工作表面中运动速度高的表面结构等级高于运动速度低的表面结构等级;工作表面单位压力大的表面结构等级高于单位压力小的表面结构等级。

选择表面结构时参照生产中的实例,用类比的方法确定,如表 6-3 所示。

表 6-3 表面结构等级与表面特征及加工方法对应表

Ra/μm	表面特征	表面形状	主要加工方法	应用举例
100	粗糙	明显可见刀痕	锯削、粗车、粗铣、钻孔及粗纹锉刀和粗砂轮加工	半成品粗加工的表面、带轮法兰盘的结合面、轴的非接触端面、倒角、铆钉孔等
50		可见刀痕		
25		微见刀痕		

续表 6 - 3

$Ra/\mu m$	表面特征	表面形状	主要加工方法	应用举例
12.5	半光	可见加工痕迹	精车、精铣、粗铰、粗磨、刮研	支架、箱体、离合器、轴或孔的退刀槽、量板、套筒等非配合面，齿轮非工作面，主轴的非接触外表面等
6.3		微见加工痕迹		
3.2		看不见加工痕迹		
1.6	光	可辨加工痕迹方向	精磨、精车、精铣、精拉、精铰	轴承的重要表面、齿轮轮齿的表面、普通车床导轨面、滚动轴承相配合表面、发动机曲轴和凸轮轴的工作面、活塞外表面等
0.8		微辨加工痕迹方向		
0.4		不可辨加工痕迹方向		
0.2	最光	暗光泽面	研磨光泽面加工	曲柄轴的轴颈、气门及气门座的支持表面、发动机汽缸内表面、仪器导轨表面、液压传动件工作面、滚动轴承的滚道、滚动体表面、仪器的测量表面、量块的测量面等
0.1		亮光泽面		
0.05		镜状光泽面		
0.025		雾状光泽面		
0.012		镜面		

注：通常情况下，一般接触面 Ra 值取 3.2～6.3 μm；配合面 Ra 值取 0.8～1.6 μm；钻孔表面 Ra 值取 12.5 μm。

4. 表面结构的标注

(1)表面结构符号。表示零件表面结构的基本符号，是由两条成 60°夹角的细实线段组成，如图 6 - 20 所示。

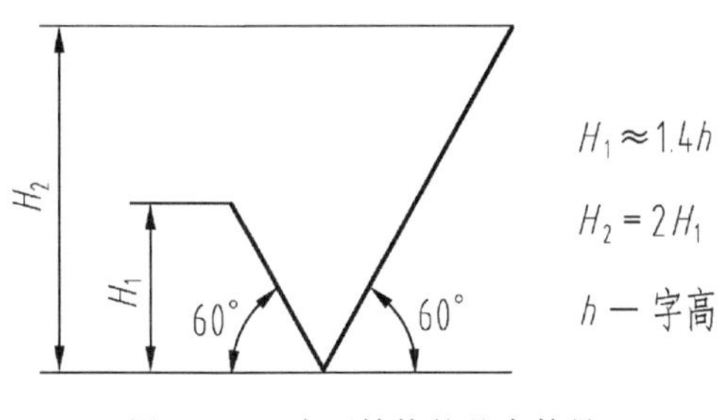

图 6 - 20　表面结构的基本符号

表达实际情况下各种零件表面的表面结构要求，需要在基本符号的基础上增加标注内容，如表 6 - 4 所示。

表 6 - 4　表面结构符号、名称及含义

符　号	名　称	含　义
√	基本图形符号	未指定加工方法的表面，通过注释可以单独使用

续表 6－4

符 号	名 称	含 义
	扩展图形符号	用去除材料的方法获得的表面，仅当其含义为“被加工表面”时可单独使用
		用不去除材料的方法获得的表面，也可用于保持上道工序形成的表面，不管这种状况是通过去除材料或不去除材料形成的
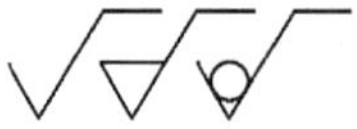	完整图形符号	对上述 3 个符号的长边加一横线，用于对表面结构有补充要求的标注
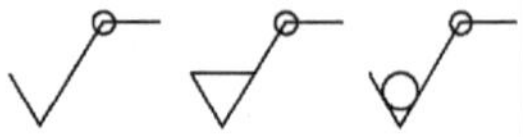		对上述 3 个符号上加一小圆，表示在图样某个视图上构成封闭轮廓的各表面有相同的表面结构要求
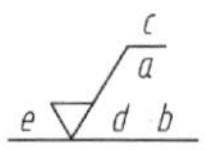 c a e d b	补充要求的注写	位置 *a* 注写表面结构的单一要求，位置 *a* 和 *b* 注写两个或多个要求，位置 *c* 注写加工方法，位置 *d* 注写表面纹理和方向，位置 *e* 注写加工余量

(2)表面结构的标注及示例。

①表面结构的标注。表面结构在图样上的标注是由基本符号和 *Ra* 或 *Rz* 数值组成，其符号大小一致，*Ra* 及数字标注在横线下，字号要比尺寸数字小一号。基本符号的角分线一定垂直指向被测表面，不能指在被测表面的端点及相交点。图中零件表面只标注一次。

②表面结构的标注及示例。零件图中表面结构的各种标注，如表 6－5 所示。

表 6－5 表面结构符号的标注及说明

序号	标注示例	说 明
1	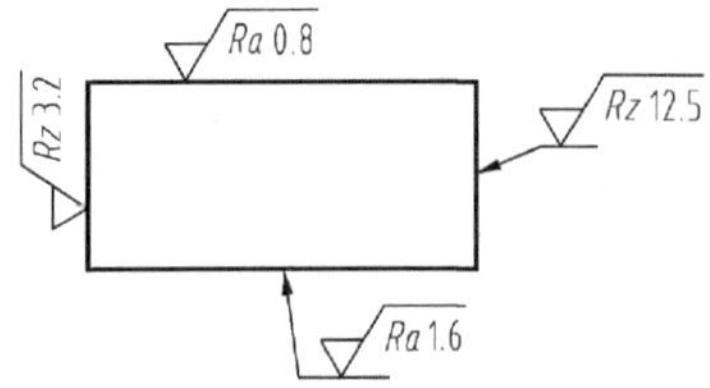 Ra 0.8；Rz 12.5；Rz 3.2；Ra 1.6	表面结构符号、代号的标注方向与表面结构的注写和读取方向一致，字头向上、向左
2	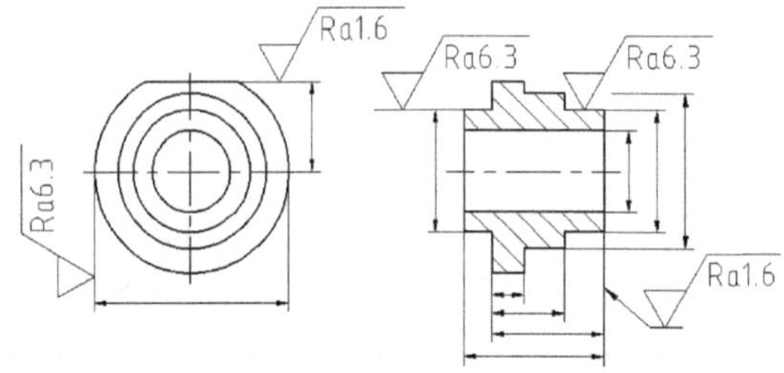 Ra1.6；Ra6.3；Ra6.3；Ra6.3；Ra1.6	1. 表面结构符号应从材料外指向并接触表面 2. 可以直接标注在所示表面的轮廓线上或其延长线上 3. 也可用带箭头的指引线引出标注

续表 6－5

序号	标注示例	说　明
3	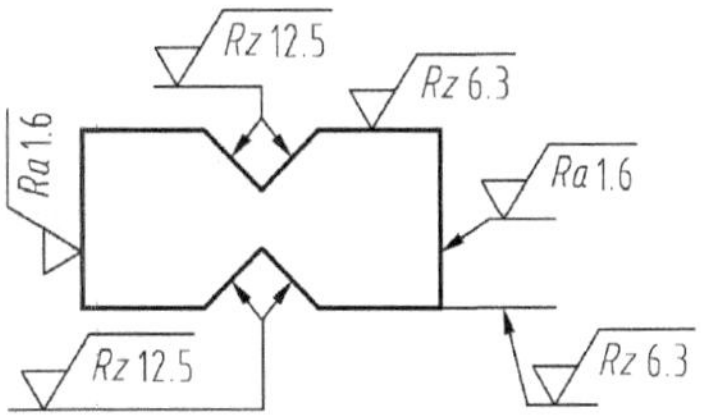	1. 两相邻表面具有相同的表面结构要求时，可用带箭头的公共指引线引出标注 2. 表面结构参数符号及其参数值(单位为 μm)，一律书写在完整图形符号横线下方
4	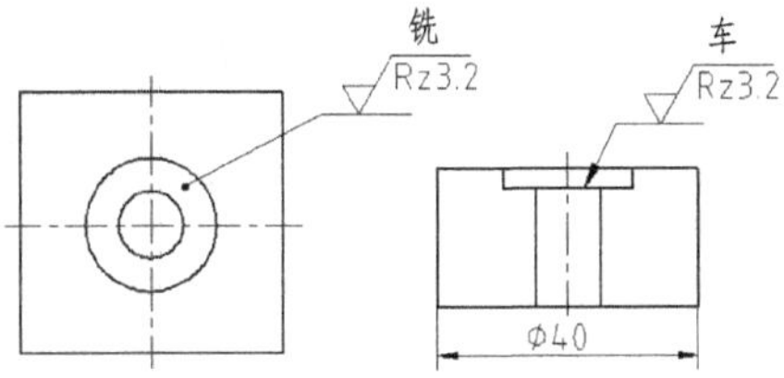	1. 当从表面的轮廓内引出标注时，应将指引线的箭头改用黑点 2. 指明表面加工方法时，应在完整图形符号的横线上方注明
5	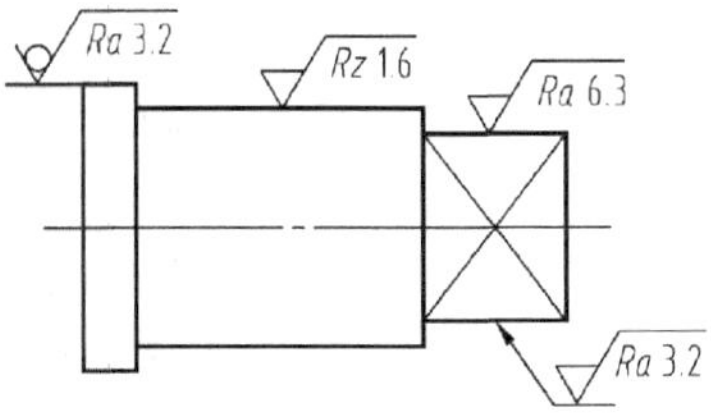	1. 零件的圆柱和棱柱表面，其表面结构要求只标注一次(见本表序号 2 中的铣削表面) 2. 如果棱柱的每个表面有不同的表面结构要求，应分别单独标注
6	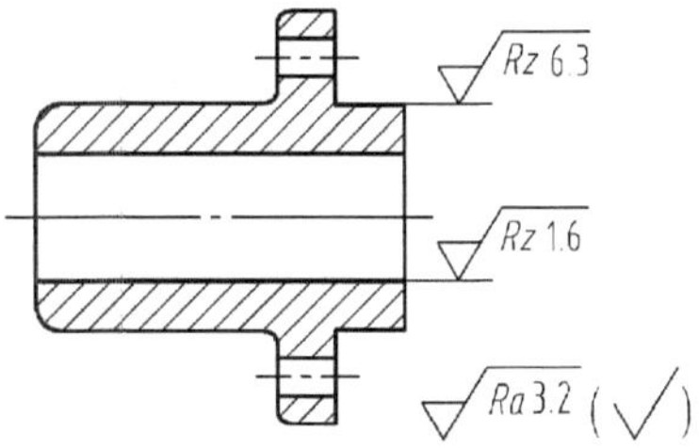	1. 工件的其余(包括全部)表面具有相同的要求，则可统一在图样的标题栏附近标出 2. (除全部表面具有相同要求的情况外)在表面结构要求的符号后面加括号，在括号内给出无任何其他标注的基本符号
7	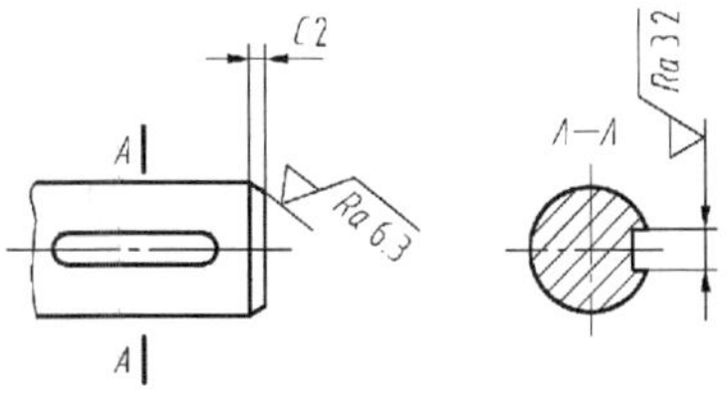	表面结构和尺寸可以标注在同一尺寸线上，见键槽侧壁的表面结构和倒角的表面结构

续表 6-5

序号	标注示例	说明
8	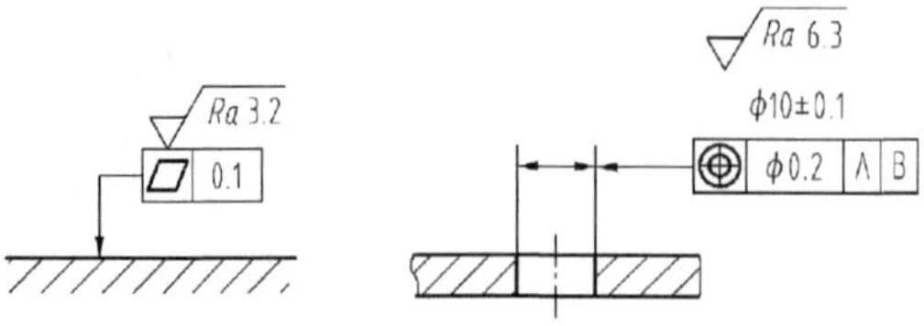 Ra 3.2　0.1 (a) Ra 6.3　ϕ10±0.1　ϕ0.2 A B (b)	表面结构要求可标注在几何公差框格的上方
9	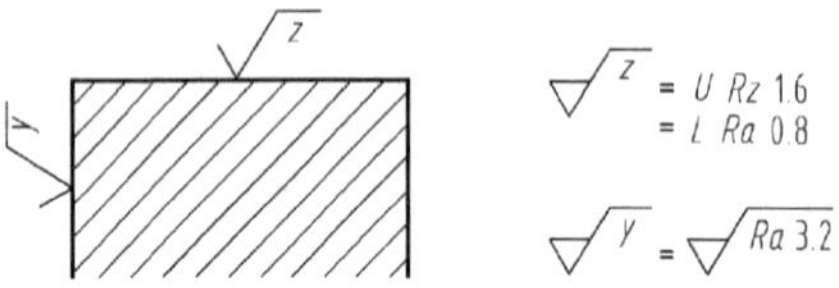 z　y z = U Rz 1.6 = L Ra 0.8 y = Ra 3.2	当多个表面具有的表面结构要求或图纸空间有限时，可以采用简化注法。 用带字母的完整符号，以等式的形式，在图形或标题栏附近，对有相同表面结构要求的表面进行简化标注
10	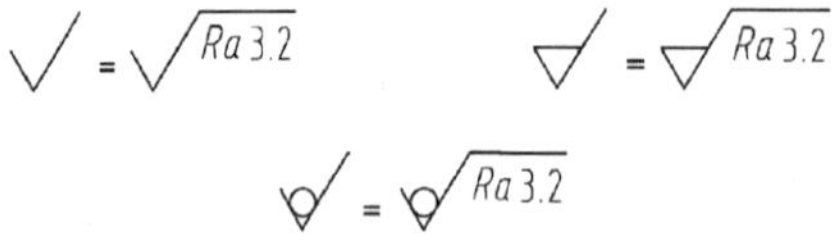 = Ra 3.2　= Ra 3.2 = Ra 3.2 (a)　(b)　(c)	简化注法的其他形式如下： (a)未指定工艺方法的多个有表面结构要求的简化注法； (b)不允许去除材料的多个表面结构要求的简化注法； (c)要求去除材料的多个表面结构要求的简化注法
11	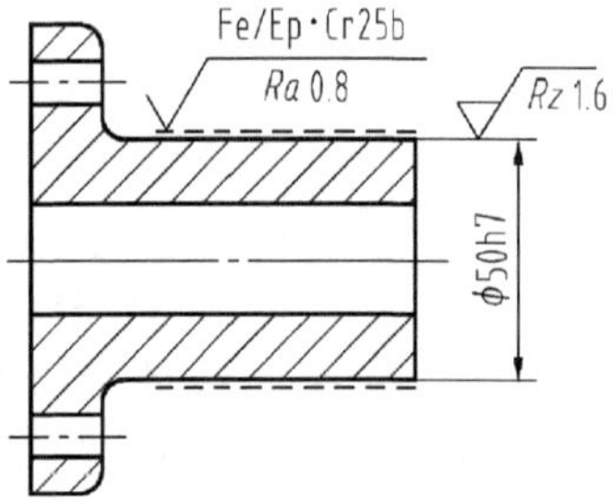 Fe/Ep·Cr25b Ra 0.8　Rz 1.6 ϕ50h7	由几种不同的工艺方法获得的同一表面，当需要明确每种工艺方法的表面结构要求时，可按图中所示方法标注。如图示，同时给出了镀覆前后的表面结构要求
12	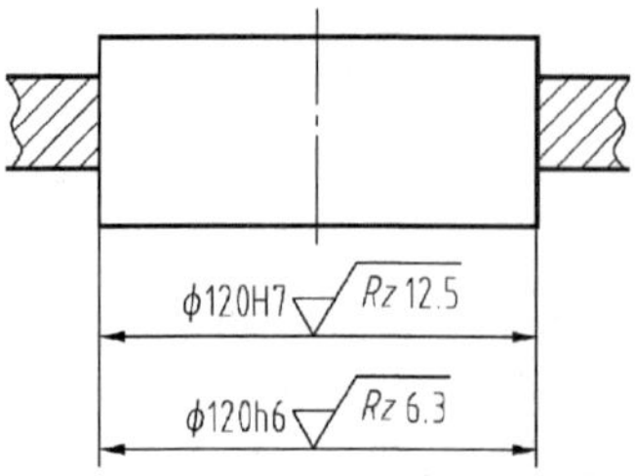 ϕ120H7 Rz 12.5 ϕ120h6 Rz 6.3	在不致引起误解时，表面结构要求可以标注在给定的尺寸线上

(3)表面结构标注的注意事项。表面结构级的选择是根据零件表面设计要求和加工方法来确定的，优先选用 Ra；一般不需要同时选用 Ra、Rz 两个参数；表面不允许有较深的加工痕迹选用 Rz，或 Ra 与 Rz 联用。

表面结构的标注主要注意以下几点：

①表面结构参数符号的标注方向，保持向上、向左原则，不能保证时，采用引线标注；

②表面结构的符号指向表示面的直线段上或延长线上，不能标在图线的交点处。

③表面结构的符号可灵活标注在尺寸界线或尺寸引线上；

④多处表面结构相同时，可采用代号标注的方法，在图纸右下角靠近标题栏，标注对应等级；

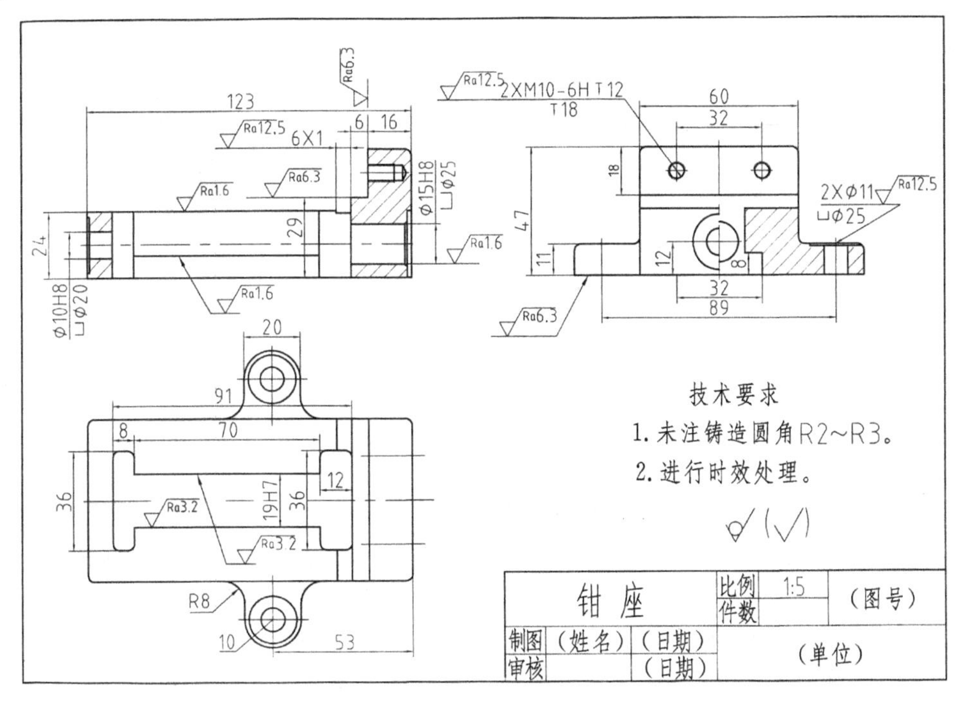

图 6－21　零件图表面结构的标注

⑤齿轮的轮齿表面结构要标注在齿轮分度圆的点画线上。螺纹面的表面结构要标注在螺纹的尺寸线上。

(4)零件图中表面结构的标注。零件图中表面结构的标注，要考虑尺寸标注和几何公差标注，一般在尺寸标注之后，以便表面结构的符号标注在尺寸界线上或引线上。如图 6－21 所示。

5. 粗糙度的标注及示例

新标准前零件图表面质量只标注粗糙度。表面粗糙度标注的基本符号与表面结构相同，只标注 Ra 值不标“Ra”字母，不需要引线直接标注在机件的任何方向表面上，保证字母“Ra”及数字的“字头”方向朝上、朝左，与尺寸标注的“上、左”原则相同。零件的剩余表面粗糙度，用文字“其余”加上表面粗糙度的标注符号，写在零件图中的右上角处。如图 6－22 所示。

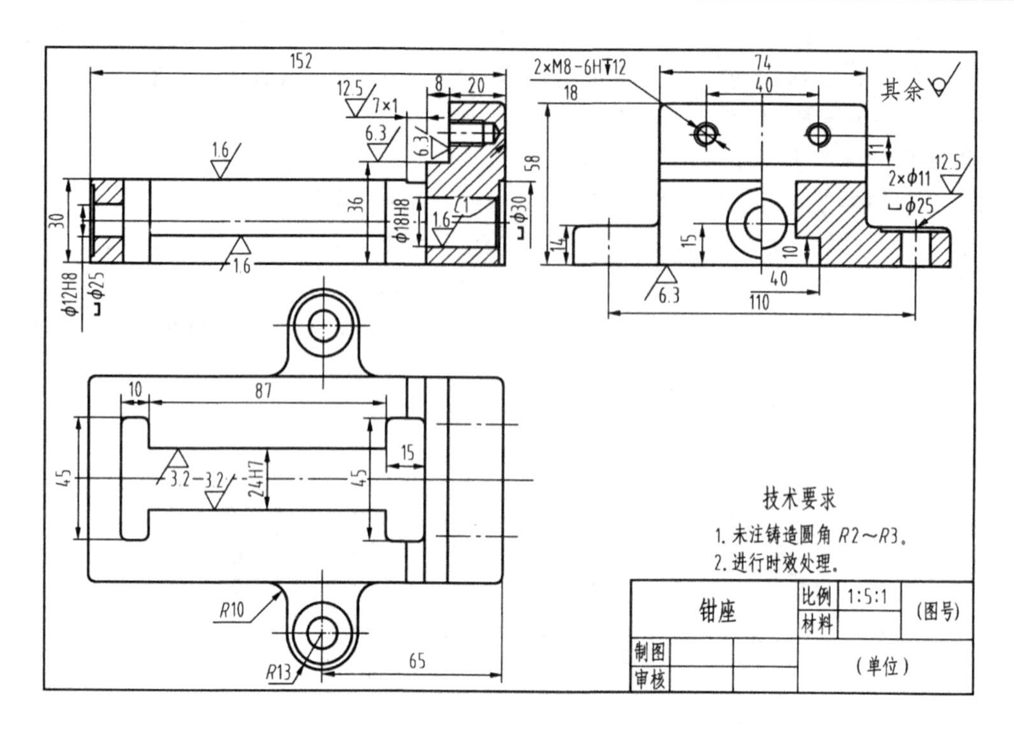

图 6-22　齿轮轴表面结构的标注

6.4.2　尺寸公差

互换性是指在同一规格的零件、部件中，任取其一，不经任何选择或修配就能装配到机器上，并达到规定的使用要求。正因为有了互换性，生产效率提高，成本降低，维修方便，取得最佳的经济效益。零件在加工过程中，由于刀具、机床精度等多种因素的影响，不可能也不必要把每个零件制造的绝对精确，实际上只要零件尺寸等几何参数限制在一定的范围内，就能保证零件的互换性。以图 6-23 为例了解尺寸公差与配合的基本知识。

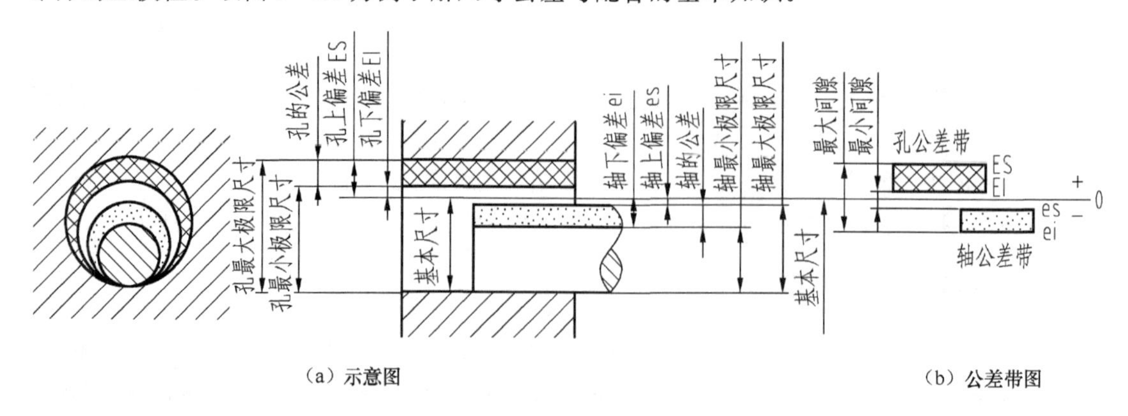

图 6-23　孔、轴公差与配合的示意图及公差带图

1. 尺寸

(1)基本尺寸(D、d)。设计给定的尺寸，一般为(偶数)整数的标准系列，孔、轴配合时，孔、轴的基本尺寸必须相同。孔的尺寸用大写字母表示，轴的尺寸用小写字母表示。

(2)实际尺寸(D_a、d_a)。测量零件得到的尺寸，用测量尺寸来近似表达零件的真实尺寸。

(3)极限尺寸。允许零件尺寸变化的两个界限值。分别为最大极限尺寸(D_{max}、d_{max})，最小极限尺寸(D_{min}、d_{min})。

2. 公差与偏差

(1)偏差。零件实际尺寸减去基本尺寸得到的代数差，称为偏差。

最大极限尺寸(D_{max}、d_{max})减去基本尺寸(D、d)得到的代数差，称为上偏差(ES)；

最小极限尺寸(D_{min}、d_{min})减去基本尺寸(D、d)得到的代数差，称为下偏差(EI、ei)；

用计算式表示：

孔上偏差 $\mathrm{ES}=D_{max}-D$　　轴上偏差 $\mathrm{es}=d_{max}-D$

孔下偏差 $\mathrm{EI}=D_{min}-D$　　轴下偏差 $\mathrm{ei}=d_{min}-D$

(2)公差。尺寸公差是指允许尺寸的变动量。即最大极限尺寸减去最小极限尺寸。或上偏差减去下偏差。孔的公差用 Th 表示，轴的公差用 Ts 表示，公差表示尺寸的变动量，无正、负之分。

用计算式表示：

$$\mathrm{Th}=|D_{max}-D_{min}|=|\mathrm{ES}-\mathrm{EI}|$$

$$\mathrm{Ts}=|d_{max}-d_{min}|=|\mathrm{es}-\mathrm{ei}|$$

(3)公差带图。公差带图是以基本尺寸为零线，零线上为正，下为负，将孔、轴的偏差按一定的比例放大，用长方形画出，并标出对应的符号，即称为公差带图。公差带图在分析公差和孔、轴配合时，非常方便，如图 6-24 所示。

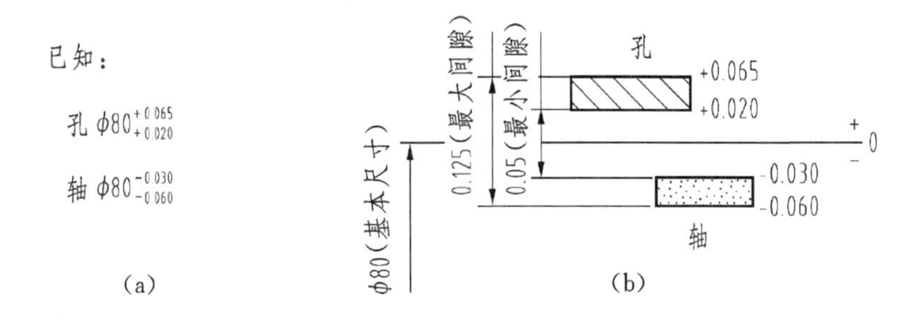

图 6-24　公差带图

3. 公差的确定

(1)标准公差及等级。标准公差是国家标准规定的确定公差带大小的任一公差，用“IT”表示。同一标准公差基本尺寸越大，标准公差数值越大，如附录表 20 所示。

标准规定公差等级分为 20 个等级，即 IT01，IT0，IT1，IT2，IT3，…，IT18。公差等级由高到低，IT01 级的精度最高，IT18 级的精度最低。标准规定公差等级越高标准公差值越小，允许尺寸的变化量越小，加工难度增大，加工成本增高，因此，合理的选择标准公差等级十分重要。

(2)基本偏差系列及代号。靠近“零线”的偏差为基本偏差。基本偏差是控制公差带位置的，标准公差相同基本偏差不同，尺寸的变化范围是不同的。国家标准规定了基本偏差系列，孔和轴各有 28 种基本偏差代号，用字母表示，大写字母表示孔，小写字母表示轴，如图 6－25 所示。

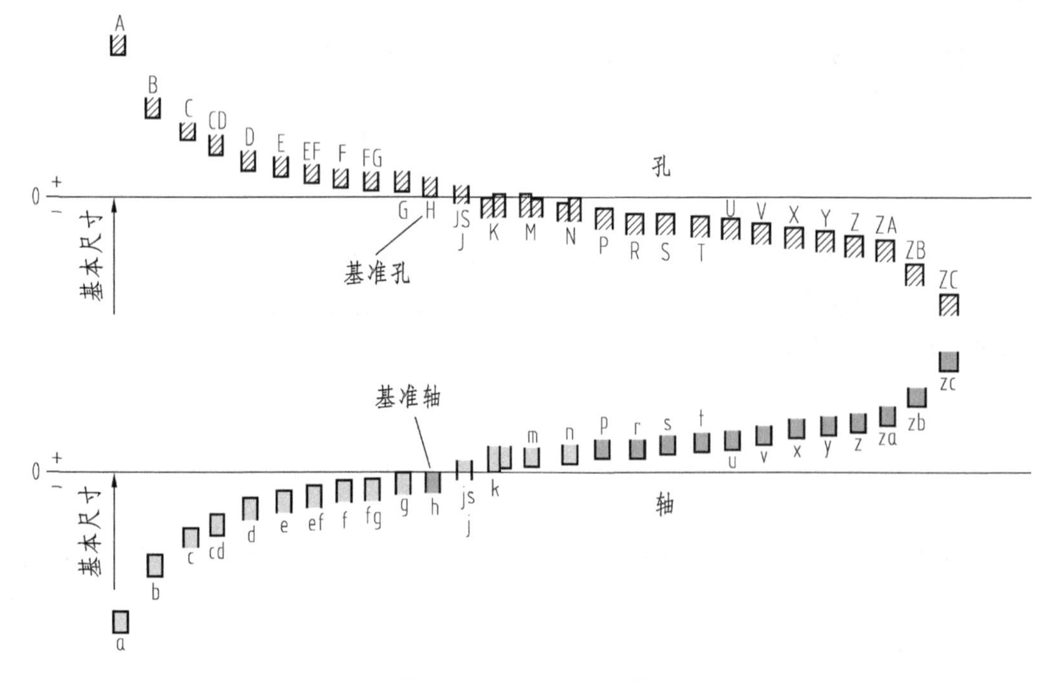

图 6－25　基本偏差系列图

(3)公差代号。尺寸公差代号是由基本偏差代号和标准公差等级代号组成。

如：H7——表示基本偏差代号为 H，公差等级为 7 级的孔公差代号；

F6——表示基本偏差代号为 F，公差等级为 6 级的轴公差代号。

(4)公差的查表及计算。根据给出的公差标注，在查附表查出对应的基本偏代号、上下偏差和公差。需要时可画出公差带图，按需要进行必要的计算。

例 6－1　查表求 ϕ50F7 的上下偏差。ϕ50F7 的 F7 表示孔公差带的位置和大小，查附表 22 中孔的基本偏差数值，根据孔的基本偏差 F，基本尺寸 50mm，对应的数值是下偏差 EI＝＋30μm(0.030mm)，查附表标准公差数值，根据基本尺寸 50mm，公差等级为 7 级，对应的数值是 Th＝25μm(0.025mm)。

根据 Th＝|ES—EI|，所以　ES＝EI＋Th＝0.025＋0.030＝0.055(mm)，

$$\phi 50\text{F7}——\phi 50^{+0.0555}_{+0.0300}$$

4.配合

基本尺寸相同,带有公差的孔和轴在一起组合,称为配合。

(1)配合的种类有三种

①间隙配合。具有间隙的配合,孔的公差带在轴的公差带之上。如图6-26(a)

②过盈配合。具有过盈的配合,孔的公差带在轴的公差带之下。如图6-26(b)

③过渡配合。具有间隙或过盈的配合,孔的公差带与轴的公差带相互交叠。如图6-26(c)

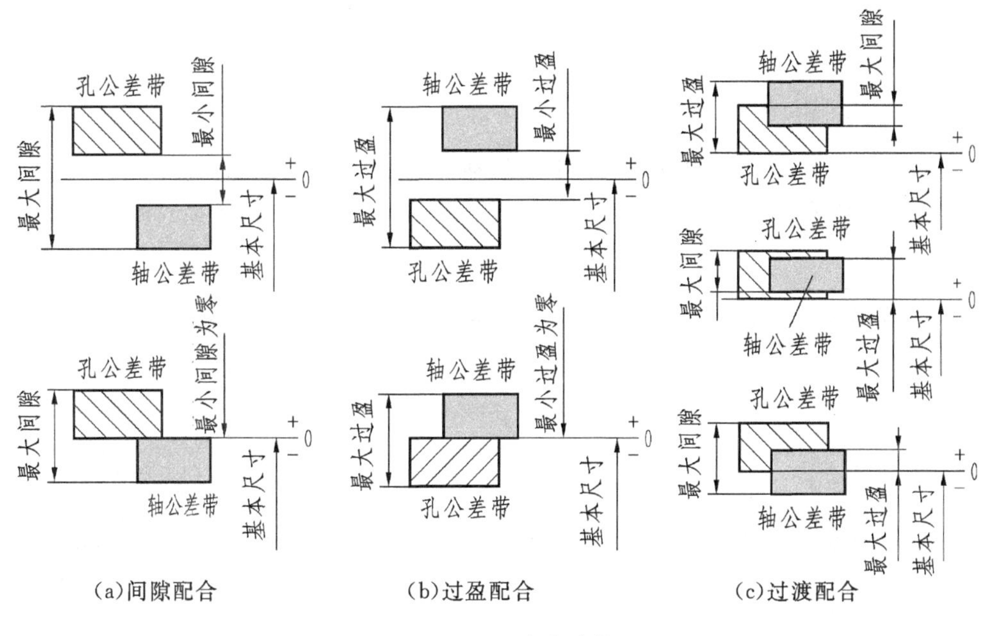

图6-26 配合的种类

(2)基准制。国家标准规定有基孔制和基轴制两种。基本偏差为零的公差,即基本偏差代号为H是基准孔,基本偏差代号为h是基准轴。

①基孔制配合。基本偏差为H的基准孔,与不同基本偏差轴的配合,如图6-27所示。

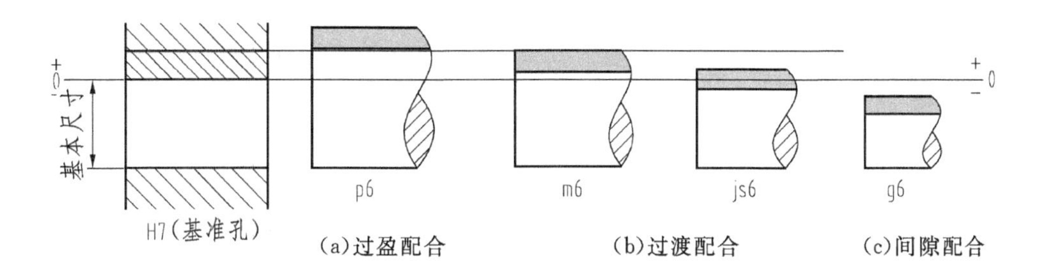

图6-27 基孔制配合的示意图

②基轴制配合。基本偏差为h的基准轴,与不同基本偏差孔的配合,如图6-28所示。

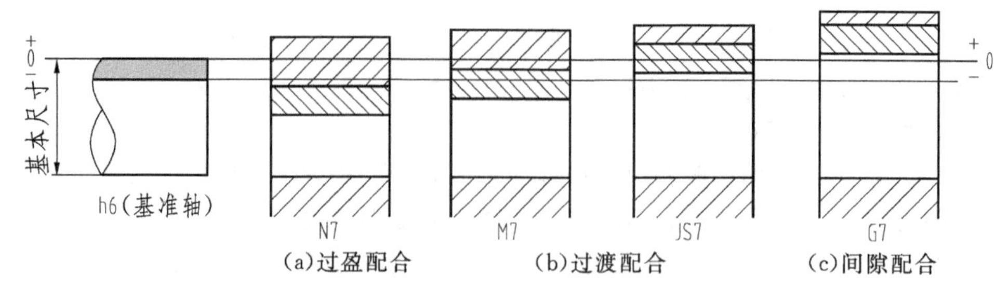

图 6-28 基轴制配合的示意图

5. 公差与配合标注

(1)公差标注。零件主要尺寸在图样上一般都标出公差要求,不重要的尺寸的公差(IT12～IT18),一般在图样上不标出。公差在图样上的标注有 3 种形式,如图 6-29 所示。

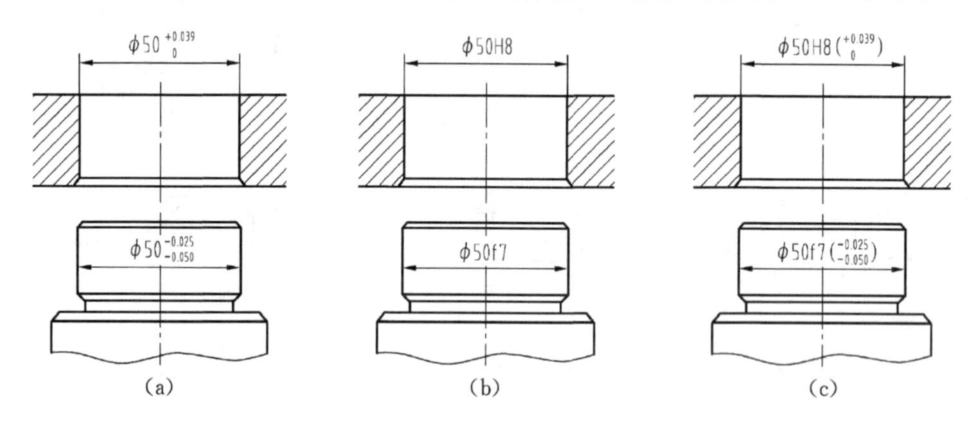

图 6-29 公差在图样上的标注

尺寸公差在标注时的注意事项如下。

①基本偏差代号的字母、公差等级代号的数字与尺寸数字等高(字号相同);

②上、下偏差数字比尺寸数字小一号,单位为 mm,标出正负,并上下对齐,如图 6-29(a)所示;

③当上、下偏差数值相同时,偏差数值只写一次,尺寸数字中间对齐,如 $\phi80\pm0.017$ 的标注。

④采用公差代号和上、下偏差数字同时标注,上、下偏差数字需要加括弧。

(2)配合标注。在基本尺寸后,分别用分数的形式标注孔、轴的公差代号,分子标注孔的基本偏差代号的字母和公差等级代号数字,分母标注轴的基本偏差代号的字母和公差等级代号数字,如图 6-30 所示。

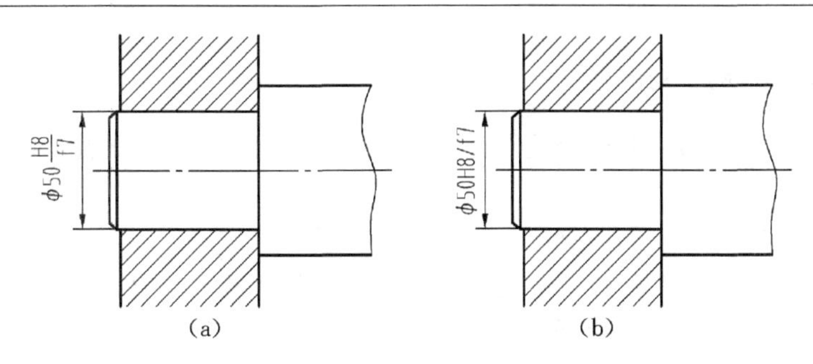

图 6－30　配合在图样上的标注

6.4.3　几何公差

1. 几何公差的基本概念

几何公差(又称形、位置公差)，零件加工后实际的几何形状相对于理想形状的差异。加工后的零件不仅产生尺寸误差，而且还存在几何形状的误差。几何公差使轴的作用尺寸变大，孔的作用尺寸变小。为保证零件的精度要求，国家指定了一系列的几何公差标准，控制零件的加工精度。几何公差是零件图中的一项重要技术要求内容。

2. 几何公差的内容及代号

几何公差包括，形状公差有 6 项，方向公差 5 项，位置公差 6 项，跳动公差 2 项。如表 6－6 所示

表 6－6　几何公差的内容及代号

公差类型	几何特征	项目名称	有无基准	公差分类	几何特征	项目名称	有无基准
形状公差	直线度	—	无	方向公差	线轮廓度	⌒	有
	平面度	⏥	无		面轮廓度	⌓	有
	圆度	○	无	位置公差	位置度	⌖	有或无
	圆柱度	⌭	无		同心度	◎	有
	线轮廓度	⌒	无		同轴度	◎	有
	面轮廓度	⌓	无		对称度	⌯	有
					线轮廓度	⌒	有
方向公差	平行度	//	有		面轮廓度	⌓	有
	垂直度	⊥	有	跳动公差	圆跳动	↗	有
	倾斜度	∠	有		全跳动	⌰	有

3. 几何公差的标注及识读

(1)零件上的几何要素。几何公差研究的对象是构成零件几何体的点、线、面,通称为几何要素(简称要素)。

①实际要素。零件上实际存在的要素,通常指测量得到的要素。

②理想要素。具有几何意义的要素,是图样上点、线、面的理想形状。

③被测要素。在图样上给出几何公差要求的要素,是检查的对象。

④基准要素。用来确定被测要素方向或位置的要素。

(2)标注方法。几何公差采用框格形式标注,框格用细实线水平绘制,用带箭头的引线与被测要素连接,引线必须与被测要素和框格垂直,不能倾斜,引线与被测要素可弯折。基准符号用大写字母与涂黑或空白三角形连接组成,字母永远保持正写。如图 6-31 所示。

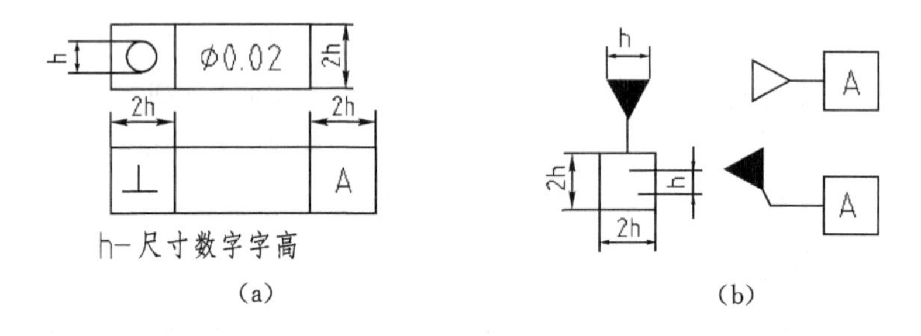

图 6-31 几何公差的框格及基准符号

几何公差引线端箭头或基准符号指向被测要素或基准要素时应注意如下事项:

①被测要素为轮廓要素线或面时,箭头应指在可见轮廓线或引出线上,且明显的与尺寸线和交点错开,如图 6-32(a)所示。当被测要素为中心线(轴线、对称平面)时,箭头与该要素的尺寸线对齐,如图 6-32(b)所示。

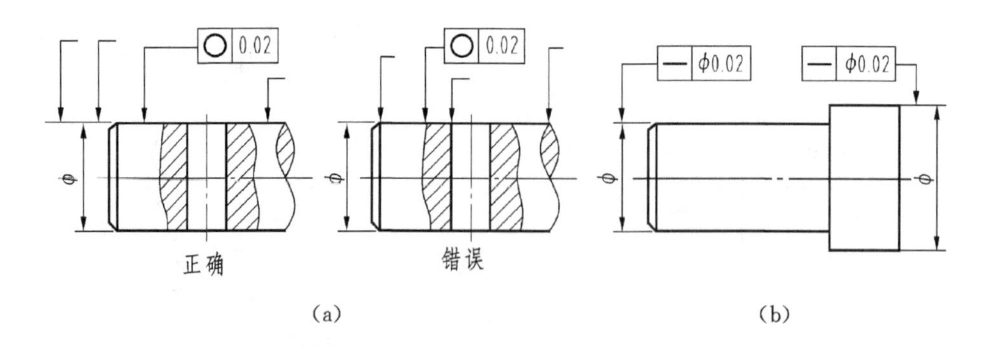

图 6-32 被测要素的引线位置

②零件多个被测要素有相同的几何公差时,可从框格引出多个引线及箭头,分别指在多个被测要素上,如图 6-33(a)所示。

③当被测要素为整体轴线或公共中心平面时,箭头可直接指在该线上,如图 6-33(b)、6-34(a)所示。

④同一个被测要素有多项几何公差要求，标注方法一致时，可将多项几何公差框格落在一起绘制，用一条引线标注，如图 6－33(c)所示。

⑤为简化几何公差标注，可在公差框格上方或下方附加文字说明，如图 6－33(d)所示。

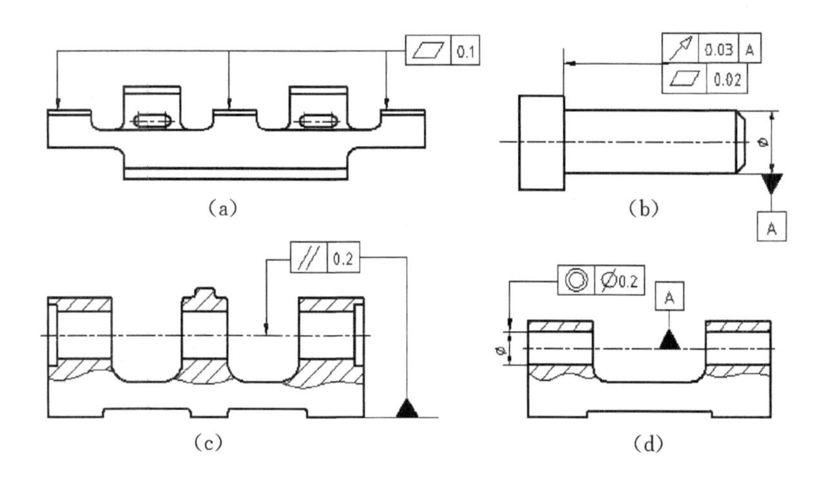

图 6－33　几何公差的标注

⑥当被测要素为中心要素(轴线、中心面、球心)时，箭头或基准符号的连线与尺寸线对齐，如图 6－34(b)所示。

⑦基准符号还可以标注在用圆点从实际表面的引出线上，如图 6－34(c)所示。

⑧零件的两个面同样要求，任选基准的标注方法，如图 6－34(d)所示。

⑨当选中心孔作基准时，基准符号可标注在中心孔的连线上。圆柱的跳动箭头与轴心线垂直，如图 6－34(e)所示。

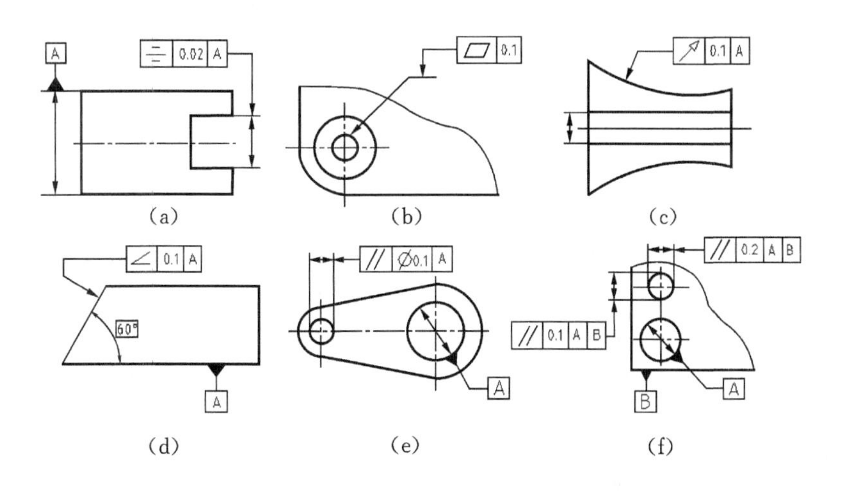

图 6－34　几何公差的标注示例

(3)标注示例及识读。在几何公差的标注或识读时，一定清楚以下几点：

①被测要素。机件上限制的什么位置的什么几何形状是被测要素，要明确到点、线、面；

②基准要素。机件上的什么位置的什么几何形状被选作基准要素，也要明确是点、线、面；

③公差名称。根据几何公差符号清楚几何公差的名称，了解几何公差限制形状或位置的内容；

④公差值。公差的变动形状、范围，公差值。

例 6－2 解释图中几何公差标注的含义，如图 6－35 所示。

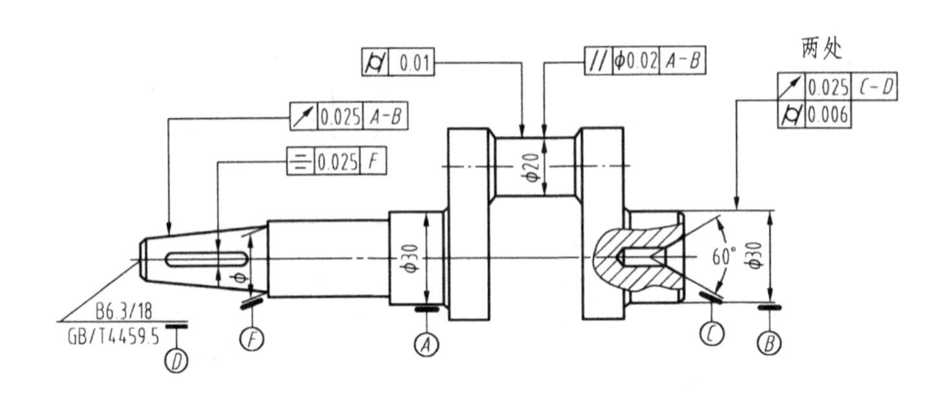

图 6－35 几何公差的综合标注

图中各项几何公差标注的识读，见表 6－7 所示。

表 6－7 几何公差综合标注的识读

序号	标注符号	被测要素	基准要素	公差名称及公差值
1	⌭ 0.01	ϕ20mm 轴的圆柱表面	—	圆柱度公差为 0.01mm
2	↗ 0.025 A-B	左端圆台的圆台表面	两处ϕ30mm 轴的轴线	圆跳动公差为 0.025mm
3	⌯ 0.025 F	键槽的中心平面	左端圆台的轴线	对称度公差为 0.025mm
4	↗ 0.025 C-D	两处 ϕ30mm 轴的圆柱表面	两端中心孔	圆跳动公差为 0.025mm
5	⌭ 0.006	两处 ϕ30mm 轴的圆柱表面	—	圆柱度公差为 0.006mm
6	// ϕ0.02 A-B	ϕ20mm 轴的轴线	两处 ϕ30mm 轴的轴线	平行度公差为 ϕ20mm

(4)几何公差的综合示例。通常在标注尺寸后标注几何公差，几何公差所控制的要素都是零件重要的结构形状，该结构的表面结构(表面质量)及尺寸公差精度都有相对较高的要求，他们共同保证零件的使用性能，如图 6－36 所示。

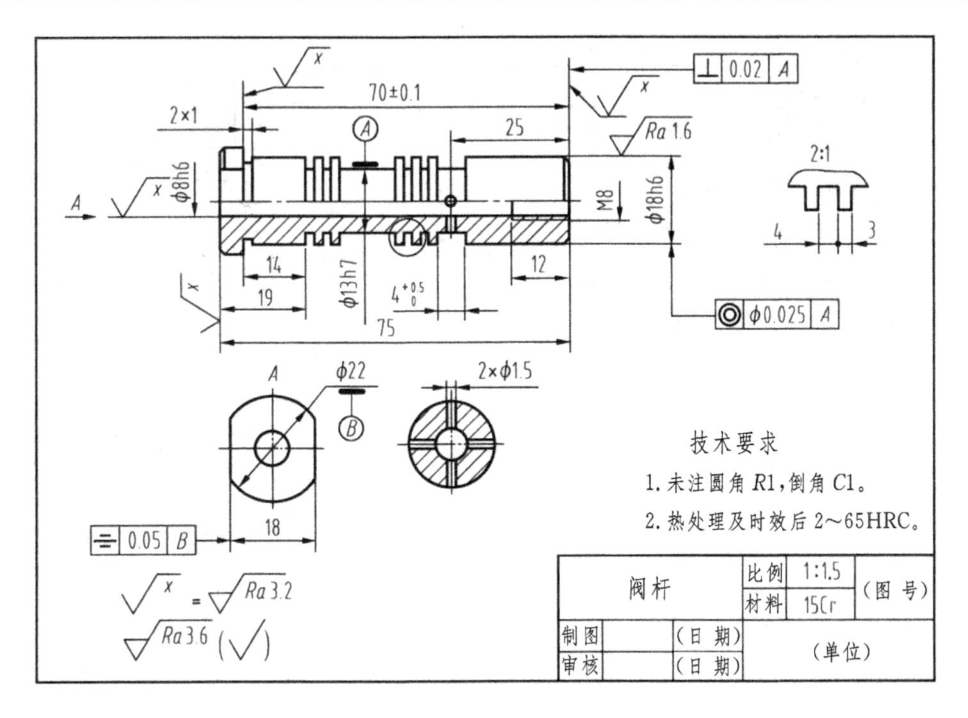

图 6－36　零件图中的几何公差的标注

6.5　零件图的结构分析

6.5.1　零件的分类

零件的形状、种类众多，根据材料可分为金属件、塑料件等，根据机件毛坯可分为机加、铸造件、冲压件、焊接件等，根据零件制造精度、零件的尺寸大小、零件的使用环境都可以进行零件分类。

在机械制图中，为方便分析和研究零件，将常见的零件，按它们的用途和形状特征分为轴类、盘类、叉类、支架类、箱体类等。

1. 轴盘类零件

轴盘类零件是外形以回转体为主的零件，轴向尺寸大于径向尺寸的称为轴类零件，轴向尺寸小于径向尺寸的称为盘类零件，如图 6－37 所示。

考虑到轴盘类零件主要在车床上加工，轴心线侧垂位置投影为主视图，轴盘类零件一般不画俯视图，对零件上的结构可分别用向视图、断面图及简化表达方法进行表达，如图 6－38 所示。

2. 叉架类零件

叉架类零件主要指叉杆和支架，这类零件的工作部位在两端，中间由筋板连接构成，如拨叉、连杆、支座等。叉杆类零件形式多样，结构较为复杂，选择反映零件结构特征的投影作为主视图，叉杆类零件不规则时，尽量将零件放正，如图 6－39 所示。

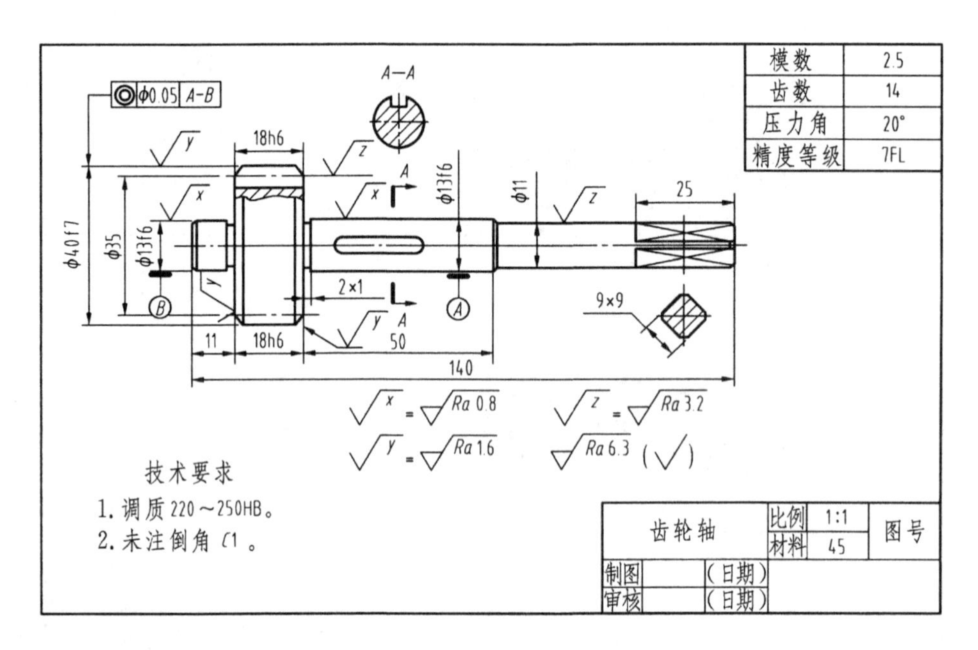

图 6-37 齿轮轴零件图

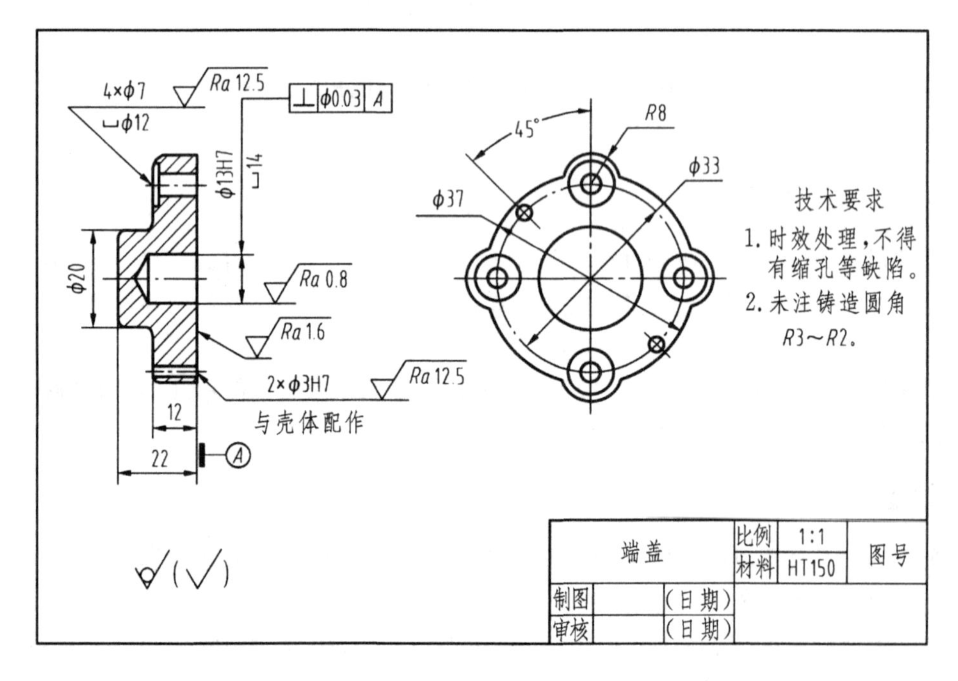

图 6-38 端盖零件图

其中一端起固定作用的称为支架，如轴承座等，这类零件一般以工作位置和反映形状特征作为主视图，如图 6-40 所示。

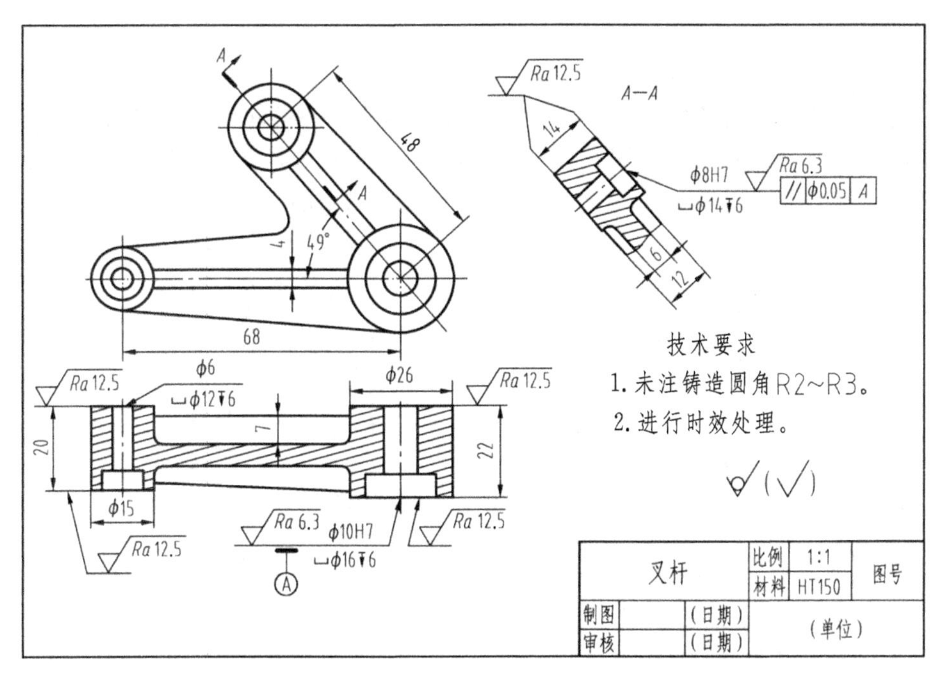

图 6－39　叉杆零件图

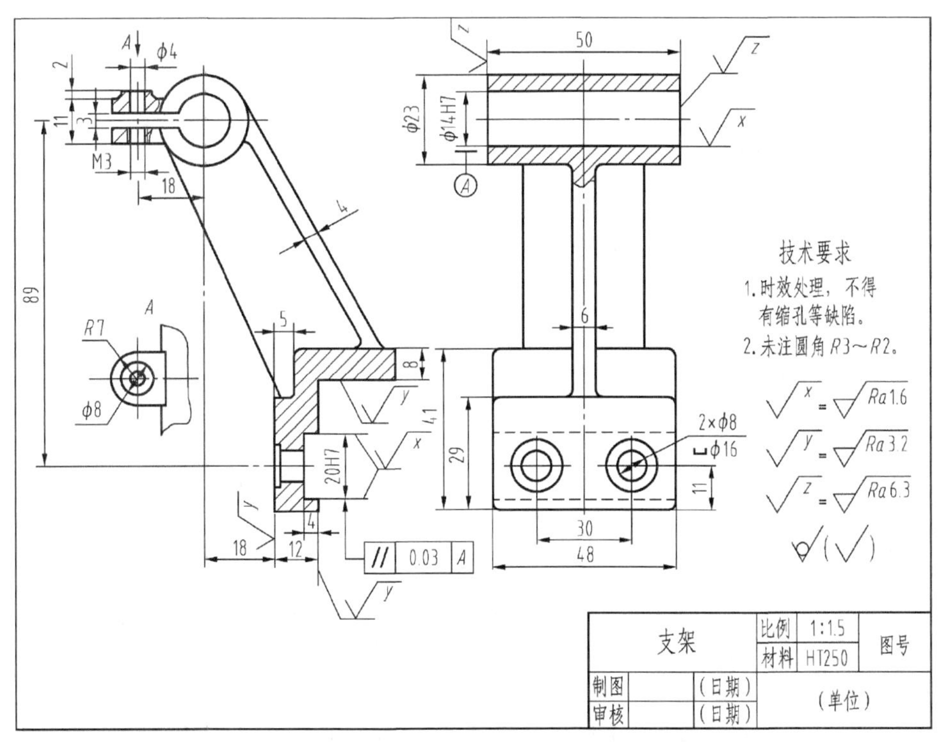

图 6－40　支架零件图

3.箱体类零件

箱体类零件是机器或部件的主要零件之一，在机器或部件中起到支承、定位、包容和密封作用。箱体类零件一般是由内、外结构组成，结构形状比较复杂。视图表达要用三个以上基本视图及必要的辅助视图，主视图一般选择工作位置，表达采用剖视图，如图 6－41 所示。

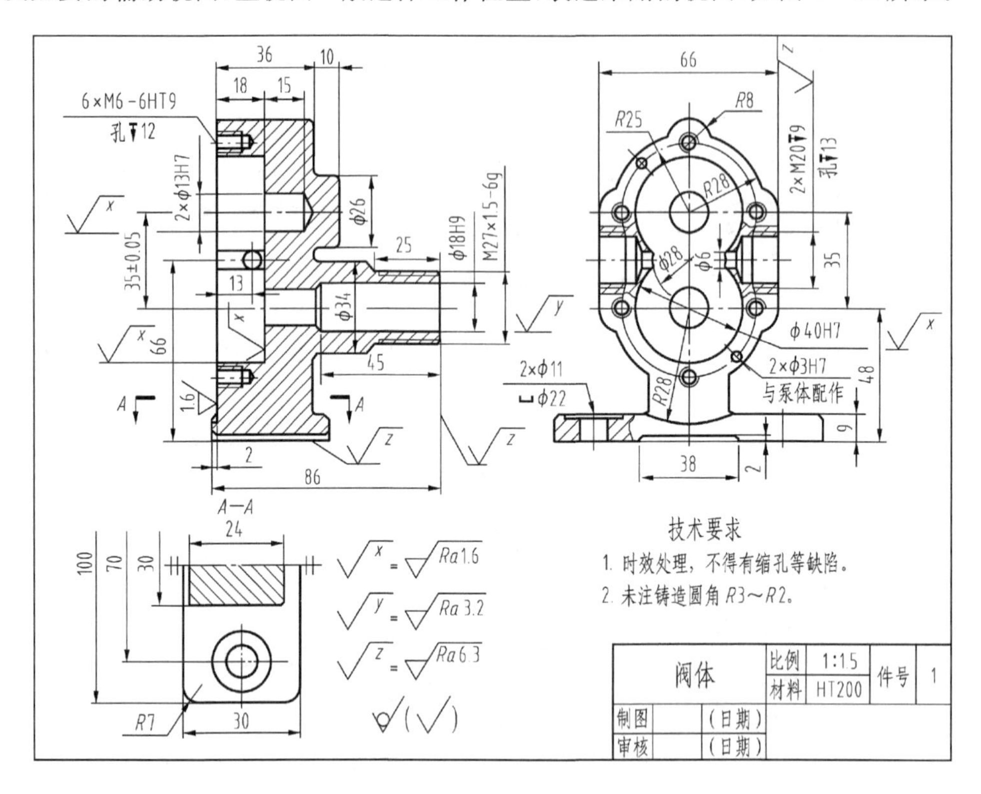

图 6－41　泵体零件图

6.5.2　零件上常见的工艺结构

零件的结构形状既要满足设计需要，又要满足加工制造的要求。在读图和画图时，一定要了解零件结构是否合理，下面介绍零件上常用的一些合理的工艺结构。

1.机加工艺结构

机械加工的工艺结构是指用去除材料的方法，加工零件时，零件所必须具有的形状结构。

(1)倒角和倒圆。倒角和倒圆就是对两个相交平面的棱线的加工，去掉毛刺和锐边保护了零件表面，同时也防止划伤操作者。倒角为 45°，倒角距离 C 和倒圆 R，根据被倒角面尺寸而定。为避免应力集中而产生裂纹，通常在轴肩、孔肩转折处加工出圆角，如图 6－42 所示。

(2)退刀槽和砂轮越程槽。在车削或磨削加工时，为使刀具或砂轮在加工完一个行程后，退刀不与工件其他面刮碰，保证工件的加工表面质量，同时在装配时保证相邻两零件能整个面接触，通常在加工面的里端加工出退刀槽和砂轮越程槽，如图 6－43 所示。

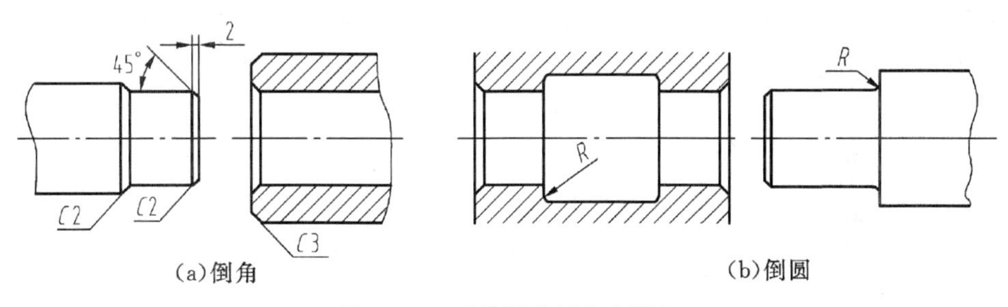

(a)倒角　(b)倒圆

图 6-42　零件图的倒角和圆角

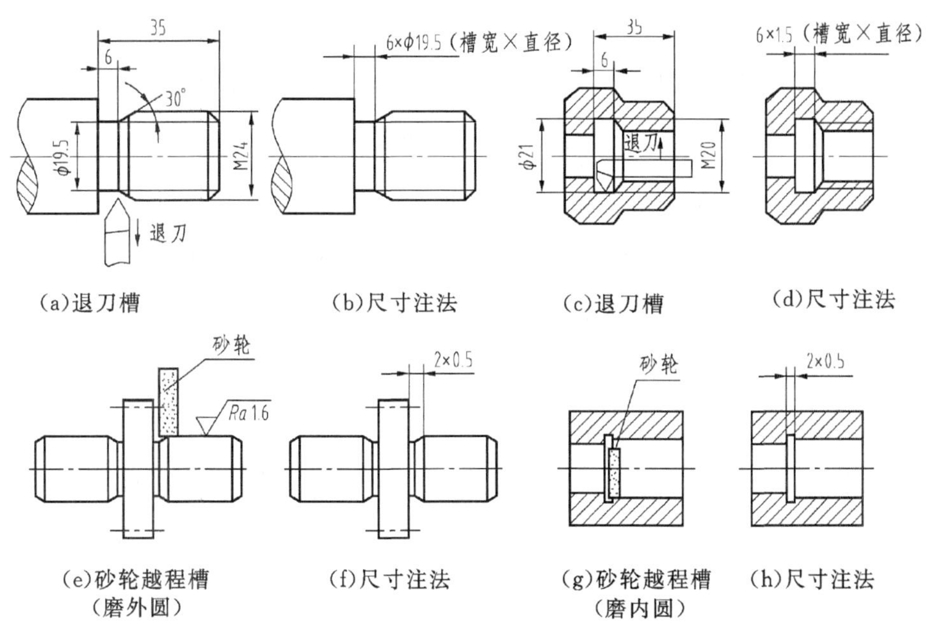

(a)退刀槽　(b)尺寸注法　(c)退刀槽　(d)尺寸注法

(e)砂轮越程槽（磨外圆）　(f)尺寸注法　(g)砂轮越程槽（磨内圆）　(h)尺寸注法

图 6-43　退刀槽和砂轮越程槽

(3)钻孔和阶梯孔。钻孔时，钻头的轴心线与被加工表面垂直，否则钻头受力不平衡无法加工。在钻孔加工过程中，应保持钻头切削材料均匀，否则钻孔精度降低或钻头折断，钻孔工件的孔表面与孔的轴线垂直如图 6-44 所示。

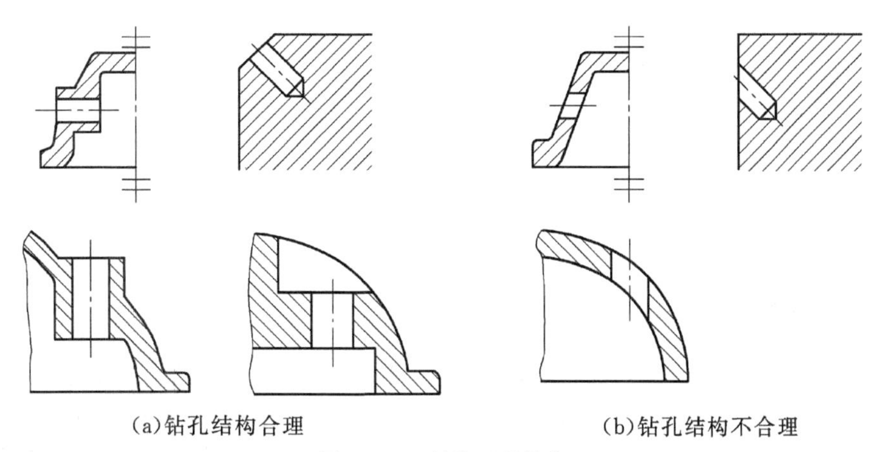

(a)钻孔结构合理　(b)钻孔结构不合理

图 6-44　钻孔工件结构

阶梯孔的加工是先钻小孔，后扩孔而成的。因此，孔肩应与钻头的角度相同为 120°，在没有特殊要求时不要画成平的。盲孔的底部为 120°锥形与钻头相同，如图 6－45 所示。

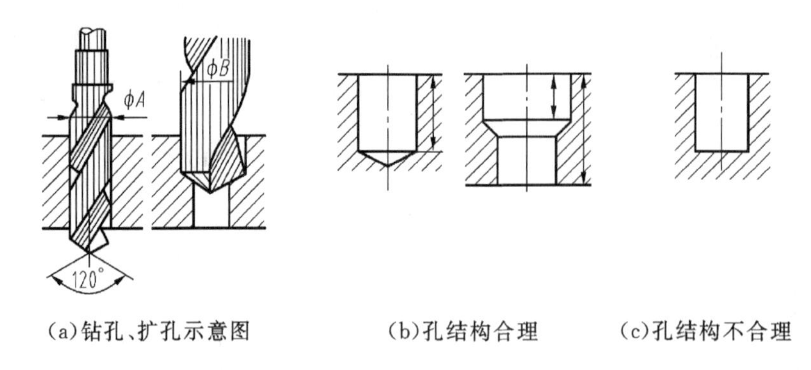

(a)钻孔、扩孔示意图　　(b)孔结构合理　　(c)孔结构不合理

图 6－45　钻孔和阶梯孔

(4)凸台与凹坑。为保证零件之间面的可靠接触(装配精度)，减少加工余量，节省材料和刀具，同时提高加工精度，在零件上设计出凸台、凹坑、凹槽或沉孔，如图 6－46、6－47 所示。

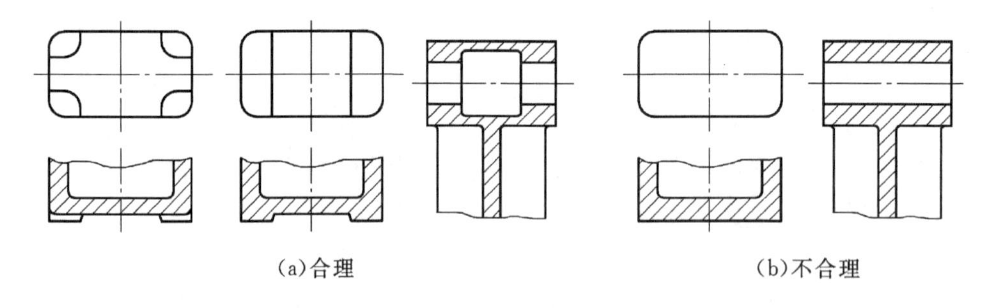

(a)合理　　(b)不合理

图 6－46　平面和孔的凸台与凹坑

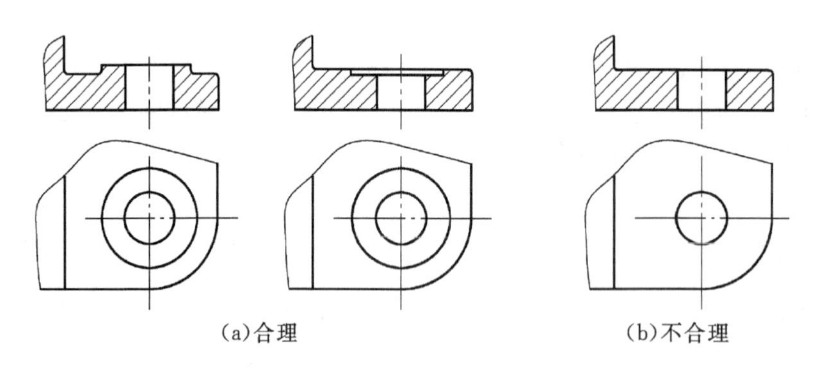

(a)合理　　(b)不合理

图 6－47　钻孔的凸台与凹坑

2. 铸造工艺结构

铸造工艺结构是由铸造工艺决定的，了解了铸造过程，自然就能掌握了铸造工艺结构。

传统的铸造工艺过程是将模型放入砂箱，填入按一定配比混合的砂料，将砂料压实，取出模型后制成与零件形状相同的空腔，留出浇入口和放气口，最后将铁水注入，待冷却后打碎砂型，取出铸造零件，如图 6－48 所示。

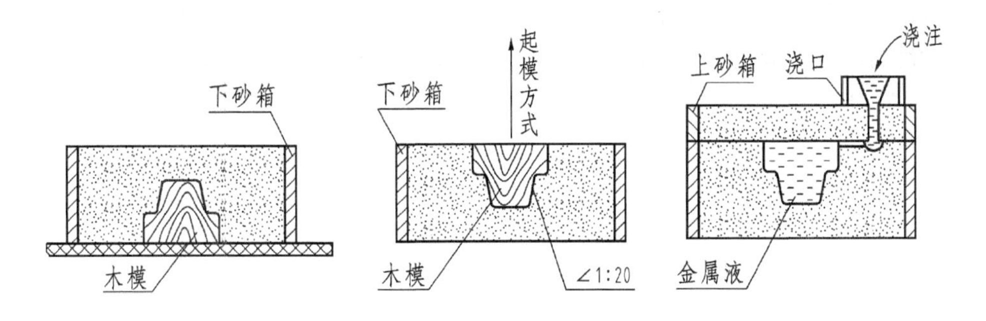

图 6－48　铸造过程示意图

（1）铸造圆角。由于模型、砂型都不能是尖角，特别是在浇灌时铁水的流动，对砂箱的圆角有一定的要求，圆角的尺寸可从铸造工艺手册中查取。在零件图上，要标出圆角的半径，当圆角半径相同时，可将半径尺寸在技术要求中统一注写。如图 6－49(a)所示。

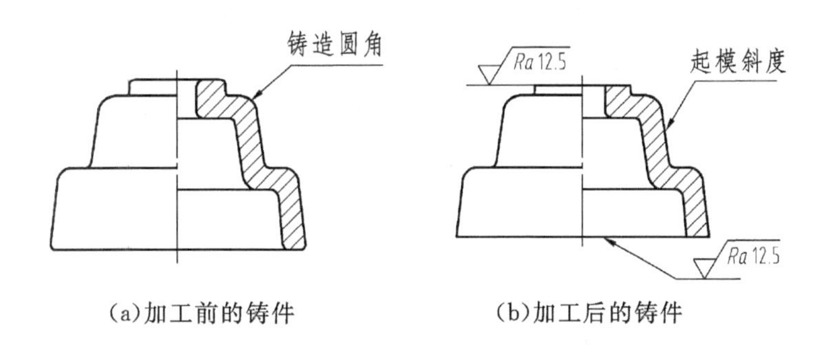

(a)加工前的铸件　　(b)加工后的铸件

图 6－49　铸造圆角

（2）起模斜度。制造砂型必须经取出模型的过程，模型从砂型取出的方向设计出斜度，即起模斜度。起模斜度一般为 1∶20(角度 1°～3°)。起模斜度在零件图中不标注，也可省略不画，如图 6－49(b)所示。

（3）铸件壁厚。铸件各处壁厚一定力求均匀一致，壁厚设计需要有变化时，壁厚应由大到小缓慢过渡，以防止薄壁先冷却、凝固，厚壁后冷却、凝固，后凝固时没有足够的金属液补充，故产生缩孔或裂缝等缺陷，如图 6－50 所示。

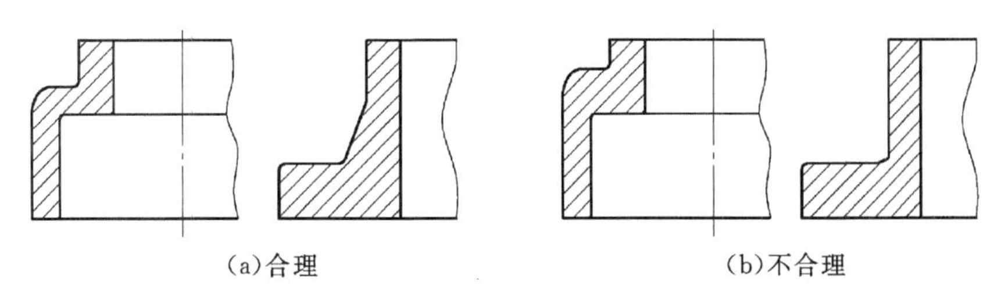

(a)合理　　(b)不合理

图 6－50　起模斜度和铸造圆角

(4)过渡线。铸造圆角的客观存在,使零件两相交表面的交线是用圆角过渡的,用圆角过渡的交线,称为过渡线。在画图表达时,虽然过渡线表面光滑,交线不明显,但若不画出过渡线,零件的结构表达不清楚,因此,规定零件表面的过渡线用一段粗实线线段表示,线的两端断开,如图 6-51 所示。

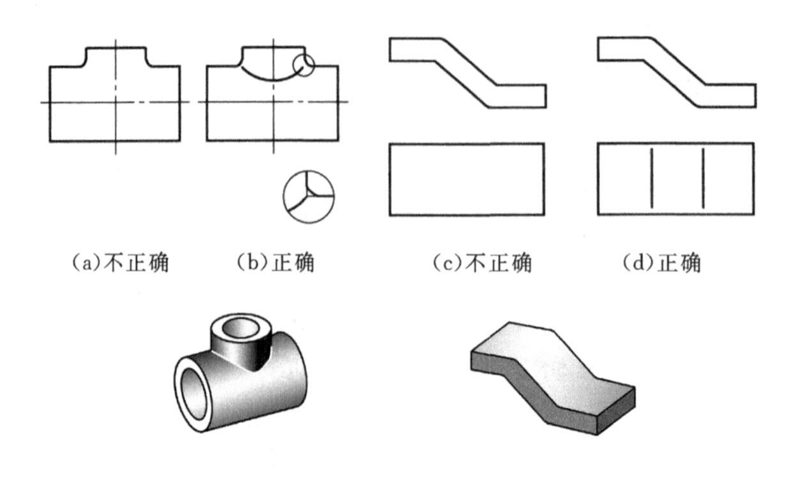

图 6-51　平面与平面或曲面的过渡线

回转体与平面相贯线的过渡;平面与平面的过渡的过渡;平面与回转表面的过渡;过渡线的画法,如图 6-52、6-53 所示。

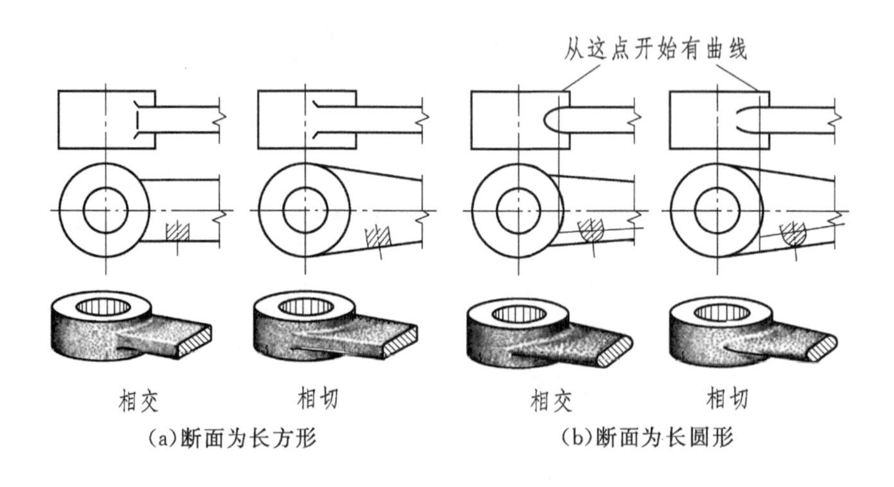

图 6-52　回转体与肋板的过渡线的表达

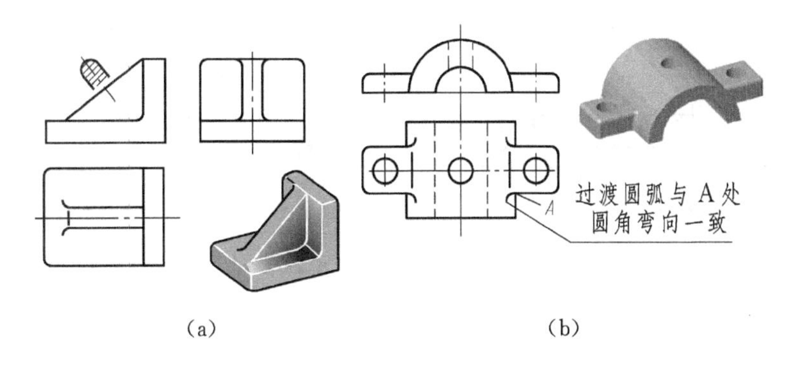

图6-53　平面与平面或曲面的过渡线表达

3.冲压件工艺结构

在画冲压件图时,应考虑到冲压工艺对工件的影响。落料件两形状的距离不易过小,具体尺寸数值,依据零件的厚度和材料型号查表获取;弯形零件的圆角的大小,由零件的厚度和材料有关,具体数值查表确定,如图6-54所示。

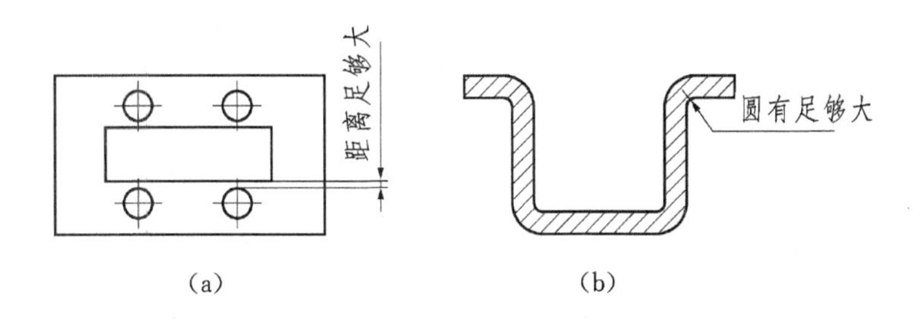

图6-54　冲压件工艺结构

6.6　零件图的识读

在设计、制造、过程中,看零件图是一项非常重要的工作,零件图的识读就是了解零件在机器中的关联和作用;根据零件图想象出零件的立体结构形状;依据零件图的尺寸标注和技术要求,拟定出加工、检验的工艺方法;因此,工程技术加工人员必须具备零件图的识读能力。

6.6.1　看图的目的

通过看零件图,了解零件图中提供的零件全部信息,建立零件的加工工艺。通过分析视图、尺寸和技术要求,想象出零件的立体结构形状,是看图的主要任务。根据零件图的表达,如图6-55所示,想象出零件的立体结构,如图6-56所示。

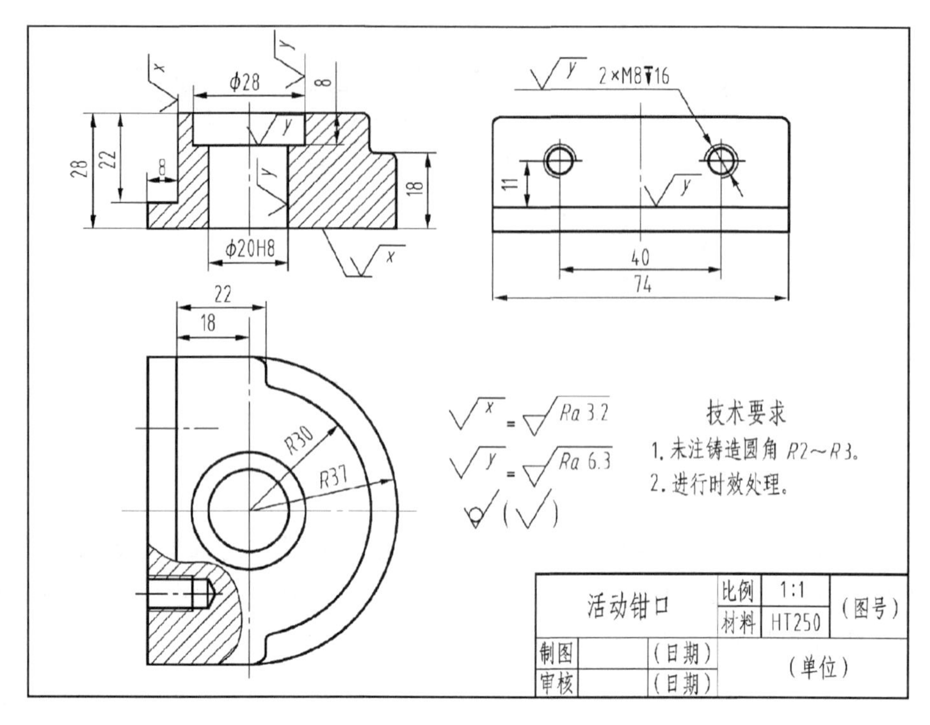

图 6－55　活动钳口零件图

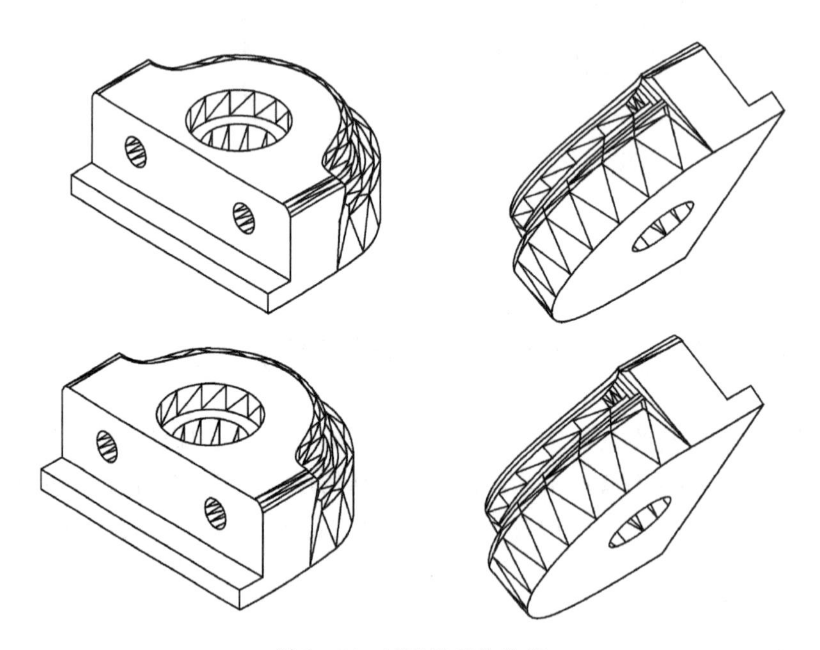

图 6－56　减速器箱体分析

6.6.2　看图的方法

看图的基本方法就是按零件图的内容，由浅到深从一般了解到细致清楚，结合实践经验和专业知识，逐一用科学的方法读懂零件图全部内容，如图 6－57 所示。

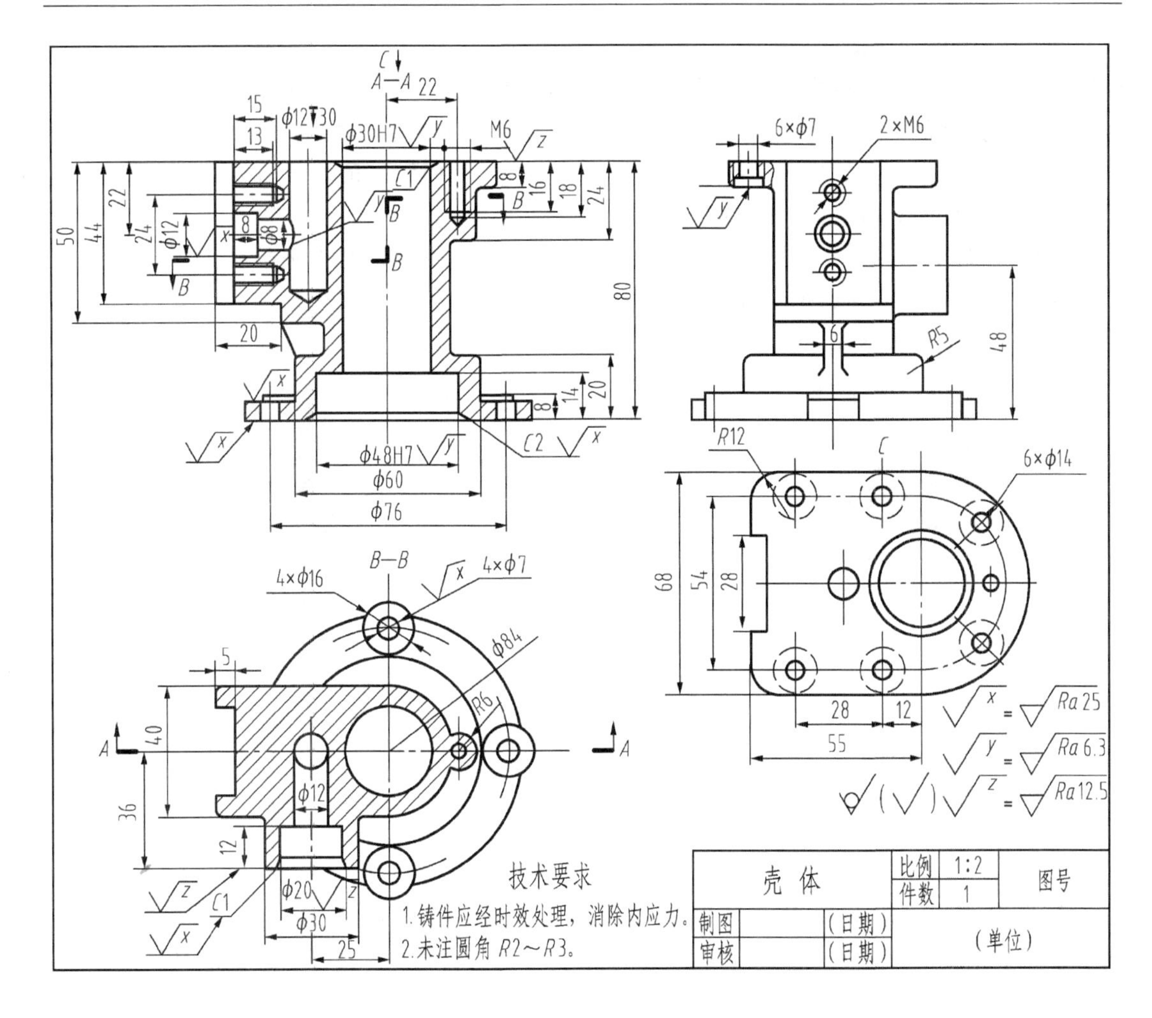

图 6－57　壳体的零件图

1. 概括了解

概括了解是看图的第一阶段，要从较熟悉的内容开始，对零件有初步的了解，为接下来的看图打好基础。

(1)读标题栏。阅读标题栏的全部内容，了解零件的名称、材料、重量、设计日期等。

(2)技术要求。阅读零件图的(文字)技术要求全部内容，了解零件的加工、检验等技术要求，该零件为铸造件。

(3)外形尺寸。了解零件的尺寸大小，即零件所能占有的空间，该零件有“拳头”大小。

2. 分析视图

看零件图的基本方法是形体分析法，通过分析视图想象出零件结构形状。

(1)特征视图。从反映零件特征的视图开始，主视图和俯视图对应看。该零件中间为 ϕ30H7 孔。下面是带有四个 ϕ7mm 孔的圆形底座，厚度为 8mm，“C”向视图反映零件上表面的形状。

(2)主体结构。用形体分析法剖析零件,找出零件的主体结构及结构特点和主要工作的结构部分。该零件的主体结构是主视图和俯视图表达的回转体,中间有阶梯孔。

(3)结构分析。分析零件的结构组成和各部分结构的相对位置关系。在该零件主体结构回转体的上方有8mm厚的“U”型板,在“U”型板的左方和回转体的左上方与长方体组合,在长方体的下方有6mm厚的筋板连接。

(4)综合归纳。综合上述视图的分析,建立零件的结构形状。在上述分析读图的基础上,研究零件的细节,如零件前距中心25mm、高48mm的ϕ20孔与主视图的两个ϕ12的孔相通,零件的立体结构形状,如图6-58所示。

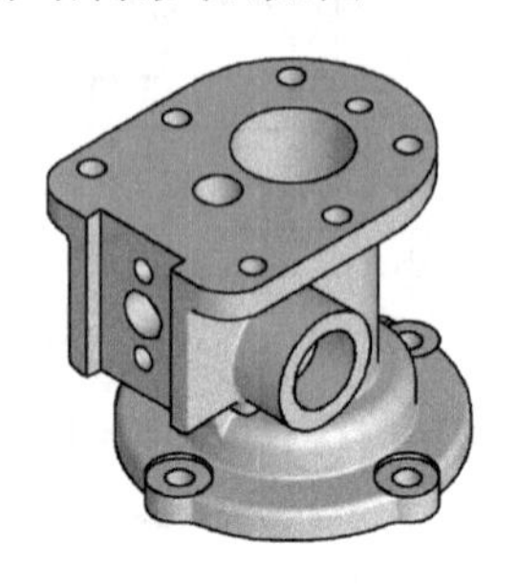
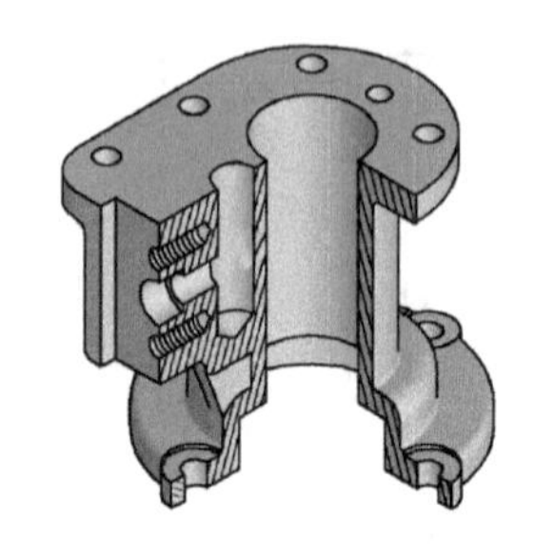
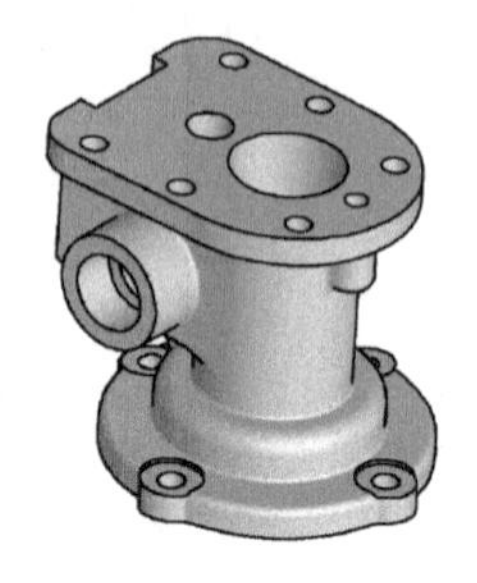

图6-58 壳体的立体图

3.分析尺寸

分析尺寸了解尺寸基准及确定几种加工方案,并进行比较。

(1)尺寸基准。分析尺寸基准时,要看零件上的重要定位尺寸。该零件的长、宽尺寸基准容易看出,是零件主体结构回转体的的轴线和零件前后的中心面,在高方向零件的是尺寸基准,因为,零件前距中心25mm、高48mm的ϕ20孔的定位尺寸,所以零件的上面是辅助基准,零件的下面是主要尺寸基准。

(2)重要尺寸。零件的规格尺寸,即零件的主要工作尺寸,如零件上、下面的尺寸80mm,是零件两个基准间的尺寸。零件各部分结构的定位尺寸,如零件前面ϕ20孔距中心25mm、高48mm的的定位尺寸,两个M6孔及中间ϕ12的定位尺寸22mm,都是重要尺寸。

(3)配合尺寸。一般带有公差的尺寸都是重要尺寸,如零件图中的ϕ30H7、ϕ48H7的7级精度的孔。

4.分析技术要

(1)表面结构。分析零件表面质量等级最高的结构表面,及其余的零件表面。该零件表面糙度等级最高的表面,是主要结构回转体ϕ30H7、ϕ48H7的7级精度的孔的表面,Ra值6.3μm,普通车床便可加工。

(2)几何公差。清楚零件几何公差的含义,加工时如何保证。该零件没有几何公差的要求。

(3)其他要求。不同的零件各有自己的技术要求。该零件是铸造件,要清楚哪些面需要加工,哪些面不需要加工,主要从图中的铸造圆角判断。

5. 综合看图

(1)立体结构特征。综合以上的看图分析，建立零件的立体结构形状，该零件的的主要结构为回转体，零件属于箱体类零件。

(2)确定加工方案。确定零件的加工工艺方案。该零件的上、下面和 ϕ30H7、ϕ48H7 的 7 级精度的孔，可以在车床上加工，用“四爪卡盘”夹紧固定，铣床或刨床加工零件左端的 28mm、宽 5mm 深的槽，所有的孔及螺纹孔在钻床上加工。

6.7　零件图的绘制

绘制零件图的方法有，根据零件实物测绘绘制零件图，还可以根据装配图拆画零件图，也可以根据三视图画零件图，无论用哪种方法绘制，最终都要用 CAD 绘制出正式的零件图，称为零件底图，由零件底图制成的图，称为蓝图(生产用图)，在上机绘图前要提供的手工绘制的零件图，称为零件源图。绘制零件图的流程，如图 6－59 所示。

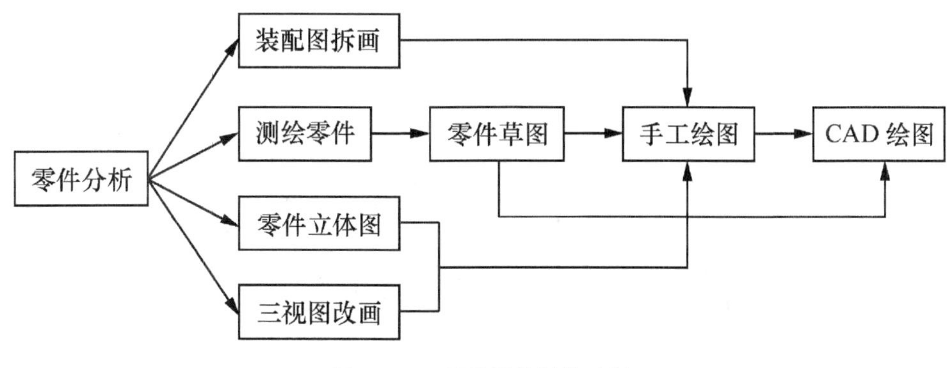

图 6－59　零件图绘制的过程

6.7.1　零件的测绘

1. 测绘要求

测绘就是对已有的零件实物进行观察分析，用零件测绘的方法，绘制出零件视图，测量并标注尺寸，提出必要的技术要求，填写标题栏的相关信息，完成零件源图的绘制。

2. 测绘工具及使用

测量零件的工具称为量具，量具按用途分通用量具和专用量具两种。

通用量具是指测量线性尺寸的量具，普遍应用的有钢板尺、游标卡尺、千分尺和千分表等，如图 6－60 所示。内、外卡钳与钢板尺配合使用，可准确的测量孔径、壁厚、中心距等，如图 6－61所示。

专用量具是用来测量一种结构形状尺寸的量具，如圆角规、螺纹规、表面质量样板等，如图 6－62 所示。

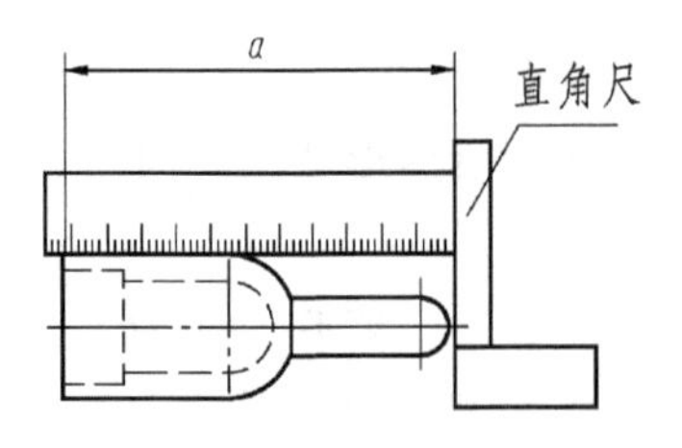

(a)钢板尺、直角尺测量线性尺寸

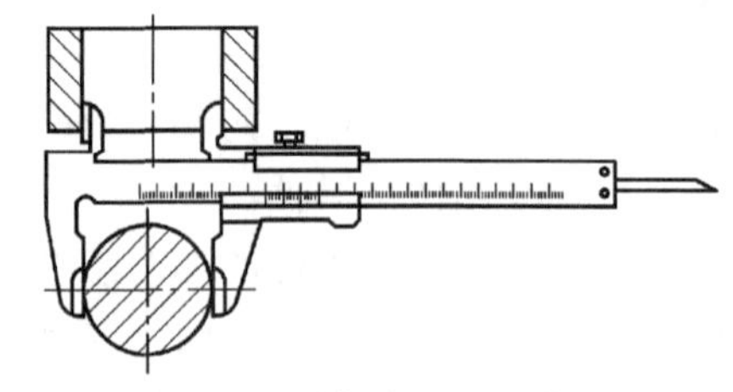

(b)游标卡尺测量直径

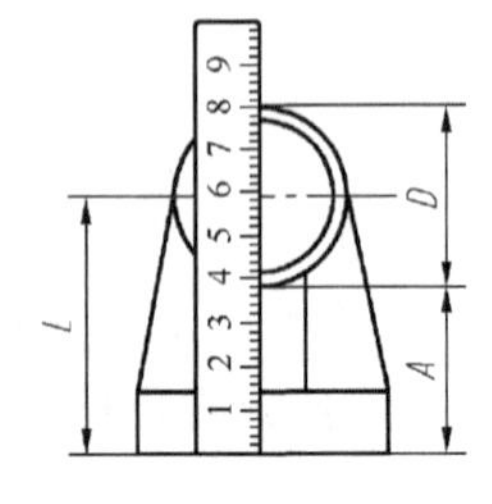

(c)钢板尺测量中心高

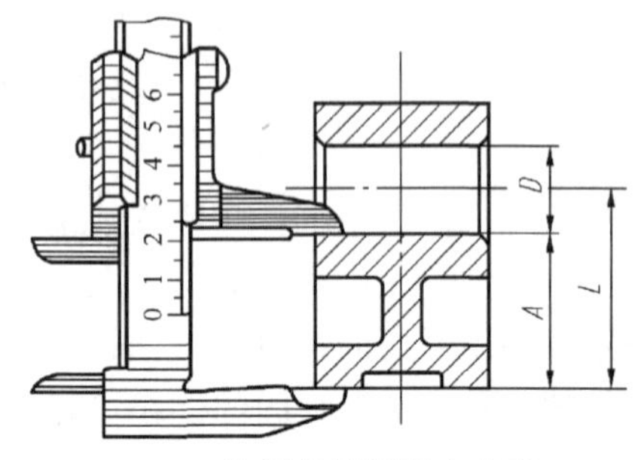

(d)游标卡尺测量中心高

图 6-60　用钢板尺或游标卡尺测量

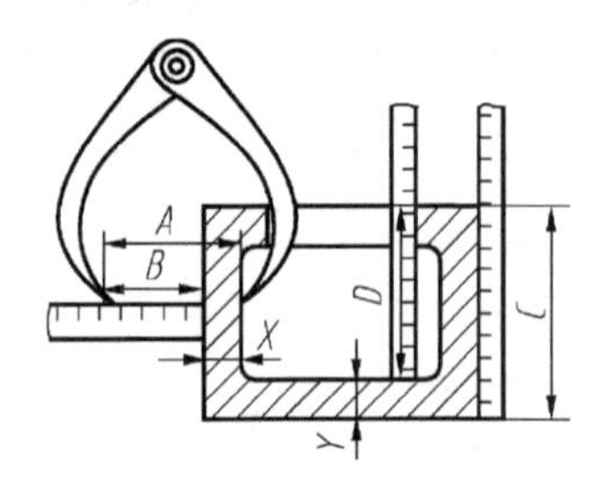

(a)内、外卡钳测量壁厚

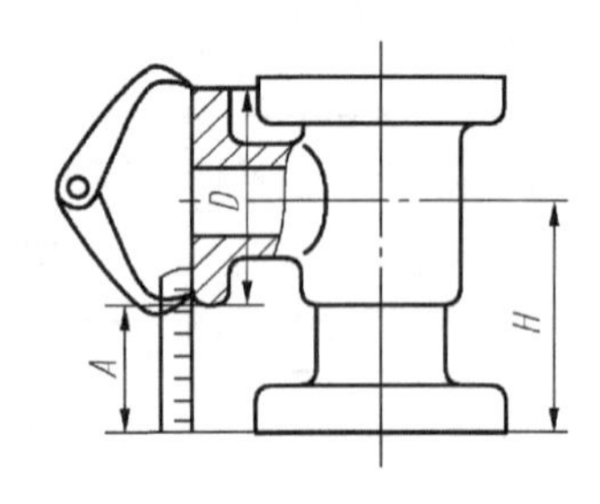

(b)内、外卡钳和钢板尺测量中心高

图 6-61　内、外卡钳的测量

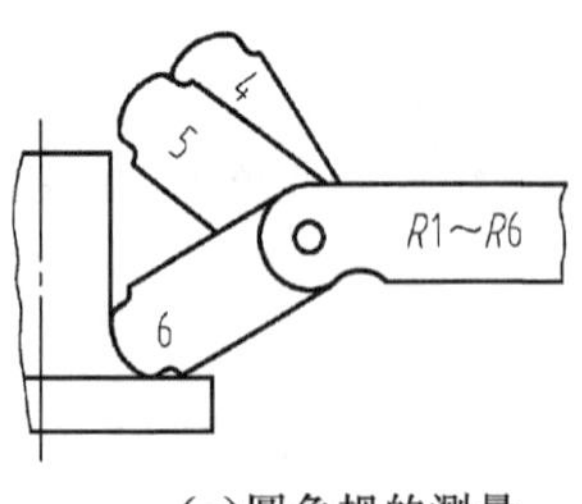

(a)圆角规的测量

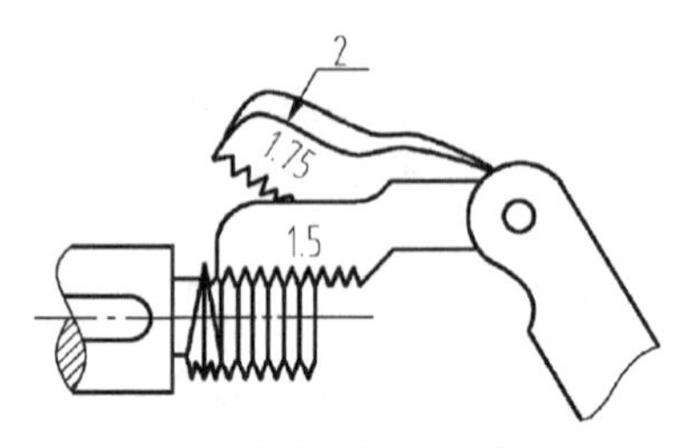

(b)螺纹规测量螺距

图 6-62　专用量具的测量

3. 测绘步骤

(1)分析测绘零件。分析被测绘零件在机器中的作用与相邻零件之间的连接关系,主要工作部位及精度,是专业知识的综合体现,如图 6－63 所示。

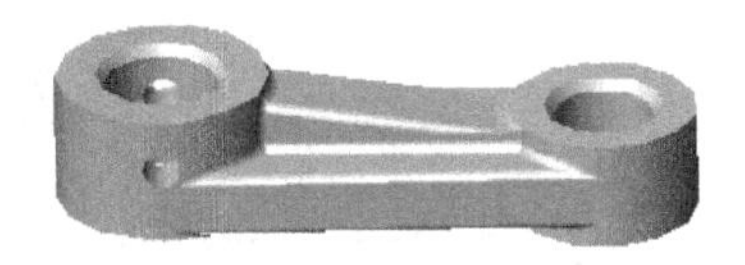
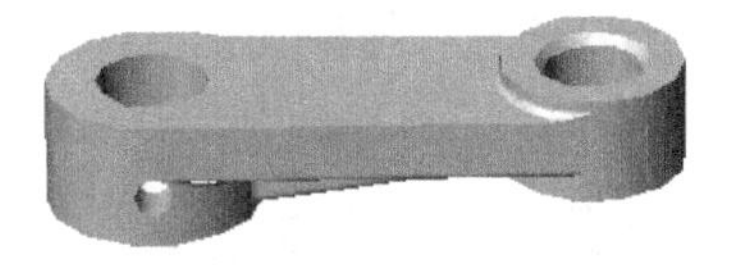

图 6－63　拨杆零件立体图

(2)确定表达方案。确定零件的主视图投影,选择表达方案及剖切位置等。零件图的表达方法在本章第二节。

(3)画零件草图。绘制草图的方法是目测,徒手画图,一般在现场操作。绘制草图的过程:

①图面布置。在确定零件的表达方法的基础上,用点画线确定要表达的视图位置,保证能画的下图,并且留出标注尺寸的位置,如图 6－64(a)所示。

②画视图。绘制草图与形体表达画图相同,先画零件的主要结构和反映零件结构特征的视图,画出大致轮廓,如图 6－64(b)所示。

③画尺寸。零件的草图画完后,按尺寸标注的要求,画出尺寸线,要完整,如图 6－64(c)所示。

④工程标注。根据条件选用量具测量零件,获取零件草图画出尺寸的数值。标出零件需要的各项技术要求,完成零件图的全部内容,如图 6－64(d)所示。

(4)绘制零件图。通常情况下零件草图绘制完成后,可以进行图版手工绘图,也可以用计算机 CAD 绘图软件绘图,现在标准的零件图都是用计算机 CAD 绘图软绘制的。如图 6－65 所示。

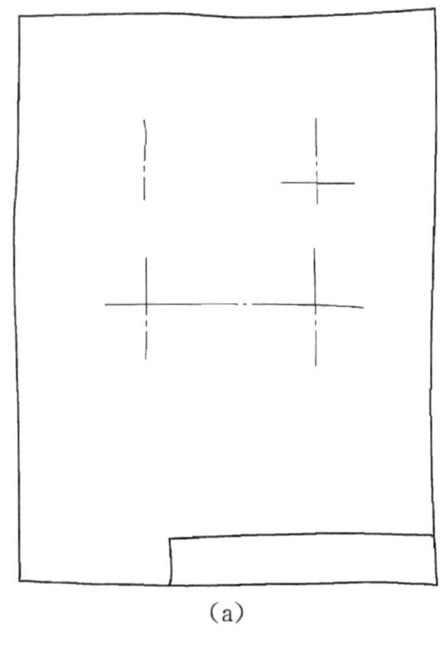

(a)

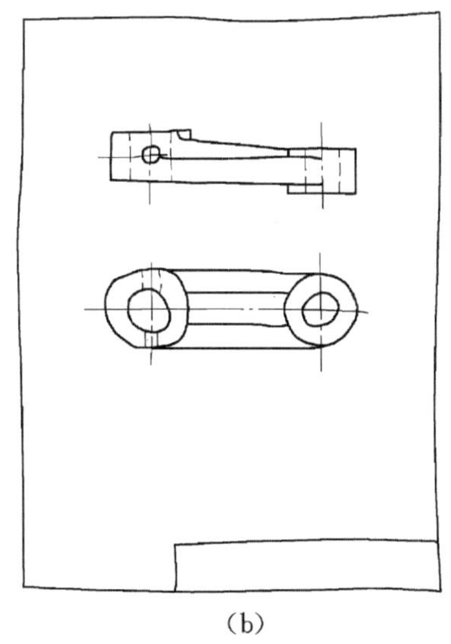

(b)

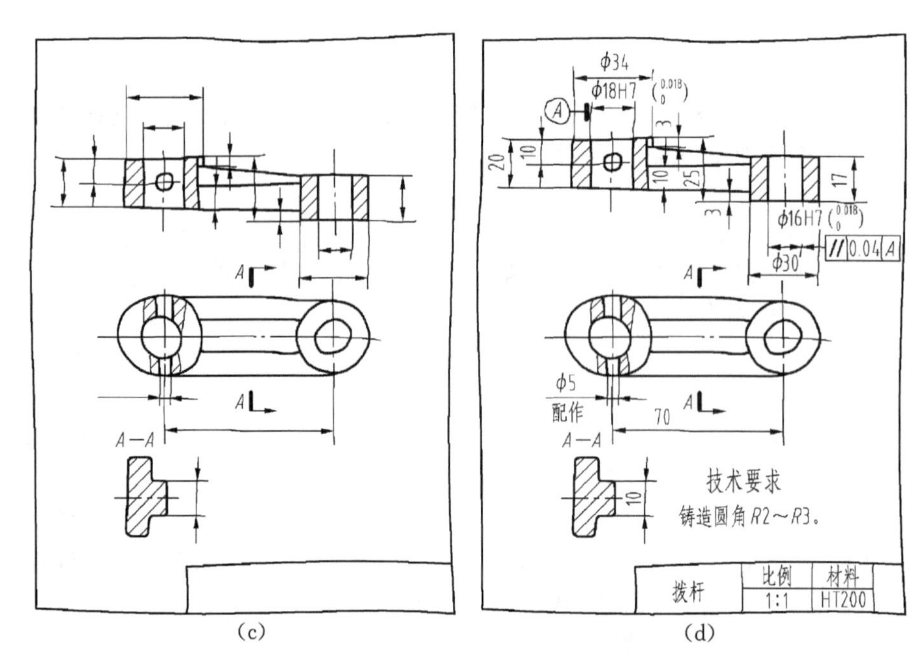

(c) (d)

图 6-64 零件草图绘制的基本步骤

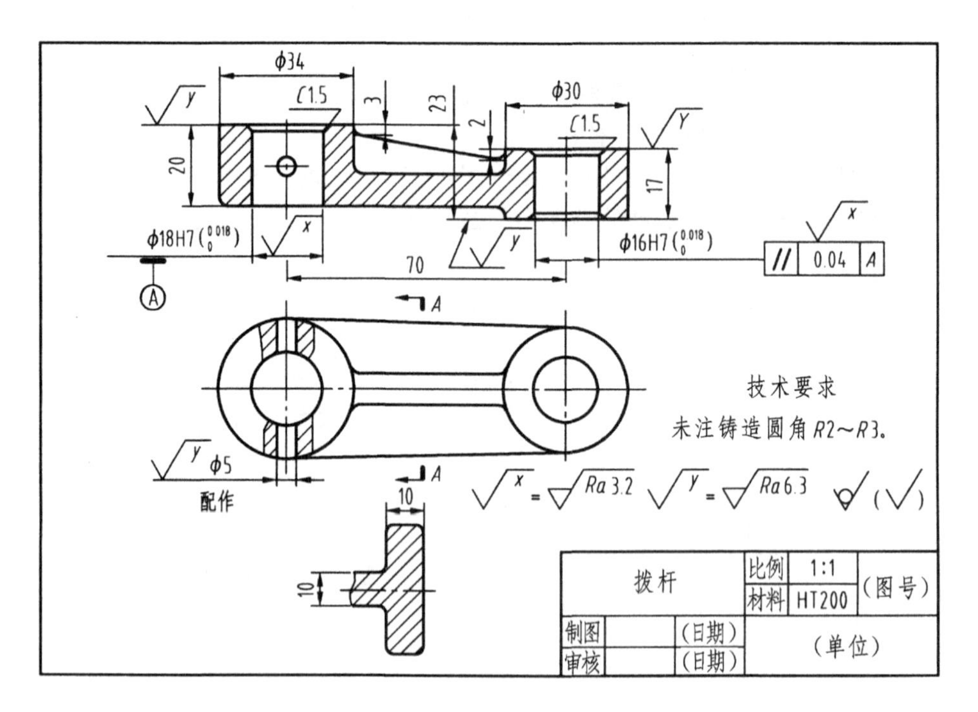

图 6-65 由草图绘制的零件图

6.7.2　零件图的绘制

一般用计算机CAD绘图软件绘制零件图前，需要先用手工绘制出零件图，手工绘图是加工制造业不可缺少的技术环节。

1. 手工绘图的要求

(1)分析零件。分析清楚所绘制零件，是绘图前必须要做的工作，了解零件的结构特征及在机器中的工作情况，确定零件的重点表达内容。

(2)绘图工具。手工绘图是动手能力的训练，手工绘图主要采用目测，对一些曲线能定性表达可以采用徒手绘制。

(3)绘图顺序。先打底稿后加深(加黑)，先绘制反映形状特征的视图，注意相关的视图要同时绘制，一定避免“由上至下、由左至右”的操作习惯。

(4)保留作图痕迹。打底稿线不是细实线，要足够细、足够轻，不影响加深后的图线，注意保留底稿线以便于检查等。

(5)内容完整。零件图绘制的内容必须完整、清晰，所有内容必须符合制图标准，尺寸标注、技术要求正确、合理，标题栏填写完整。

(6)及时检查。在绘图各个环节中，都要进行检查，确保正确无误才能进行下一步的绘图操作，避免造成返工。

2. 手工绘制零件图的步骤

根据零件的立体图形(轴测图)，如图6-66所示。完成手工零件图绘制。

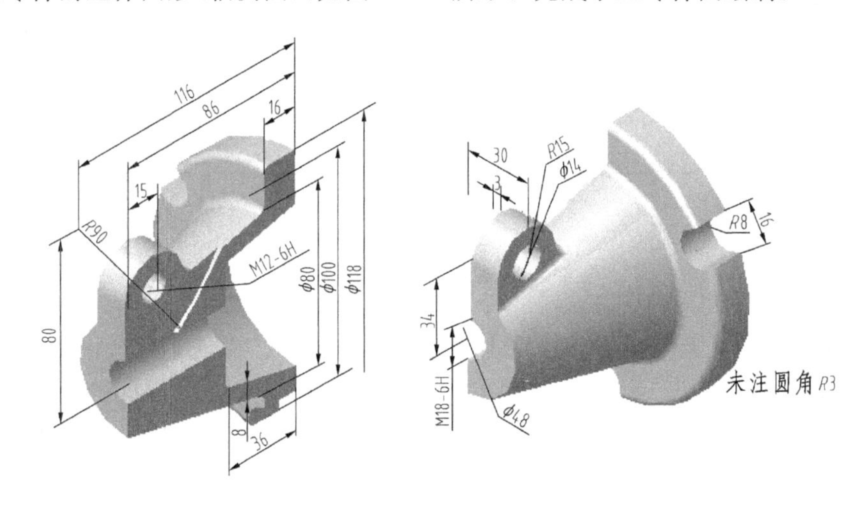

图6-66　底座零件立体图

(1)确定表达方案。该零件主要工序是在车床上加工，应当按加工位置选择主视图，主视图采用全剖视图，左视图表达零件的的开槽和外形。

(2)确定比例、图幅。一般零件尽可能选 1∶1 的比例,A3 图纸。

(3)绘制底稿。零件图的底稿绘制是全图的关键环节,底稿绘制的图能定性的表达零件的结构形状,并完成零件图的尺寸及技术要求等工程标注。

①图面布置。按预计绘图的数量及图的大小,用底稿线画出图的中心及边线,如图 6-67(a)所示。

②画出视图。用底稿线画(轻、细)零件的各个视图,如图 6-67(b)所示

③检查加深。底稿图画完后,一定进行全面的检查,确定正确无误后加深全图,保证所有各种图线标准,如图 6-67(c)所示。

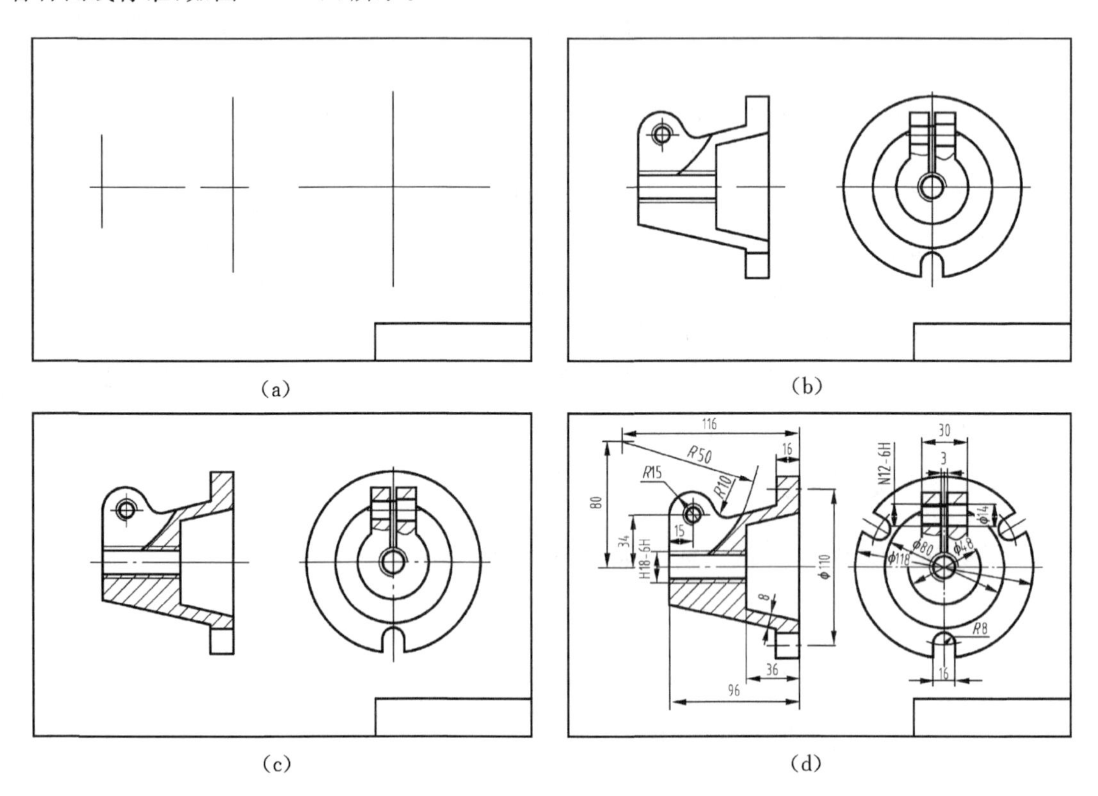

图 6-67 底座零件图画图过程

(4)标注尺寸。选定尺寸基准,按零件图标注尺寸的基本要求,完成零件图尺寸的标注,如图 6-67(d)所示。

(5)提出技术要求。根据零件的分析,确定零件的加工表面,标出零件的表面质量、尺寸公差、几何公差等,最终完成零件图的绘制,如图 6-68 所示。

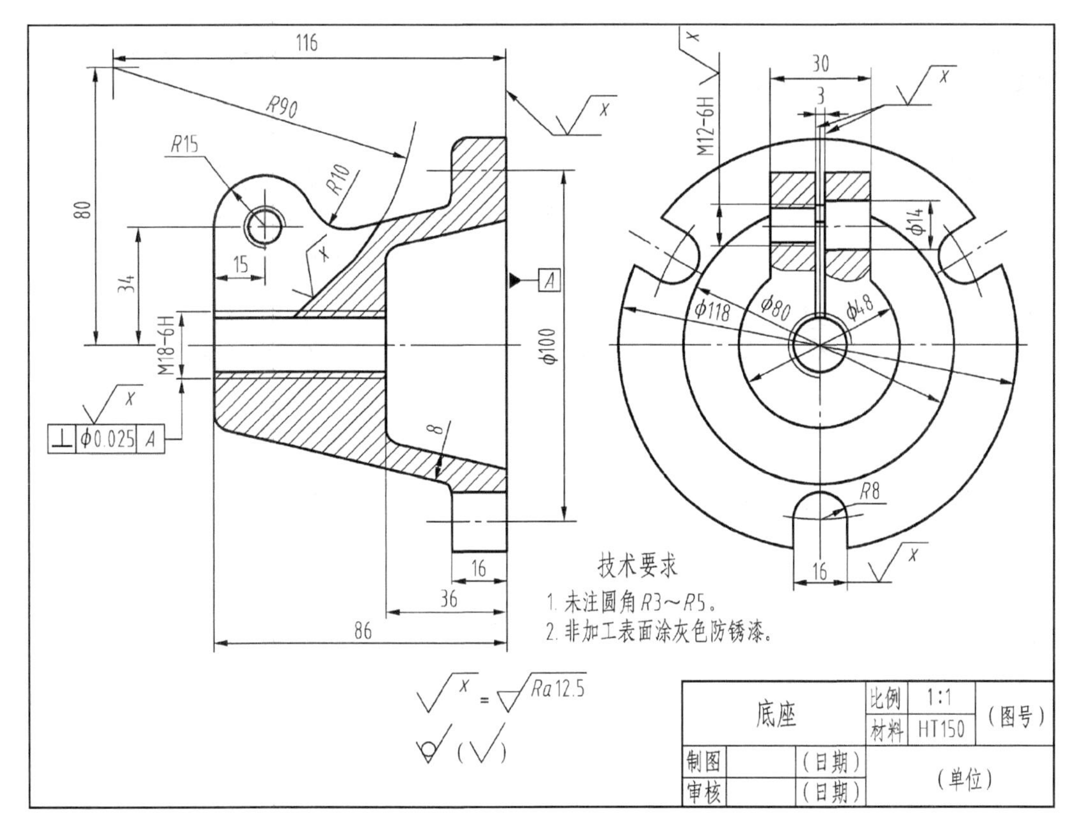

图6-68　底座零件图

6.8　焊接件

焊接是最普遍的不可拆连接，它是将两个机件的局部加热，使其溶化冷却后连成一体。

6.8.1　焊缝及焊缝代号

两零件焊接的结合处称为焊缝。图样上焊缝的形式采用GB/T 324规定符号标注。焊缝的标注由基本符号、辅助符号、尺寸符号、补充符号组成，

1. 基本符号

基本焊接符号是表示焊缝剖面形状的符号，采用近似于焊缝剖面形状的符号表示，见表6-8所示。

2. 辅助符号

辅助焊接符号表示焊缝辅助要求的符号，如表6-9所示。

表 6-8 焊缝的基本符号

焊缝名称	示 意 图	符号	焊缝名称	示 意 图	符号
I 形焊缝		‖	角焊缝	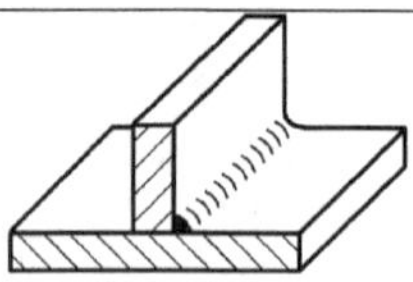	⊿
V 形焊缝	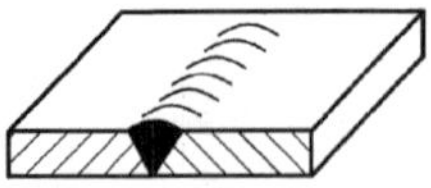	V	点焊缝	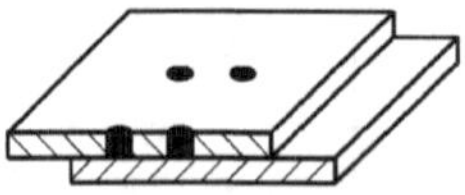	○
单边 V 形焊缝	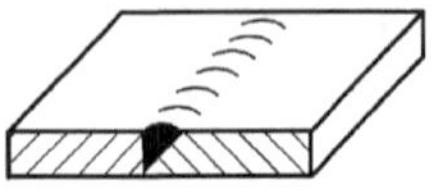	V	U 形焊缝	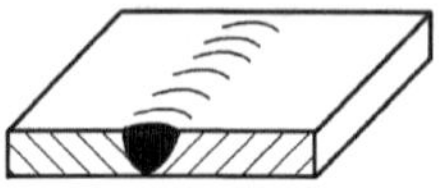	Y

表 6-9 焊缝的基本符号

符号名称	示 意 图	符 号	说 明
平面符号		—	焊缝表面平齐
凹面符号	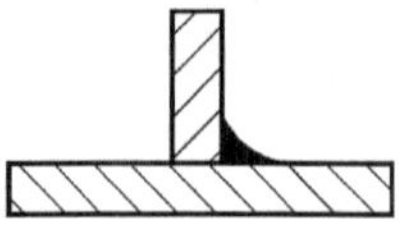	◡	焊缝表面凹陷
凸面符号		⌒	焊缝表面凸起

3. 尺寸符号

焊缝尺寸符号一般不标注，需要标注时可根据表 6-10 进行标注。

表 6-10 焊缝尺寸一般不标注

名 称	示 意 图	符号	名 称	示 意图	符号
工作厚度	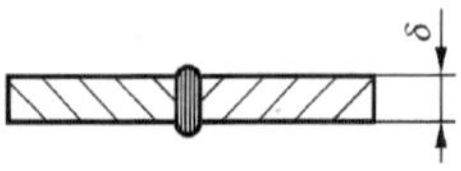 δ	δ	焊缝长度	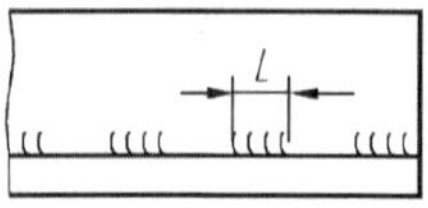 L	L
坡口角度	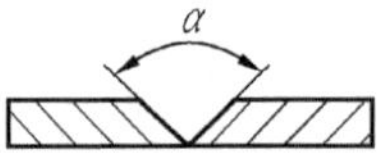 α	α	焊缝段数	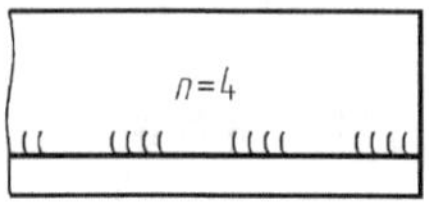 $n=4$	n

续表 6－10

名　　称	示　意　图	符号	名　　称	示　意图	符号
根部间距	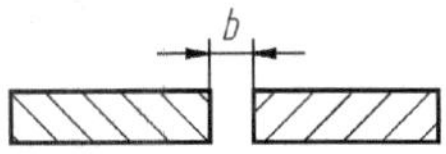	*b*	焊角尺寸	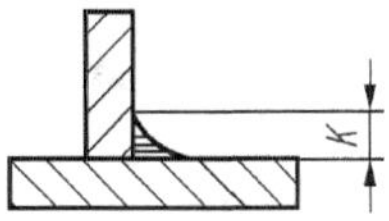	*K*
钝边厚度	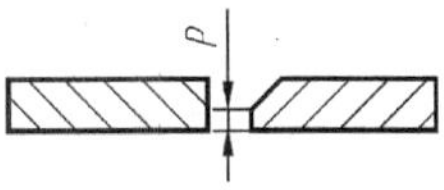	*P*	熔合直径	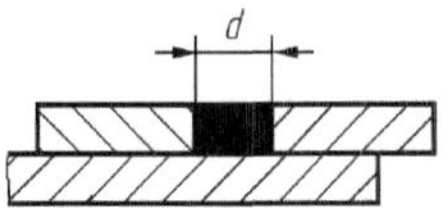	*d*
焊缝间距	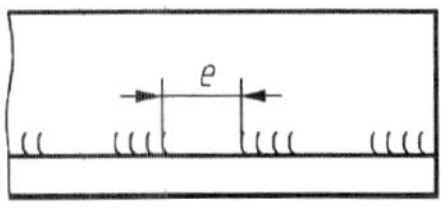	*e*	焊缝有效厚度	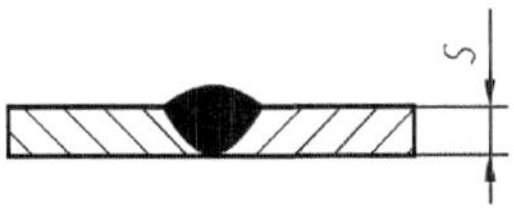	*S*

4. 补充符号

焊接补充符号是说明焊缝的某些特征采用的符号，如表 6－11 所示。

表 6－11　焊接补充符号

名　　称	示　意　图	符　　号
带垫板的焊接符号	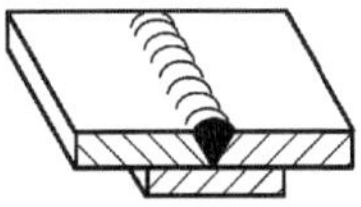	□
三面焊缝焊接符号	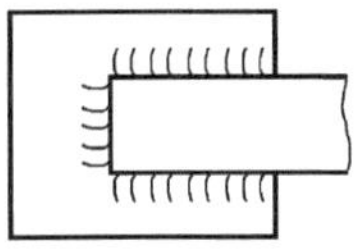	⊏
周围焊接符号	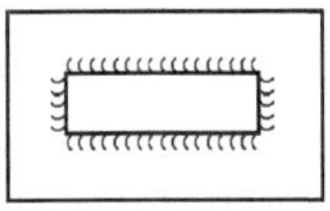	○
现场焊接符号	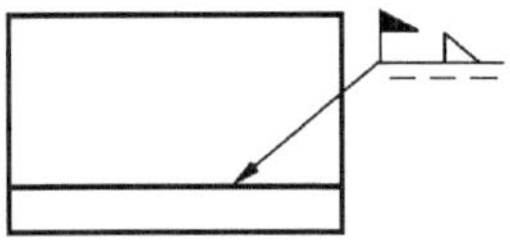	 ⚑

6.8.2　焊接接头的画法和焊缝的标注

1. 焊缝接头的画法

在视图、剖视图、断面图中，都可以表达焊缝，可见焊缝的表示有两种，一种用一组细实线圆弧表示，如图 6 - 69(a)所示；另一种用粗实线表示，如图 6 - 69(b)所示。

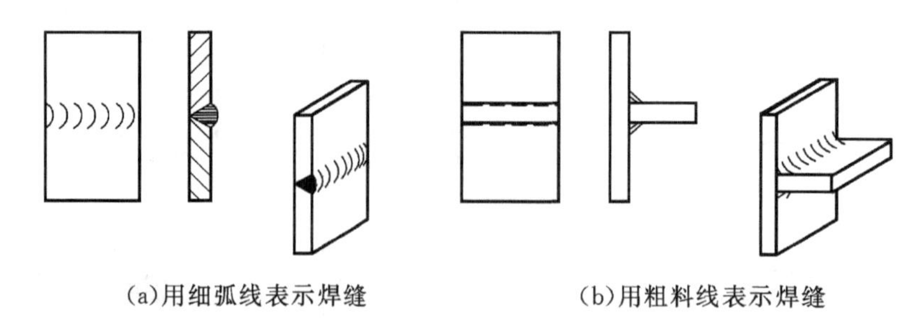

(a)用细弧线表示焊缝　　(b)用粗料线表示焊缝

图 6 - 69　焊缝的画法

2. 焊缝的表达标注

(1)焊缝的符号标注。焊缝的符号表达是用引出标注表示的，指引线一般由带箭头的引线和两端基准线(一条细实线和一条虚线)组成，箭头指在焊缝处，如图 6 - 70 所示。

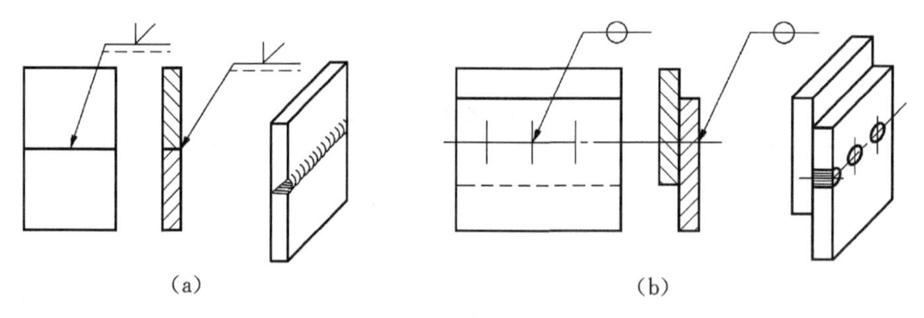

(a)　　(b)

图 6 - 70　焊缝的符号标注

(2)焊缝的画法表达。焊缝的另一种表达方法是不标注焊接符号，用焊缝的规定画法表达，如图 6 - 71 所示。

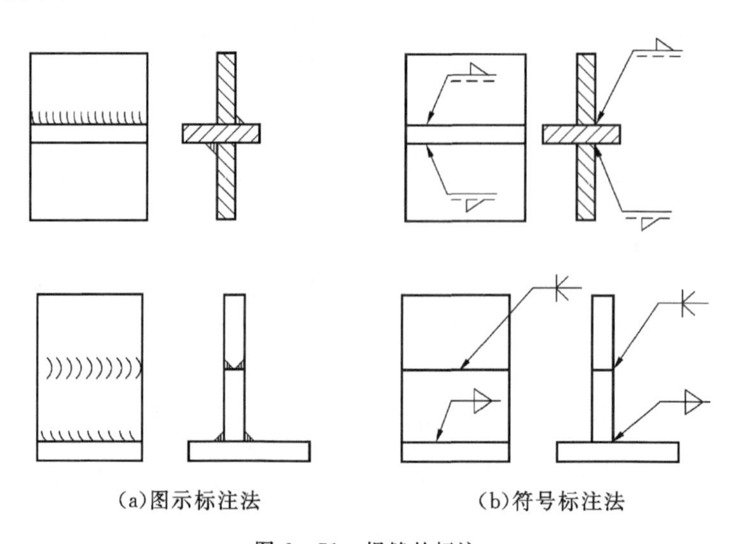

(a)图示标注法　　(b)符号标注法

图 6 - 71　焊缝的标注

3. 焊接图示例

焊接图一般为装配图，视图中将零件表达清楚的同时，还要表达零件之间的焊缝关系，用规定焊接符号标注，如图 6－72 所示。

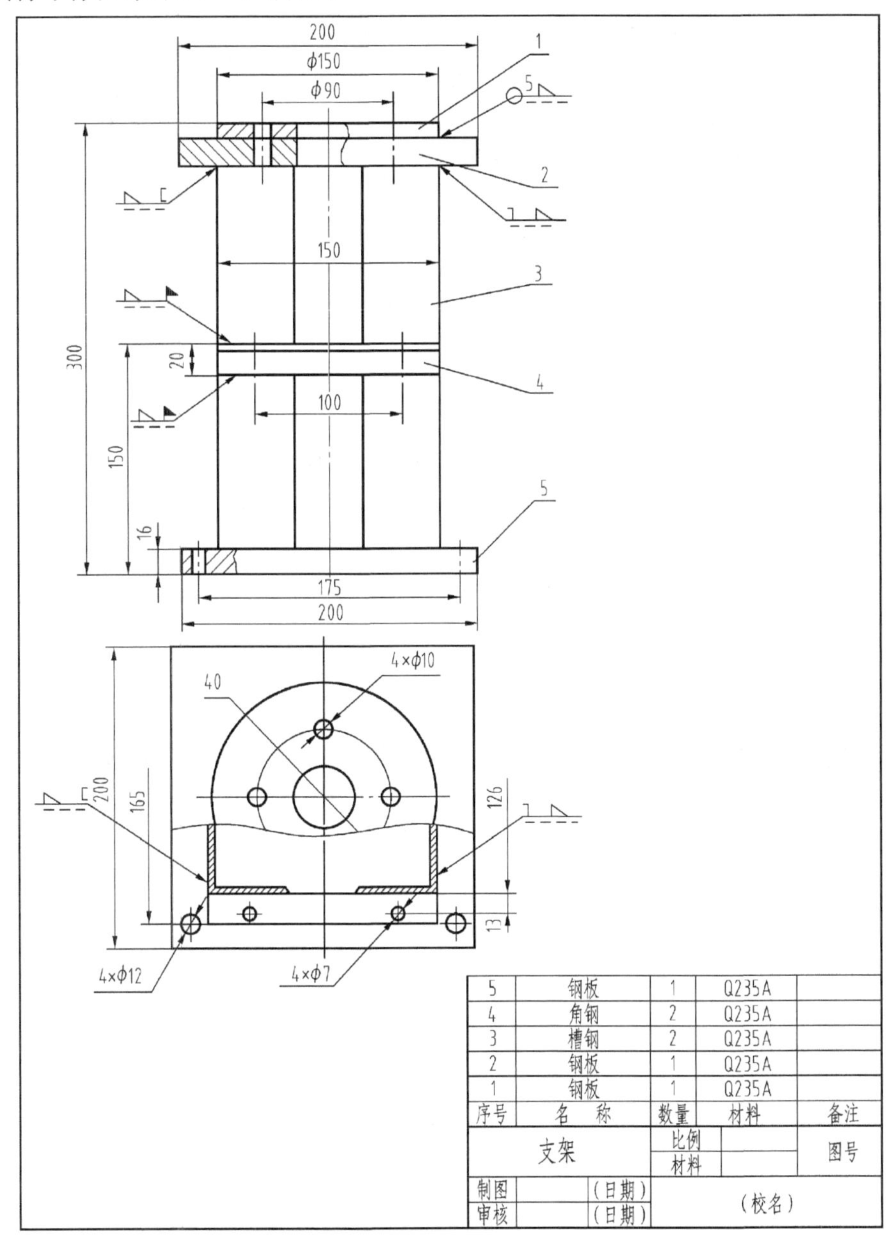

图 6－72　支架的焊接图

6.9　板金零件

在生产实际中常常需要板金类零件展开料的尺寸，如造船、锅炉制造、容器制作等行业，都需要对零件展开料的尺寸。我们把这些零件表面展开在一个平面上得到图形,称为零件的展开。零件表面展开的平面图形,加工变形后,刚好可焊接加工成该零件。如图 6-73 所示,为簿皮制件的集粉筒。

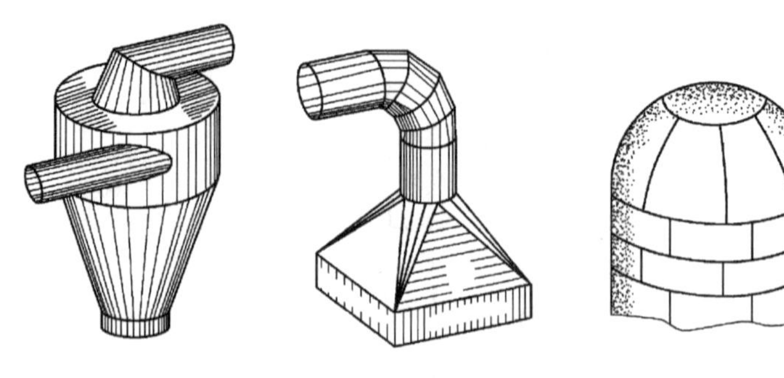

图 6-73 表面展开加工的部件

6.9.1 根据投影求实长

由于零件的表面都是平面,只要作出零件表面的实形便可加工成零件。涉及到的知识就是根据投影求实长。根据投影求一般位置直线实长的方法有 3 种。

1. 直角三角形法

作图的原理,从直线 AB 投影的直观图中可以看出,平面 $AabB$ 与水平投影面 H 垂直(正投影),平移直线 ab,得到直角三角形 ABC。

从直观图中看出,该直角三角形斜边 AB 就是我们要求的一般位置直线的实长;两个直角边分别为 AC 和 BC,AC 等于 AB 在水平投影面 H 的投影,BC 等于 AB 两端点到水平投影面 H 的 Z 轴的坐标差;该直角三角形的两个锐角分别为$\angle BAC=\alpha$ 即一般位置直线与水平投影面 H 的夹角;$\angle ABC$ 是一般位置直线与 Z 轴的夹角,如图 6-74 所示。

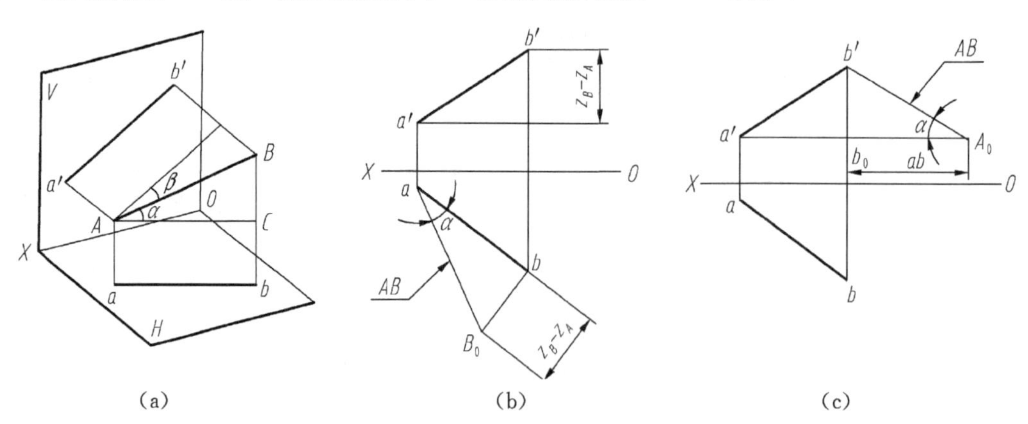

(a) (b) (c)

图 6-74 直角三角形法

直角三角形中斜边 AB(实长)与投影的夹角,就是一般位置直线与投影所在的投影面的夹角,规定一般位置直线与水平投影面 H 的夹角,用“α”表示;与正投影面 V 的夹角,用“β”表示；与侧投影面 W 的夹角，用“γ”表示；与三个坐标轴 X、Y、Z 的夹角分别用“$\angle X$”、“$\angle Y$”、“$\angle Z$”表示。

直角三角形法画出的直角三角形，共 5 个参数值，根据画直角三角形条件，只要已知 2 个参数值，就可用画出的直角三角形，求得另外 3 个参数值。该直角三角形画出的位置也很灵活，可以利用一个投影作直角边，也可以在图的空白处画出。注意：直角三角形法画图的这些特点，如图 6－75 所示。

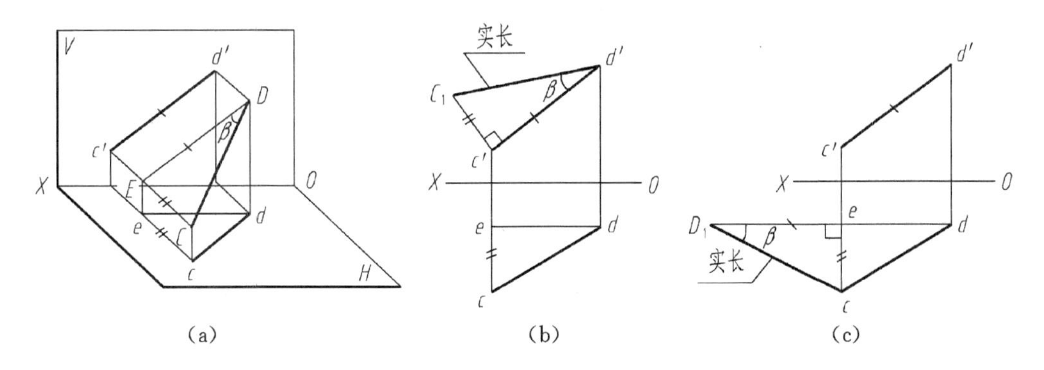

图 6－75　直角三角形法求实长与正面的夹角

2. 圆锥法

圆锥法也称为旋转法，作图原理，我们可以把所有的一般位置直线，看做是圆锥上的一条素线，圆锥上的最左、最右、最前、最后素线的投影显示实长，即是该一般位置直线的实长，如图 6－76 所示。

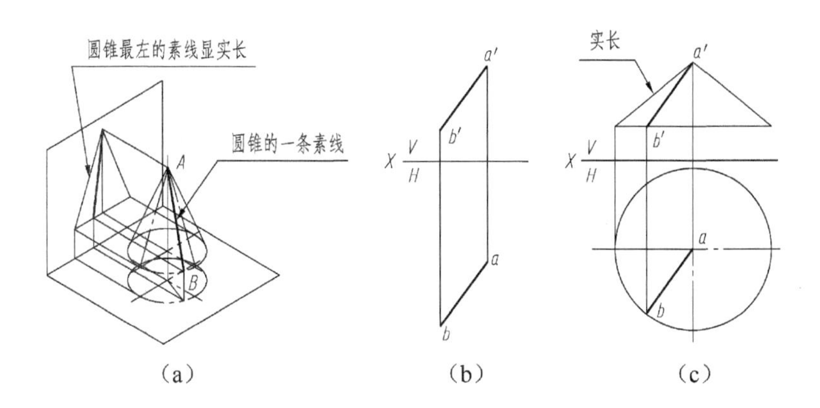

图 6－76　锥法(旋转法)

在一般位置直线的一个投影中，可以做两个圆锥，圆锥的两个最左、最右位置素线都是一般位置直线的实长，如图 6－77 所示。

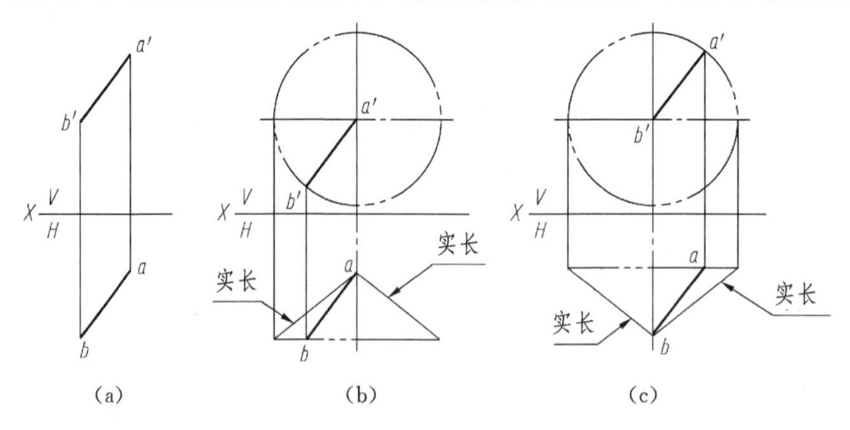

图 6－77　在一个投影上的两种作法

3. 换面法

换面的方法就是机件表达中斜视图的投影方法。在投影面体系中，根据需要可建立新的投影面，组成新的投影面体系，在新的投影面体系中，将一般位置直线或平面转变为特殊位置直线或平面的方法。

直线 AB 在 HV 投影面体系是一般位置直线，建立一新的投影面 V_1 与 H 面相垂直，在新的投影面体系 HV_1 中，直线 AB 已经变成一条正平线，在 V_1 投影面的投影显实长，如图 6－78(a)所示。作图时需要特别注意的是，直线 AB 到 H 投影面的距离保持不变，如图 6－78 所示。也可以在 V 面上建立新的 H_1 投影面，将直线 AB 变成一条水平线。

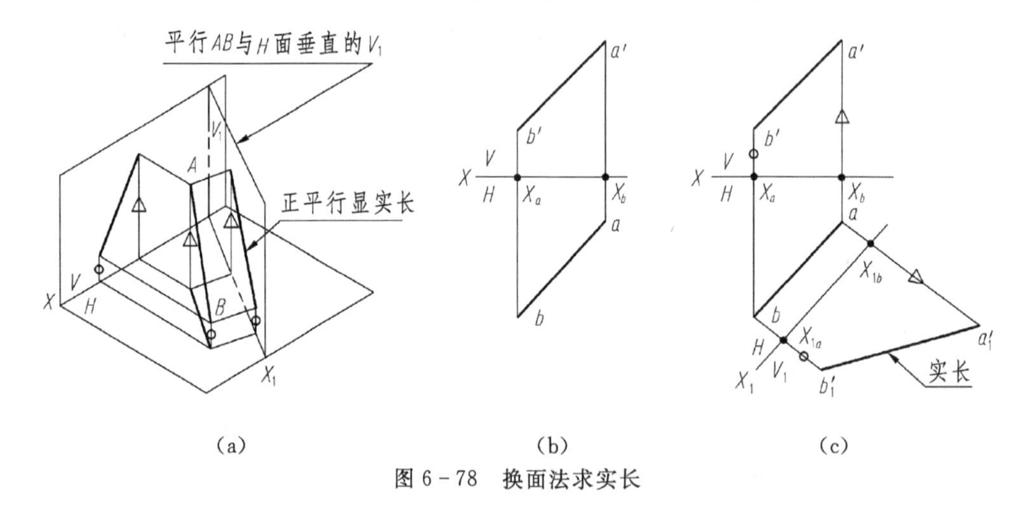

图 6－78　换面法求实长

投影换面的方法是画法几何的最基本的方法，可以进行多次换面，获得所需要的投影，求出所需要表达及相应的尺寸数值。

6.9.2　平面结构的展开

1. 平面体表面

(1)棱柱表面。四棱柱管常常可以作成排气管等，四棱柱管的弯头由两个斜口直四棱柱管组成，对于斜口直四棱柱管的展开图，视图中的投影图形反映实形，尺寸可从投影图直接量得，如图 6－79 所示。作图步骤如下。

①将各底边的实长展开成一条水平线，标出Ⅰ、Ⅱ、Ⅲ、Ⅳ、Ⅰ各点；

②过这些点作铅垂线，在其上量取各棱线的实长，既得各顶点 A、B、C、D、A；

③用直线依次连接各顶点，得到斜口直四棱柱管的展开图。

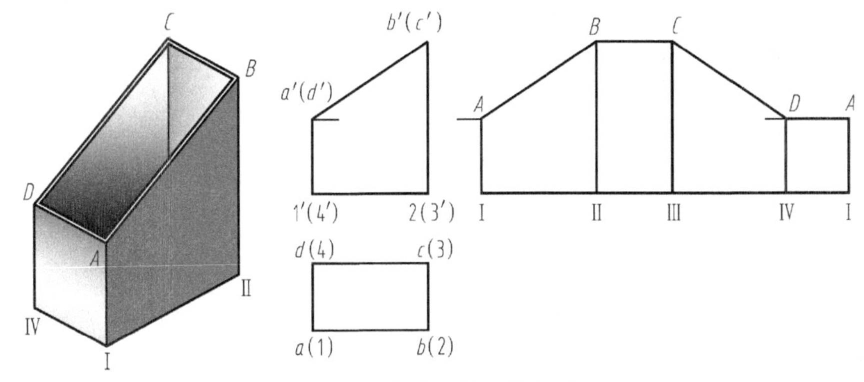

图 6－79　斜直四棱柱管的展开

(2)锥体表面。四棱台常常可以作成吸气罩，它由四个梯形平面围成，其前后、左右对应相等，视图不反映实形。但是上下底平行与水平投影面，在俯视图的投影现实长，要画出 4 个梯形平面的实形，需求出四棱台棱线的实长(4 条棱线相等)。

用根据一般位置直线的投影求实长的方法，需求出四棱台棱线的实长，以此为半径画出扇形，再在扇形内作出 4 个等腰梯形，其中对应面梯形相等，如图 6－80 所示。

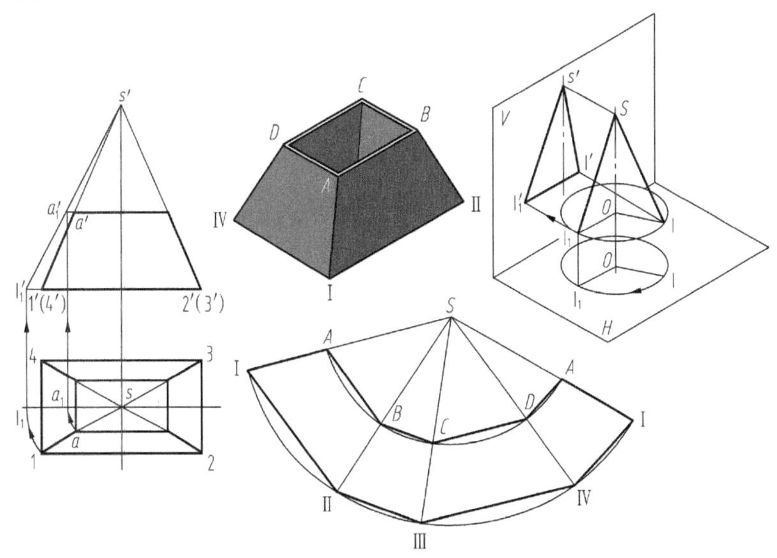

图 6－80　四棱台的展开

2. 曲面结构的展开

(1)圆柱表面。圆柱形管应用很广泛，工程上常用的展开形式有两种，一种是等高圆柱的展开，另一种是用来制作弯头的斜口圆柱。

①等高圆柱。等高圆柱也称平口圆柱，圆柱的高度尺寸不变，可以用计算的方法展开，其展开图形为矩形，矩形底边的边长为底圆的周长 πD，高为圆柱高 H，如图 6－81 所示。。

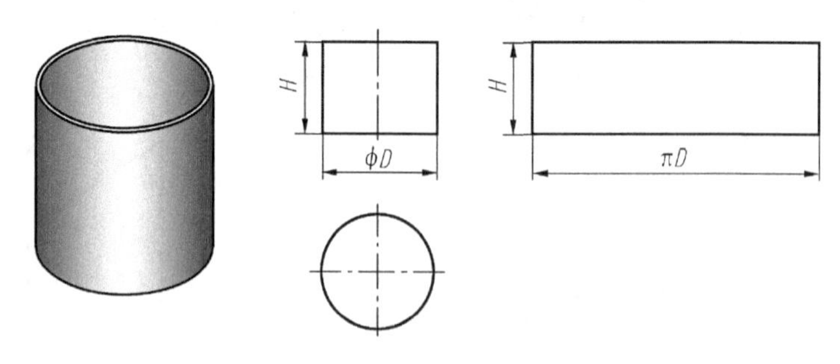

图 6－81　圆柱的展开

②斜口圆柱。斜口圆柱是加工圆管弯头最常见的方法，斜口圆柱的表面展开，与等高圆柱的展开不同，斜口圆柱高度的尺寸是变化的，其高在主视图的投影显实长，作斜口圆柱展开图的方法是，画出斜口圆柱上的所有素线的高度，先在俯视图设定若干个点，再把这些点所代表的素线的实长与底圆 πD 一起展开，顺次光滑连线，如图 6－82 所示。

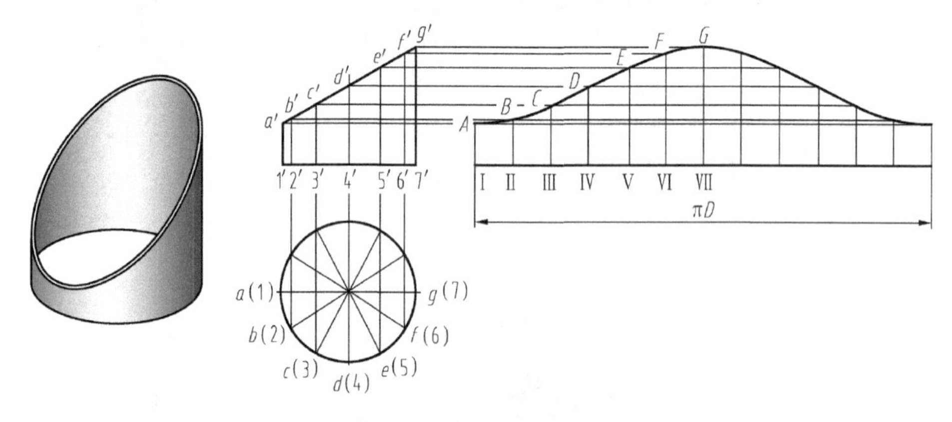

图 6－82　斜口圆柱的展开

(2)圆锥表面。圆锥体作为容器的顶盖应用也很广泛，工程上常用的展开形式有两种，一种是单一圆锥的展开，另一种是与其他圆管连接作成斜口圆锥。

①单一圆锥。单一圆锥也称为正圆锥，其表面展开图形是一个扇形，可以用计算的方法展开，扇形的半径等于圆锥的素线(母线)长度，扇形的弧长等于圆锥的底圆的周长，扇形的圆心角 $\alpha=\dfrac{180^{\circ}d}{R}$。作图的方法是，在圆锥底圆上等分若干个点，用等腰(圆锥素线)三角形面积代替圆锥相邻两素线间所夹的锥表，顺次展开，如图 6－83 所示。

②斜口圆锥。斜口圆锥也称为锥管，通常斜口角度为 45°与圆管连接，其表面的展开与斜口圆柱高度的原理相同，在圆锥底圆上等分左若干个点，到锥顶的圆锥素线的长度不同，用旋转法求实长的方法，作出圆锥各个素线的长度，顺次光滑连线，如图 6－84 所示。

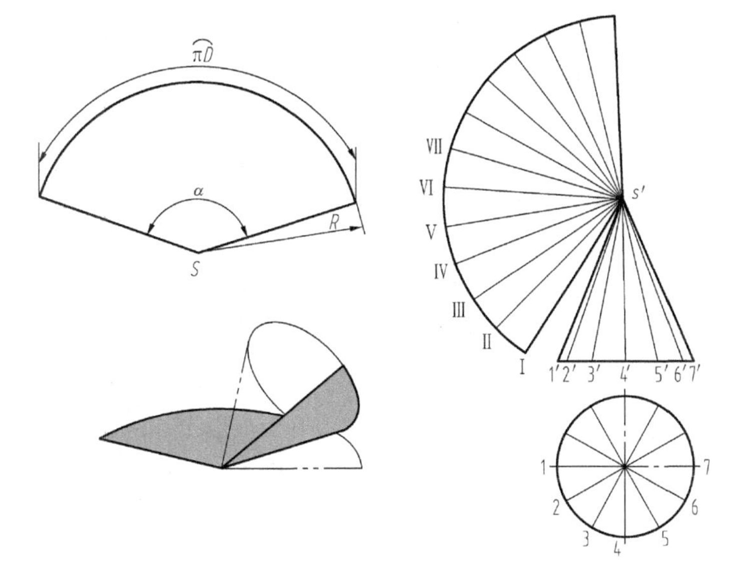

图 6-83　圆锥的展开

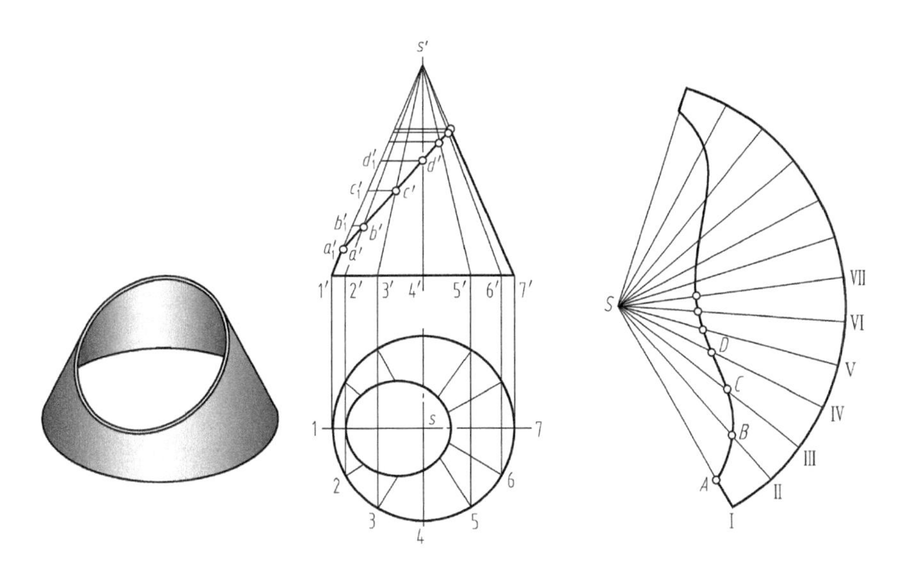

图 6-84　斜口圆锥的展开

3. 综合面结构的展开

综合面结构展开的情况较复杂，工程上常用作管结构和溶剂结构制造，最常见的就是方圆过渡接头，也称为“天圆地方”。

对方圆过渡接头的表面分析可知，其表面是由四个相同的等腰三角形和四个相同的局部锥面(内扇形)组成。

作图步骤如下。

(1)求锥面素线实长。在圆过渡接头的俯视图圆口$\frac{1}{4}$内作三等分，得到 a_1、a_2、a_3、a_4 四条直线及对应的投影，用求实长的方法(直角三角形法)，作出AⅠ、AⅡ、AⅢ、AⅣ直线的实长。

(2)作等腰三角形。在空白处画出等腰三角形的底边 AB，再用圆规以 A、B 为圆心，以 AⅠ、AⅣ为半径，画圆弧交于Ⅳ点，即得到等腰三角形 ABⅣ。

(3)作局部锥面。先用圆规以 A、Ⅳ为圆心，以 AⅠ、AⅣ弧长为半径，画圆弧交于Ⅰ点，得到等腰三角形ⅠAⅣ，再左角∠ⅠAⅣ的三等分，并求出 AⅡ、AⅢ直线，顺次光滑连线Ⅰ、Ⅱ、Ⅲ、Ⅳ点，即得到作局部锥形面。

(4)完成方圆接头展开。用相同的方法分别作出另外的三种展开图形，即完成方圆过渡接头展开。方圆过渡接头交口的位置，一般选在平面处连接工艺简单，如图 6-85 所示。

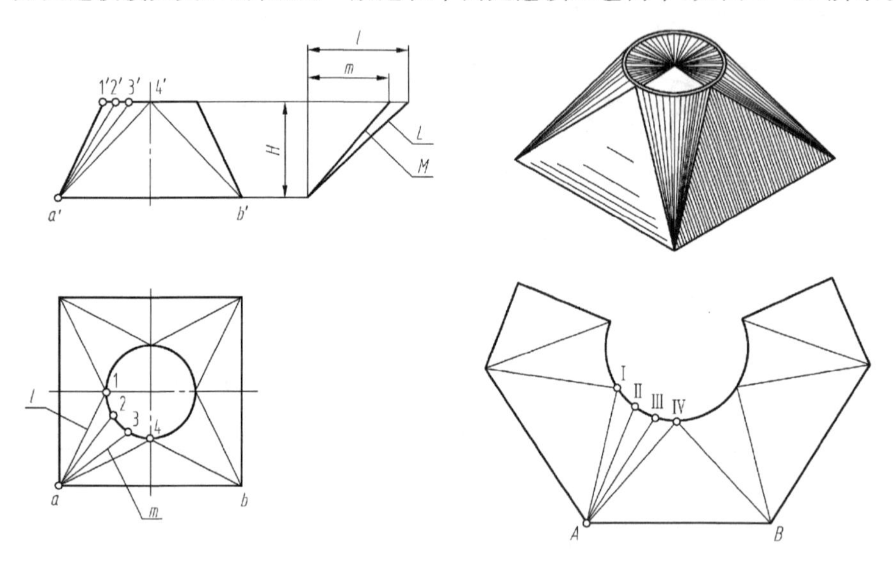

图 6-85　方圆过渡接头的展开

6.9.3　金属薄板制件的咬缝

金属板制件的展开料，在进行变形加工后，要进行连接加工，通常用到的方法是焊接，但对于金属薄板制件常用到的方法是用咬缝进行交接，实线中用咬缝进行交接制成的产品很多。其通常采用咬缝形式及尺寸，见表 6-9 所示。

表 6-12　常采用咬缝型式的工艺及咬缝的下料尺寸

常用咬缝名称和形式	加工工艺	下料尺寸/mm					
		板厚 0.5		板厚 0.75		板厚 1	
		单边	双边	单边	双边	单边	双边
平缝Ⅰ	双边 双边 7 15° ≈100° 5	3～4	8～9	5	9～10	5	11

续表 6-12

常用咬缝名称和形式	加工工艺	下料尺寸/mm					
		板厚 0.5		板厚 0.75		板厚 1	
		单边	双边	单边	双边	单边	双边
平缝 II 	单边 双边 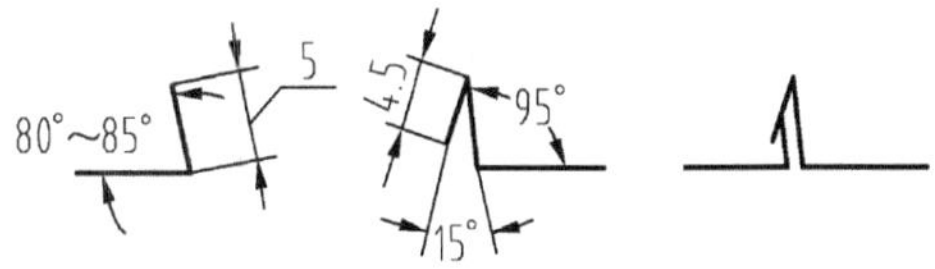 5 80°～85° 4.5 95° 15°	3～4	8～9	5	9～10	5	11
角缝 I 	双边 单边 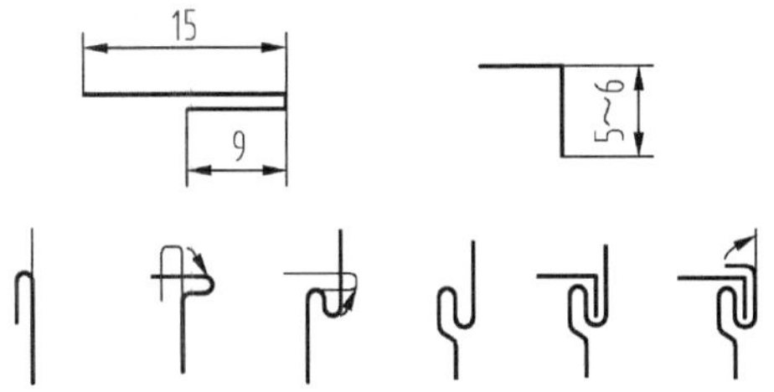 15 9 5～6	4	18～20	4～5	20～22	5～6	22～25
角缝 II 	单边 双边 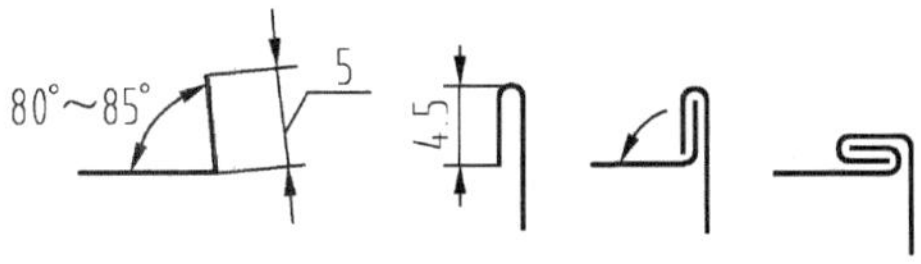 80°～85° 5 4.5	4	9～10	4～5	10～11	5	12
嵌底咬缝 	双边 单边 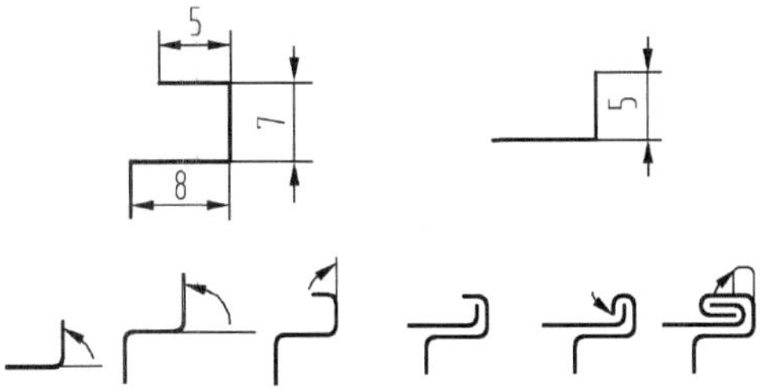 5 7 8 5	4	16～18	5	18～20	5	20～22

第7章 装配图

本章重点内容提示

(1)装配图的基本知识。装配图作用和装配图的组成内容,装配图的规定表达及特殊表达方法,装配图的尺寸、序号及技术要求等各项工程标注。

(2)装配机构。掌握常用的机械装配机构知识,能正确的表达典型装配机构,读懂一般装配机构的装配图,是专业综合知识的集中体现,对今后的实践非常重要。

(3)读装配图。读懂装配图是机械制图及机械类专业课程学习的结果之一,读装配图包含了标准件、零件图及装配工艺等各项知识,加强读装配图的训练,注重综合知识和能力的提高。

7.1 装配图的基本知识

任何机器都是由部件和零件按规定的连接组成(部件是由零件组成)。如图7-1所示。

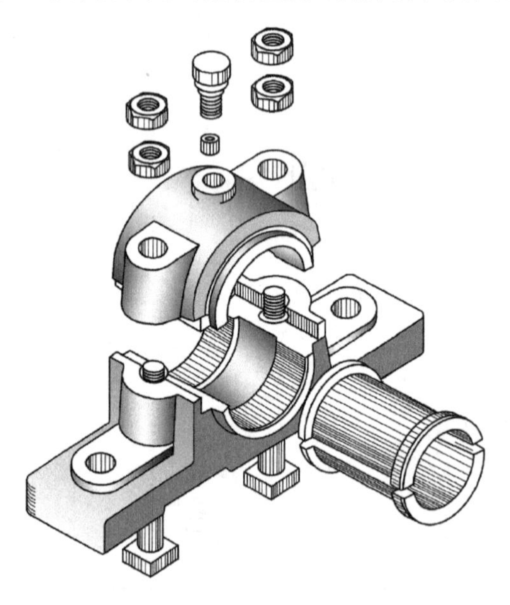

图7-1 滑动轴承分解式装配轴测图

7.1.1 装配图的作用

表示机器或部件的图样,称为装配图。装配图表达机器或部件的结构形状、零件之间的装配关系、产品工作原理和技术要求等。装配图是产品生产制造、安装调式、操作使用、检修维护的技术依据。装配图和零件图都是企业生产的技术文件。

在企业的装配车间，技术人员根据装配图制定装配工艺，并根据装配图组织生产。

7.1.2　装配图的内容

完整的装配图包括 4 方面内容，如图 7－2 所示。

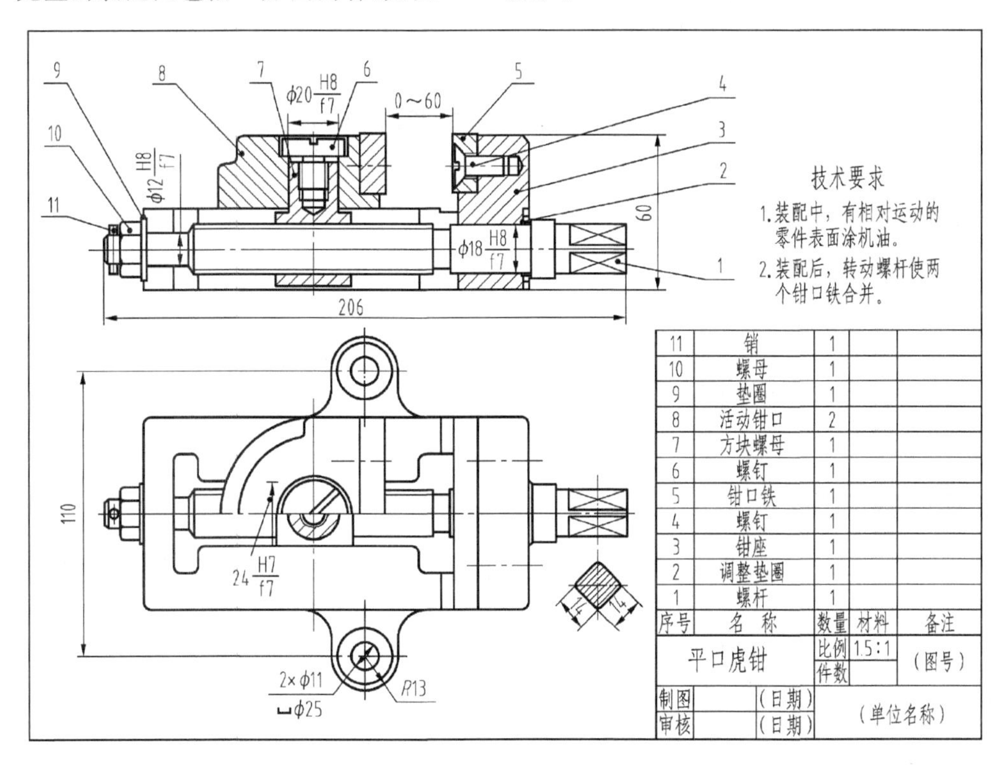

图 7－2　平口虎钳的装配图

1. 一组视图

这组视图能够清楚的表达装配体(机器或部件)的结构、工作原理和零件之间的连接装配关系。并且能够表达装配体主要零件的结构形状。为能清楚的表达零件之间的连接关系主视图一般采用剖视表达。

2. 必要的尺寸

装配图尺寸标注的内容由装配图的作用决定。装配图尺寸主要表达装配体的规格和性能，以及装配、安装、检验、外形等。

3. 技术要求

保证装配体(机器或部件)达到设计要求，用文字及规定代号等表达装配体的设计要求。在装配、调试、检验时需要达到的设计条件和技术要求，以及使用规范等。

4. 序号、明细表和标题栏

装配图的标题栏格式及内容必须符合标准要求。标题栏必须填写装配图的名称、绘图比例、产品代号等相关信息。在标题栏的上方画出明细表，将装配图中所有零件编排序号，在明细表中填写零件的序号、名称、材料等内容。

7.2 装配图的视图表达

7.2.1 装配图的规定表达

1. 剖面符号

相邻两个零件的剖面符号不同，即剖面线方向相反(或方向、间距不同)，以此区分零件。同一个零件在所有的试图中切面符号必须相同。当零件的厚度≤2mm 时，剖面符号允许用涂黑代替。

2. 两相邻表面

(1)可靠接触面画成一条线。两个相邻可靠相接触表面只画一条线，凡是非可靠接触的两个相邻表面，无论间隙多小，都必须画出两条线，一般多采用夸大画法。

(2)有配合的两个表面画成一条线。有配合的两个表面无论间隙多大，都必须只画成一条线。

3. 按不剖绘制

装配图中剖面通过零件的中心线(轴线)时，该零件的视图按不剖绘制。

(1)标准件。如螺栓、螺母、垫圈、键、销等；

(2)实心件。如轴、连杆、手柄、钢珠等零件；

(3)部件。装配图中的部件一般不需要表达，如电机、油杯等。如图 7-3 所示。

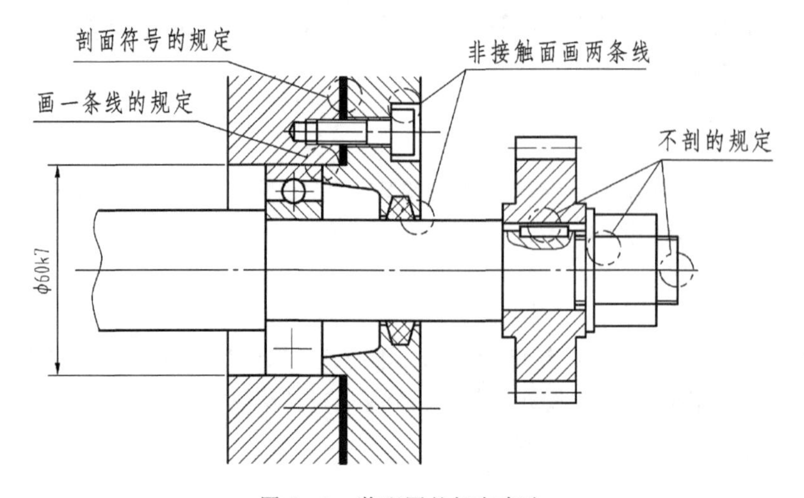

图 7-3　装配图的规定表达

7.2.2 装配图的特殊表达

1.拆卸画法

拆卸画法的“拆卸”有两种含义。

(1)拆卸掉零件。装配图表达中,某些零件的位置、形状、装配关系等都已经表达清楚,无需再表达,此时再进行投影时,这些零件可以被拆卸掉。或者某些零件的尺寸较大,为了避免投影时遮盖其他零件的表达,也可以拆卸掉这些零件,再进行投影。

(2)剖切掉零件。装配图表达时,需要沿两个零件的接触面作剖切视图表达,被剖切掉的零件与拆卸掉零件一样不再考虑,投影图中剖面与零件接触表面不画剖切符号,剖面剖到的零件依然按剖切规定表达,画剖切符号,如图 7-4 所示。

上述两种表达方法当需要说明时,可以在视图上方标注出“拆去××号件”(可以省略)。

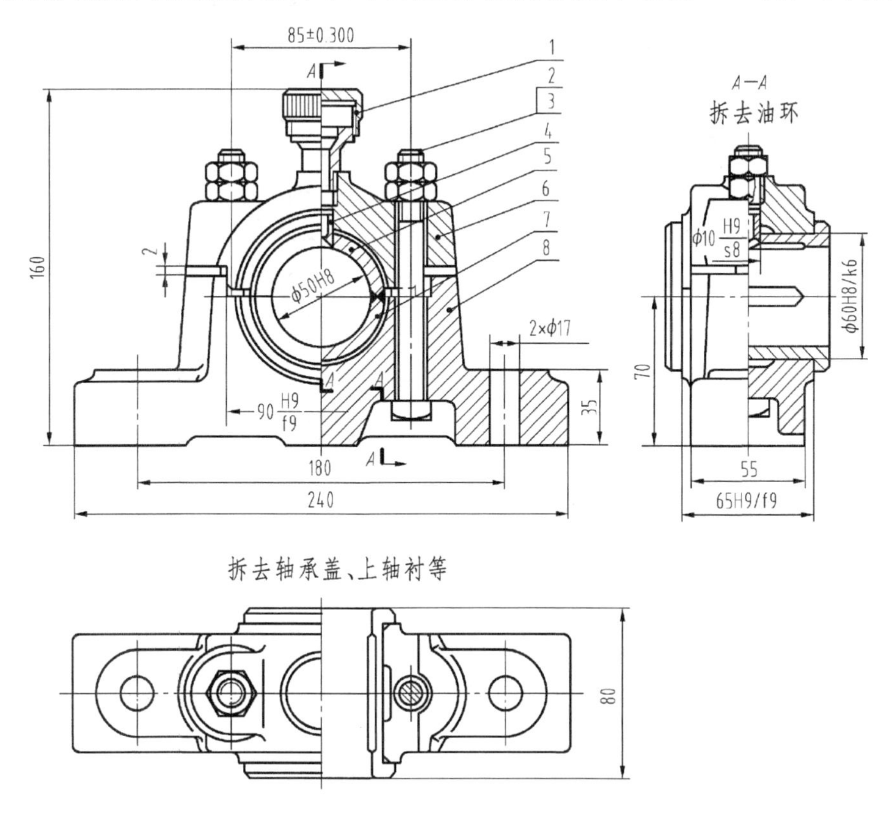

图 7-4　装配图的拆卸表达

2.假想画法

用以说明和解释装配体,用细双点画线表达。

(1)极限位置。装配体中的某些零件是活动的,需要表示其活动范围或表达极限位置,用细双点画线画出另一个位置零件的轮廓。

(2)连接关系。与本装配体有关,但不属于该装配体的相邻零件或部件,为了进一步表达装配体，可以用细双点画线画出该相邻零件或部件的轮廓，说明装配体的安装及使用。

3. 展开画法

在表达传动结构的装配图时，为了表达传动关系及轴的装配关系，用剖切平面按传动顺序沿传动轴的轴线剖开（旋转剖），将剖面展开（摊平）在同一个平面上（平行与某一投影面）进行的投影方法，如图 7-5 所示。

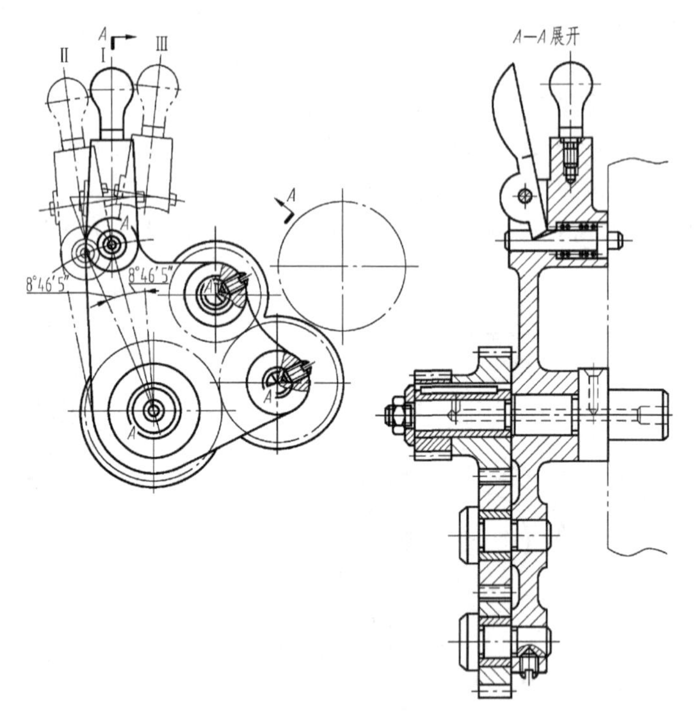

图 7-5　假想画法及展开画法

4. 夸大画法

装配体图中的薄片零件、细丝零件、微小间隙等，用实际尺寸在装配图中无法画出，表达不清楚，均可不按比例采用夸大方法画出。即薄片加厚，细丝加粗，小间隙加宽，锥度、斜度等，夸大画至较明显的程度。

5. 单独表达零件

在装配图表达中，可以单独画出某一个零件的视图，但该视图必须按向视图进行符号标注，并在该图上方字母前标出零件的编号，如图 7-6 所示。

6. 简化画法

除零件图的简化表达方法外，装配图表达中简化规定如下。

(1)工艺结构。装配图对零件的表达不是主要内容，为了使装配关系表达的更清晰，零件的工艺结构最好可省略不画，如倒角、圆角、退刀槽等，如图 7-7 所示。

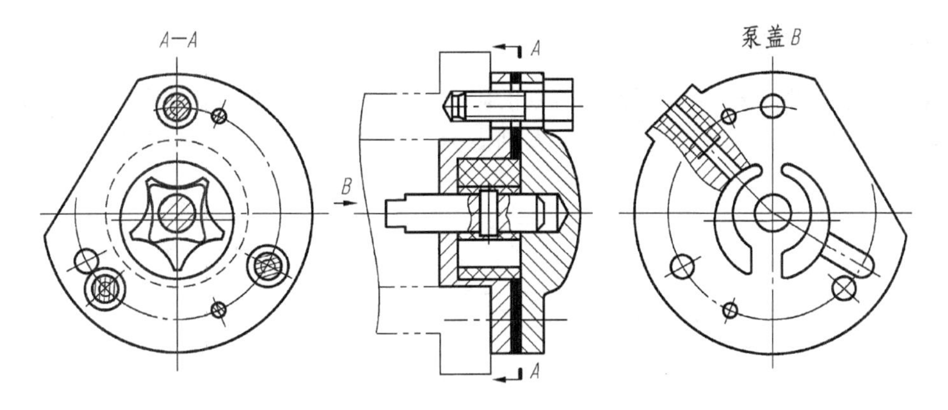

图 7-6　单独表达零件的画法

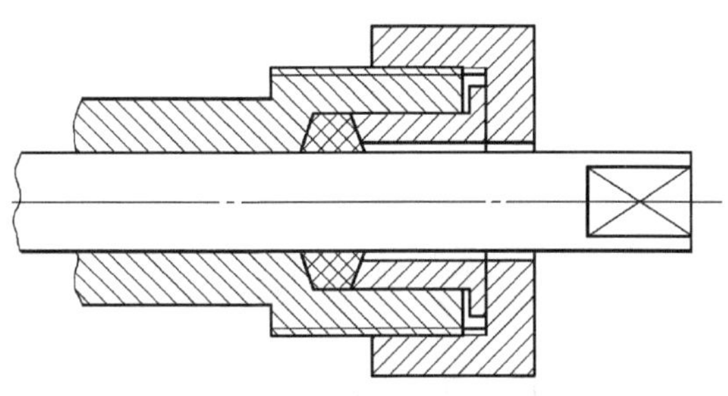

图 7-7　装配图中零件的工艺结构省略不画

(2)相同的零件组。在装配图中相同的零件组(螺纹连接件等),可以只画一组,其他的用点画线表示,表达其装配位置关系,如图 7-8 所示。

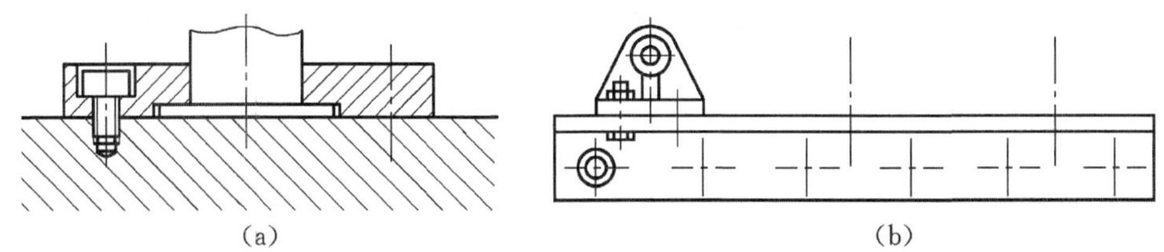

(a)　　(b)

图 7-8　在装配图中相同零件组的省略

(3)部件的表达。为使装配图的表达简单,对装配图中的部件不做表达,可以用符号、轮廓等表示,如传动中的链、滚动轴承、油杯等,如图 7-9 所示。

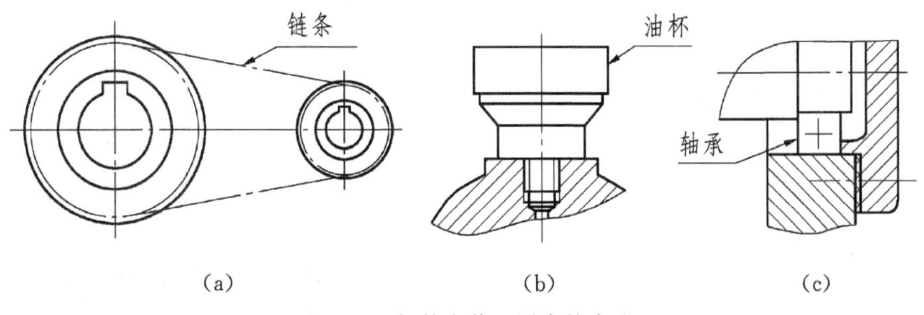

(a)　　(b)　　(c)

图 7-9　部件在装配图中的表达

7.2.3 装配示意图表达

用粗实线按目测比例，简单、形象、美观的画出零件之间的连接和位置关系的图形，并注明各零件的信息，零件的名称及数量用引线及列表标明，称为装配示意图，如图 7－10 所示。

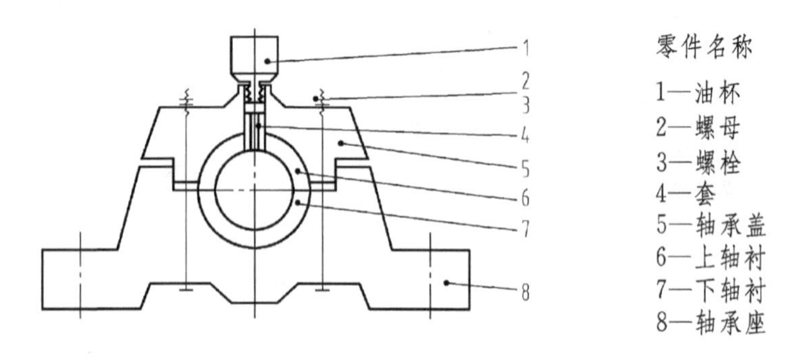

图 7－10 滑动轴承的装配示意图

1. 装配示意图作用

装配示意图的特点，用最简单的“线条”表示零件之间的相对位置和连接关系，反映装配体的装配原理(工作原理)。

(1)产品交流。装配示意图表达简单易懂，能较好的反映了产品的工作原理，在交流设计、广告宣传等方面，被广泛应用。

(2)绘制装配图。一般在绘制装配图前，先分析零件画出装配示意图，再依据装配示意图绘制装配图。

(3)现场使用。在现场对机器进行拆、装维修时，一般要画出装配示意图，记录零件及之间的连接和位置关系，保证维修顺利完成。

综上所述，学习装配示意图的表达，能完成装配示意图的绘制非常重要。

2. 装配示意图的画法

装配示意图表示零件的方法有两种，一种是直接在装配示意图上标出零件的名称，另一种是在装配示意图上标出零件编号，在下面注明对应零件的名称。按主视图的位置绘制，绘制装配示意图的基本步骤如下。

(1)分析装配图。分析装配图的工作原理，零件之间的相对位置关系，选定装配体中的主体件，确定装配示意图的表达方式，一般按主视图的位置绘制。

(2)主体件表达。画主体件是绘制装配示意图的关键，要表达出主体件的结构形状特征，还要容易画出与其他件的连接，同时图形必须简单。对一个零件的示意图画法绝不是一种，可能有好多种表达都是可行的。

(3)画示意图。在画主体件的示意图上，逐一完成其他件的连接示意图，要表达出零件连接的性质，零件示意图形力争做到简单、形象、美观。

(4)引线标注。用引线标注出全部零件的名称或代号(如同装配图的序号标注)，不重复不遗漏。

(5)文字说明。在装配示意图中,不能表达的内容,在空白处用文字书写(如同装配图的技术要求),如图 7－11 所示。

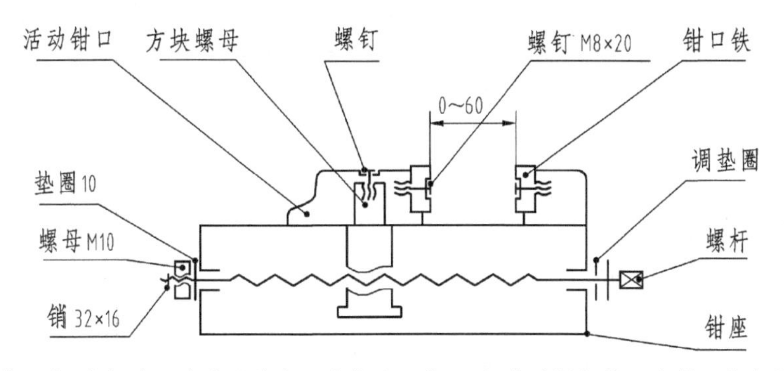

图 7－11　平口虎钳的装配示意图

7.3　装配图的工程标注

7.3.1　尺寸标注

装配图与零件加工无关,装配图的尺寸与零件的尺寸无关,即不标注零件的尺寸,只标注与装配体有关的尺寸,按用处不同可分以下几种,如图 7－12 所示。

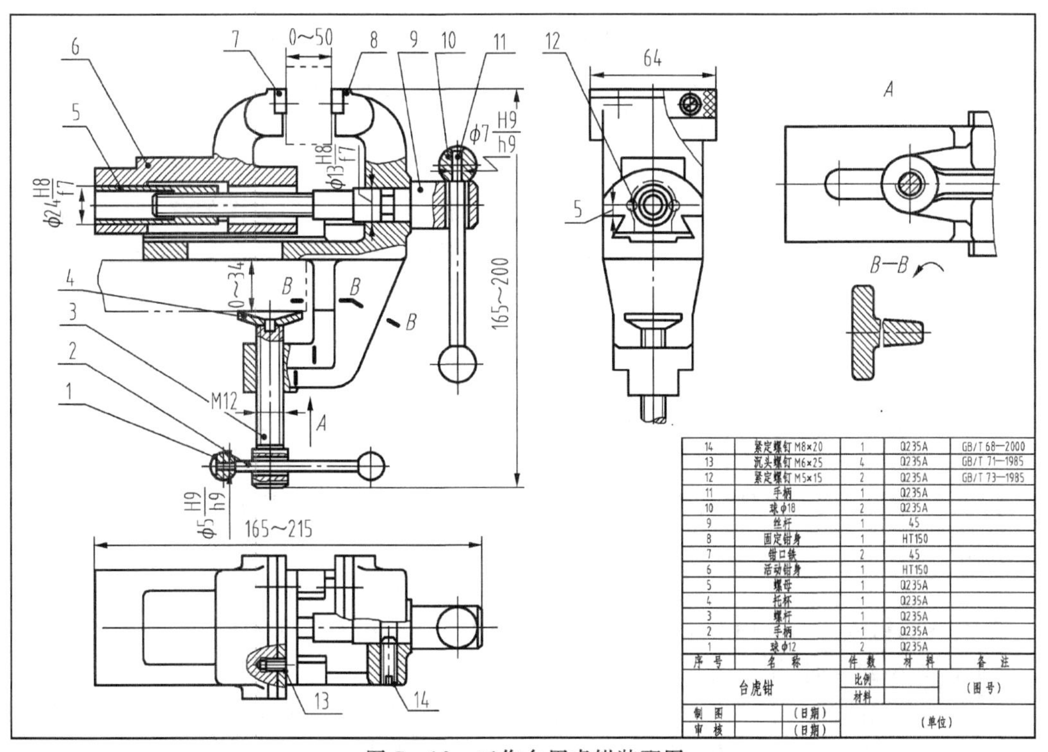

14	紧定螺钉 M8×20	1	Q235A	GB/T 68—2000
13	沉头螺钉 M6×25	4	Q235A	GB/T 71—1985
12	紧定螺钉 M5×15	2	Q235A	GB/T 73—1985
11	手柄	1	Q235A	
10	球 φ18	2	Q235A	
9	丝杆	1	45	
8	固定钳身	1	HT150	
7	钳口铁	2	45	
6	活动钳身	1	HT150	
5	螺母	1	Q235A	
4	托杯	1	Q235A	
3	螺杆	1	Q235A	
2	手柄	1	Q235A	
1	球 φ12	2	Q235A	
序号	名称	件数	材料	备注
台虎钳		比例 / 材料		(图号)
制图	(日期)	(单位)		
审核	(日期)			

图 7－12　工作台用虎钳装配图

1. 性能尺寸

反映产品的规格、性能等的尺寸，这类尺寸是设计的重要数据，在画图前就确定了，与产品不可分开，如阀的孔径尺寸、平口虎钳的钳口尺寸、滑动轴承座孔直径尺寸、减速器的输出轴等。如图 7－12 所示，钳口尺寸 64mm 和钳口开合尺寸 0～50mm 是性能尺寸。

2. 装配尺寸

装配尺寸分两部分组成。

(1)配合尺寸。零件之间的配合尺寸，即带有配合符号的尺寸，如图 7－12 所示，ϕ20H9/h9、ϕ40H8/f7 等都是带有配合符号的尺寸。

(2)装配尺寸。零件之间的相对位置尺寸，在装配过程中要用到的尺寸。

3. 安装尺寸

装配体与外界相联系的尺寸，如安装固定、连接用螺纹孔、提供专用工具尺寸等，有时是零件上的部分尺寸，如图 7－12 所示，虎钳固定工作台厚度的范围尺寸 0～34mm。

4. 总体尺寸

表示装配体外形大小的尺寸，即总长、总宽、总高尺寸。总体尺寸是储存、包装、运输、安装等需要用到的尺寸，如图 7－12 所示，215～165、200～165、64 是外形总体尺寸。

5. 重要尺寸

不属于上述四种尺寸，又反映产品的设计重要参数尺寸，组装、调试、检验等需要的尺寸。如图 7－12 所示，夹紧螺纹 M12 的尺寸，是产品使用时用到的尺寸。

7.3.2 序号标注

零件序号，即零件的编号。为了简化装配图的图样管理，便于装配图的读图，装配图中所有的零件、部件都必须编号，并按在装配图中的位置排序。对装配图中的序号编排应符合以下几点。

1. 零件编号

(1)装配图中的所有零件(部件)都必须进行编号，并与明细表中的序号一致。

(2)装配图中的每一个零件(部件)都只有一个编号。

(3)装配图中相同的零件(部件)用同一个编号，数量在明细表中表示，如图 7－13 所示。

2. 引线

(1)引线的组成。引线用细实线和末端的小圆点组成，小圆点画在工件的轮廓内，工件的轮廓不允许画小圆点时，用箭头代替，箭头指在零件上。

(2)引线标注的注意事项。引线的末端小圆点选在零件的边缘处，引线尽可能的少于图线相交。引线之间不允许交叉，不允许与图中线平行，必要时可画成折线，如图 7－14 所示。

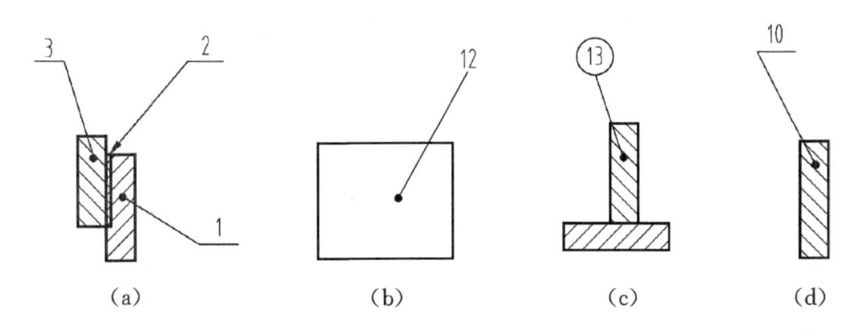

图 7－13　零件序号编写形式

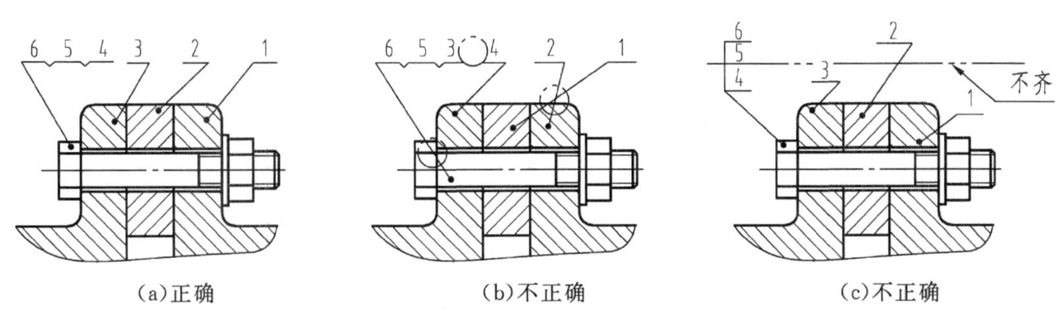

图 7－14　零件序号编写注意事项

3. 标注

(1)引线的另一端与序号相连。一般序号加下划线，也可以画圆圈表达。

(2)序号的字号大一号。序号用阿拉伯数字表示，序号的字号比尺寸标注数字的字号要大一号。

(3)序号在图样中排列整齐有序。序号 1 靠近标题栏。

(4)公共引线标注。当装配体中的一组装配关系清楚的零件，可用公共引线标注，如一组紧固件等。如图 7－15 所示。

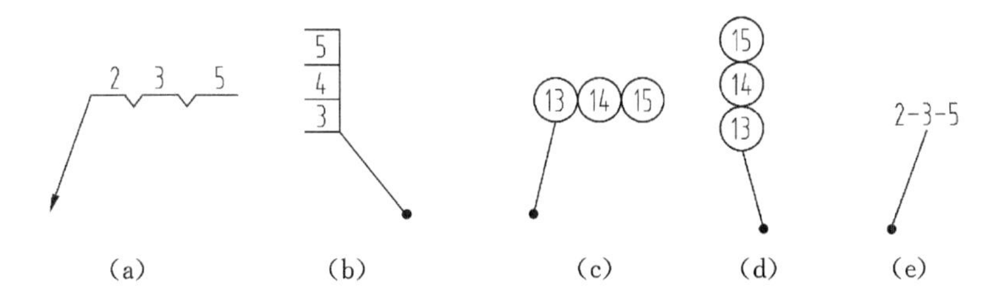

图 7－15　一组零件序号编写标注

4. 明细表

(1)明细表中的项目。是由序号、代号、名称、数量、材料、备注组成。

(2)明细表画的位置。在标题栏的上方，由下而上用 5 号字填写，当由下而上延伸位置不够时，可近靠标题栏的左边由下而上延伸。明细表最上面的边框线用细实线。

(3)明细表中的内容。明细表中零件名称及序号与图样中的零件序号必须对应一致,如图 7-16 所示。

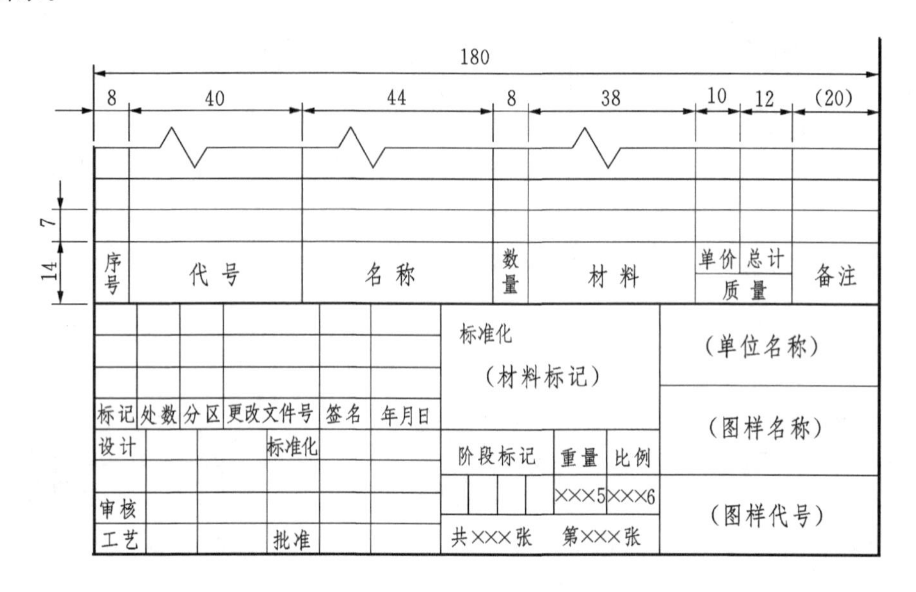

图 7-16 装配图中明细表格式及位置

7.3.3 技术要求

为确保装配图的设计要求,装配图除标注尺寸、序号外,还要根据装配体(产品)的需要,在装配图中标出技术要求,技术要求可分为以下几种。

1. 配合要求

装配图中带有配合的尺寸标注。标出零件之间的配合要求,装配中保证其配合性质及精度的要求。

2. 几何公差

装配体中的几何公差标注表示装配后零件之间的方向、位置、跳动公差精度的要求,表示方法与零件图相同,如图 7-17 所示。

3. 文字书写

无法用标注方法表达的技术要求,规定可以在装配图右下角靠近标题栏的空白处,用“技术要求”文字写出。技术要求内容从以下几方面考虑。

(1)装配过程的要求。对装配中的某些工艺的特殊要求,如组装顺序、调整、润滑等。

(2)调试检验的要求。装配体调试检验的项目内容、所用仪器、达到参数等。如打压方法、承受压力,达到的性能等。

(3)包装运输的要求。装配体的存放、运输等条件要求。如不可倒置、不许挤压等。

(4)使用维护的要求。装配体的维护、保养、使用等注意事项及要求。

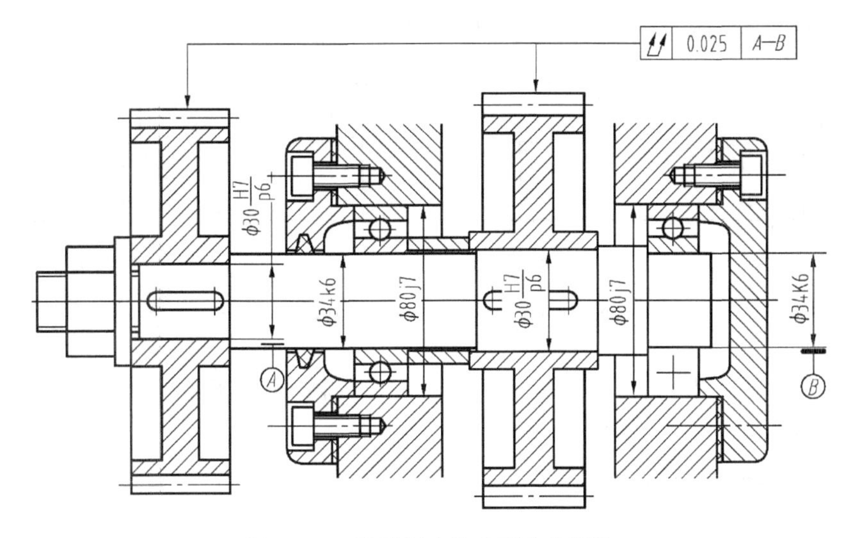

图7-17　装配图中技术要求的标注

7.4　装配结构

在绘制或识读装配图时，首先要考虑的就是装配机构的合理性，使每个零件的连接可靠，装拆方便；保证每一部分装配结构的合理，以确保证产品的性能。

7.4.1　结构合理

1. 接触面结构合理

(1)一个面接触。两个零件同一个方向上只有一组面能可靠接触，其他面都不能可靠接触。没有可靠接触的两个表面用(夸大画法)两条线表达，如图7-18所示。

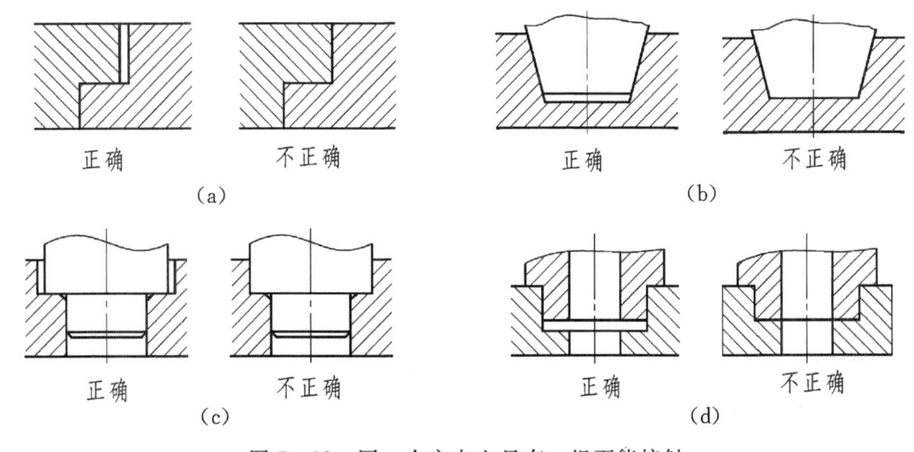

图7-18　同一个方向上只有一组面能接触

(2)退刀槽及倒角。轴肩和孔端面的接触时，轴应有退刀槽，孔要有倒角或倒圆；用倒角、倒圆时，孔的倒角、倒圆应大于轴的倒角、倒圆，如图 7 - 19 所示。

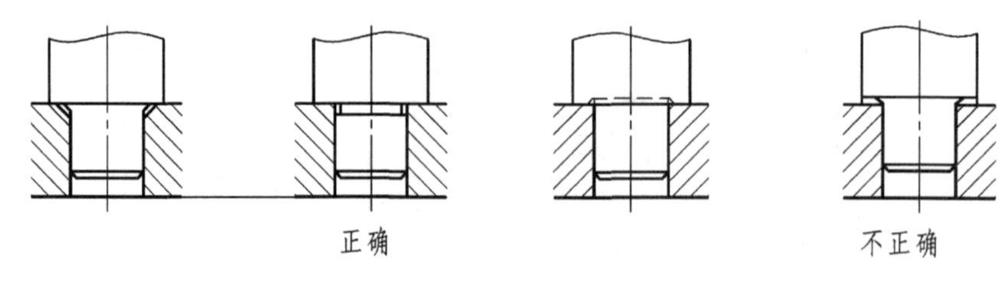

图 7 - 19 圆角、倒角及退刀槽结构

(3)凸台与凹坑。用凸台或凹坑能保证面的可靠接触，同时还能减少加工表面，降低制造成本，如图 7 - 20 所示。

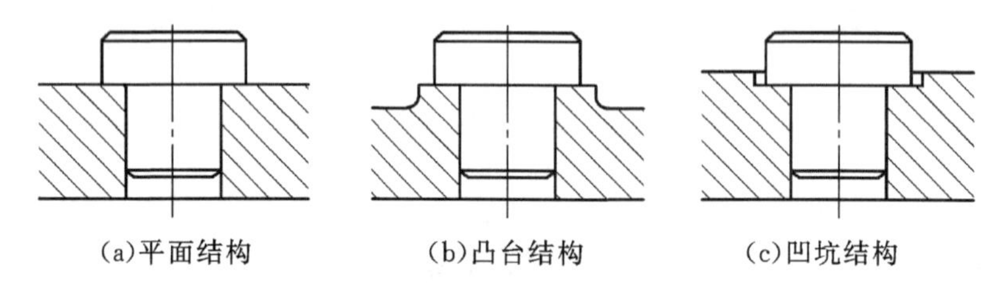

图 7 - 20 装配邻居凸台结构

2. 装拆结构合理

保证每个零件在组装时能装得上，在拆卸时拆得下。不出现组装和拆卸零件的干涉现象，如图 7 - 21 所示。要避免在维修时，零件的拆卸困难，如图 7 - 22 所示。

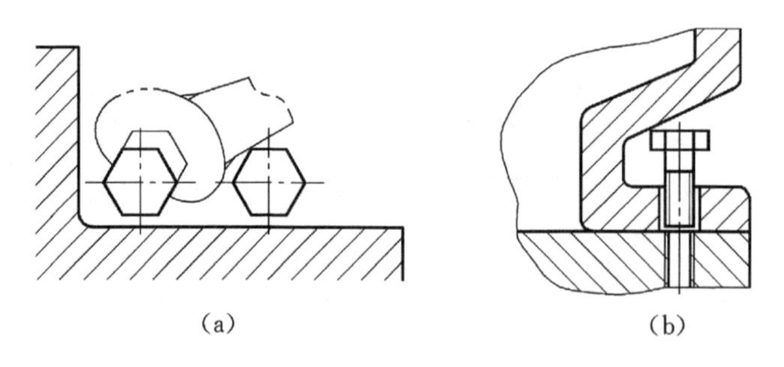

图 7 - 21 螺纹固定件的装配结构分析

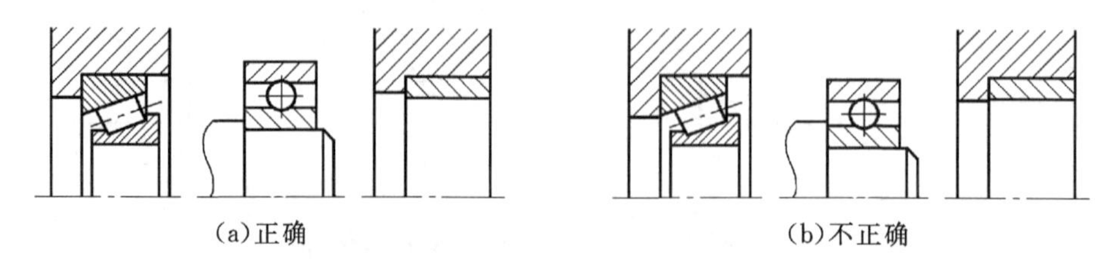

图 7 - 22 轴承及套的拆卸分析

7.4.2　常见的装配结构

在装配体中存在许多能独立完成某一项专用功能的结构，这些有着专用功能的结构很多，在装配图中普遍被采用，下面介绍几种最常见的专用结构。

1. 密封结构

装配体内外需要密封是采用为一种密封方法，需要密封的连接情况较复杂，一般轴的密封最常见，如图 7 - 23 所示。

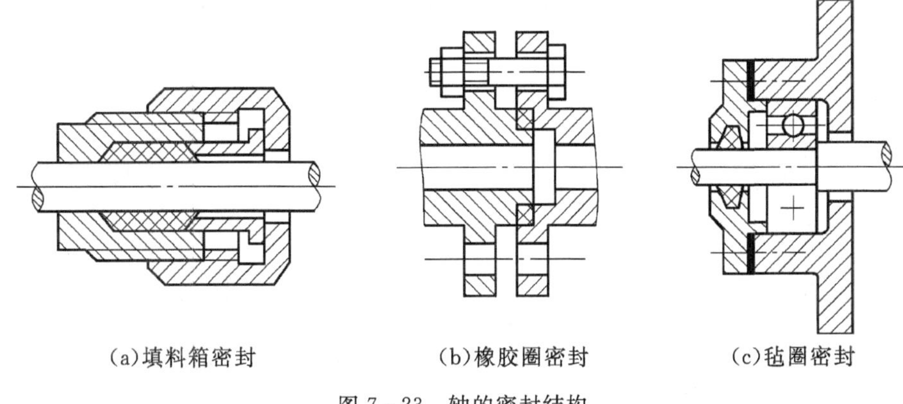

(a)填料箱密封　(b)橡胶圈密封　(c)毡圈密封

图 7 - 23　轴的密封结构

2. 防松结构

装配体结构中防松结构非常重要结构形式多样，常见的螺纹固定件防松结构，如图 7 - 24 所示。

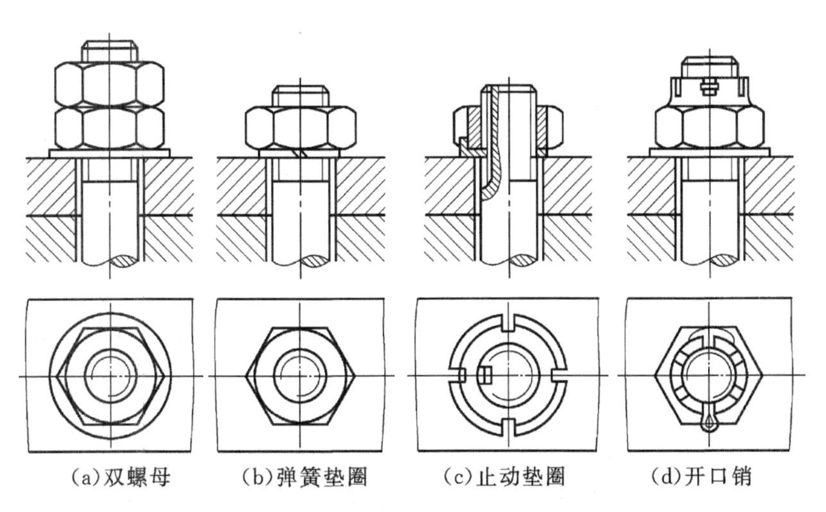

(a)双螺母　(b)弹簧垫圈　(c)止动垫圈　(d)开口销

图 7 - 24　螺母的防松结构

7.5 装配图的识读

产品的组装、调试、维修等,(由装配图拆画零件图)都需要看懂装配图,才能进行操作。真正的读懂装配图,除具备一定的制图能力外,还必须具有相应的专业知识。

7.5.1 读装配图

识读装配图的全部内容,了解装配体的的零件之间的关系,建立装配体的装、拆过程和主要件、装配体的立体形状。如图 7-25 所示,以齿轮油泵装配图为例,看装配图的主要过程如下。

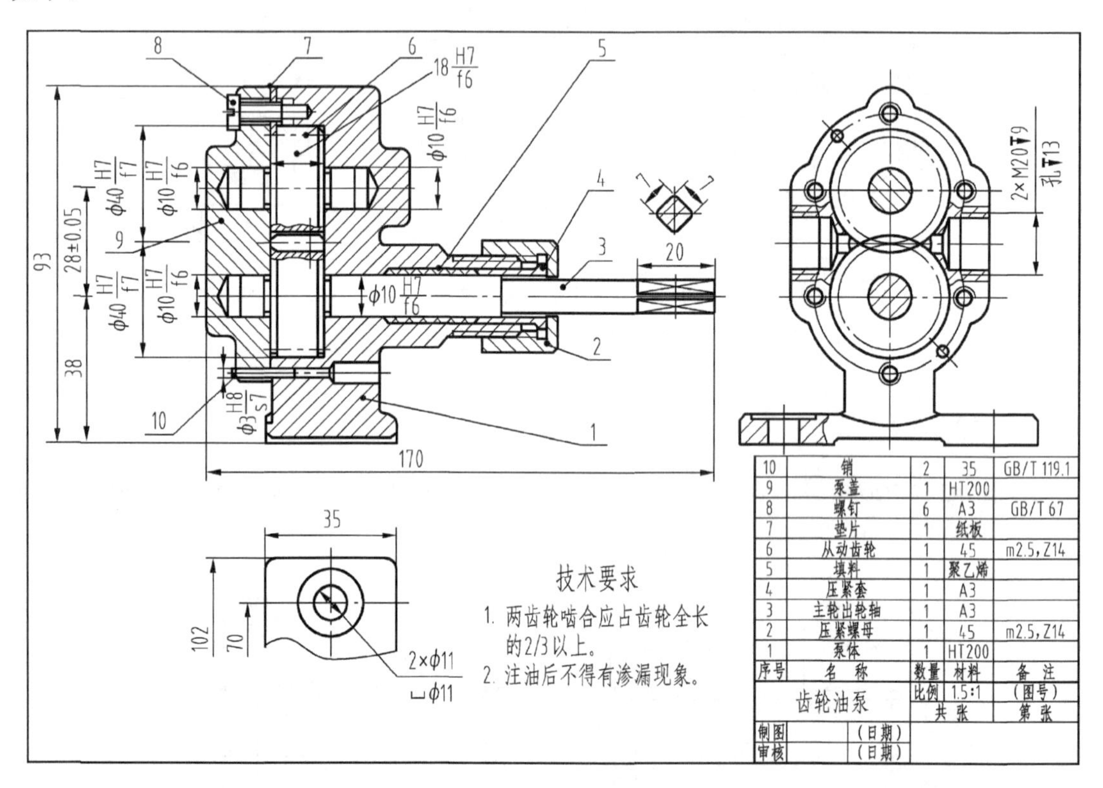

图 7-25 齿轮油泵的装配图

读装配体的基本方法与读零件图的方法相同,用同样的方法解决不同的问题,在练习中注意学习掌握。

1. 概括了解

首先从标题栏的文字内容开始浏览视图,通过阅读标题栏清楚装配图的名称、设计日期等,一定能大致了解装配体的用处、体积大小、零件数量等信息。

2. 分析视图

了解装配图的主视图和其他视图的主要表达形式,图之间的表达关系等。图中主视图表达各零件的装配关系；左视图表达齿轮泵两个进出口和一对齿轮啮合的工作原理；局部俯视图表达齿轮泵的底板两个安装孔的安装尺寸。

3. 工作原理

结合产品说明书及产品专业知识，清楚图中表达的工作原理，了解影响性能的零件，如图中 M20 螺纹孔进出油口。

4. 装配关系

了解各零件在产品中的作用，他们之间的连接关系，配合符号的含义，了解每个零件的拆装过程。

5. 主要件形状

主要零件一般是在产品中，起到支承或包容其他零件的作用，如泵体、阀体、底座等。根据投影并结合与接触零件的形状分析，建立主要件及相关件的形体。

6. 综合归纳

综合上述分析，达到清楚产品的形状结构、各零件的用途、拆装调试过程等，清楚各项技术要求的意义。最终建立装配体的立体形状，如图 7-26 所示，齿轮油泵直观图。

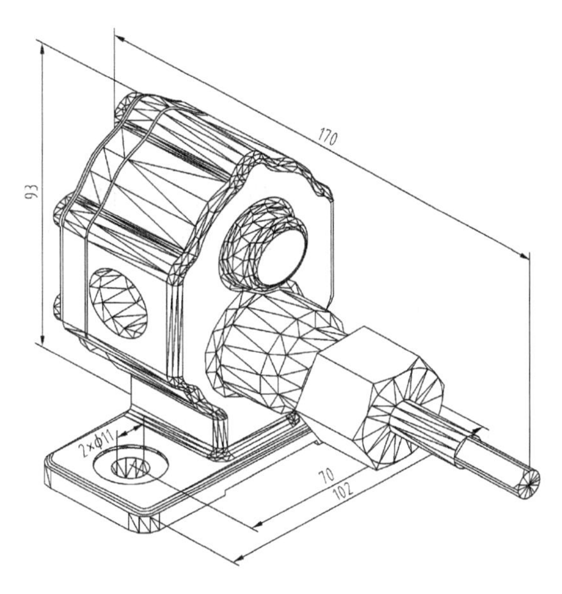

图 7-26　齿轮油泵的直观图

7.5.2　拆画零件

识读装配图的全部内容，看懂装配图并建立装配体的立体形状，分析装配体中的零件结构及连接关系，想象出零件的形状及工艺结构，将其拆下画出零件图，以压力阀为例，拆画零件序号 3 阀体，如图 7-27 所示。拆画零件图的主要过程如下。

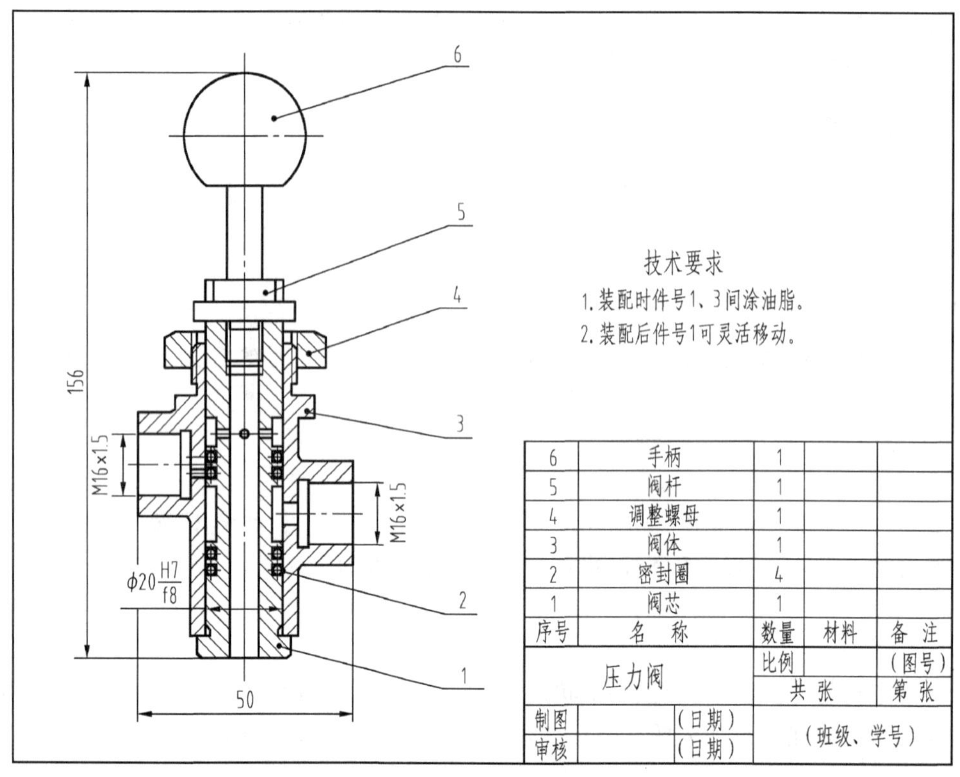

图 7-27 压力阀的装配图

1. 分离零件

在装配图中将零件分离出来，在看懂装配图的基础上，了解要拆画的零件在装配图的所有视图，与相邻件之间的连接关系等，将零件在装配图中所有的视图中分离出来，建立零件的大致形状，如图 7-28 所示。

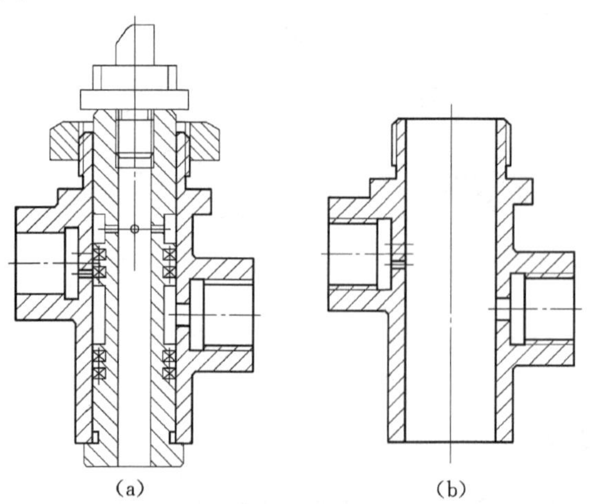

图 7-28 阀体零件从装配图中分离出

2. 确定表达方案

在画零件图时，一定分析零件的加工工艺，选择主视图确定表达方案，零件在装配图中视图表达仅供参考，按零件的表达要求及方法画图。

3. 打底稿画图

按零件图的绘图要求和画图的步骤，打底稿画图，画出零件的工艺结构，如倒角、倒圆、退刀槽等，检查加深。

4. 尺寸标注

按零件图尺寸标注的要求选择尺寸基准，标注尺寸，完成零件图的尺寸标注。

5. 技术要求

零件在装配图中的技术要求必须标出，并根据装配图的分析，标注出零件的表面粗糙度、形位公差等必需的技术要求。

6. 填写标题栏

完成零件图标题栏的填写，完成零件图的全部绘制，如图 7－29 所示。

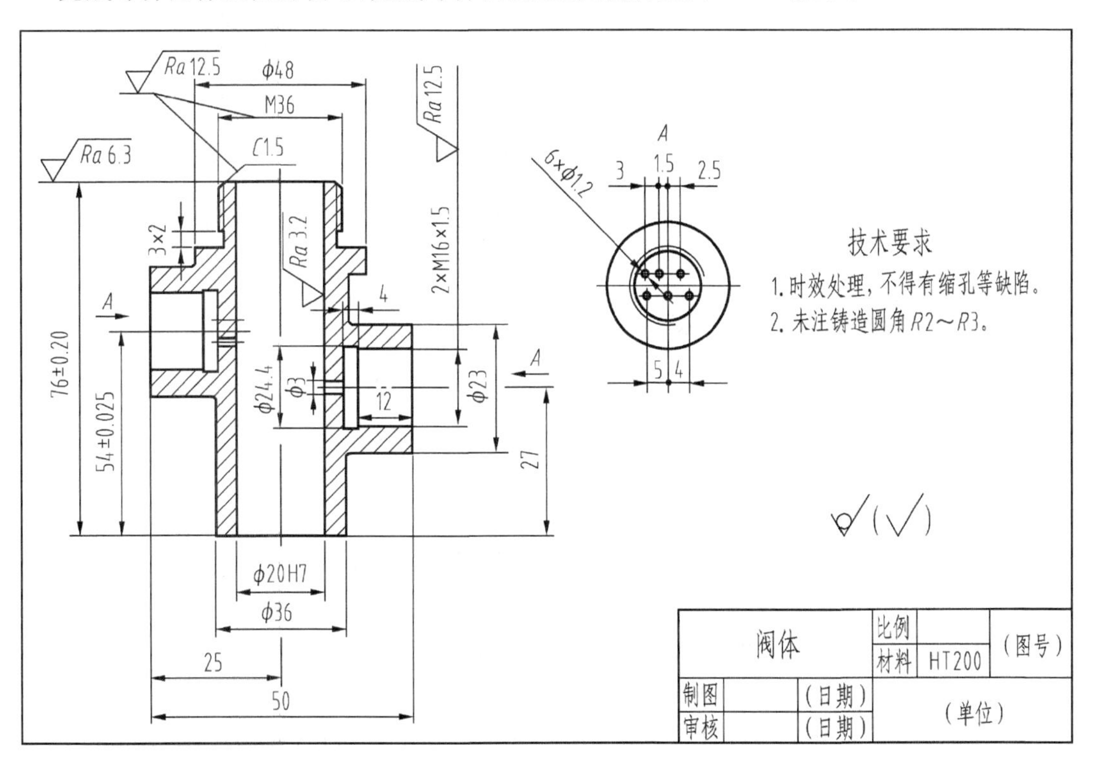

图 7－29　阀杆零件图

7.6 装配图的绘制

绘制装配图的过程就是设计产品的过程，绘制的方法很多，这里主要介绍，根据零件图和装配示意图绘制装配图的方法，和根据装配体及装配示意图绘制装配图的方法。

7.6.1 根据零件图及装配示意图绘制装配图

根据零件图和装配示意图绘制装配图的方法，以绘制支架的装配图为例，支架的装配示意图，如图 7－30 所示。支架的零件图，如图 7－31 所示。

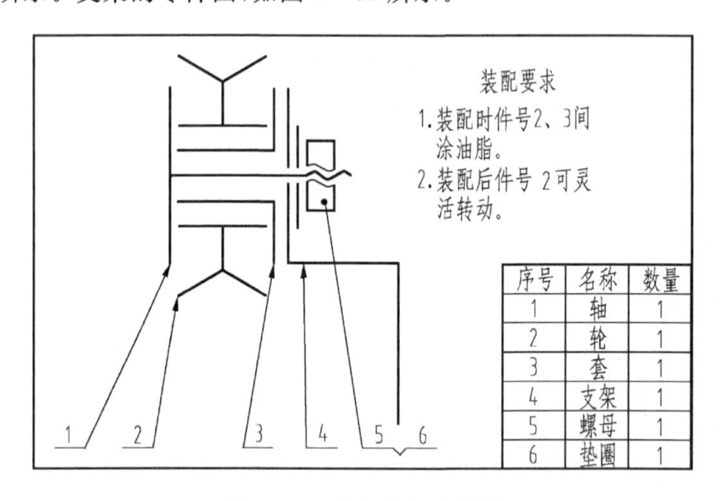

图 7－30 支架装配示意图

根据零件图和装配示意图，绘制装配图的基本方法与绘制零件图的方法相同。绘制装配图的步骤如下。

1. 分析装配体确定表达方案

分析装配体的组成及结构特点，选定反映装配图中心线及安装孔剖面的视图，作为主视图，与装配图的示意图相同，主视图全剖视图表达，局部左视图表达安装尺寸。

2. 绘制装配草图

(1)确定比例、图幅。根据零件的外形尺寸，大致算出装配图的外形尺寸，进行图面布置，确定比例、图幅。

(2)画主要件。先画主要零件，注意一定先画零件的大致轮廓，细节不画，留出其他零件的位置，如题 7－32(a)所示，也可先画件 1 号轴。

(3)画连接零件。有多个件连接件时，先画主要的零件，不剖的件先画，如题 7－32(b)所示。

(4)校核、绘制零件细节。校核后再画零件细节形状，描深全图，剖面线可一次画完，如图 7－32(c)所示。

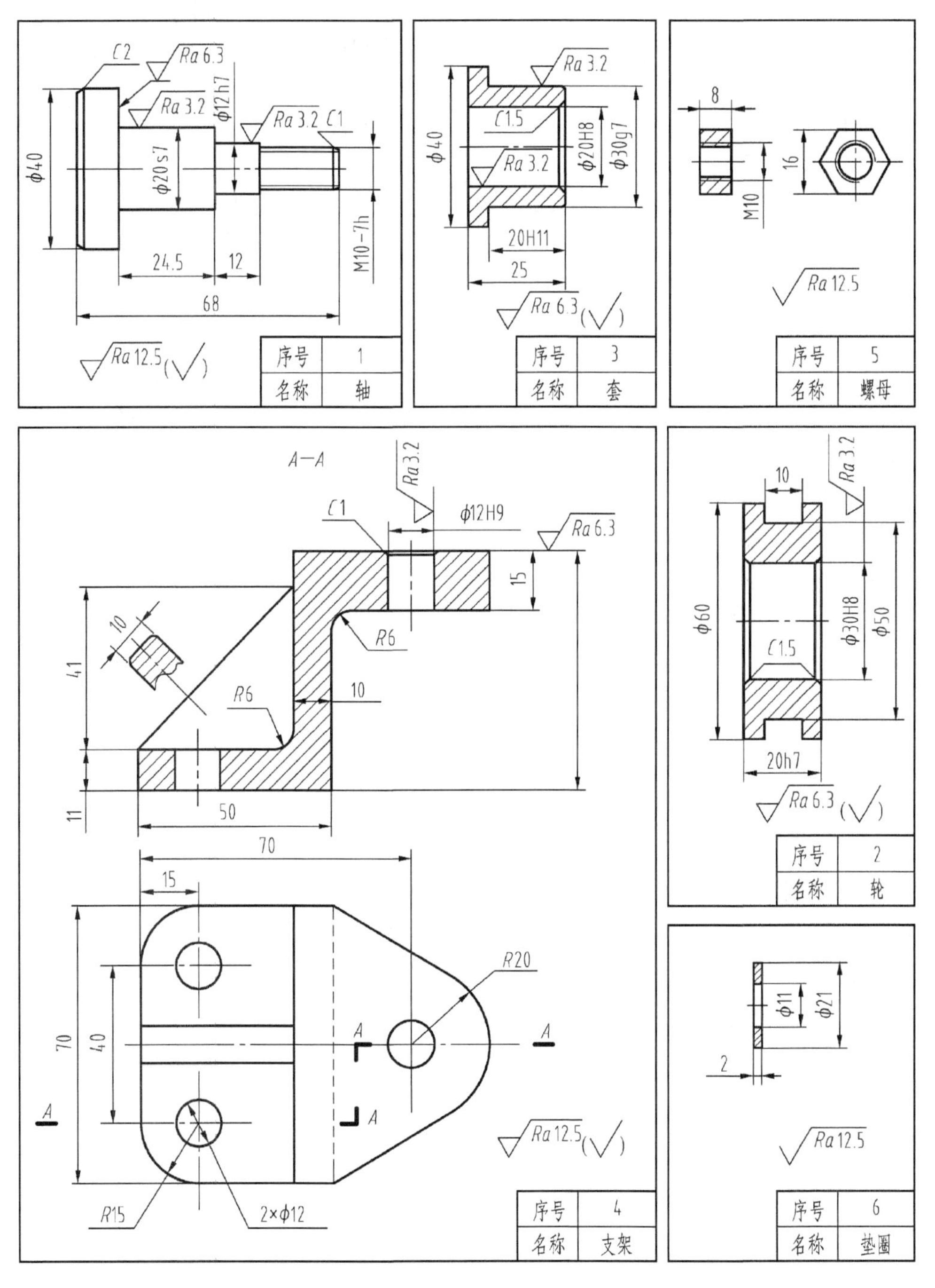
C2
Ra 6.3
Ra 3.2
ϕ12h7
Ra 3.2
C1
ϕ40
ϕ20s7
M10-7h
24.5
12
68
Ra 12.5
序号
1
名称
轴
Ra 3.2
C1.5
ϕ40
Ra 3.2
ϕ20H8
ϕ30g7
20H11
25
Ra 6.3
序号
3
名称
套
8
16
M10
Ra 12.5
序号
5
名称
螺母
A—A
Ra 3.2
C1
ϕ12H9
Ra 6.3
15
10
41
R6
R6
10
11
50
70
15
R20
70
40
A
A
A
A
R15
2×ϕ12
Ra 12.5
序号
4
名称
支架
10
Ra 3.2
ϕ60
ϕ30H8
ϕ50
C1.5
20h7
Ra 6.3
序号
2
名称
轮
ϕ11
ϕ21
2
Ra 12.5
序号
6
名称
垫圈

图 7-31　支架零件图

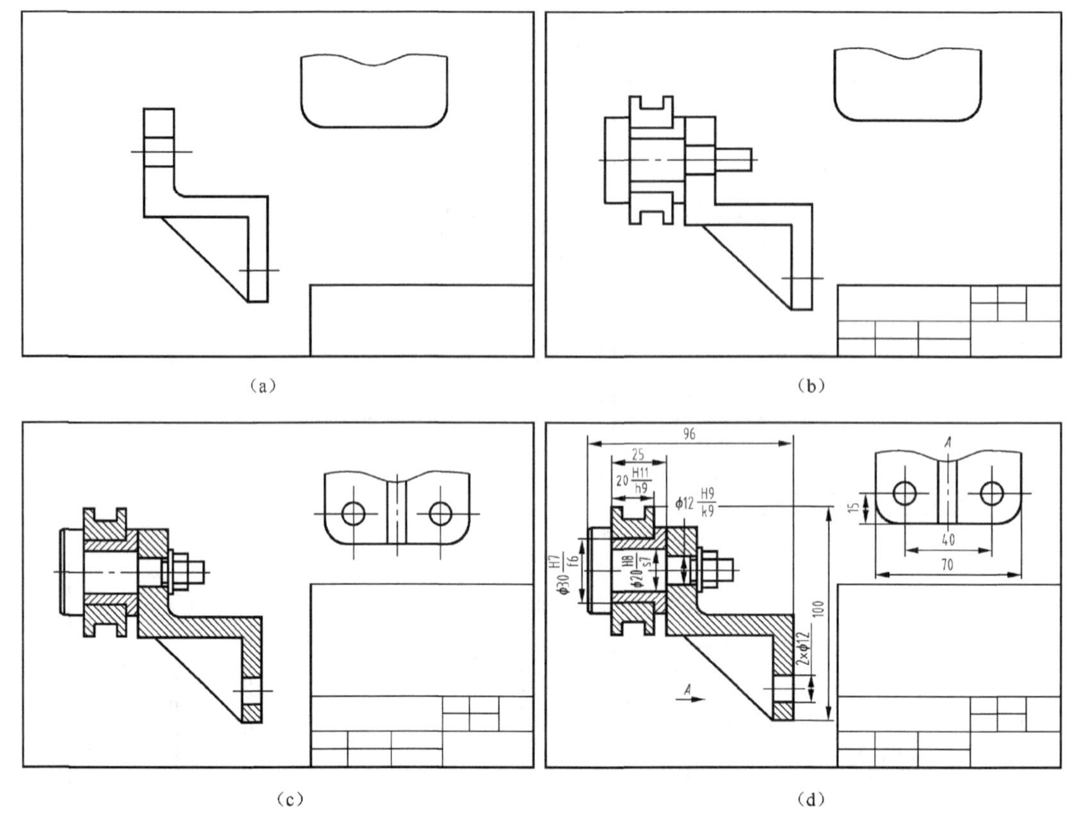

(a) (b)

(c) (d)

图 7 - 32 支架装配图的绘图步骤

3. 各项工程标注

(1)标注装配图尺寸。标注装配图的规定尺寸，尺寸与图对应集中标注，注意留出序号位置，如题 7 - 32(d)所示。

(2)编排零件序号。装配图零件序号的编排零件序号，要求排列有序、整齐，按要求填写明细表。

(3)标注各项技术要求。装配图的技术要求，按产品的设计、装配、调试、储运等要求，提出必要的文字要求。

(4)填写标题栏。填写装配图的标题栏相关信息，完成装配图的绘制，如题 7 - 33 所示。

7.6.2 根据装配体绘制装配图

根据装配体或装配体直观图测绘图的方法与零件测绘基本相同，根据分析轴测装配图和轴测装配分解图(装配体)，了解零件的结构及零件之间的连接关系、工作原理等，先绘制装配示意图、零件草图最后完成装配图的绘制。

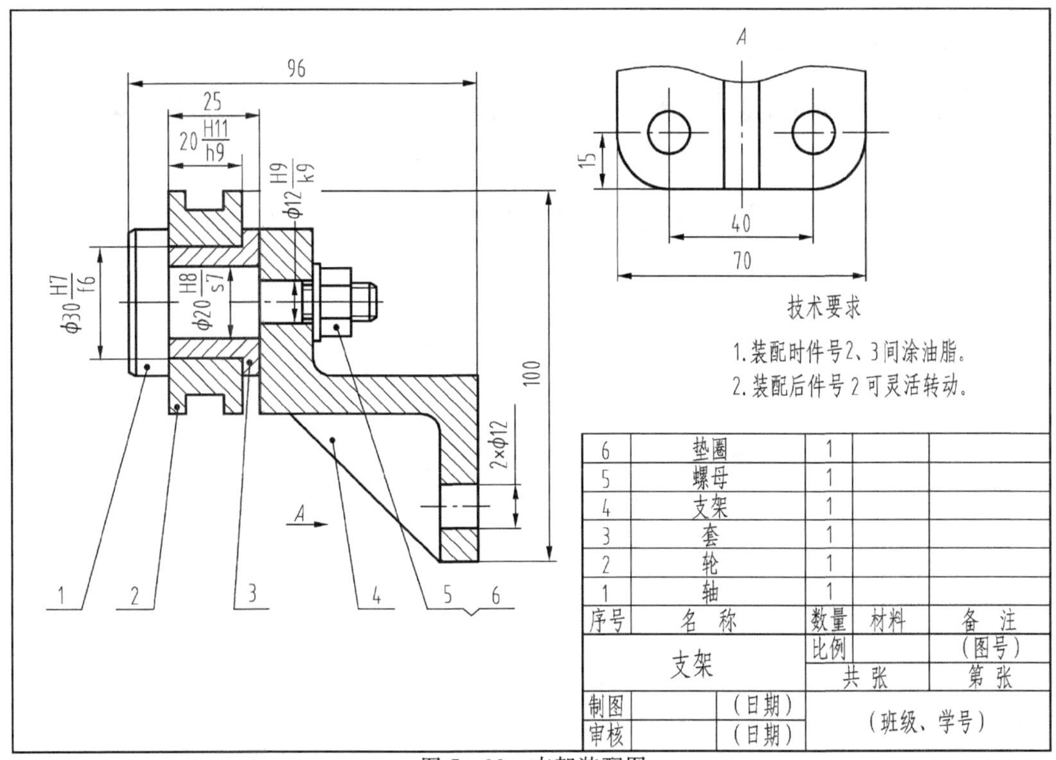

图 7-33 支架装配图

1.分析轴测装配图或装配体

分析装配体零件之间的连接关系，各零件的作用，零件体的工作原理等。如图 7-34 所示。

铣刀架是铣床上的专用部件，铣刀装在铣刀盘上，铣刀盘通过键 13 与轴 7 连接。动力通过皮带轮 4 经键 5 传到轴 7，从而带动铣刀盘转动，对零件进行铣切削加工。

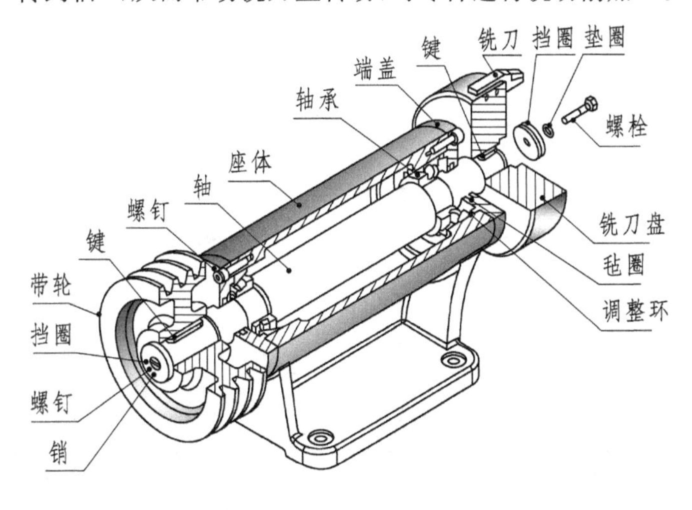

图 7-34 铣刀架装配体的剖视轴测图

2.绘制铣刀架的装配示意图

根据轴测装配图和轴测装配分解图及对铣刀架的工作原理的分析，画出铣刀架的装配示意图，如图 7 - 35 所示。

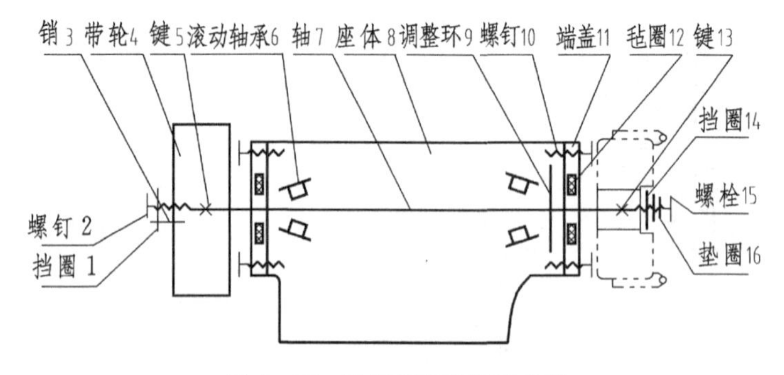

图 7 - 35　铣刀架的装配示意图

3.绘制铣刀架装配视图

(1)图面布置。画出铣刀架底座主视图和左视图的位置，同时画出轴的形状及位置。

(2)画主要件。先画主要的零件，完成件号 7 轴的装配图主视图、左视图的绘制，一定是完成大致图形轮廓。

(3)画连接件。按连接顺序完成与轴连接零件的绘制，分别画出件号 6 圆锥滚子轴承和件号 11 端盖的零件装配图，其中件号 12 毡圈的次要件，可最后绘制。

表 7 - 1　铣刀架装配图的画图过程

序号	绘图内容	说　明
1	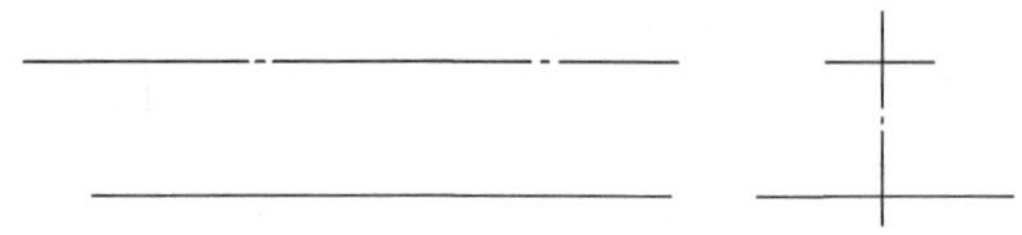	图面布置，确定视图的位置，要考虑各项标注的位置
2	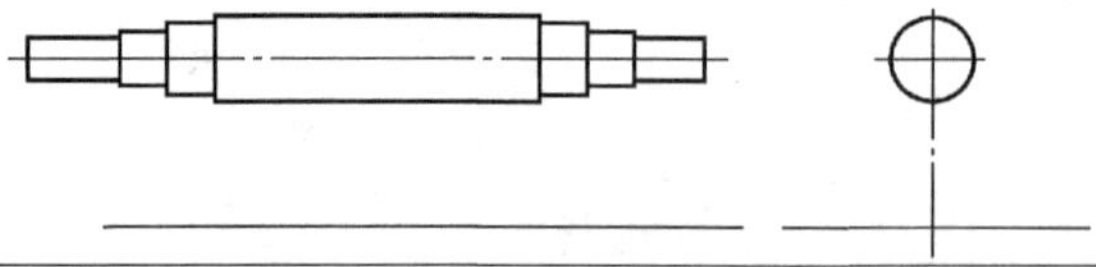	画主要零件，通常是中心零件，从内向外
3	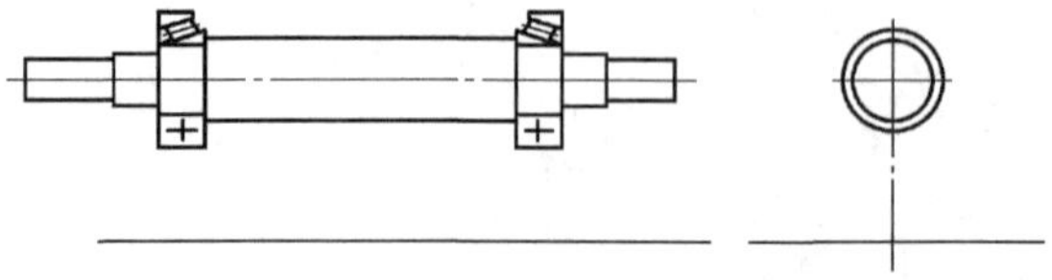 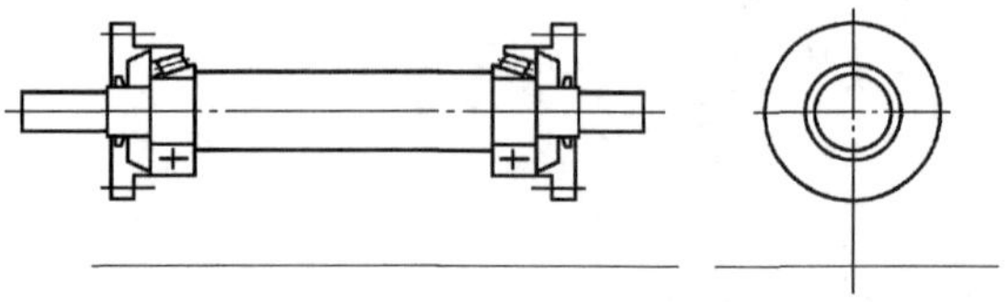	分别画出与主要件相连接的各个零件，一般按定位关系的顺序绘制，相关的图形同时画出

续表 7－1

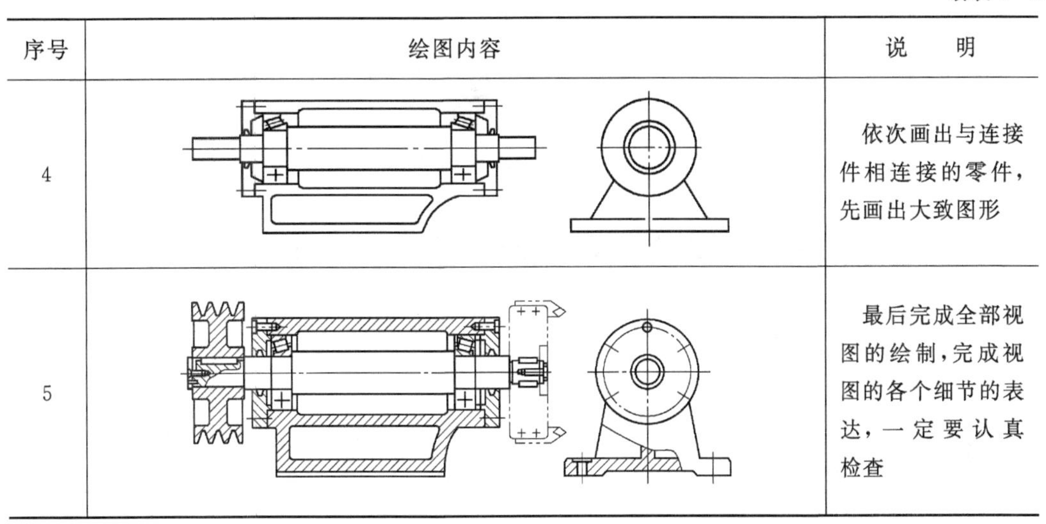

序号	绘图内容	说　　明
4		依次画出与连接件相连接的零件，先画出大致图形
5		最后完成全部视图的绘制，完成视图的各个细节的表达，一定要认真检查

(4)画底座。完成件号 8 底座零件及其他零件的装配体，先画出零件的大致轮廓，后画零件的细节。

(5)校核描深。在描深装配图前，校核(检查)装配图的工作非常重要，要对照装配示意图，根据装配体的工作原理，逐个零件的进行检查，确认所有零件是否表达全，零件之间的位置关系是否表达清楚，装配结构是否合理。

4. 铣刀架装配图的标注

在铣刀架装配视图绘制完成后，要对铣刀架的装配图进行各项工程标注，装配图的标注要符合标准、内容齐全，完成铣刀架装配图的绘制，如图 7－36 所示。

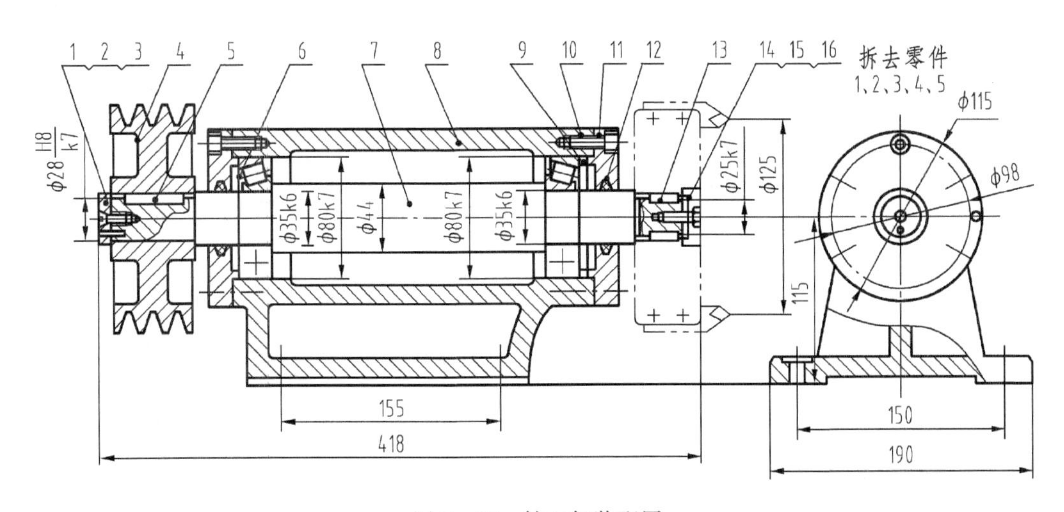

图 7－36　铣刀架装配图

附　录

附表 1　螺纹直径与螺距系列和基本尺寸

（摘自 GB/T 193—2003 和 GB/T 196—2003）

mm

公称直径 D、d		螺距 P		粗牙中径 D_2、d_2	粗牙小径 D_1、d_1
第一系列	第二系列	粗　牙	细　牙		
3		0.5	0.35	2.675	2.459
	3.5	0.6		3.110	2.850
4		0.7	0.5	3.545	3.242
	4.5	0.75		4.013	3.688
5		0.8		4.480	4.134
6		1	0.75	5.350	4.917
	7	1		6.350	5.917
8		1.25	1,0.75	7.188	6.647
10		1.5	1.25,1,0.75	9.026	8.376
12		1.75	1.5,1.25,1	10.863	10.106
	14	2	1.5,1.25*,1	12.701	11.835
16		2	1.5,1	14.701	13.835
	18	2.5	2,1.5,1	16.376	15.294
20		2.5		18.376	17.294
	22	2.5		20.376	19.294
24		3		22.051	20.752
	27	3		25.051	23.752
30		3.5	(3),2,1.5,1	27.727	26.211
	33	3.5	(3),2,1.5	30.727	29.211
36		4	3,2,1.5	33.402	31.670
	39	4		36.402	34.670
42		4.5	4,3,2,1.5	39.077	37.129
	45	4.5		42.077	40.129
48		5		44.752	42.587
	52	5		48.752	46.587
56		5.5		52.428	50.046
	60	5.5		56.428	54.046
64		6		60.103	57.505
	68	6		64.103	61.505

注：尽可能地避免选用括号内的螺距。

*仅用于发动机的火花塞。

附表 2　用螺纹密封的管螺纹

（摘自 GB/T 7306.1—2000 和 GB/T 7306.2—2000）

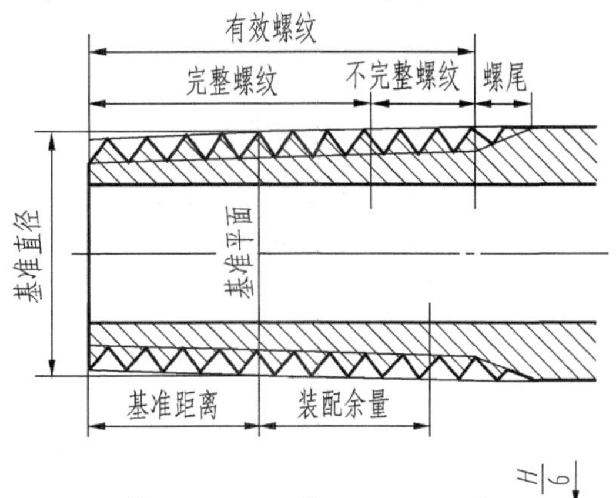

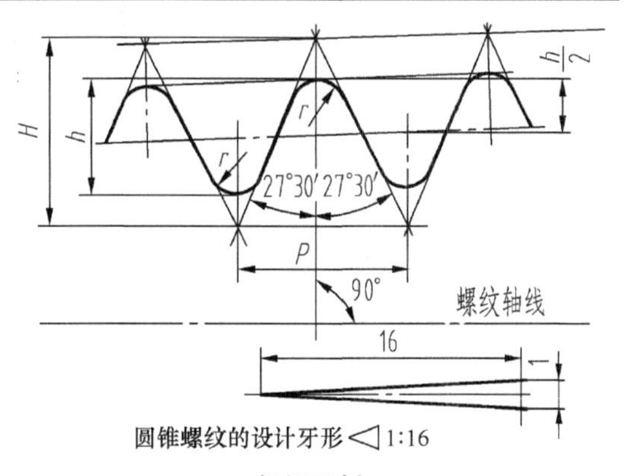

圆锥螺纹的设计牙形◁1:16

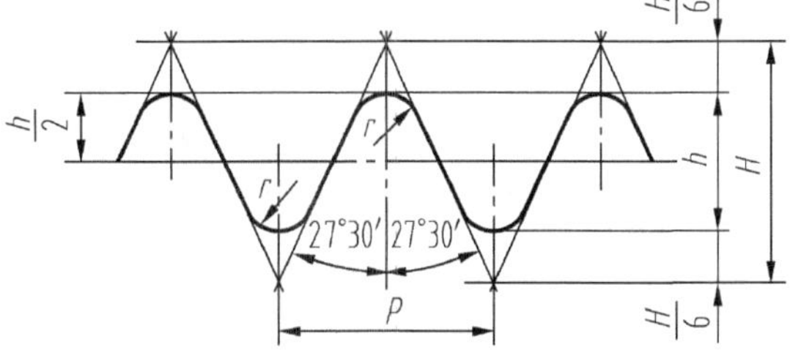

圆柱内螺纹的设计牙形

标记示例

GB/T 7306.1—2000

尺寸代号 3/4，右旋，圆柱内螺纹：RP 3/4

尺寸代号 3，右旋，圆锥外螺纹：$R_1$3

尺寸代号 3/4，左旋，圆柱内螺纹：RP3/4 LH

尺寸代号为 3 的右旋圆锥外螺纹与圆柱内螺纹组成的螺纹副：RP/$R_1$3

GB/T 7306.2—2000

尺寸代号 3/4，右旋，圆锥内螺纹：Rc 3/4

尺寸代号 3，右旋，圆锥外螺纹：$R_2$3

尺寸代号 3/4，左旋，圆锥内螺纹：Rc 3/4 LH

尺寸代号为 3 的右旋圆锥内螺纹与圆锥外螺纹组成的螺纹副：Rc/$R_2$3

尺寸代号	每 25.4mm 内所含的牙数 n	螺距 P/mm	牙高 h/mm	基准平面内的基本直径			基准距离（基本）/mm	外螺纹的有效螺纹不小于/mm
				大径（基准直径）$d=D$/mm	中径 $d_2=D_2$/mm	小径 $d_1=D_1$/mm		
1/16	28	0.907	0.581	7.723	7.142	6.561	4	6.5
1/8	28	0.907	0.581	9.728	9.147	8.566	4	6.5
1/4	19	1.337	0.856	13.157	12.301	11.445	6	9.7
3/8	19	1.337	0.856	16.662	15.806	14.950	6.4	10.1
1/2	14	1.814	1.162	20.955	19.793	18.631	8.2	13.2
3/4	14	1.814	1.162	26.441	25.279	24.117	9.5	14.5
1	11	2.309	1.479	33.249	31.770	30.291	10.4	16.8
$1\frac{1}{4}$	11	2.309	1.479	41.910	40.431	38.952	12.7	19.1
$1\frac{1}{2}$	11	2.309	1.479	47.803	46.324	44.845	12.7	19.1
2	11	2.309	1.479	59.614	58.135	56.656	15.9	23.4
$2\frac{1}{2}$	11	2.309	1.479	75.184	73.705	72.226	17.5	26.7
3	11	2.309	1.479	87.884	86.405	84.926	20.6	29.8
4	11	2.309	1.479	113.030	111.551	110.072	25.4	35.8
5	11	2.309	1.479	138.430	136.951	135.472	28.6	40.1
6	11	2.309	1.479	163.830	162.351	160.872	28.6	40.1

附表 3 非密封管螺纹

（摘自 GB/T 7307—2001）

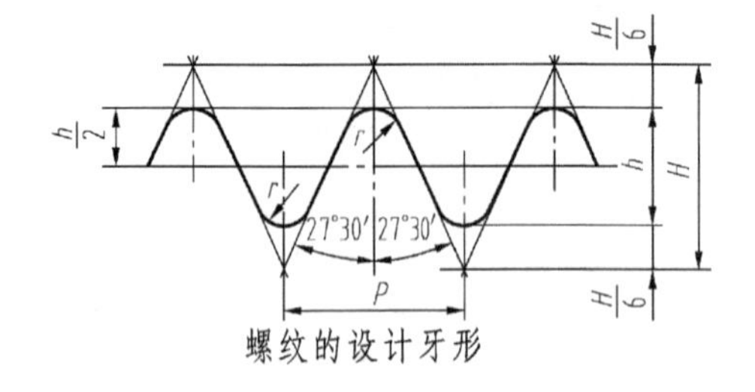

螺纹的设计牙形

标记示例

尺寸代号 2，右旋，圆柱内螺纹：G2

尺寸代号 3，右旋，A 级圆柱外螺纹：G3A

尺寸代号 2，左旋，圆柱内螺纹：G2H

尺寸代号 4，左旋，B 级圆柱外螺纹：G4B—LH

尺寸代号	每 25.4mm 内所含的牙数 n	螺距 P/mm	牙高 h/mm	基本直径		
				大径 $d=D$/mm	中径 $d_2=D_2$/mm	小径 $d_1=D_1$/mm
1/16	28	0.907	0.581	7.723	7.142	6.561
1/8	28	0.907	0.581	9.728	9.147	8.566
1/4	19	1.337	0.856	13.157	12.301	11.445
3/8	19	1.337	0.856	16.662	15.806	14.950
1/2	14	1.814	1.162	20.955	19.793	18.631
3/4	14	1.814	1.162	26.441	25.279	24.117
1	11	2.309	1.479	33.249	31.770	30.291
$1\frac{1}{4}$	11	2.309	1.479	41.910	40.431	38.952
$1\frac{1}{2}$	11	2.309	1.479	47.803	46.324	44.845
2	11	2.309	1.479	59.614	58.135	56.656
$2\frac{1}{2}$	11	2.309	1.479	75.184	73.705	72.226
3	11	2.309	1.479	87.884	86.405	84.926
4	11	2.309	1.479	113.030	111.551	110.072
5	11	2.309	1.479	138.430	136.951	135.472
6	11	2.309	1.479	163.830	162.351	160.872

附表4 六角头螺栓——A和B级

（摘自 GB/T 5782—2000）

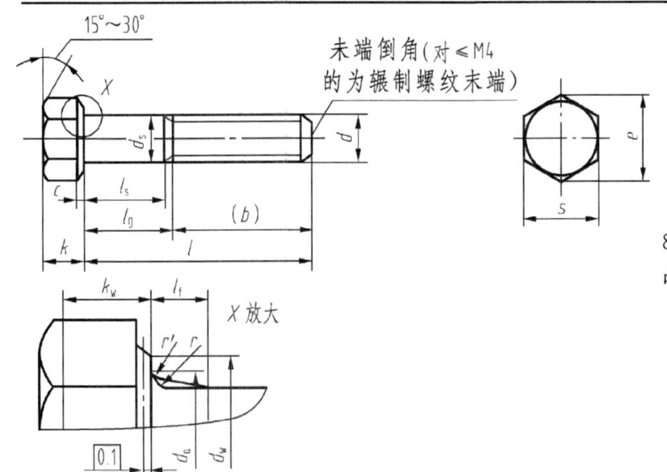

标记示例

螺纹规格 d=M12、公称长度 l=80mm、性能等级为 8.8 级、表面氧化、产品等级为 A 级的六角头螺栓：

螺栓 GB/T 5782 M12×80

mm

螺纹规格 d	M3	M4	M5	M6	M8	M10	M12	M16	M20	M24	M30	M36	M42	M48
螺距 P	0.5	0.7	0.8	1	1.25	1.5	1.75	2	2.5	3	3.5	4	4.5	5
$b_{参考}$ $l_{公称}\leqslant125$	12	14	16	18	22	26	30	38	46	54	66	—	—	—
$b_{参考}$ $125<l_{公称}\leqslant200$	18	20	22	24	28	32	36	44	52	60	72	84	96	108
$b_{参考}$ $l_{公称}>200$	31	33	35	37	41	45	49	57	65	73	85	97	109	121
c max	0.4	0.4	0.5	0.5	0.6	0.6	0.60	0.8	0.8	0.8	0.8	0.8	1.0	1.0
c min	0.15	0.15	0.15	0.15	0.15	0.15	0.15	0.2	0.2	0.2	0.2	0.2	0.3	0.3
d_a max	3.6	4.7	5.7	6.8	9.2	11.2	13.7	17.7	22.4	26.4	33.4	39.4	45.6	52.6
d_s 公称=max	3.00	4.00	5.00	6.00	8.00	10.00	12.00	16.00	20.00	24.00	30.00	36.00	42.00	48.00
d_s min 产品等级 A	2.86	3.82	4.82	5.82	7.78	9.78	11.73	15.73	19.67	23.67	—	—	—	—
d_s min 产品等级 B	2.75	3.70	4.70	5.70	7.64	9.64	11.57	15.57	19.48	23.48	29.48	35.38	41.38	47.38
$d_w$min 产品等级 A	4.57	5.88	6.88	8.88	11.63	14.63	16.63	22.49	28.19	33.61	—	—	—	—
$d_w$min 产品等级 B	4.45	5.74	6.74	8.74	11.47	14.47	16.47	22	27.7	33.25	42.75	51.11	59.95	69.45
$e$min 产品等级 A	6.01	7.66	8.79	11.05	14.38	17.77	20.03	26.75	33.53	39.98	—	—	—	—
$e$min 产品等级 B	5.88	7.50	8.63	10.89	14.20	17.59	19.85	26.17	32.95	39.55	50.85	60.79	71.3	82.6
l_f max	1	1.2	1.2	1.4	2	2	3	3	4	4	6	6	8	10
k 公称	2	2.8	3.5	4	5.3	6.4	7.5	10	12.5	15	18.7	22.5	26	30
k 产品等级 A max	2.125	2.925	3.65	4.15	5.45	6.58	7.68	10.18	12.715	15.215	—	—	—	—
k 产品等级 A min	1.875	2.675	3.35	3.85	5.15	6.22	7.32	9.82	12.285	14.785	—	—	—	—
k 产品等级 B max	2.2	3.0	3.26	4.24	5.54	6.69	7.79	10.29	12.85	15.35	19.12	22.92	26.42	30.42
k 产品等级 B min	1.8	2.6	2.35	3.76	5.06	6.11	7.21	9.71	12.15	14.65	18.28	22.08	25.58	29.58
$k_w$min 产品等级 A	1.31	1.87	2.35	2.70	3.61	4.35	5.12	6.87	8.6	10.35	—	—	—	—
$k_w$min 产品等级 B	1.26	1.82	2.28	2.63	3.54	4.28	5.05	6.8	8.51	10.26	12.8	15.46	17.91	20.71
r min	0.1	0.2	0.2	0.25	0.4	0.4	0.6	0.6	0.8	0.8	1	1	1.2	1.6
s 公称=max	5.50	7.00	8.00	10.00	13.00	16.00	18.00	24.00	30.00	36.00	46	55.0	65.0	75.0
s min 产品等级 A	5.32	6.78	7.78	9.78	12.73	15.73	17.73	23.67	29.67	35.38	—	—	—	—
s min 产品等级 B	5.20	6.64	7.64	9.64	12.57	15.57	17.57	23.16	29.16	35.00	45	53.8	63.1	73.1
l(商品规格范围)	20~30	25~40	25~50	30~60	40~80	45~100	50~120	65~160	80~200	90~240	110~300	140~360	160~440	180~480
l(系列)	20,25,30,35,40,45,50,55,60,65,70,80,90,100,110,120,130,140,150,160,180,200,220,240,260,280,300,320,340,360,380,400,420,440,460,480,500													

注：l_g与 l_s表中未列出。

附表 5　双头螺柱

（摘自 GB/T 897—1988、GB/T 898—1988、GB/T 899—1988 和 GB/T 900—1988）

b_m=1d (GB/T 897—1988)　　b_m=1.25d (GB/T 898—1988)

b_m=1.5d (GB/T 899—1988)　　b_m=2d (GB/T 900—1988)

A 型　　　　B 型

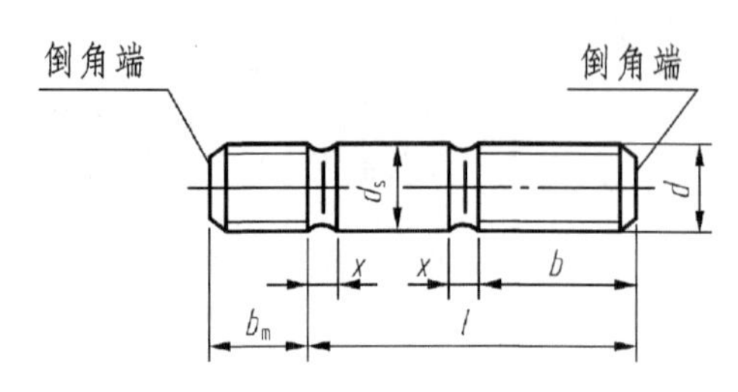

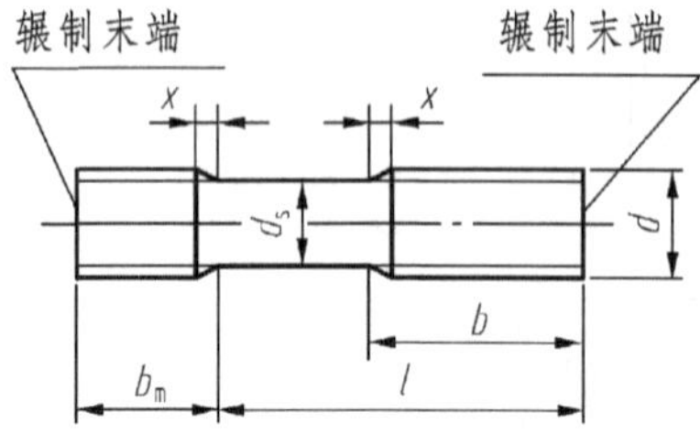

标记示例

两端均为粗牙普通螺纹，d=10mm、l=50mm、性能等级为 4.8 级、不经表面处理、B 型、b_m =1d 的双头螺柱：

螺柱 GB/T 897 M10×50

旋入机件一端为粗牙普通螺纹，旋入螺母一端为螺距 P=1mm 的细牙普通螺纹，d=10mm、l=50mm，性能等级为 4.8 级、不经表面处理、A 型、b_m =1d 的双头螺柱：

螺柱 GB/T 897 AM10 -M10×1×50

mm

螺纹规格 d	b_m（公称）				l/b
	GB/T 897—1988	GB/T 898—1988	GB/T 899—1988	GB/T 900—1988	
M2			3	4	12～16/6、20～25/10
M2.5			3.5	5	16/8、20～30/11
M3			4.5	6	16～20/6、25～40/12
M4			6	8	16～20/8、25～40/14
M5	5	6	8	10	16～20/10、25～50/16
M6	6	8	10	12	20/10、25～30/14、35～70/18
M8	8	10	12	16	20/12、25～30/16、35～90/22
M10	10	12	15	20	25/14、30～35/16、40～120/26、130/32
M12	12	15	18	24	25～30/16、35～40/20、45～120/30、130～180/36
M16	16	20	24	32	30～35/20、40～50/30、60～120/38、130～200/44
M20	20	25	30	40	35～40/25、45～60/35、70～120/46、130～200/52
M24	24	30	36	48	45～50/30、60～70/45、80～120/54、130～200/60
M30	30	38	45	60	60/40、70～90/50、100～120/66、130～200/72、210～250/85
M36	36	45	54	72	70/45、80～110/60、120/78、130～200/84、210～300/97
M42	42	52	63	84	70～80/50、90～110/70、120/90、130～200/96、210～300/109
M48	48	60	72	96	80～90/60、100～110/80、120/102、130～200/108、210～300/121
l(系列)	12、16、20、25、30、35、40、45、50、60、70、80、90、100、110、120、130、140、150、160、170、180、190、200、210、220、230、240、250、260、280、300				

附表6　内六角圆柱头螺钉

（摘自 GB/T 70.1—2008）

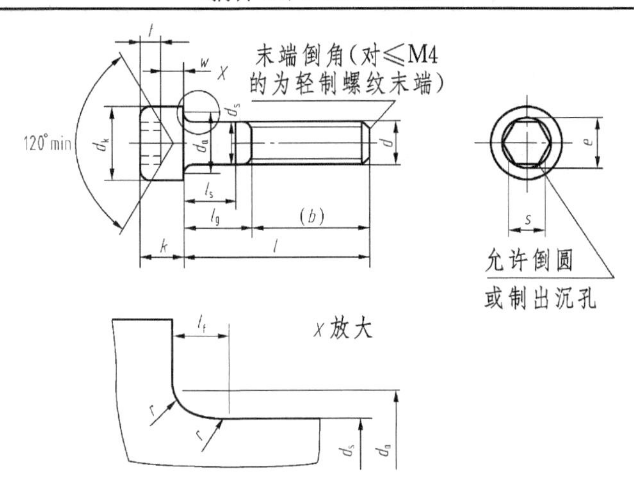

标记示例

螺纹规格 d=M5、公称长度 l=20 mm、性能等级为 8.8 级、表面氧化的 A 级内六角圆柱头螺钉：

螺钉 GB/T 70.1 M5×20

mm

螺纹规格 d		M3	M4	M5	M6	M8	M10	M12	M16	M20	M24
螺距 P		0.5	0.7	0.8	1	1.25	1.5	1.75	2	2.5	3
$b_{参考}$		18	20	22	24	28	32	36	44	52	60
d_k	max	5.50	7.00	8.50	10.00	13.00	16.00	18.00	24.00	30.00	36.00
	min	5.32	6.78	8.28	9.78	12.73	15.73	17.73	23.67	29.67	35.61
d_a	max	3.6	4.7	5.7	6.8	9.2	11.2	13.7	17.7	22.4	26.4
d_s	max	3.00	4.00	5.00	6.00	8.00	10.00	12.00	16.00	20.00	24.00
	min	2.86	3.82	4.82	5.82	7.78	9.78	11.73	15.73	19.67	23.67
e	min	2.87	3.44	4.58	5.72	6.86	9.15	11.43	16	19.44	21.73
l_f	max	0.51	0.6	0.6	0.68	1.02	1.02	1.45	1.45	2.04	2.04
k	max	3.00	4.00	5.00	6.0	8.00	10.00	12.00	16.00	20.00	24.00
	min	2.86	3.82	4.82	5.7	7.64	9.64	11.57	15.57	19.48	23.48
r	min	0.1	0.2	0.2	0.25	0.4	0.4	0.6	0.6	0.8	0.8
s	公称	2.5	3	4	5	6	8	10	14	17	19
	max	2.58	3.080	4.095	5.140	6.140	8.175	10.175	14.212	17.23	19.275
	min	2.52	3.020	4.020	5.020	6.020	8.025	10.025	14.032	17.05	19.065
t_{min}		1.3	2	2.5	3	4	5	6	8	10	12
w_{min}		1.15	1.4	1.9	2.3	3.3	4	4.8	6.8	8.6	10.4
l（商品规格范围）		5～30	6～40	8～50	10～60	12～80	16～100	20～120	25～160	30～200	40～200
l_s≤表中数值时，螺纹制到距头部 3P 以内		20	25	25	30	35	40	50	60	70	80
l（系列）		5,6,8,10,12,16,20,25,30,35,40,45,50,55,60,65,70,80,90,100,110,120,130,140,150,160,180,200									

注：①l_g 与 l_s 表中未列出。

②s_{max} 用于除 12.9 级外的其他性能等级。

③d_{kmax} 只列出光滑头部数据，滚花头部数据未列出。

附表 7 开槽沉头螺钉和开槽半沉头螺钉

（摘自 GB/T 68—2000、GB/T 69—2000）

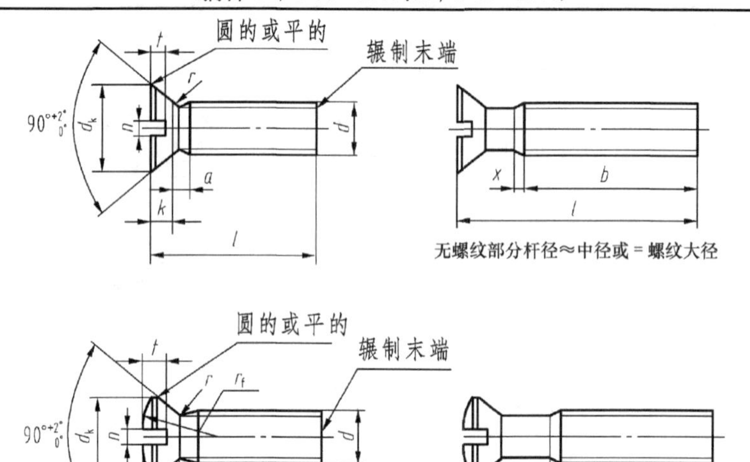

标记示例

螺纹规格 d=M5、公称长度 l=20 mm、性能等级为 4.8 级、不经表面处理的 A 级开槽沉头螺钉：

螺钉 GB/T 68M5×20

mm

螺纹规格 d			M1.6	M2	M2.5	M3	M4	M5	M6	M8	M10
螺距 P			0.35	0.4	0.45	0.5	0.7	0.8	1	1.25	1.5
a		max	0.7	0.8	0.9	1	1.4	1.6	2	2.5	3
b		min	25				38				
d_k	理论值	max	3.6	4.4	5.5	6.3	9.4	10.4	12.6	17.3	20
	实际值	公称=max	3.0	3.8	4.7	5.5	8.40	9.30	11.30	15.80	18.30
		min	2.7	3.5	4.4	5.2	8.04	8.94	10.87	15.37	17.78
k		公称=max	1	1.2	1.5	1.65	2.7	2.7	3.3	4.65	5
n		公称	0.4	0.5	0.6	0.8	1.2	1.2	1.6	2	2.5
		min	0.46	0.56	0.66	0.86	1.26	1.26	1.66	2.06	2.56
		max	0.60	0.70	0.80	1.00	1.51	1.51	1.91	2.31	2.81
r		max	0.4	0.5	0.6	0.8	1	1.3	1.5	2	2.5
x		max	0.9	1	1.1	1.25	1.75	2	2.5	3.2	3.8
f		≈	0.4	0.5	0.6	0.7	1	1.2	1.4	2	2.3
r_f		≈	3	4	5	6	9.5	9.5	12	16.5	19.5
t	max	GB/T 68—2000	0.50	0.6	0.75	0.85	1.3	1.4	1.6	2.3	2.6
		GB/T 69—2000	0.80	1.0	1.2	1.45	1.9	2.4	2.8	3.7	4.4
	min	GB/T 68—2000	0.32	0.4	0.50	0.60	1.0	1.1	1.2	1.8	2.0
		GB/T 69—2000	0.64	0.8	1.0	1.20	1.6	2.0	2.4	3.2	3.8
l（商品规格范围公称长度）			2.5～16	3～20	4～25	5～30	6～40	8～50	8～60	10～80	12～80
l（系列）			2.5,3,4,5,6,8,10,12,(14),16,20,25,30,35,40,45,50,(55),60,(65),70,(75),80								

注：①公称长度 l≤30mm，而螺纹规格 d 在 M1.6～M3 的螺钉，应制出全螺纹；公称长度 l≤45mm，而螺纹规格在 M4～M10 的螺钉也应制出全螺纹[$b=l-(k+a)$]。

②尽可能不采用括号内的规格。

附表 8　开槽锥端紧定螺钉、开槽平端紧定螺钉和开槽长圆柱端紧定螺钉

（摘自 GB/T 71—1985、GB/T 73—1985、GB/T 75—1985）

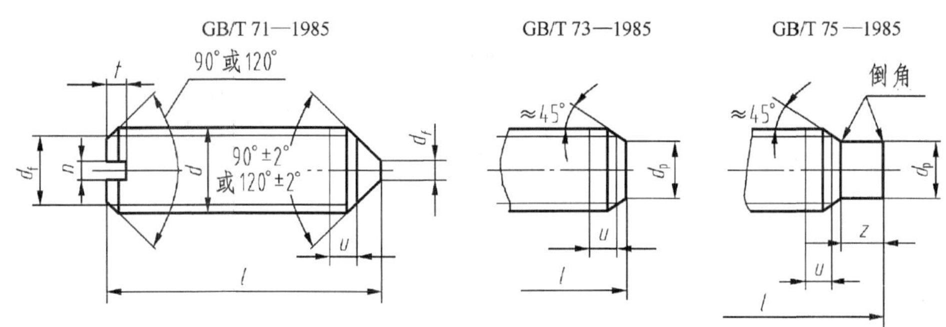

标记示例

螺纹规格 d=M5、公称长度 l=12mm、性能等级为 14H 级、表面氧化的开槽平端紧定螺钉：

螺钉 GB/T 73 M5×12

mm

螺纹规格 d		M1.2	M1.6	M2	M2.5	M3	M4	M5	M6	M8	M10	M12
螺距 P		0.25	0.35	0.4	0.45	0.5	0.7	0.8	1	1.25	1.5	1.75
d_f	≈	螺纹小径										
d_t	min	—	—	—	—	—	—	—	—	—	—	—
	max	0.12	0.16	0.2	0.25	0.3	0.4	0.5	1.5	2	2.5	3
d_p	min	0.35	0.55	0.75	1.25	1.75	2.25	3.2	3.7	5.2	6.64	8.14
	max	0.6	0.8	1	1.5	2	2.5	3.5	4	5.5	7	8.5
n	公称	0.2	0.25	0.25	0.4	0.4	0.6	0.8	1	1.2	1.6	2
	min	0.26	0.31	0.31	0.46	0.46	0.66	0.86	1.06	1.26	1.66	2.06
	max	0.4	0.45	0.45	0.6	0.6	0.8	1	1.2	1.51	1.91	2.31
t	min	0.4	0.56	0.64	0.72	0.8	1.12	1.28	1.6	2	2.4	2.8
	max	0.52	0.74	0.84	0.95	1.05	1.42	1.63	2	2.5	3	3.6
z	min	—	0.8	1	1.25	1.5	2	2.5	3	4	5	6
	max	—	1.05	1.25	1.5	1.75	2.25	2.75	3.25	4.3	5.3	6.3
GB/T 71—1985	l(公称长度)	2~6	2~8	3~10	3~12	4~16	6~20	8~25	8~30	10~40	12~50	14~60
	l(短螺钉)	2	2~2.5	2~2.5	2~3	2~3	2~4	2~5	2~6	2~8	2~10	2~12
GB/T 73—1985	l(公称长度)	2~6	2~8	2~10	2.5~12	3~16	4~20	5~25	6~30	8~40	10~50	12~60
	l(短螺钉)	—	2	2~2.5	2~3	2~3	2~4	2~5	2~6	2~6	2~8	2~10
GB/T 75—1985	l(公称长度)	—	2.5~8	3~10	4~12	5~16	6~20	8~25	8~30	10~40	12~50	14~60
	l(短螺钉)	—	2~2.5	2~3	2~4	2~5	2~6	2~8	2~10	2~14	2~16	2~20
l(系列)		2,2.5,3,4,5,6,8,10,12,(14),16,20,25,30,35,40,45,50,(55)60										

注：①公称长度为商品规格尺寸。

②尽可能不采用括号内的规格。

附表9　Ⅰ型六角螺母—A和B级

（摘自 GB/T 6170—2000）

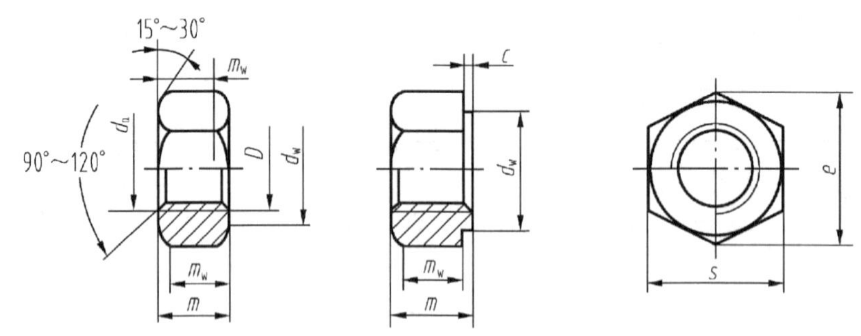

垫圈面型，应在订单中注明

标记示例

螺纹规格 D=M12、性能等级为8级、不经表面处理、产品等级为A级的Ⅰ型六角螺母：

螺母 GB/T 6170 M12

mm

螺纹规格 D		M1.6	M2	M2.5	M3	M4	M5	M6	M8	M10	M12
螺距 P		0.35	0.4	0.45	0.5	0.7	0.8	1	1.25	1.5	1.75
c	max	0.2	0.2	0.3	0.4	0.4	0.5	0.5	0.6	0.6	0.6
d_a	max	1.84	2.3	2.9	3.45	4.6	5.75	6.75	8.75	10.8	13
	min	1.60	2.0	2.5	3.00	4.0	5.00	6.00	8.00	10.0	12
d_w	min	2.4	3.1	4.1	4.6	5.9	6.9	8.9	11.6	14.6	16.6
e	min	3.41	4.32	5.45	6.01	7.66	8.79	11.05	14.38	17.77	20.03
m	max	1.30	1.60	2.00	2.40	3.2	4.7	5.2	6.80	8.40	10.80
	min	1.05	1.35	1.75	2.15	2.9	4.4	4.9	6.44	8.04	10.37
m_w	min	0.8	1.1	1.4	1.7	2.3	3.5	3.9	5.2	6.4	8.3
s	公称=max	3.20	4.00	5.00	5.50	7.00	8.00	10.00	13.00	16.00	18.00
	min	3.02	3.82	4.82	5.32	6.78	7.78	9.78	12.73	15.73	17.73

螺纹规格 D		M16	M20	M24	M30	M36	M42	M48	M56	M64
螺距 P		2	2.5	3	3.5	4	4.5	5	5.5	6
c	max	0.8	0.8	0.8	0.8	0.8	1.0	1.0	1.0	1.0
d_a	max	17.3	21.6	25.9	32.4	38.9	45.4	51.8	60.5	69.1
	min	16.0	20.0	24.0	30.0	36.0	42.0	48.0	56.0	64.0
d_w	min	22.5	27.7	33.3	42.8	51.1	60	69.5	78.7	88.2
e	min	26.75	32.95	39.55	50.85	60.79	72.02	82.6	93.56	104.86
m	max	14.8	18.0	21.5	25.6	31.0	34.0	38.0	45.0	51.0
	min	14.1	16.9	20.2	24.3	29.4	32.4	36.4	43.4	49.1
m_w	min	11.3	13.5	16.2	19.4	23.5	25.9	29.1	34.7	39.3
s	公称=max	24.00	30.00	36	46	55.0	65.0	75.0	85.0	95.0
	min	23.67	29.16	35	45	53.8	63.1	73.1	82.8	92.8

注：①A级用于 $D \leqslant 16$ 的螺母；B级用于 $D > 16$ 的螺母。本表仅按优选的螺纹规格列出。

②螺纹规格为 M8～M64、细牙、A级和B级的Ⅰ型六角螺母，请查阅 GB/T 6171—2000。

附表10　平垫圈(A级)、平垫圈(例角型、A级)和大垫圈(A级)

（摘自 GB/T 97.1—2002、GB/T 97.2—2002、GB/T 96.1—2002）

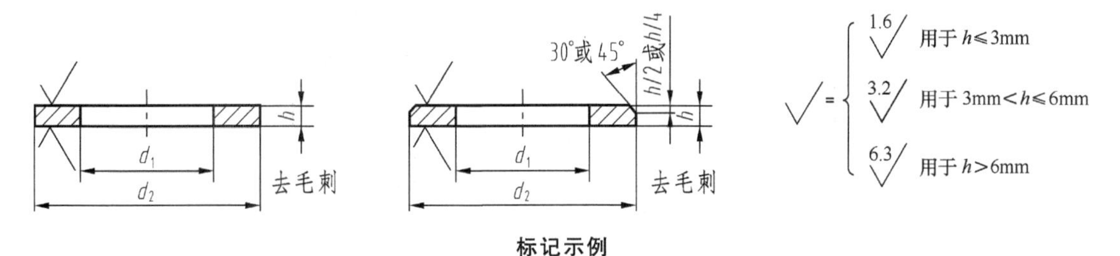

标记示例

标准系列、公称规格8mm、由钢制造的硬度等级为200 HV级、不经表面处理、产品等级为A级的平垫圈：

垫圈 GB/T 97.1 8

mm

公称规格(螺纹大径 d)			3	4	5	6	8	10	12	16	20	24	30	36	42
内径 d_1	公称(min)	GB/T97.1—2002	3.2	4.3	5.3	6.4	8.4	10.5	13	17	21	25	31	37	45
		GB/T97.2—2002	—	—											
		GB/T96.1—2002	3.2	4.3	5.3	6.4	8.4	10.5	13	17	21	25	33	39	—
	max	GB/T97.1—2002	3.38	4.48	5.48	6.62	8.62	10.77	13.27	17.27	21.33	25.33	31.39	37.62	45.62
		GB/T97.2—2002	—	—											
		GB/T96.1—2002	3.38	4.48	5.48	6.62	8.62	10.77	13.27	17.27	21.33	25.52	33.62	39.62	—
外径 d_2	公称(max)	GB/T97.1—2002	7	9	10	12	16	20	24	30	37	44	56	66	78
		GB/T97.2—2002	—	—											
		GB/T96.1—2002	9	12	15	18	24	30	37	50	60	72	92	110	—
	min	GB/T97.1—2002	6.64	8.64	9.64	11.57	15.57	19.48	23.48	29.48	36.38	43.38	55.26	64.8	76.8
		GB/T97.2—2002	—	—											
		GB/T96.1—2002	8.64	11.57	14.57	17.57	23.48	29.48	36.38	49.38	59.26	70.8	90.6	108.6	—
厚度 h	公称	GB/T97.1—2002	0.5	0.8	1	1.6	1.6	2	2.5	3	3	4	4	5	8
		GB/T97.2—2002	—	—											
		GB/T96.1—2002	0.8	1	1	1.6	2	2.5	3	3	4	5	6	8	—
	max	GB/T97.1—2002	0.55	0.9	1.1	1.8	1.8	2.2	2.7	3.3	3.3	4.3	4.3	5.6	9
		GB/T97.2—2002	—	—											
		GB/T96.1—2002	0.9	1.1	1.1	1.8	2.2	2.7	3.3	3.3	4.3	5.6	6.6	9	—
	min	GB/T97.1—2002	0.45	0.7	0.9	1.4	1.4	1.8	2.3	2.7	2.7	3.7	3.7	4.4	7
		GB/T97.2—2002	—	—											
		GB/T96.1—2002	0.7	0.9	0.9	1.4	1.8	2.3	2.7	2.7	3.7	4.4	5.4	7	—

附表 11　标准型弹簧垫圈和轻型弹簧垫圈

（摘自 GB/T 93—1987 和 GB/T 859—1987）

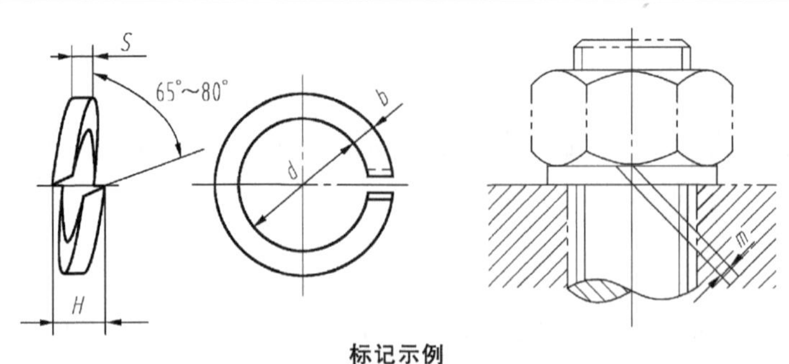

标记示例

规格 16mm、材料为 65Mn、表面氧化的标准型弹簧垫圈：垫圈 GB/T 93 16

规格 16mm、材料为 65Mn、表面氧化的轻型弹簧垫圈：垫圈 GB/T 859 16

mm

规格（螺纹公直径）			2	2.5	3	4	5	6	8	10	12	16	20	24	30	36	42	48
d		min	2.1	2.6	3.1	4.1	5.1	6.1	8.1	10.2	12.2	16.2	20.2	24.5	30.5	36.5	42.5	48.5
		max	2.35	2.85	3.4	4.4	5.4	6.68	8.68	10.9	12.9	16.9	21.04	25.5	31.5	37.7	43.7	49.7
S(*b*) 公称	GB/T 93—1987		0.5	0.65	0.8	1.1	1.3	1.6	2.1	2.6	3.1	4.1	5	6	7.5	9	10.5	12
S 公称	GB/T 859—1987		—	—	0.6	0.8	1.1	1.3	1.6	2	2.5	3.2	4	5	6	—	—	—
b 公称	GB/T 859—1987		—	—	1	1.2	1.5	2	2.5	3	3.5	4.5	5.5	7	9	—	—	—
H	GB/T 93—1987	min	1	1.3	1.6	2.2	2.6	3.2	4.2	5.2	6.2	8.2	10	12	15	18	21	24
		max	1.25	1.63	2	2.75	3.25	4	5.25	6.5	7.75	10.25	12.5	15	18.75	22.5	26.25	30
	GB/T 859—1987	min	—	—	1.2	1.6	2.2	2.6	3.2	4	5	6.4	8	10	12	—	—	—
		max	—	—	1.5	2	2.75	3.25	4	5	6.25	8	10	12.5	15	—	—	—
m≤	GB/T 93—1987		0.25	0.33	0.4	0.55	0.65	0.8	1.05	1.3	1.55	2.05	2.5	3	3.75	4.5	5.25	6
	GB/T 859—1987		—	—	0.3	0.4	0.55	0.65	0.8	1	1.25	1.6	2	2.5	3	—	—	—

注：*m* 应大于零。

附表 12　平键和键槽

（摘自 GB/T 1095—2003 和 GB/T 1096—2003）

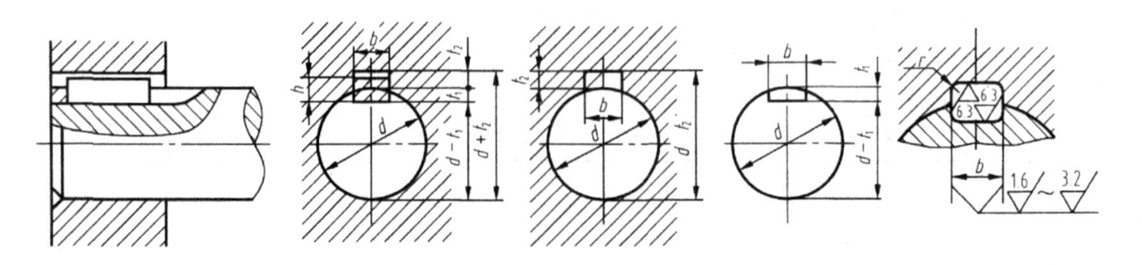

续附表

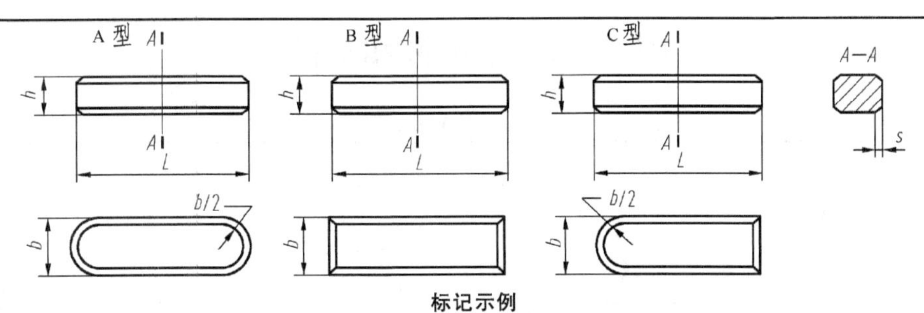

标记示例

宽度 b=16mm、高度 h=10mm、长度 L=100mm 的普通 A 型平键：　GB/T 1096　键 A 16×10×100

宽度 b=16mm、高度 h=10mm、长度 L=100mm 的普通 B 型平键：　GB/T 1096　键 B 16×10×100

宽度 b=16mm、高度 h=10mm、长度 L=100mm 的普通 C 型平键：　GB/T 1096　键 C 16×10×100

mm

序号	轴	键		键槽											
	公称直径 d	键尺寸 $b\times h$	长度 L	宽度 b						深度				半径 r	
				基本尺寸	极限偏差					轴 t_1		毂 t_2			
					正常连接		紧密连接	松连接		基本尺寸	极限偏差	基本尺寸	极限偏差		
					轴 N9	毂 JS9	轴和毂 P9	轴 H9	毂 D10					min	max
1	>6～8	2×2	6～20	2	−0.004 −0.029	±0.0125	−0.006 −0.031	+0.025 0	+0.060 +0.020	1.2	+0.1 0	1.0	+0.1 0	0.08	0.16
2	>8～10	3×3	6～36	3						1.8		1.4			
3	>10～12	4×4	8～45	4	0 −0.030	±0.015	−0.012 −0.042	+0.030 0	+0.078 +0.030	2.5		1.8			
4	>12～17	5×5	10～56	5						3.0		2.3		0.16	0.25
5	>17～22	6×6	14～70	6						3.5		2.8			
6	>22～30	8×7	18～90	8	0 −0.036	±0.018	−0.015 −0.051	+0.036 0	+0.098 +0.040	4.0	+0.2 0	3.3	+0.2 0		
7	>30～38	10×8	22～110	10						5.0		3.3		0.25	0.40
8	>38～44	12×8	28～140	12	0 −0.043	±0.0215	−0.018 −0.061	+0.043 0	+0.120 +0.050	5.0		3.3			
9	>44～50	14×9	36～160	14						5.5		3.8			
10	>50～58	16×10	45～180	16						6.0		4.3			
11	>58～65	18×11	50～200	18						7.0		4.4			
12	>65～75	20×12	56～220	20	0 −0.052	±0.026	−0.022 −0.074	+0.052 0	+0.149 +0.065	7.5		4.9		0.40	0.60
13	>75～85	22×14	65～250	22						9.0		5.4			
14	>85～95	25×14	70～280	25						9.0		5.4			
15	>95～110	28×16	80～320	28						10.0		6.4			
16	>110～130	32×18	90～360	32	0 −0.062	±0.031	−0.026 −0.088	+0.062 0	+0.180 +0.080	11.0		7.4			

注：①($d-t_1$)和($d+t_2$)两组组合尺寸的极限偏差按相应的 t_1 和 t_2 的极限偏差选取，但($d-t_1$)极限偏差应取负号(−)。

②平键轴槽的长度公差用 H14。

③L 系列：6，8，10，12，14，16，18，20，22，25，28，32，36，40，45，50，56，63，70，80，90，100，110，125，140，160，180，200，220，250，280，320，360，400，450，500。

④图中倒角或倒圆尺寸 s：序号 1～3，s=0.16～0.25；序号 4～6，s=0.25～0.40；序号 7～11，s=0.40～0.60；序号 12～16，s=0.60～0.80。

⑤轴槽及轮毂槽的宽度 b 对轴及轮毂轴心线的对称度，一般可按 GB/T 1184—1996 表 B4 中对称度公差 7～9 级选取。

⑥轴公称直径一列，并不属于本标准，仅供参考。

附表 13 半圆键和键槽

（摘自 GB/T 1099.1—2003 和 GB/T 1098—2003）

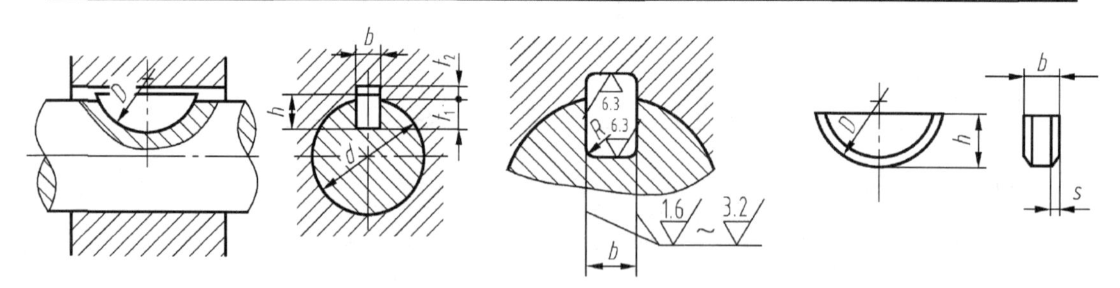

注：在工作图中，轴槽深用 t_1 或 $(d-t_1)$ 标注，轮毂槽深用 $(d+t_2)$ 标注。

标记示例

宽度 b＝6mm、高度 h＝10mm、直径 D＝25mm 的普通型半圆键：

GB/T 1099.1 键 6×10×25

mm

序号	键尺寸 $b\times h\times D$	键槽											
		宽度 b						深度				半径 R	
		基本尺寸	极限偏差					轴 t_1		毂 t_2			
			正常连接		紧密连接	松连接		基本尺寸	极限偏差	基本尺寸	极限偏差		
			轴 N9	毂 JS9	轴和毂 P9	轴 H9	毂 D10					max	min
1	1×1.4×4	1	−0.004 −0.029	±0.0125	−0.006 −0.031	+0.025 0	+0.060 +0.020	1.0	+0.1 0	0.6	+0.1 0	0.16	0.08
2	1.5×2.6×7	1.5						2.0		0.8			
3	2×2.6×7	2						1.8		1.0			
4	2×3.7×10	2						2.9		1.0			
5	2.5×3.7×10	2.5						2.7		1.2			
6	3×5×13	3						3.8	+0.2 0	1.4			
7	3×6.5×16	3						5.3		1.4			
8	4×6.5×16	4	0 −0.030	±0.015	−0.012 −0.042	+0.030 0	+0.078 +0.030	5.0		1.8		0.25	0.16
9	4×7.5×19	4						6.0		1.8			
10	5×6.5×16	5						4.5		2.3			
11	5×7.5×19	5						5.5		2.3			
12	5×9×22	5						7.0	+0.3 0	2.3			
13	6×9×22	6						6.5		2.8			
14	6×10×25	6						7.5		2.8	+0.2 0		
15	8×11×28	8	0 −0.036	±0.018	−0.015 −0.051	+0.036 0	+0.098 +0.040	8.0		3.3		0.40	0.25
16	10×13×32	10						10		3.3			

注：①图中倒角或倒圆尺寸 s：序号 1～7，s＝0.16～0.25；序号 8～14，s＝0.25～0.40；序号 15～16，s＝0.40～0.60。

②轴槽及轮毂槽的宽度 b 对轴及轮毂轴心线的对称度，一般可按 GB/T 1184—1996 表 B4 中对称度公差 7～9 级选取。

③$(d-t_1)$ 和 $(d+t_2)$ 两个组合尺寸的极限偏差按相应的 t_1 和 t_2 的极限偏差选取，但 $(d-t_1)$ 极限偏差值应取负号（−）。

附表 14　圆柱销

（摘自 GB/T 119.1—2000 和 GB/T 119.2—2000）

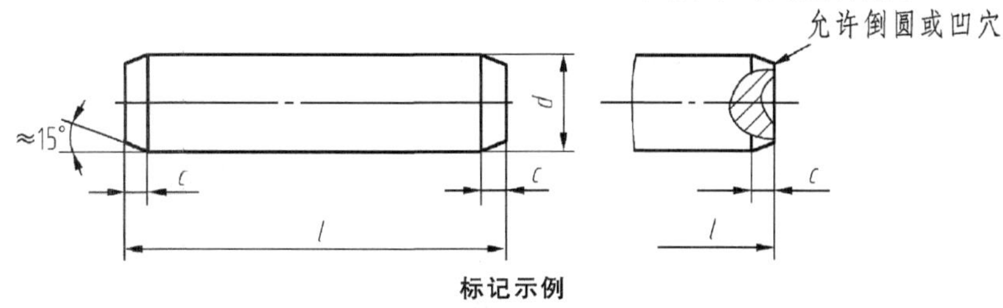

标记示例

公称直径 d=6mm、公差为 m6、公称长度 l=30mm、材料为钢、不经淬火、不经表面处理的圆柱销：

销　GB/T 119.1　6 m6×30

公称直径 d=6mm、公差为 m6、公称长度 l=30mm、材料为钢、普通淬火（A 型）、表面氧化处理的圆柱销：

销 GB/T 119.2　6×30

mm

d（公称）		1.5	2	2.5	3	4	5	6	8
c≈		0.3	0.35	0.4	0.5	0.63	0.8	1.2	1.6
l（商品长度范围）	GB/T 119.1—2000	4～16	6～20	6～24	8～30	8～40	10～50	12～60	14～80
	GB/T 119.2—2000	4～16	5～20	6～24	8～30	10～40	12～50	14～60	18～80
d（公称）		10	12	16	20	25	30	40	50
c≈		2	2.5	3	3.5	4	5	6.3	8
l（商品长度范围）	GB/T 119.1—2000	18～95	22～140	26～180	35～200 以上	50～200 以上	60～200 以上	80～200 以上	95～200 以上
	GB/T 119.2—2000	22～100 以上	26～100 以上	40～100 以上	50～100 以上	—	—	—	—
l（系列）	3,4,5,6,8,10,12,14,16,18,20,22,24,26,28,30,32,35,40,45,50,55,60,65,70,75,80,85,90,95,100,120,140,160,180,200,…								

注：①公称直径 d 的公差：GB/T 119.1—2000 规定为 m6 和 h8，GB/T 119.2—2000 仅有 m6。其他公差由供需双方协议。

②GB/T 119.2—2000 中淬硬钢按淬火方法不同，分为普通淬火（A 型）和表面淬火（B 型）。

③GB/T 119.1—2000 中，公称长度大于 200mm，按 20mm 递增；GB/T 119.2—2000 中，公称长度大于 100mm，按 20mm 递增。

附表 15　圆锥销

（摘自 GB/T 117—2000）

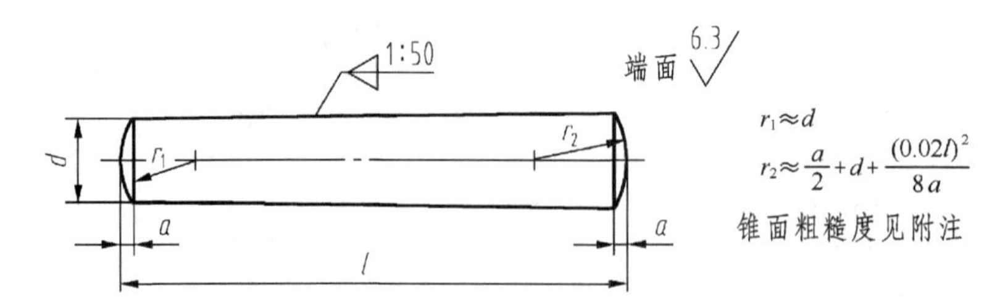

标记示例

公称直径 d=6mm、公称长度 l=30mm、材料为 35 钢、热处理硬度 28～38HRC、表面氧化处理的 A 型圆锥销：

销 GB/T 117 6×30

mm

公称)	0.6	0.8	1	1.2	1.5	2	2.5	3	4	5
$a\approx$	0.08	0.1	0.12	0.16	0.2	0.25	0.3	0.4	0.5	0.63
l(商品长度范围)	4～8	5～12	6～16	6～20	8～24	10～35	10～35	12～45	14～55	18～60

d(公称)	6	8	10	12	16	20	25	30	40	50
$a\approx$	0.8	1	1.2	1.6	2	2.5	3	4	5	6.3
l(商品长度范围)	22～90	22～120	26～160	32～180	40～200 以上	45～200 以上	50～200 以上	55～200 以上	60～200 以上	65～200 以上
l(系列)	2,3,4,5,6,8,10,12,14,16,18,20,22,24,26,28,30,32,35,40,45,50,55,60,65,70,75,80,85,90,95,100,120,140,160,180,200,…									

注：①公称直径 d 的公差规定为 h10，其他公差如 a11、c11 和 f8 由供需双方协议。

②圆锥销有 A 型和 B 型。A 型为磨削，锥面表面粗糙度 Ra=0.8μm，B 型为切削或冷镦，锥面表面粗糙度 Ra=3.2μm。

③公称长度大于 200mm，按 20mm 递增。

附表16　开口销

（摘自 GB/T 91—2000）

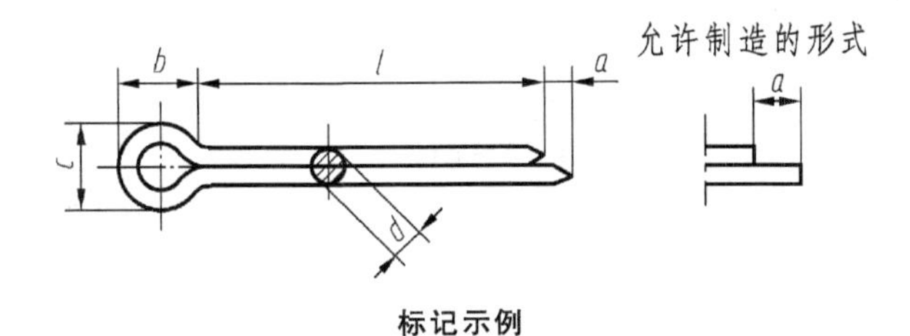

标记示例

公称规格为5mm、公称长度 l=50mm、材料为Q215或Q235、不经表面处理的开口销：

销 GB/T 91 5×50

mm

公称规格		0.6	0.8	1	1.2	1.6	2	2.5	3.2
d	max	0.5	0.7	0.9	1.0	1.4	1.8	2.3	2.9
	min	0.4	0.6	0.8	0.9	1.3	1.7	2.1	2.7
a	max	1.6	1.6	1.6	2.50	2.50	2.50	2.50	3.2
b	≈	2	2.4	3	3	3.2	4	5	6.4
c	max	1.0	1.4	1.8	2.0	2.8	3.6	4.6	5.8
适用的直径 螺栓	>	—	2.5	3.5	4.5	5.5	7	9	11
	≤	2.5	3.5	4.5	5.5	7	9	11	14
适用的直径 U形销	>	—	2	3	4	5	6	8	9
	≤	2	3	4	5	6	8	9	12
商品长度范围		4～12	5～16	6～20	8～25	8～32	10～40	12～50	14～63
公称规格		4	5	6.3	8	10	13	16	20
d	max	3.7	4.6	5.9	7.5	9.5	12.4	15.4	19.3
	min	3.5	4.4	5.7	7.3	9.3	12.1	15.1	19.0
a	max	4	4	4	4	6.30	6.30	6.30	6.30
b	≈	8	10	12.6	16	20	26	32	40
c	max	7.4	9.2	11.8	15.0	19.0	24.8	30.8	38.5
适用的直径 螺栓	>	14	20	27	39	56	80	120	170
	≤	20	27	39	56	80	120	170	—
适用的直径 U形销	>	12	17	23	29	44	69	110	160
	≤	17	23	29	44	69	110	160	—
商品长度范围		18～80	22～100	32～125	40～160	45～200	71～250	112～280	160～280
l（系列）		4,5,6,8,10,12,14,16,18,20,22,25,28,32,36,40,45,50,56,63,71,80,90,100,112,125,140,160,180,200,224,250,280							

注：①公称规格等于开口销孔的直径。对销孔直径推荐的公差为：

公称规格≤1.2mm：H13；公称规格>1.2mm：H14。

根据供需双方协议，允许采用公称规格为3mm、6mm和12mm的开口销。

②用于铁道和在U形销中开口销承受交变横向力的场合，推荐使用的开口销规格应较本表规定的加大一挡。

附表 17　滚动轴承

（摘自 GB/T 276—1994、GB/T 297—1994 和 GB/T 301—1995）

深沟球轴承（GB/T 276—1994）

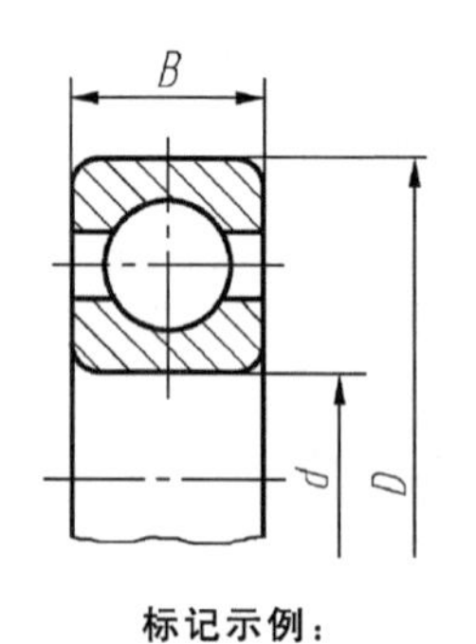

标记示例：

滚动轴承 6310 GB/T 276—1994

圆锥滚子轴承（GB/T 297—1994）

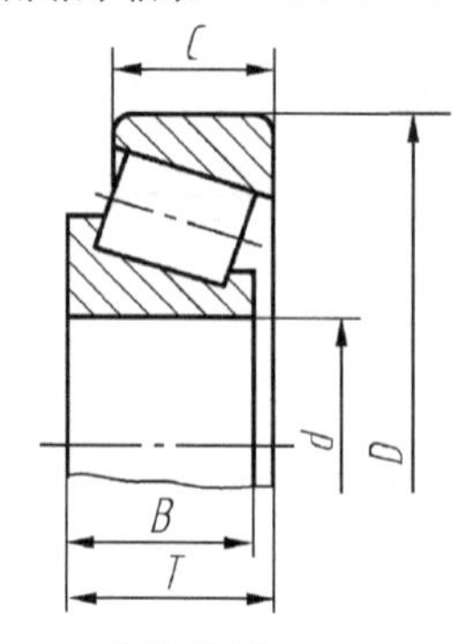

标记示例：

滚动轴承 30212 GB/T 297—1994

推力球轴承（GB/T 301—1995）

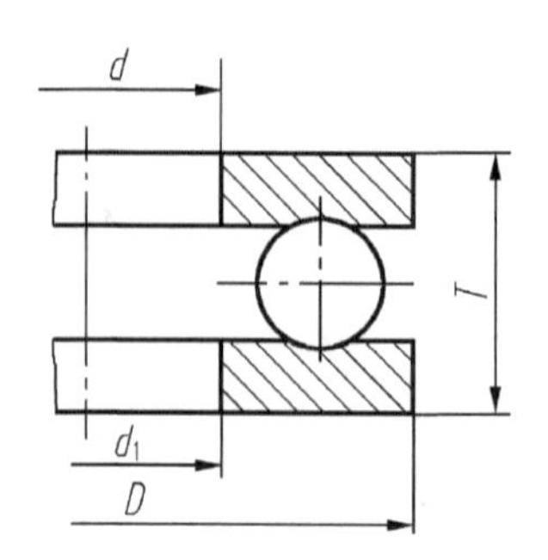

标记示例：

滚动轴承 51305 GB/T 301—1995

轴承型号	尺寸/mm		
	d	D	B
尺寸系列[(0)2]			
6202	15	35	11
6203	17	40	12
6204	20	47	14
6205	25	52	15
6206	30	62	16
6207	35	72	17
6208	40	80	18
6209	45	85	19
6210	50	90	20
6211	55	100	21
6212	60	110	22
尺寸系列[(0)3]			
6302	15	42	13
6303	17	47	14
6304	20	52	15
6305	25	62	17
6306	30	72	19
6307	35	80	21
6308	40	90	23
6309	45	100	25
6310	50	110	27
6311	55	120	29
6312	60	130	31

轴承型号	尺寸/mm				
	d	D	B	C	T
尺寸系列[02]					
30203	17	40	12	11	13.25
30204	20	47	14	12	15.25
30205	25	52	15	13	16.25
30206	30	62	16	14	17.25
30207	35	72	17	15	18.25
30208	40	80	18	16	19.75
30209	45	85	19	16	20.75
30210	50	90	20	17	21.75
30211	55	100	21	18	22.75
30212	60	110	22	19	23.75
30213	65	120	23	20	24.75
尺寸系列[03]					
30302	15	42	13	11	14.25
30303	17	47	14	12	15.25
30304	20	52	15	13	16.25
30305	25	62	17	15	18.25
30306	30	72	19	16	20.75
30307	35	80	21	18	22.75
30308	40	90	23	20	25.25
30309	45	100	25	22	27.25
30310	50	110	27	23	29.25
30311	55	120	29	25	31.50
30312	60	130	31	26	33.50

轴承型号	尺寸/mm			
	d	D	T	d_1
尺寸系列[12]				
51202	15	32	12	17
51203	17	35	12	19
51204	20	40	14	22
51205	25	47	15	27
51206	30	52	16	32
51207	35	62	18	37
51208	40	68	19	42
51209	45	73	20	47
51210	50	78	22	52
51211	55	90	25	57
51212	60	95	26	62
尺寸系列[13]				
51304	20	47	18	22
51305	25	52	18	27
51306	30	60	21	32
51307	35	68	24	37
51308	40	78	26	42
51309	45	85	28	47
51310	50	95	31	52
51311	55	105	35	57
51312	60	110	35	62
51313	65	115	36	67
51314	70	125	40	72

附表 18 中心孔表示法

（摘自 GB/T4459.5—1999）

要 求	符 号	表示法示例	说 明
在完工的零件上要求保留中心孔	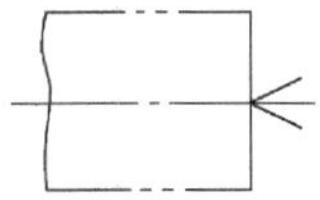	 GB/T 4459.5—B2.5/8	采用 B 型中心孔 d=2.5mm,D_2=8mm 在完工的零件上要求保留
在完工的零件上可以保留中心孔	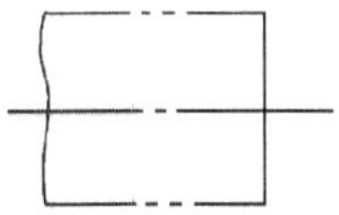	 GB/T 4459.5—A4/8.5	采用 A 型中心孔 d=4mm,D=8.5mm 在完工的零件上是否保留都可以
在完工的零件上不允许保留中心孔	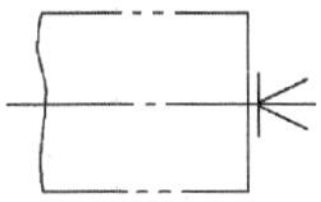	 GB/T 4459.5—A2/4.25	采用 A 型中心孔 d=2mm,D=4.25mm 在完工的零件上不允许保留

注：在不致引起误解时，可省略标记中的标准编号。

附表 19 倒圆与倒角

（摘自 GB/T 6403.4—2008）

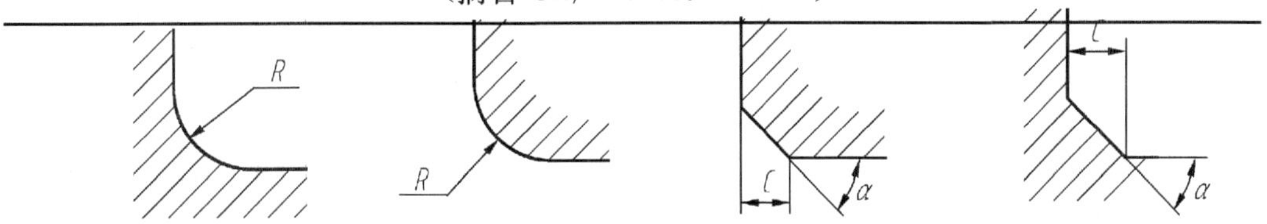

(a)内角倒圆　(b)外角倒圆　(c)外角倒角　(d)内角倒角

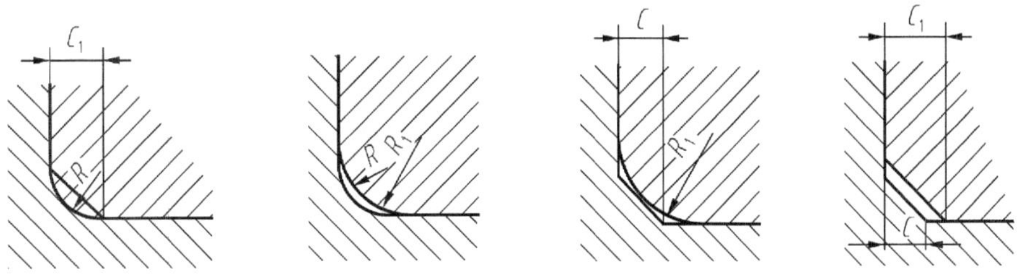

(e)$C_1>R$　(f)$R_1>R$　(g)$C<0.58R_1$　(h)$C_1>C$

mm

直径 D	～3		＞3～6		＞6～10		＞10～18	＞18～30	＞30～50		＞50～80
C、R / R_1	0.1	0.2	0.3	0.4	0.5	0.6	0.8	1.0	1.2	1.6	2.0
C_{max} ($C<0.58R_1$)	—	0.1	0.1	0.2	0.2	0.3	0.4	0.5	0.6	0.8	1.0
直径 D	＞80～120	＞120～180	＞180～250	＞250～320	＞320～400	＞400～500	＞500～630	＞630～800	＞800～1 000	＞1 000～1 250	＞1 250～1 600
C、R / R_1	2.5	3.0	4.0	5.0	6.0	8.0	10	12	16	20	25
C_{max} ($C<0.58R_1$)	1.2	1.6	2.0	2.5	3.0	4.0	5.0	6.0	8.0	10	12

附表20　标准公差数值

（GB/T 1800.3—1998）摘编

基本尺寸/mm		标准公差等级																	
		IT1	IT2	IT3	IT4	IT5	IT6	IT7	IT8	IT9	IT10	IT11	IT12	IT13	IT14	IT15	IT16	IT17	IT18
大于	至	μm											mm						
—	3	0.8	1.2	2	3	4	6	10	14	25	40	60	0.10	0.14	0.25	0.40	0.60	1.0	1.4
3	6	1	1.5	2.5	4	5	8	12	18	30	48	75	0.12	0.18	0.30	0.48	0.75	1.2	1.8
6	10	1	1.5	2.5	4	6	9	15	22	36	58	90	0.15	0.22	0.36	0.58	0.90	1.5	2.2
10	18	1.2	2	3	5	8	11	18	27	43	70	110	0.18	0.27	0.43	0.70	1.10	1.8	2.7
18	30	1.5	2.5	4	6	9	13	21	33	52	84	130	0.21	0.33	0.52	0.84	1.30	2.1	3.3
30	50	1.5	2.5	4	7	11	16	25	39	62	100	160	0.25	0.39	0.62	1.00	1.60	2.5	3.9
50	80	2	3	5	8	13	19	30	46	74	120	190	0.30	0.46	0.74	1.20	1.90	3.0	4.6
80	120	2.5	4	6	10	15	22	35	54	87	140	220	0.35	0.54	0.87	1.40	2.20	3.5	5.4
120	180	3.5	5	8	12	18	25	40	63	100	160	250	0.40	0.63	1.00	1.60	2.50	4.0	6.3
180	250	4.5	7	10	14	20	29	46	72	115	185	290	0.46	0.72	1.15	1.85	2.90	4.6	7.2
250	315	6	8	12	16	23	32	52	81	130	210	320	0.52	0.81	1.30	2.10	3.20	5.2	8.1
315	400	7	9	13	18	25	36	57	89	140	230	360	0.57	0.89	1.40	2.30	3.60	5.7	8.9
400	500	8	10	15	20	27	40	63	97	155	250	400	0.63	0.97	1.55	2.50	4.00	6.3	9.7
500	630	9	11	16	22	32	44	70	110	175	280	440	0.70	1.10	1.75	2.80	4.40	7.0	11
630	800	10	13	18	25	36	50	80	125	200	320	500	0.80	1.25	2.00	3.20	5.00	8.0	12.50
800	1000	11	15	21	28	40	56	90	140	230	360	560	0.90	1.40	2.30	3.60	5.60	9	14
1000	1250	13	18	24	33	47	66	105	165	260	420	660	1.05	1.65	2.60	4.20	6.60	10.5	16.5
1250	1600	15	21	29	39	55	78	125	195	310	500	780	1.25	1.95	3.10	5	7.80	12.5	19.5
1600	2000	18	25	35	46	65	92	150	230	370	600	920	1.50	2.30	3.70	6	9.20	15	23
2000	2500	22	30	41	55	78	110	175	280	440	700	1100	1.75	2.80	4.40	7	11	17.5	28
2500	3150	26	36	50	68	96	135	210	330	540	860	1350	2.10	3.30	5.40	8.60	13.5	21	33

注：1. 基本尺寸大于500 mm的IT1至IT5的标准公差数值为试行的标准。

2. 基本尺寸小于1 mm时，无IT14至IT18。

附表 21　轴的基本偏差数值

基本尺寸/mm		基本																
		上偏差 es																
		所有标准公差等级												TI5和IT6	IT7	IT8	IT4至IT7	≤IT3 >IT7
大于	至	a	b	c	cd	d	e	ef	f	fg	g	h	js	j			k	
—	3	−270	−140	−60	−34	−20	−14	−10	−6	−4	−2	0	偏差= $\pm\frac{ITn}{2}$，式中 ITn 是 IT 倍数	−2	−4	−6	0	0
3	6	−270	−140	−70	−46	−30	−20	−14	−10	−6	−4	0		−2	−4		+1	0
6	10	−280	−150	−80	−56	−40	−25	−18	−13	−8	−5	0		−2	−5		+1	0
10	14	−290	−150	−95		−50	−32		−16		−6	0		−3	−6		+1	0
14	18																	
18	24	−300	−160	−110		−65	−40		−20		−7	0		−4	−8		+2	0
24	30																	
30	40	−310	−170	−120		−80	−50		−25		−9	0		−5	−10		+2	0
40	50	−320	−180	−130														
50	65	−340	−190	−140		−100	−60		−30		−10	0		−7	−12		+2	0
65	80	−360	−200	−150														
80	100	−380	−220	−170		−120	−72		−36		−12	0		−9	−15		+3	0
100	120	−410	−240	−180														
120	140	−460	−260	−200		−145	−85		−43		−14	0		−11	−18		+3	0
140	160	−520	−280	−210														
160	180	−580	−310	−230														
180	200	−660	−340	−240		−170	−100		−50		−15	0		−13	−21		+4	0
200	225	−740	−380	−260														
225	250	−820	−420	−280														
250	280	−920	−480	−300		−190	−110		−56		−17	0		−16	−26		+4	0
280	315	−1 050	−540	−330														
315	355	−1 200	−600	−360		−210	−125		−62		−18	0		−18	−28		+4	0
355	400	−1 350	−680	−400														
400	450	−1 500	−760	−440		−230	−135		−68		−20	0		−20	−32		+5	0
450	500	−1 650	−840	−480														
500	560					−260	−145		−76		−22	0					0	0
560	630																	
630	710					−290	−160		−80		−24	0					0	0
710	800																	
800	900					−320	−170		−86		−26	0					0	0
900	1 000																	
1 000	1 120					−350	−195		−98		−28	0					0	0
1 120	1 250																	
1 250	1 400					−390	−220		−110		−30	0					0	0
1 400	1 600																	
1 600	1 800					−430	−240		−120		−32	0					0	0
1 800	2 000																	
2 000	2 240					−480	−260		−130		−34	0					0	0
2 240	2 500																	
2 500	2 800					−520	−290		−145		−38	0					0	0
2 800	3 150																	

注：①基本尺寸小于或等于 1mm 时，基本偏差 a 和 b 均不采用。②公差带 js7 至 js11，若 ITn 值数是奇数，则取偏差 $=\pm\frac{ITn-1}{2}$。

(摘自 GB/T 1800.1—2009)　　**续附表**

偏差数值 μm													
下偏差 ei													
所有标准公差等级													
m	n	p	r	s	t	u	v	x	y	z	za	zb	zc
+2	+4	+6	+10	+14		+18		+20		+26	+32	+40	+60
+4	+8	+12	+15	+19		+23		+28		+35	+42	+50	+80
+6	+10	+15	+19	+23		+28		+34		+42	+52	+67	+97
+7	+12	+18	+23	+28		+33		+40		+50	+64	+90	+130
							+39	+45		+60	+77	+108	+150
+8	+15	+22	+28	+35		+41	+47	+54	+63	+73	+98	+136	+188
					+41	+48	+55	+64	+75	+88	+118	+160	+218
+9	+17	+26	+34	+43	+48	+60	+68	+80	+94	+112	+148	+200	+274
					+54	+70	+81	+97	+114	+136	+180	+242	+325
+11	+20	+32	+41	+53	+66	+87	+102	+122	+144	+172	+226	+300	+405
			+43	+59	+75	+102	+120	+146	+174	+210	+274	+360	+480
+13	+23	+37	+51	+71	+91	+124	+146	+178	+214	+258	+335	+445	+585
			+54	+79	+104	+144	+172	+210	+254	+310	+400	+525	+690
+15	+27	+43	+63	+92	+122	+170	+202	+248	+300	+365	+470	+620	+800
			+65	+100	+134	+190	+228	+280	+340	+415	+535	+700	+900
			+68	+108	+146	+210	+252	+310	+380	+465	+600	+780	+1 000
+17	+31	+50	+77	+122	+166	+236	+284	+350	+425	+520	+670	+880	+1 150
			+80	+130	+180	+258	+310	+385	+470	+575	+740	+960	+1 250
			+84	+140	+196	+284	+340	+425	+520	+640	+820	+1 050	+1 350
+20	+34	+56	+94	+158	+218	+315	+385	+475	+580	+710	+920	+1 200	+1 550
			+98	+170	+240	+350	+425	+525	+650	+790	+1 000	+1 300	+1 700
+21	+37	+62	+108	+190	+268	+390	+475	+590	+730	+900	+1 150	+1 500	+1 900
			+114	+208	+294	+435	+530	+660	+820	+1 000	+1 300	+1 650	+2 100
+23	+40	+68	+126	+232	+330	+490	+595	+740	+920	+1 100	+1 450	+1 850	+2 400
			+132	+252	+360	+540	+660	+820	+1 000	+1 250	+1 600	+2 100	+2 600
+26	+44	+78	+150	+280	+400	+600							
			+155	+310	+450	+660							
+30	+50	+88	+175	+340	+500	+740							
			+185	+380	+560	+840							
+34	+56	+100	+210	+430	+620	+940							
			+220	+470	+680	+1 050							
+40	+66	+120	+250	+520	+780	+1 150							
			+260	+580	+840	+1 300							
+48	+78	+140	+300	+640	+960	+1 450							
			+330	+720	+1 050	+1 600							
+58	+92	+170	+370	+820	+1 200	+1 850							
			+400	+920	+1 350	+2 000							
+68	+110	+195	+440	+1 000	+1 500	+2 300							
			+460	+1 100	+1 650	+2 500							
+76	+135	+240	+550	+1 250	+1 900	+2 900							
			+580	+1 400	+2 100	+3 200							

附表 22 孔的基本偏差数值

基本尺寸 mm		基本偏差																				
		下偏差 EI																				
		所有标准公差等级											IT6	IT7	IT8	≤IT8	>IT8	≤IT8	>IT8	≤IT8	>IT8	
大于	至	A	B	C	CD	D	E	EF	F	FG	G	H	JS	J			K		M		N	
—	3	+270	140	+60	+34	+20	+14	+10	+6	+4	+2	0	偏差=±$\frac{ITn}{2}$，式中 ITn 是 IT 值数	+2	+4	+6	0	0	−2	−2	−4	−4
3	6	+270	+140	+70	+46	+30	+20	+14	+10	+6	+4	0		+5	+6	+10	−1+Δ		−4+Δ	−4	−8+Δ	0
6	10	+280	+150	+80	+56	+40	+25	+18	+13	+8	+5	0		+5	+8	+12	−1+Δ		−6+Δ	−6	−10+Δ	0
10	14	+290	+150	+95		+50	+32		+16		+6	0		+6	+10	+15	−1+Δ		−7+Δ	−7	−12+Δ	0
14	18																					
18	24	+300	+160	+110		+65	+40		+20		+7	0		+8	+12	+20	−2+Δ		−8+Δ	−8	−15+Δ	0
24	30																					
30	40	+310	+170	+120		+80	+50		+25		+9	0		+10	+14	+24	−2+Δ		−9+Δ	−9	−17+Δ	0
40	50	+320	+180	+130																		
50	65	+340	+190	+140		+100	+60		+30		+10	0		+13	+18	+28	−2+Δ		−11+Δ	−11	−20+Δ	0
65	80	+340	+200	+150																		
80	100	+380	+220	+170		+120	+72		+36		+12	0		+16	+22	+34	−3+Δ		−13+Δ	−13	−23+Δ	0
100	120	+410	+240	+180																		
120	140	+460	+260	+200		+145	+85		+43		+14	0		+18	+26	+41	−3+Δ		−15+Δ	−15	−27+Δ	0
140	160	+520	+280	+210																		
160	180	+580	+310	+230																		
180	200	+660	+310	+240		+170	+100		+50		+15	0		+22	+30	+47	−4+Δ		−17+Δ	−17	−31+Δ	0
200	225	+740	+380	+260																		
225	250	+820	+420	+280																		
250	280	+920	+480	+300		+190	+110		+56		+17	0		+25	+36	+55	−4+Δ		−20+Δ	−20	−34+Δ	0
280	315	+1 050	+540	+330																		
315	355	+1 200	+600	+360		+210	+125		+62		+18	0		+29	+39	+60	−4+Δ		−21+Δ	−21	−37+Δ	0
355	400	+1 350	+680	+400																		
400	450	+1 500	+760	+440		+230	+135		+68		+20	0		+33	+43	+66	−5+Δ		−23+Δ	−23	−40+Δ	0
450	500	+1 650	+840	+480																		
500	560					+260	+145		+76		+22	0					0		−26		−44	
560	630																					
630	710					+290	+160		+80		+24	0					0		−30		−50	
710	800																					
800	900					+320	+170		+86		+26	0					0		−34		−56	
900	1 000																					
1 000	1 120					+350	+195		+98		+28	0					0		−40		−65	
1 120	1 250																					
1 250	1 400					+390	+220		+110		+30	0					0		−48		−78	
1 400	1 600																					
1 600	1 800					+430	+240		+120		+32	0					0		−58		−92	
1 800	2 000																					
2 000	2 240					+480	+260		+130		+34	0					0		−68		−110	
2 240	2 500																					
2 500	2 800					+520	+290		+145		+38	0					0		−76		−135	
2 800	3 150																					

注：①基本尺寸小于或等于 1mm 时，基本编差 A 和 B 及大于 IT8 的 N 均不采用。

②公差带 JS7 至 JS11，若 ITn 值数是奇数，则取偏差=±$\frac{ITn-1}{2}$。

③对小于或等于 IT8 的 K、M、N 和小于或等于 IT7 的 P 至 ZC，所需 Δ 值从表内右侧选取。

④特殊情况：250mm～315mm 段的 M6，ES=−9μm（代替−11μm）。

续附表

（摘自 GB/T 1800.1—2009）

数值 μm													Δ值 μm					
上偏差 ES																		
≤IT7	标准公差等级大于 IT7												标准公差等级					
P 至 ZC	P	R	S	T	U	V	X	Y	Z	ZA	ZB	ZC	IT3	IT4	IT5	IT6	IT7	IT8
在大于IT7的相应数值上增加一个Δ值	-6	-10	-14		-18		-20		-26	-32	-40	-60	0	0	0	0	0	0
	-12	-15	-19		-23		-28		-35	-42	-50	-80	1	1.5	1	3	4	6
	-15	-19	-23		-28		-34		-42	-52	-67	-97	1	1.5	2	3	6	7
	-18	-23	-28		-33		-40		-50	-64	-90	-130	1	2	3	3	7	9
						-39	-45		-60	-77	-108	-150						
	-22	-28	-35		-41	-47	-54	-63	-73	-98	-136	-188	1.5	2	3	4	8	12
				-41	-48	-55	-64	-75	-88	-118	-160	-218						
	-26	-34	-43	-48	-60	-68	-80	-94	-112	-148	-200	-274	1.5	3	4	5	9	14
				-54	-70	-81	-97	-114	-136	-180	-242	-325						
	-32	-41	-53	-66	-87	-102	-122	-144	-172	-226	-300	-405	2	3	5	6	11	16
		-43	-59	-75	-102	-120	-146	-174	-210	-274	-360	-480						
	-37	-51	-71	-91	-124	-146	-178	-214	-258	-335	-445	-585	2	4	5	7	13	19
		-54	-79	-104	-144	-172	-210	-254	-310	-400	-525	-690						
	-43	-63	-92	-122	-170	-202	-248	-300	-365	-470	-620	-800	3	4	6	9	15	23
		-65	-100	-134	-190	-228	-280	-340	-415	-535	-700	-900						
		-68	-108	-146	-210	-252	-310	-380	-465	-600	-780	-1 000						
	-50	-77	-122	-166	-236	-284	-350	-425	-520	-670	-880	-1 150	3	4	6	9	17	26
		-80	-130	-180	-258	-310	-385	-470	-575	-740	-960	-1 250						
		-84	-140	-196	-284	-340	-425	-520	-640	-820	-1 050	-1 350						
	-56	-94	-158	-218	-315	-385	-475	-580	-710	-920	-1 200	-1 550	4	4	7	9	10	29
		-98	-170	-240	-350	-425	-525	-650	-790	-1 000	-1 300	-1 700						
	-62	-108	-190	-268	-390	-475	-590	-730	-900	-1 150	1 500	-1 900	4	5	7	11	21	32
		-114	-208	-294	-435	-530	-660	-820	-1 000	-1 300	-1 650	-2 100						
	-68	-126	-232	-330	-490	-595	-740	-920	-1 100	-1 450	-1 850	-2 400	5	5	7	13	23	34
		-132	-252	-360	-540	-660	-820	-1 000	-1 250	-1 600	-2 100	-2 600						
	-78	-150	-280	-400	-600													
		-155	-310	-450	-660													
	-88	-175	-340	-500	-740													
		-185	-380	-560	-840													
	-100	-210	-430	-620	-940													
		-220	-470	-680	-1 050													
	-120	-250	-520	-780	-1 150													
		-260	-580	-810	-1 300													
	-140	-300	-640	-960	-1 450													
		-330	-720	-1 050	-1 600													
	-170	-370	-820	-1 200	-1 850													
		-400	-920	-1 350	-2 000													
	-195	-440	-1 000	-1 500	-2 300													
		-460	-1 100	-1 650	-2 500													
	-240	-550	-1 250	-1 900	-2 900													
		-580	-1 400	-2 100	-3 200													

附表 23　基孔制优先、常用配合

（摘自 GB/T 1801—2009）

基准孔	轴																				
	a	b	c	d	e	f	g	h	js	k	m	n	p	r	s	t	u	v	x	y	z
	间隙配合								过渡配合			过盈配合									
H6						H6/f5	H6/g5	H6/h5	H6/js5	H6/k5	H6/m5	H6/n5	H6/p5	H6/r5	H6/s5	H6/t5					
H7						H7/f6	▼H7/g6	▼H7/h6	H7/js6	▼H7/k6	H7/m6	▼H7/n6	▼H7/p6	H7/r6	▼H7/s6	H7/t6	▼H7/u6	H7/v6	H7/x6	H7/y6	H7/z6
H8					H8/e7	▼H8/f7	H8/g7	▼H8/h7	H8/js7	H8/k7	H8/m7	H8/n7	H8/p7	H8/r7	H8/s7	H8/t7	H8/u7				
				H8/d8	H8/e8	H8/f8		H8/h8													
H9			H9/c9	▼H9/d9	H9/e9	H9/h9		▼H9/h9													
H10			H10/c10	H10/d10				H10/h10													
H11	H11/a11	H11/b11	▼H11/c11	H11/d11				▼H11/h11													
H12		H12/b12						H12/h12													

注：①标注▼的配合为优先配合。

② $\frac{H6}{n5}$、$\frac{H7}{p6}$ 在基本尺寸小于或等于 3mm 和 $\frac{H8}{r7}$ 在小于或等于 100mm 时，为过渡配合。

附表 24　基轴制优先、常用配合

（摘自 GB/T 1801—2009）

基准轴	孔																				
	A	B	C	D	E	F	G	H	JS	K	M	N	P	R	S	T	U	V	X	Y	Z
	间隙配合								过渡配合			过盈配合									
h5						F6/h5	G6/h5	H6/h5	JS6/h5	K6/h5	M6/h5	N6/h5	P6/h5	R6/h5	S6/h5	T6/h5					
h6						F7/h6	▼G7/h6	▼H7/h6	JS7/h6	▼K7/h6	M7/h6	▼N7/h6	▼P7/h6	R7/h6	▼S7/h6	T7/h6	▼U7/h6				
h7					E8/h7	▼F8/h7		▼H8/h7	JS8/h7	K8/h7	M8/h7	N8/h7									
h8				D8/h8	E8/h8	F8/h8		H8/h8													
h9				▼D9/h9	E9/h9	F9/h9		▼H9/h9													
h10				D10/h10				H10/h10													
h11	A11/h11	B11/h11	▼C11/h11	D11/h11				▼H11/h11													
h12		B12/h12						H12/h12													

注：标注▼的配合为优先配合。

参考文献

[1] 何铭新,钱可强.机械制图.7版.北京:高等教育出版社,2016.

[2] 金大鹰.机械制图.4版.北京:机械工业出版社,2016.

[3] 李学京.机械制图和技术制图国家标准学用指南.北京:中国标准出版社,2013.

[4] 焦永和.机械制图手册.北京 :机械工业出版社,2012.

[5] 王启美,吕强.现代工程设计制图.4版.北京:人民邮电出版社,2010.

[6] 姜勇.机械制图与计算机绘图.北京:人民邮电出版社,2010.